高等学校计算机科学与技术应用型教材

单片机系统及应用

（第 2 版）

主　编　金建设
副主编　于晓海　李　彤

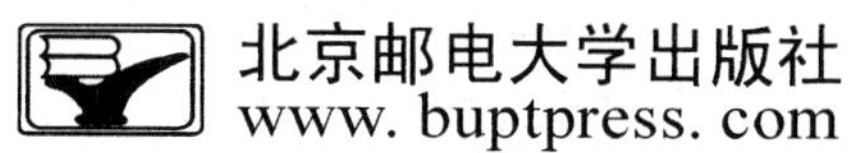

内容简介

本书针对培养应用型人才的需要，以 MCS-51 系列单片机为主线介绍单片机的原理与应用技术。主要内容包括：微型计算机与单片机、MCS-51 系列单片机的硬件结构、Keil μVision 2 集成开发环境、MCS-51 的指令系统与汇编语言程序设计、单片机的 C 语言程序设计、MCS-51 单片机的中断系统与定时/计数器、MCS-51 单片机的串行通信、单片机应用中的人机接口、单片机应用中的模拟量输入/输出、存储器与并行接口的扩展。

本书从基础起步，由浅入深，易读易学，体现练中学的工程教育新理念，合理安排汇编语言与 C 语言的内容，注重学生软硬件结合工程实践能力的培养。

本书可作为应用型本科高校计算机、电子工程、自动化、机电类等专业的教学用书，也可供学习单片机技术的工程技术人员参考。

图书在版编目（CIP）数据

单片机系统及应用 / 金建设主编. -- 2 版. -- 北京：北京邮电大学出版社，2013.7
ISBN 978-7-5635-3519-4

Ⅰ.①单… Ⅱ.①金… Ⅲ.①单片微型计算机—高等学校—教材 Ⅳ.①TP368.1

中国版本图书馆 CIP 数据核字（2013）第 109890 号

书　　名：单片机系统及应用(第 2 版)
著作责任者：金建设
责 任 编 辑：王丹丹
出 版 发 行：北京邮电大学出版社
社　　址：北京市海淀区西土城路 10 号(邮编：100876)
发 行 部：电话：010-62282185　传真：010-62283578
E-mail：publish@bupt.edu.cn
经　　销：各地新华书店
印　　刷：北京源海印刷有限责任公司
开　　本：787 mm×1 092 mm　1/16
印　　张：20
字　　数：495 千字
印　　数：1—3 000 册
版　　次：2007 年 3 月第 1 版　2013 年 7 月第 2 版　2013 年 7 月第 1 次印刷

ISBN 978-7-5635-3519-4　　　　定　价：40.00 元

· 如有印装质量问题，请与北京邮电大学出版社发行部联系 ·

第 1 版前言

随着产品、设备、系统的智能化发展，单片机得到了广泛的应用。掌握单片机原理与应用技术不仅有实际应用意义，而且对理解和掌握计算机其他应用技术也有重要的作用。鉴于这个原因，很多高校的计算机和电子信息类专业都开设了单片机方面的课程。

作者根据多年从事微机和单片机的教学和工程实践经验，参考许多单片机有关教材和专业书籍，力求编写一本适合应用型本科学生学习的教材。本教材主要具有下列特点：

(1) 从基础开始，由浅入深，循序渐进，不需要学习微机原理课程就可使用本书学习单片机的原理与应用技术，理解微机原理课程中的主要概念和原理。

(2) 体现干中学、练中学的工程教育新理念，在学习编程语言之前就介绍 Keil μ Vision2 集成开发环境，并在后续的章节中，通过例题和习题引导学生使用 Keil μ Vision2 集成开发环境来进行编程和仿真调试，促进学生对单片机内部结构和工作原理的理解，提高学生的编制和调试程序的能力。

(3) 程序设计语言兼顾汇编语言与 C 语言，与传统的教课书相比加大了 C51 部分的篇幅，而汇编语言部分的篇幅有所减少。本着通过汇编语言帮助学生理解单片机的内部结构和原理，学习 C51 使学生掌握单片机应用程序开发技能的原则进行安排。在书中的大部分应用实例均给出两种语言的程序，便于学生对照学习。

(4) 贯彻软硬结合学习的原则，在程序设计学习的内容中的举例也考虑硬件设计的内容，使学生建立软硬件结合解决实际应用问题的观念。

(5) 采用通俗易懂的语言讲述概念和原理，通过实例训练学生分析解决问题的能力，易于学生阅读和学习。

本书可作为应用型本科计算机、电子工程、自动化、机电类专业的教材，也可作为工程技术人员学习单片机技术的参考书。

本书由金建设担任主编并参加编写第 1、4、5、6、7 章，于晓海参加编写第 2、8、9 章，李木参加编写 3、4、5 章，李彤参加编写第 9、10 章，朱延东参加编写第 7

章和附录并完成了大量的绘图工作，全书由金建设整理和统稿。在本书编写过程中，参考和借鉴了本书参考文献列出的教材和专著的宝贵经验，在此对这些作者表示衷心的感谢。此外，还要感谢唐志宏和孙承科教授对本书编写工作的支持。也要感谢我的学生赵珂、胡嘉军、石颂，他们承担了部分实例的调试工作。

由于作者水平所限，再加时间仓促，书中难免有错误和不妥之处，恳请读者批评指正。

编　者

第 2 版前言

随着产品、设备、系统的智能化发展和物联网的兴起，单片机得到了广泛的应用。掌握单片机原理与应用技术不仅有实际应用意义，而且对理解和掌握计算机其它应用技术也有重要的作用。鉴于这个原因，很多高校的计算机和电子信息类专业都开设了单片机方面的课程。

作者根据多年从事微型计算机原理、单片机原理及应用技术和嵌入式系统教学的体会，结合指导大学生科技创新和工程实践经验，参考许多单片机有关教材和专业书籍，力求编写一本适合应用型本科学生学习的教材。本教材主要具有下列特点：

(1) 从基础开始，由浅入深，循序渐进，不需要学习微型计算机原理课程就可以使用本书学习单片机的原理与应用技术，掌握单片机主要概念和原理，学会应用单片机技术进行简单的应用开发。

(2) 体现干中学、练中学的工程教育新理念，在学习编程语言之前就介绍 Keil μVision 2 集成开发环境，并在后续的章节中，通过例题和习题引导学生使用 Keil μVision 2 集成开发环境来进行编程和仿真调试，促进学生对单片机内部结构和工作原理的理解，提高学生的编制和调试程序的能力。

(3) 程序设计语言兼顾汇编语言与 C 语言，与传统的教课书相比加大了 C51 部分的篇幅，而汇编语言部分的篇幅有所减少。本着通过汇编语言帮助学生理解单片机的内部结构和原理，学习 C51 使学生掌握单片机应用程序开发技能的原则进行安排。在书中的大部分应用实例均给出两种语言的程序，便于学生对照学习。

(4) 贯彻软硬结合学习的原则，在程序设计学习的内容中的举例也考虑硬件设计的内容，使学生建立软硬件结合解决实际应用问题的观念。

(5) 采用通俗易懂的语言讲述概念和原理，通过实例训练学生分析解决问题的能力，易于学生阅读和学习。

本书可作为应用型本科计算机、电子工程、通信工程、自动化、电气工程、机电类等专业的教材，也可作为工程技术人员学习单片机技术的参考书。

本书由金建设担任主编，于晓海、李彤担任副主编，金建设参加编写第 1、3、4、5、6、7 章，于晓海参加编写第 2、8、9 章，李彤参加编写第 9、10 章，全书由金建设整理和统稿。在本书编写过程中，参考和借鉴了本书参考文献列出的教材和专著的宝贵经验，在此对这些作者表示衷心的感谢。本书是在由北京邮电大学出版社 2007 年出版的第 1 版基础上修订完成的，在第 1 章的单片机概述中增加了一些新型单片机的介绍，在第 4 章中增加了软硬结合的例子，在第 5 章中删除了在实际应用中很少用到的重入函数，对第 6 章的部分例子进行了修改。此外，对全书的文字不畅顺和错误之处进行了更正。

由于作者水平所限，书中难免有错误和不妥之处，恳请读者批评指正。

编　者

目　录

第1章 微型计算机与单片机基础知识

1.1 微型计算机组成的感性认识

微型计算机已经广泛应用在我们的工作和日常生活中，为了便于了解计算机是如何组成的，首先让我们从外观上观察台式微型计算机(一般称为 PC)是怎样构成的。一台台式微型计算机的外观图片如图 1.1 所示，它由下列部件组成。

(1) 显示器：人们观察计算机输出信息的设备，根据需要它可以以数据、表格、文字、图形的形式表达计算机的输出信息。

(2) 键盘和鼠标：人们对计算机输入信息的设备，使用键盘可以输入数据、命令、程序，将信息输入计算机；鼠标是一种更友好的输入设备，通过它可以实现对显示器上显示的图标命令或数据进行选择，将人们的选择输入计算机。

(3) 机箱(主机)：计算机完成对输入的数据、命令、程序进行运算处理及存储部件的集合，主要包括主板、硬盘、光盘驱动器、各种插口，如图 1.2 所示。

图 1.1　微型计算机的外观图片

图 1.2　微型计算机主机图片

主板是计算机的主体，在其上安装了 CPU、内存条、各种扩展板(包括显卡、声卡、网卡、通信卡等)。其中 CPU 是计算机的心脏，它是一块高度集成的集成电路，计算机的各种计算与控制功能都通过它来实现。内存条又称内存储器，它装配有若干个存储芯片，数据和程序存放在内存储器中。CPU 在工作时频繁地访问内存储器，从中读取程序和数据来执行任务。主板、CPU、内存条的图片分别如图 1.3、图 1.4 和图 1.5 所示。

硬盘、光盘、U 盘：它们统称为外存储器，也是用来存储数据和程序的，与内存储器相比其特点为存储量大、可以永久性存储信息，需要长期保存的程序与数据一般要保存在外存储器中。硬盘、光盘驱动器、U 盘的图片分别如图 1.6、图 1.7 和图 1.8 所示。

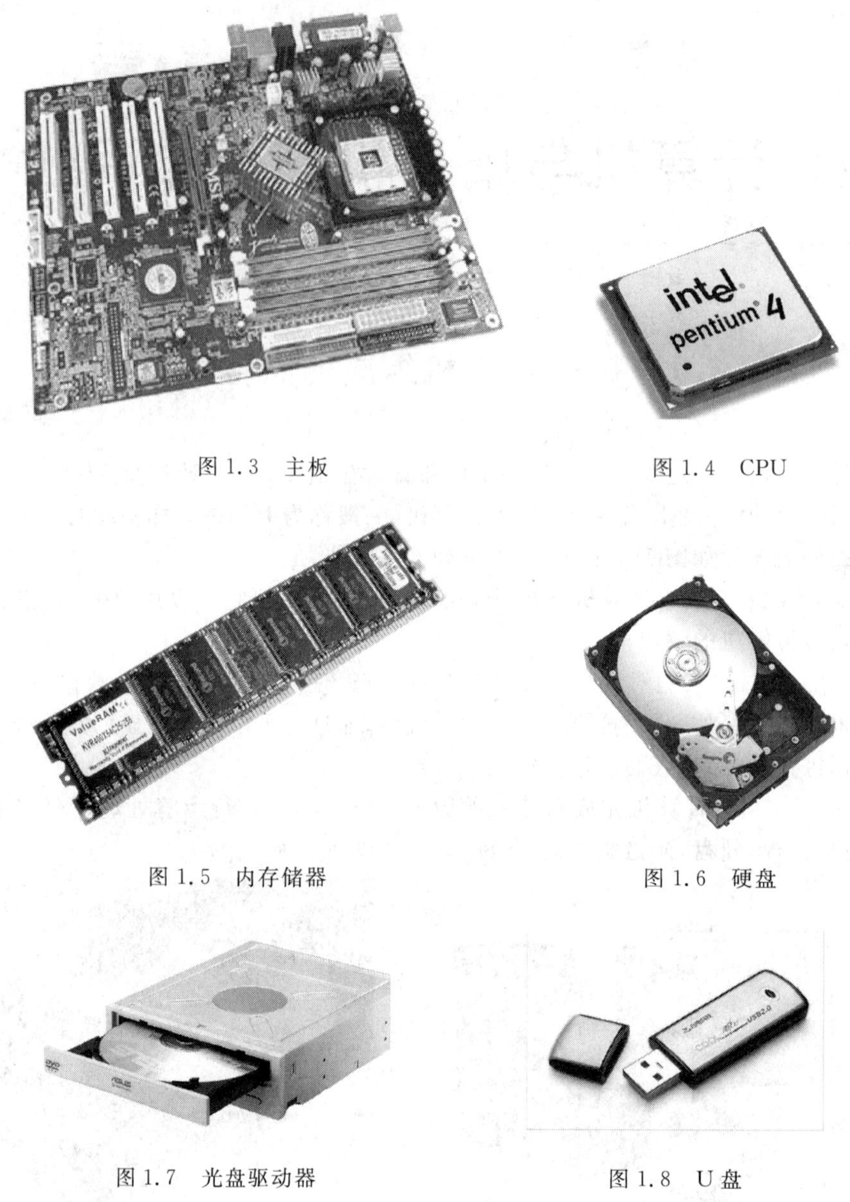

图 1.3　主板

图 1.4　CPU

图 1.5　内存储器

图 1.6　硬盘

图 1.7　光盘驱动器

图 1.8　U 盘

1.2　计算机硬件的基本组成

从外观上，微型计算机的硬件主要是由 CPU、内存储器、外存储器、输入设备和输出设备构成。这可以抽象成如图 1.9 所示的计算机硬件基本组成方框图。

图 1.9 中的运算器用来完成基本的算术与逻辑运算功能，控制器负责向计算机中各个部件发出命令，使它们协调工作，在微型计算机中已将运算器与控制器集成到一个集成电路

芯片上，称为CPU(中央处理器)。存储器是存放数据与程序的部件，在微型计算机中，含有内存储器(简称内存)与外存储器(简称外存)。输入设备用来输入数据与程序，微型计算机常用的输入设备有键盘、鼠标、触摸屏等。输出设备将计算机的处理结果用数字、文字、图形等形式表示出来，常用的输出设备有显示器、打印机等。

图1.9所示的计算机硬件基本组成方案是美籍匈牙利科学家冯·诺依曼在1946年提出的，目前各种计算机都基本上以这种结构组成。

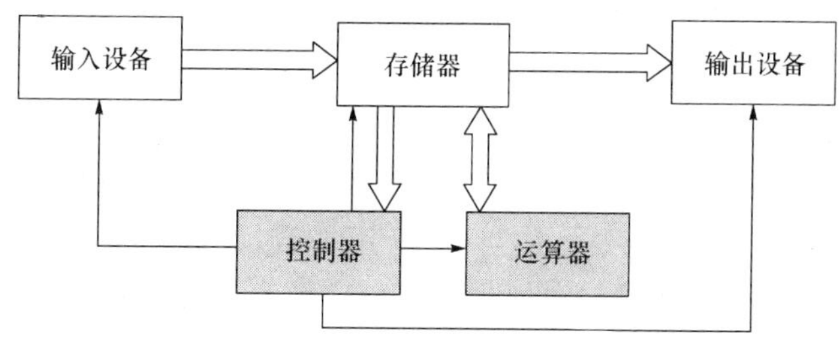

图1.9 计算机硬件基本组成方框图

1.3 微型计算机的硬件构成

1.3.1 微型计算机的硬件结构

微型计算机的硬件结构如图1.10所示。它由CPU、内存储器、接口、输入/输出设备、总线(包括数据总线、地址总线、控制总线)组成。

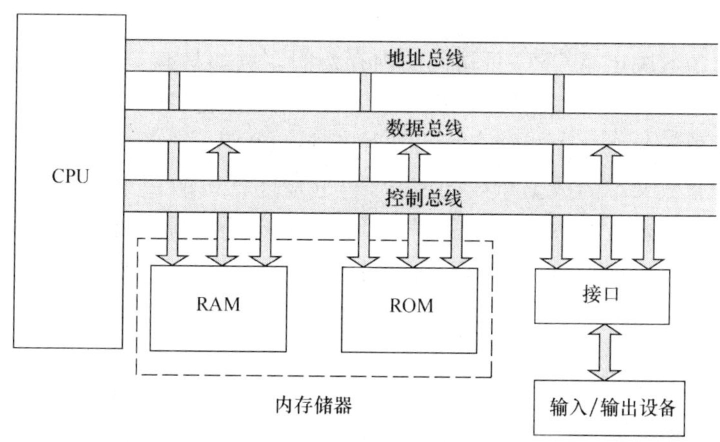

图1.10 微型计算机硬件结构方框图

CPU又称微处理器，它是微型计算机的大脑，它能够理解由二进制代码组成的指令与数据。在工作时不断地从内存中读取指令与数据，进行算术和逻辑运算，传送数据及控制输入/输出设备工作。

内存储器(简称内存)的功能是在微型计算机工作时存放程序和数据，它由许多存储单元(计算机存放信息的最小单位)组成。每个存储单元存放一个二进制数据，如一个 8 位二进制数据 00000010，这个二进制数据存储单位称为一个字节(Byte)。内存的存储容量一般用字节来表示，例如存储器有 256 个存储单元，则称它的存储容量为 256 B(字节)。除了字节外，存储容量的单位还有 KB(1 024 个字节，即 2^{10} 个字节)和 MB(1 024 个 KB，即 2^{10} 个 KB)。

在分析计算机工作过程时，CPU 从内存中取数据称为读操作，CPU 将数据存入内存称为写操作。注意：CPU 完成读操作后，被取出的数据仍然保存在原存储单元内不变；而 CPU 进行写操作时，写入的数据进入存储单元，该存储单元原来存放的数据被新的数据取代。

CPU 一般不能直接与输入/输出设备交换数据，输入/输出接口起着 CPU 与输入/输出设备之间交换数据的桥梁作用。实际计算机应用中，输入/输出设备种类繁多，其运行速度、数据格式、数据传送方式、信号电平往往与 CPU 不一致，因此 CPU 一般不能直接与输入/输出设备交换数据。输入/输出接口可以进行信息转换和和协调控制，从而实现 CPU 与输入/输出设备之间的数据交换。

如图 1.10 所示，CPU、内存、输入/输出接口是通过总线连接起来的。所谓总线就是用于传送信息的一组公共线路，CPU、内存、输入/输出接口之间的总线有数据总线、地址总线和控制总线。

数据总线用于在 CPU 与内存之间或 CPU 与输入/输出接口之间传送数据或指令；地址总线用于传送地址信息；控制总线用来传送 CPU 发出的时序控制信号或接收请求信号，控制计算机有序地工作。

微型计算机采用总线结构后，所有的内存储器芯片、各种接口芯片和 CPU 都挂接到总线上。在每一瞬间 CPU 仅选通一个芯片与其连接，其他芯片处于高阻状态(“断开”状态)。采用这种结构的特点是可以方便地在总线上挂接内存储器芯片和接口芯片，但必须严格地控制它们的工作时序。

地址总线的条数决定了 CPU 可访问的内存空间。例如具有 16 条地址总线的微型计算机可访问的内存单元为 2^{16} 个字节 $=2^{6}\times2^{10}$ 个字节 $=64$ KB；具有 20 条地址总线的微型计算机可访问的内存单元为 2^{20} 个字节 $=2^{10}\times2^{10}$ 个字节 $=1$ MB。

数据总线的条数又称为数据总线的宽度，它也是计算机的一个重要性能指标。具有 8 条数据总线的计算机通常被称为“8 位计算机”；具有 16 条数据总线的计算机被称为“16 位计算机”。一般来讲，在同样工作频率下数据总线的条数越多(越宽)，相应计算机的处理速度越快。目前，常见的计算机有 8 位机、16 位机、32 位机、64 位机。

1.3.2 CPU

图 1.11 是简单的 CPU 内部结构示意图。CPU 内部含有一个算术逻辑运算单元(ALU)，用来执行算术或逻辑操作；一个指令译码和控制单元，用于识别指令和决定 CPU 要执行的操作；工作寄存器组有若干个寄存器组成，它们被用于在 CPU 中暂时存放数据；指令寄存器(IR)用来保存当前正在执行的指令代码；程序计数器(PC)用来保存将要执行的下一条指令的地址，通过这个地址 CPU 可以找到下一条要执行的指令，并从内存中取出指令后执行。而且在每执行完一条指令后，CPU 又自动生成新的指令地址存放到程序计数器中，即程序计数器 PC 中始终存放并不断自动生成程序中下一条指令的地址。利用这种机

制，只要告诉在内存中存放程序的首地址，微型计算机就可以不断地从内存中取出下一条指令，执行存放在内存中的程序，直到程序执行完毕。这就是微型计算机能够自动执行程序的最基本原理。

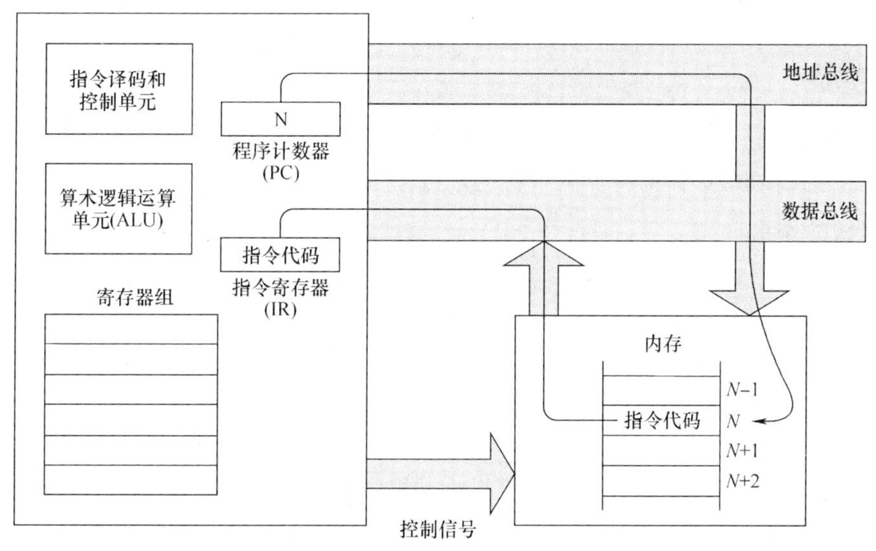

图 1.11 简单的 CPU 内部结构示意图

1.3.3 内存储器

微型计算机采用半导体存储器作为内存储器。半导体存储器主要有两种类型：RAM（随机存储器）和 ROM（只读存储器）。

RAM 是供计算机在运行期间保存信息的，它的特点是可读可写，但断电后信息会丢失。RAM 适宜存放原始数据、中间及最后运算结果数据，所以有时也称为数据存储器。RAM 有静态 RAM（SRAM）和动态 RAM（DRAM）两种。静态 RAM 利用触发器存储信息，只要不断电，信息就不会丢失。动态 RAM 用电容保存信息，信息保存时间仅有几毫秒，必须每隔一两毫秒进行重新存储一次，这种操作称为刷新，所以使用动态 RAM 应配备刷新电路。由于动态 RAM 成本较低，在需较大容量 RAM 时往往采用动态 RAM。

ROM 所存储的程序和数据在断电后不会丢失，但微型计算机运行期间它所存储的数据只能读取而不能被改写。ROM 适宜存放程序、常数，所以也称为程序存储器。具体的 ROM 有如下几种类型。

（1）掩模式 ROM：在存储器制造厂将程序写入 ROM，以后用户只能读出 ROM 中的内容，不能改写。微型计算机的基本输入/输出程序（BIOS）就存放在 ROM 中。

（2）PROM（可编程只读存储器）：用户可以将程序一次性写入 ROM，但写入以后再不能更改。

（3）EPROM（紫外线擦除可编程只读存储器）：用户可以多次重新将程序写入 EPROM。如果要重新写入程序，必须先用紫外线擦除器将 EPROM 中原先的程序擦除，然后再写入新的程序。这种擦除过程需要较高的供电电压，必须离线进行。

（4）EEPROM（电擦除可编程只读存储器）：与 EPROM 类似，用户可以多次重新写入程序，它的优点是电擦除过程能使用与读/写操作相同的电源供电，擦除过程可以在线进行。

另外近年来出现了 Flash 存储器(闪速存储器)，它断电后信息能保存 10 年，可以在线反复擦除写入，而且写入的速度已与 RAM 的写入速度差距不大，使得编程修改程序非常方便，这种存储器已越来越广泛地被采用作为程序存储器。

1.3.4 堆栈

在计算机的 RAM 中，可以设置一个特殊的存储区域，在这个存储区域存储的数据按照后进先出的方式存取，这样的存储区域称为堆栈。

1. 堆栈的作用

为什么要设置堆栈呢？计算机应用程序常常由主程序与子程序组成，主程序在执行过程中要调用子程序，在调子程序时主程序将暂停执行主程序的指令而转到子程序去执行，主程序暂停处称为断点，断点处下一条指令的地址称为断点地址。为了保证执行完子程序后能正确返回断点继续执行，必须在转到子程序之前保存好断点的地址，这种行为称为保护断点；在子程序执行完返回主程序时需要再把断点地址取回来，这个动作称为恢复断点。此外，有时在执行子程序的过程中又会调用其他子程序，这种情况称为子程序嵌套，出现子程序嵌套时需要保护多个断点，而在恢复断点时应最先取回最后保存的断点地址，而最后取回最先保存的断点地址，堆栈的后进先出的机制就是针对这种需求提出来的。在调用子程序时断点地址顺序进入堆栈保存，在返回时从堆栈逆序取回断点地址。子程序嵌套与保护和恢复断点的过程如图 1.12 所示。

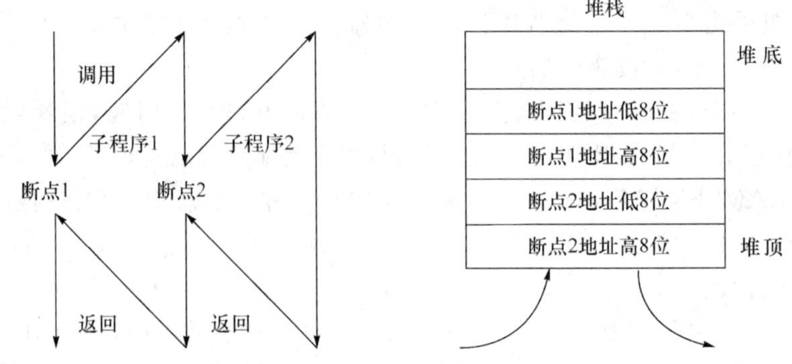

图 1.12 子程序的嵌套与保护和恢复断点的过程示意图

上述保护和恢复断点的动作是在计算机在执行调子程序指令和子程序返回指令时计算机自动完成的，只要在内存中建立了堆栈，计算机就能自动保护断点、恢复断点、连续地执行程序。

在有些应用程序中，子程序执行时需要使用主程序所用的寄存器，在调用子程序时如果主程序使用的寄存器的内容不保存起来，在执行子程序时这些寄存器的内容就会受到破坏，这将导致从子程序返回后主程序无法正确继续执行，所以需要在进入子程序后首先保存好这些寄存器的内容，这种动作称为保护现场；而在返回主程序前再将在这些寄存器的内容恢复，这称为恢复现场。与保护断点一样，堆栈后进先出的存取机制非常适合用于保护现场和恢复现场。堆栈可以用来保护现场和恢复现场，但与保护断点和恢复断点不同的是，保护现场和恢复现场需要使用堆栈操作指令来实现的。将寄存器的内容保存入堆栈的操作称为进栈，在 MCS-51 单片机中用 PUSH 指令实现；将寄存器的内容从堆栈取出的操作称为出栈，用 POP 指令实现。

2. 堆栈的建立与操作

堆栈是安排在 RAM 中具有后进先出存取机制的存储区间，使用堆栈前必须首先设定堆栈在 RAM 中的位置，这称为建立堆栈。在微型计算机的 CPU 中一般设置一个专用的地址寄存器用来存放堆栈的栈顶地址，这个寄存器称为堆栈指针(SP)。堆栈的建立就是将堆栈指针赋予一个初始地址，一条指令就可以实现。例如在 MCS-51 单片机中，如果要将堆栈建立在 RAM 的 60H 地址处，其建立堆栈的指令为：

```
MOV SP #60H
```

堆栈一旦建立后，每进栈一个数据堆栈指针 SP 的内容自动加 1，每出栈一个数据堆栈指针 SP 的内容自动减 1，从而形成新的堆栈栈顶地址，SP 始终指向堆栈的栈顶。例如，将堆栈建立在 RAM 的 60H 地址处，使用进栈指令 PUSH A 将 A 的内容存入堆栈后 SP 的内容自动加 1 变为 61H，再执行进栈指令 PUSH B 将 B 的内容推入堆栈后 SP 的内容又自动加 1 变为 62H，然后再使用出栈指令 POP B 将 B 的内容推出堆栈后 SP 的内容又自动减 1 变为 61H，堆栈变化的情况如图 1.13 所示。

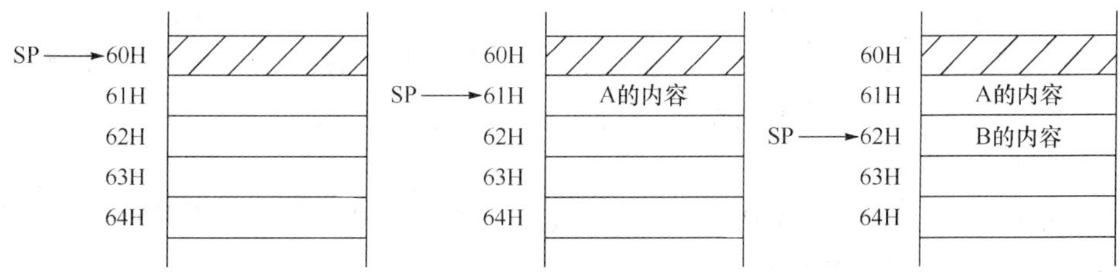

图 1.13　堆栈变化的情况

1.3.5　输入/输出接口

1. 输入/输出接口的功能

输入/输出接口是为解决 CPU 与输入/输出设备之间的不匹配、不协调而设置的，它处于总线与输入/输出设备之间，一般具有下述基本功能：

(1) 解决 CPU 与输入/输出设备之间工作速度不匹配问题

CPU 的工作速度很高，而输入/输出设备工作速度一般要低得多，通过输入/输出接口的数据缓冲，可以解决 CPU 与输入/输出设备之间的工作速度矛盾。方法是事先把要传送的数据保存在锁存器和缓冲器中，在联络信号的控制下实现数据的传送。

对于输出接口，可事先将要输出的数据送到输出接口的锁存器中，等输出设备准备好后再把数据取走。

对于输入接口，可先把要输入的数据接收到输入接口的缓冲器中，再发联络信号通知 CPU，CPU 发出选通命令将数据从缓冲器中取走。

(2) 信号电平的转换

CPU 所使用信号的是 TTL 电平，而许多输入/输出设备的信号往往不是 TTL 电平。

对这种情况,可通过在接口中设置电平转换电路加以解决。

(3) 信息格式的转换

CPU 在总线上能够发送或接收的数据是 8 位、16 位、32 位并行数据,往往与输入/输出设备使用的数据格式不一样,接口要承担信息格式的转换任务。

例如,来自输入设备的是串行数据,则在输入接口中要设置串-并转换电路。如果输入设备送来的是模拟信号,则需要 A/D 转换接口将模拟量信号转换为 CPU 所能接受的数字信号。

(4) 实现 CPU 与输入/输出设备同步工作

输入/输出设备都有自己的工作时序,一般与 CPU 的工作时序并不一致。需要在接口中设置时序控制电路和握手联络信号使 CPU 与输入/输出设备同步工作。

2. CPU 与输入/输出设备之间的数据传送方式

尽管输入/输出设备多种多样,归纳起来,CPU 与输入/输出设备之间的数据传送有四种方式:无条件传送、查询传送、中断方式、DMA 方式。

(1) 无条件传送方式

对于输入/输出设备一直处于准备就绪状态的情况,CPU 可以不必查询输入/输出设备的状态直接进行数据传送,即当 CPU 从输入设备输入数据时,不必查询输入设备是否准备就绪,直接执行输入指令输入数据;当 CPU 向输出设备输出数据时,不必查询输出设备是否已进入准备接收数据状态,直接执行输出指令就可输出数据,这种方式称为无条件传送。这种传送方式是最简单的传送方式,接口所配置的软硬件最少。

(2) 查询传送方式

大多数输入/输出设备与 CPU 的工作节奏存在差异,CPU 要读取数据时输入设备可能没准备就绪,CPU 要输出数据时输出设备可能处于忙状态而不能接收数据,所以 CPU 在传送数据前必须先查询输入/输出设备的状态,当输入/输出设备准备就绪后再进行传送,如果未就绪则 CPU 就进行等待。这种数据传送方式称为查询传送方式。采用这种方式工作的接口应该有监听输入/输出设备状态的机制,先读取状态信息进行判断,再进行数据传送,如图 1.14 所示。

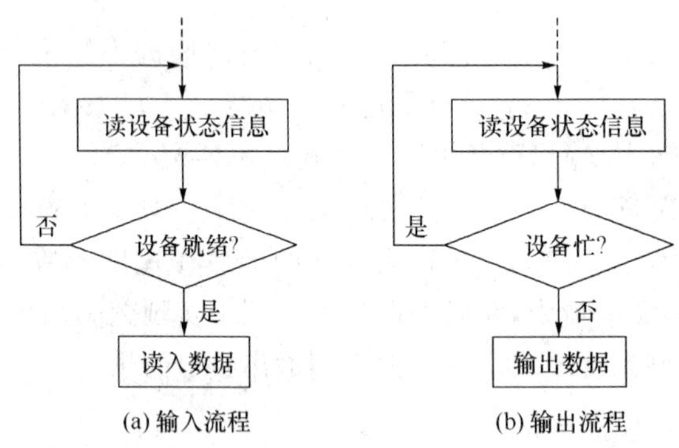

图 1.14　查询传送方式工作流程

(3) 中断传送方式

查询传送方式解决了输入/输出设备与 CPU 的工作节奏不同时的数据传送问题,但在查询方式下,CPU不断地读取输入/输出设备的状态信息,如果输入/输出设备没有准备好,CPU就必须等待。这种查询等待过程占用了CPU大量的工作时间,造成了CPU资源的浪费。此外,如果CPU要与多个输入/输出设备交换数据,CPU只能轮流对每个输入/输出设备进行查询,而不能及时响应输入/输出设备的随机性服务请求。

为了改变这种局面,可以采用中断方式。在中断传送方式下,不需要CPU查询输入/输出设备的状态,当输入设备准备好输入数据或输出设备准备好接收数据时,主动向CPU发出中断请求,CPU响应该中断请求,暂停现行的工作与输入/输出设备进行一次数据传送,传送数据完成后,CPU继续进行原来的工作。

实际上,中断传送方式就是输入/输出设备中断CPU正在执行的程序(通常称为主程序),而去执行一个输入/输出处理程序,处理完成后再返回主程序的过程。该处理程序称为中断服务程序,被中断的程序的下一条指令的地址称为断点。为保证中断服务程序执行完后能正确返回断点处继续执行,在转去执行中断服务程序前必须保存好断点,在返回主程序时再恢复断点,这一过程与调用子程序类似。通常将发出中断请求的设备称为中断源,将中断服务程序的首地址称为中断服务程序入口地址,中断过程如图1.15所示。

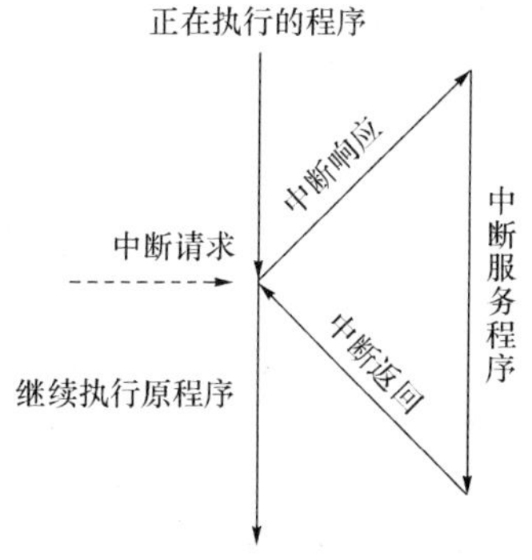

图1.15 中断过程示意图

当一个系统有多个中断源时,会出现同时有几个中断源同时发出中断请求的情况,一般计算机的中断系统都具有中断优先权管理机制,使CPU响应中断优先级最高的中断源发出的中断请求。

另外,还可以使用软件控制CPU对中断的响应,如果不想让CPU响应中断,可将CPU设置为中断屏蔽状态,这时即使有中断请求,CPU也不会响应中断;当允许CPU响应中断时,可让CPU开放中断。

以上可以看出,在以中断方式传送数据时。CPU和输入/输出设备处于并行工作状态,CPU不用查询输入/输出设备的状态,而执行别的任务,只有在输入/输出设备准备就绪并发出中断请求时,CPU才对输入或输出设备提供服务,服务完成后CPU又去做自己的事情,这样就大大提高了CPU的工作效率。

需要说明的是,中断是计算机中非常重要的概念,中断不仅可以用于数据传送而且可以用于处理随机事件和定时事件,有关中断的具体内容后续章节将进一步介绍。

(4) DMA传送方式

当输入/输出设备与内存之间需要大量传送数据时通常采用DMA方式(直接数据传送

方式）。在这种方式下，CPU 交出控制权，由 DMA 控制器控制数据传送，使输入/输出设备与内存之间利用总线直接传送数据，而不经过 CPU 中转，所以在大量传送数据时速度很快。

1.4 计算机中的信息表示

由于计算机内部只能存储和处理二进制代码，所以数据、字符、汉字、指令、地址等信息在计算机中都用规定好的二进制代码表示，下面将介绍数据和字符在计算机中的表示方法。

1.4.1 计算机中无符号整数的表示

一个数据在计算机中的表示称为机器数。在计算机中，无符号整数用二进制数表示，例如 2 的 8 位机器数为 00000010，2 的十六进位机器数为 0000000000000010；127 的 8 位机器数为 01111111，127 的 16 位机器数为 0000000001111111。8 位机器数表达无符号整数的范围为 0～255；16 位机器数能表达无符号整数的范围为 0～65 535。

由于计算机中存储数据的基本单位为字节，一个字节为 8 位二进制数。计算机处理数据的单位(称为字长)一般都选为字节的整数倍，如 8 位、16 位、32 位，这样对应的一个字分别包含一个字节、两个字节、四个字节。当位数较多时，用二进制表示不便于人们读写和记忆。而每 4 位二进制数可以用 1 位十六进制数表示，将二进制数用十六进制表示是比较方便的。例如 00000010 可表示为 02H，0000000000000010 可表示为 0002H；01111111 可表示为 7FH，0000000001111111 可表示为 007FH。其中十六进制数的后缀 H 代表该数为十六进制数。另外，十六进制数也可以加前缀 0x 表示，例如 00000010 用 0x02 表示，01111111 用 0x7f 表示。

计算机在内存中数据存储的地址是用无符号整数表示的，为了表达简捷也常写成十六进制。在图 1.16 中存放 00000010 的内存单元地址为 50H，存放 01111111 的内存单元地址为 51H。

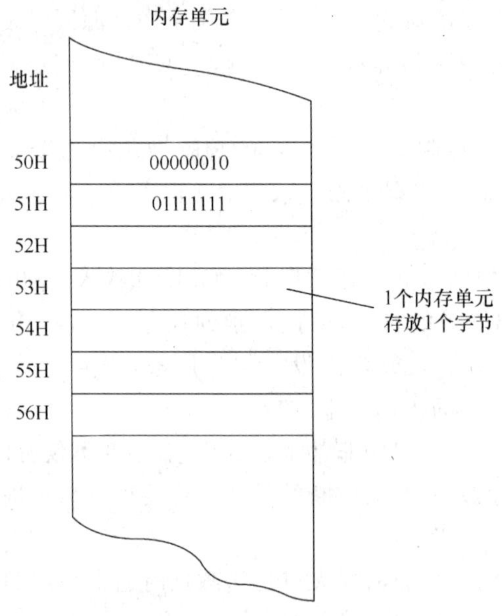

图 1.16　内存单元地址的表示

1.4.2 BCD 码

计算机用二进制表示数，而人们习惯于十进制的表示方式。如果让每 4 位二进制数表示 1 位十进制数，则更接近人们十进制的表示习惯。采取这样表示形式后，0～9 的十进制数用 0000～1001 表示，10～15 的十进制用 00010000～00010101，无符号整数的这种表示称为数的 BCD 码（二-十进制）表示。十进制数 0～15 的二进制、十六进制、BCD 码表示如表 1-1所示。

由于十进制数 0～9 可以用 0000～1001 表示，而在内存中的数据是以字节（8 个二进制位）为单位存放，所以 BCD 码在内存中存放有两种方式，一种为一个字节存放一个 BCD 码，另一种为一个字节存放两个 BCD 码，由于后者存放信息紧凑故称为压缩 BCD 码，如十进制数 32 的压缩 BCD 码可以表示为 0011 0010。

表 1-1 十进制数 0～15 的二进制、十六进制、BCD 码表示

十进制	二进制	十六进制	BCD 码
0	0000	0	0000
1	0001	1	0001
2	0010	2	0010
3	0011	3	0011
4	0100	4	0100
5	0101	5	0101
6	0110	6	0110
7	0111	7	0111
8	1000	8	1000
9	1001	9	1001
10	1010	A	0001 0000
11	1011	B	0001 0001
12	1100	C	0001 0010
13	1101	D	0001 0011
14	1110	E	0001 0100
15	1111	F	0001 0101

1.4.3 计算机中有符号整数的补码表示

在计算机中不但数值是用二进制表示，数的符号也用二进制代码表示，对有符号数一般用最高有效位表示数的符号，正数用 0 表示，负数用 1 表示。

在补码表示法中，正数用符号位后加绝对值表示，例如，000000010 的最高有效位 0 表示该数为正数，符号位后的 0000010 表示数值为 2，即 00000010 表示＋2。

当用补码表示负数时要麻烦一些。例如－2 的补码为 11111110。它是通过将该负数对应的正数的补码按位求反，再在末位加 1 得到的。

因为补码的最高位用来表示数的符号，所以 8 位补码能表示数的范围为－128～＋127。

【例 1.1】 求－15 的 8 位补码表示。

解：－15 对应的正数为＋15，可以写为：

00001111

按位求反得：11110000

末位加 1 得：11110001

－15 的 8 位补码为：11110001

采用补码表示数的另一个优点是可以将减法转化为加法运算，这样在 CPU 中构建一个加法器既可完成加法运算又可进行减法运算，从而节省了硬件电路。

1.4.4 计算机中字符的表示

计算机处理的信息并不全是数据，有时还需要处理字符，例如英文字符 A、B、C、…、X、Y、Z，数字字符 0、1、2、…、7、8、9，专用字符＋、－、*、/、空格等。

这些字符只能用二进制代码表示。一般计算机中采用 ASCII 码（美国信息交换标准代码）来表示字符。例如，大写字母 A 用 01000001(41H)表示，小写 a 用 0110001(61H)表示，大写字母 Z 用 01011010(5AH)表示，运算符号＋用 00101011(2BH)表示。表 1-2 列出了部分常用字符的 ASCII 码值，更全面的字符 ASCII 码值表请参见附录 A。

在表 1-2 中，可以发现有些字符的 ASCII 码值有一定的规律，如大写字母 A 的 ASCII 码值为 41H、B 的 ASCII 码值为 42H、C 的 ASCII 码值为 43H……；字符 0 的 ASCII 码值为 30H、1 的 ASCII 码值为 31H、2 的 ASCII 码值为 32H。掌握这些规律有利于记忆字符的 ASCII 码值。

另外还有一些操作动作也可用 ASCII 码表示，如换行(LF)用 ASCII 码 0AH 表示，回车(CR)用 ASCII 码 0DH 表示。

表 1-2 部分常用字符的 ASCII 码值

字符	ASCII 码	字符	ASCII 码	字符	ASCII 码	字符	ASCII 码
0	30H	A	41H	a	61H	SP(空格)	20H
1	31H	B	42H	b	62H	CR(回车)	0DH
2	32H	C	43H	c	63H	LF(换行)	0AH
…	…	…	…	…	…	BEL(响铃)	07H
8	38H	Y	59H	y	79H	BS(退格)	08H
9	39H	Z	5AH	z	7AH	ESC(换码)	1BH

1.5 单片机概述

CPU 芯片、若干个内存和接口芯片、总线等组成了微型计算机。如果将 CPU、内存、接口电路集成在一片集成电路上就构成了单片机。单片机又称微控制器(MCU)，它具有体积小、可靠性高、成本低、控制功能强、易于嵌入到各种设备中的优点，在机电产品、工业控制、智能仪表、家用电器、交通运输等领域中得到了广泛的应用。

典型单片机的外观如图 1.17 所示。从外观上看它就是具有多个引脚的集成电路芯片。但不要小瞧它，它一个五脏俱全的微型计算机，它的作用就相当于 PC 的主板，配上电源、时钟和复位电路以及外围电路和设备就可构成各种各样的应用系统。与 PC 不同，它可以完全根据具体应用需要嵌入到设备和仪器中，默默地发挥作用。例如在自动洗衣机中用它来控制洗衣的过程，在智能玩具中控制玩具的各种动作。由于人们在生活和生产中大量使用各种各样的设备，所以单片机的应用空间十分广阔。

图 1.17　典型单片机的外观图

1.5.1　单片机的典型硬件结构

图 1.18 是一个典型的单片机硬件结构图。在一块单片机芯片中，除了 CPU 之外还包括 RAM、ROM、串行接口、并行接口、定时器、中断控制器，它们通过内部总线连接起来。与微型计算机中的 CPU 芯片不同，单片机是一个可以独立工作的计算机系统，只要配上时钟和复位电路及具体应用的输入/输出部件，编制好应用程序，它就可实现各种应用功能。

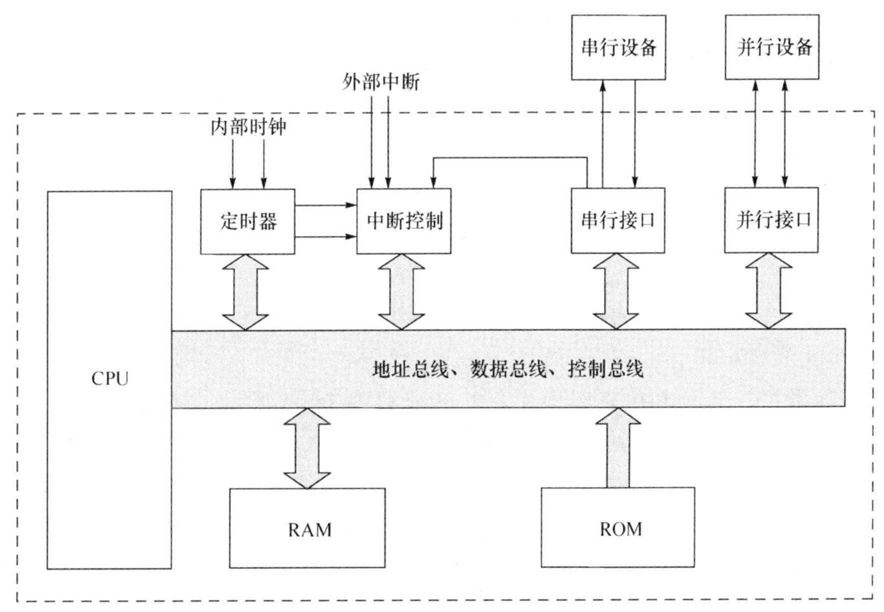

图 1.18　典型的单片机硬件结构图

1.5.2 单片机与微型计算机的比较

单片机与普通微型计算机相比，具有如下差异：

(1) 普通微型计算机(PC、笔记本计算机)主要是用于数值计算和信息处理，而单片机一般被嵌入到各种设备中用于完成各种控制任务，其控制功能较强。

(2) 普通微型计算机的计算速度越快、存储容量越大，其数值计算和信息处理能力越强，所以它一般采用较高速度和较长字长的CPU(目前采用的有16位、32位、64位字长)，配置较大存储容量的内存储器(几百KB～几GB)。而由于单片机一般被嵌入到各种设备中，受体积、功耗、成本等因数的限制，它一般只具有较小容量的片内存储器(几KB～几十KB)，常用单片机的字长有8位和16位。

(3) 普通微型计算机数据处理的基本单位为字节。而单片机具有较强的位处理能力，可以很方便地进行位操作，这对电路的通断控制、继电器的吸合与释放控制、逻辑信息的判断非常合适。

(4) 普通微型计算机配备有丰富的软件资源，如视窗操作系统、各种应用软件、各种高级语言。而单片机不配备操作系统或配备功能有限的微型操作系统。它的应用程序一般直接控制低层硬件的输入/输出功能。

(5) 普通微型计算机配备有良好的人-机接口设备，如键盘、鼠标、显示器、打印机，应用程序的开发可以很方便地在本机上进行。而单片机自身不具备开发的平台，应用系统的开发一般要借助普通微型计算机和仿真器进行，程序的编辑、编译、仿真调试需要在普通微型计算机和仿真器构成的开发系统上进行，编译调试好应用程序的二进制代码再传送到单片机中(该过程称为下载)，然后在单片机上执行。

(6) 普通微型计算机一般在办公室或家庭中使用，工作环境优越，对其可靠性、抗干扰能力没有过高的要求。而单片机被嵌入到各种设备中，应用场合多种多样，单片机的可靠性和抗干扰能力较普通微型计算机强，而且对一些应用环境较差或要求高的情况，设计单片机应用系统时还要进一步采取措施提高系统的可靠性和抗干扰能力。

1.5.3 单片机应用系统开发方法

由于单片机自身没有开发能力(也称为无自举开发能力)，所以必须借助单片机开发系统进行开发，通常使用普通微型计算机和仿真器构成开发系统，这时普通微型计算机称为宿主机，单片机称为目标机。

利用普通微型计算机和仿真器构成开发系统如图1.19所示。仿真器与普通微型计算机的RS-232C串行接口、并行接口或USB接口连接，仿真器的仿真头插入单片机应用系统的单片机位置。仿真器能够仿真欲开发的单片机应用系统的CPU、存储器、I/O端口操作。在普通微型计算机上安装某种集成开发软件(也称为集成开发环境)，如Kiel μVision 2，利用它可以进行应用程序的编辑、汇编/编译、仿真运行调试。仿真运行调试好的程序还需要写入单片机的程序存储器中，传统的方法是使用编程器来完成这一工作的。

随着单片机技术的发展，近年来出现了可以在线编程的单片机。这种单片机的几个与编程和仿真有关的引脚经电平转换/时序控制电路后与普通计算机的RS-232C串行接口或USB接口连接后，可以将程序从普通微型计算机直接下载到单片机的Flash程序存储器中对目标系统的进行调试，省掉了编程器及仿真器，如图 1.20 所示。这种方法方便、经济，已经成为单片机应用开发的一个发展趋势。

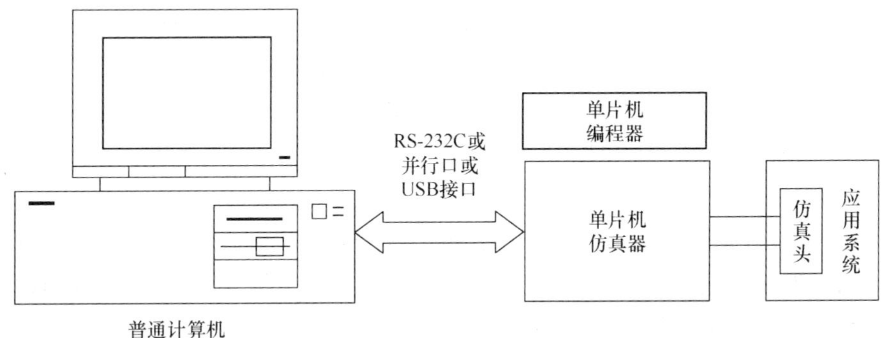

图 1.19 利用普通微型计算机和仿真器构成的单片机开发系统

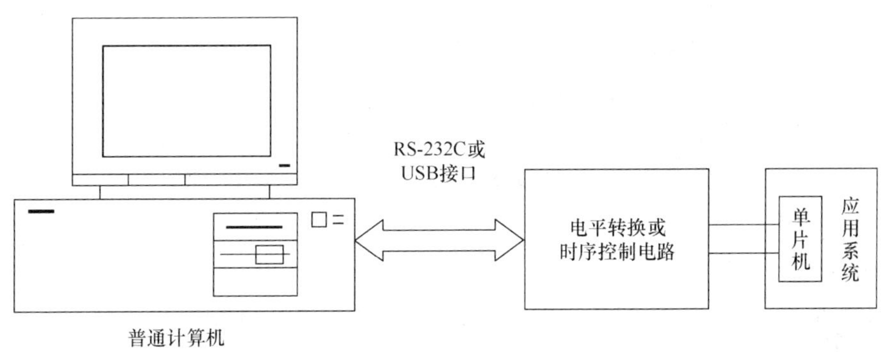

图 1.20 普通微型计算机与具有在线编程功能单片机构成的单片机开发系统

1.5.4 主要的单片机产品

自从 1976 年美国 Intel 公司首先推出单片机产品以来，各半导体厂商推出了多种系列和型号的单片机产品，下面介绍一些在国内广泛使用的主要单片机系列产品。

1. 51 系列单片机

MCS-51 系列单片机最早由美国 Intel 公司推出的 8 位单片机系列产品，比较典型的产品是 8051。后来多家公司购买了 8051 单片机的内核技术生产具有自己特色的单片机产品，例如 Ateml 公司的 AT89C51/52 单片机、Philips 公司的 P87C51/52/54/58 单片机。由于这些单片机产品采用 8051 的内核，与 MCS-51 单片机兼容，所以统称为 51 系列单片机。目前，51 系列单片机在全球产量最大、应用最广泛，是单片机的主流产品。

2. 96 系列单片机

为了提高单片机的运行速度和数据处理能力，继 MCS-51 系列 8 位单片机后，Intel 公司在 20 世纪 80 年代又推出了 16 位的 96 系列单片机。与 MCS-51 系列单片机相比，96 系列单片机具有更高的运算速度、更丰富的内部资源、更高效的指令系统。但由于性价比与 51 系列单片机相比没有明显的优势，所以并没有得到广泛的应用。

3. AVR 系列单片机

AVR 系列单片机是美国 Ateml 公司 1997 年推出的 8 位单片机产品。与 AT89C51/52 单片机相比，它采用精简指令集、多寄存器结构，具有更强的数据处理能力，其工作电压为 2.7～6.0 V，可以在较低功耗下运行，它内嵌高质量的 Flash 程序存储器，支持在线编程，便于产品的调试、开发、生产、更新。AVR 系列单片机具有覆盖低端、中端、高端应用的不同型号产品，给单片机应用开发的选型带来了便利。

4. PIC 系列单片机

PIC 系列单片机是美国 MicroChip 公司的 8 位单片机产品。该系列单片机采用精简的指令集，具有较强的输入/输出驱动能力，运行速度快，工作电压和功耗低，价格便宜可靠性较高。其中，PIC12C508 单片机仅有 8 个引脚，是世界上最小的单片机，非常适合构成各种微小型应用系统。

5. MSP430 系列单片机

MSP430 系列单片机是美国德洲仪器公司（TI）推出的超低功耗 16 位单片机系列产品，特别适合使用电池供电或有低功耗需求的应用场合。它具有较高的性价比，支持在线编程和调试，片内集成了许多常用的接口，使得应用系统的硬件构成更加方便。此外，片内的 Flash 程序存储器内嵌自毁程序，当系统被非法破坏时，可以启动自毁程序将程序全部擦除，保护开发者的知识产权。

6. STM32 系列 32 位单片机

STM32 系列单片机是欧洲意法半导体公司在近年来推出的高性能、低成本、低功耗 32 位高档单片机产品。它采用 ARM Cortex-M3 内核，片内的 SRAM 可达 64 KB，Flash 最大可达 512 KB，CPU 的时钟频率可以达到 72 MHz，无论从片内内存的容量和处理速度都上了一个台阶。此外，意法半导体公司针对不同应用的个性化需要，设计了片内嵌入不同接口的各种型号 STM32 系列单片机，来满足不同的应用需要。特别是将一些物联网互联所要用到的网络接口集成在单片机内，为物联网系统的应用开发带来了极大的方便。

7. Freescale 单片机

美国飞思卡尔（Freescale）半导体公司，就是原来的摩托罗拉（Motorola）公司半导体产品部。于 2004 年从 Motorola 分离出来，更名为 Freescale。Freescale 系列单片机继承了 Motorola 系列单片机的衣钵，具有从低端到高端，从 8 位到 32 位全系列产品，最近还新推出 8 位/32 位管脚兼容的 QE128，可以从 8 位直接移植到 32 位，弥补单片机业界 8/32 位兼容架构中缺失的一环。Freescale 单片机的一个突出特点是在同样的运行速度下所用的时钟频率较英特尔（Intel）公司的单片机低得多，因此可以采用较低的时钟频率，从而使得高频噪声低，抗干扰能力强，更适合在恶劣环境下运行。

8. NXP 单片机

恩智浦（NXP）半导体公司的前身是总部位于欧洲荷兰的飞利浦半导体公司，2007 年飞利浦半导体公司更名为 NXP 半导体公司。飞利浦半导体公司早期生产 51 内核的 P89 系列 8 位单片机产品，在消费电子和汽车电子等领域得到了广泛的应用。近年来，NXP 公司致力于开发和生产采用 ARM Cortex-M0 和 Cortex-M3 内核的 32 位 LPC 系列单片机产品，其产品具有体积小、功耗低、高性能和低成本的特点。特别是恩智浦半导体公司首推的基于 ARM Cortex-M0 内核的单片机 LPC800，具备 32 位单片机功能却保留如 8 位单片机简单易用性，它或将以最大限度覆盖低端市场。

1.5.5 单片机的应用领域

由于单片机体积小、功耗低、价格低，能够实现各种各样的智能化功能，得到了广泛的应用。它的应用领域主要包括以下几个方面。

1. 机电产品

随着机电产品智能化的要求，单片机被越来越广泛地被嵌入在机电产品中。典型的产品有数控机床、各种医疗设备等。单片机作为机电产品中的控制器，充分发挥它的控制功能强、可靠性高、体积小等优点，大大提升了产品的功能，实现了机电产品的智能化。

2. 工业控制

单片机也广泛应用到各种工业控制中，单片机不仅能很方便实现开关量信号的采集与控制，而且在配备 A/D 与 D/A 转换接口后能完成模拟量的数据采集与控制。在工业控制中，利用单片机作为系统的控制器，各种控制算法可以通过软件来实现，能很方便地根据控制对象的特性采用不同的控制策略，达到期望的控制指标，从而提高生产效率和产品质量。

3. 智能仪表

与传统的模拟式仪表相比，在仪表中引入单片机能提高仪表的精度，提升仪表的功能，简化仪表的硬件结构，完成仪表的更新换代。近年来，基于单片机的智能化传感器和仪表不断出现，使传统的仪器仪表发生了根本的改变，促进了仪器仪表行业的发展。

4. 家用电器

家用电器也是单片机的一个重要应用领域，如智能洗衣机、空调机、电冰箱、数码相机、智能玩具、智能电视等都有单片机的身影出现。

5. 交通运输

近年来单片机在交通运输领域中的各种应用迅速增加，如交通指挥灯控制系统、交通诱导系统、IC 卡乘车自动收费系统、智能化停车场、导航仪等汽车电产品子、飞行黑匣子、航天测控系统等。

6. 作为分布式测控系统的前端模块

当构成具有较多测控点或较广分布区域的测控系统往往需要构成一个分布式系统，分布式系统由许多个前端模块和一个中心控制站构成。由于单片机具有成本低、可靠性高、通信方便的优点，非常适合作为分布式测控系统的前端模块使用。特别是近年来一些单片机集成了网络连接接口，非常适合构成传感器网络节点，使得单片机在当前兴起的物联网应用中发挥了重要的作用。

1.5.6 单片机的发展过程与趋势

单片机从诞生以来，发展十分迅速，其发展过程主要经历了如下三个主要阶段。

1. 8位单片机诞生和产品形成阶段(1976—1978)

1976年,美国Intel公司推出了MCS-48单片机,标志着8位单片机的诞生。紧随其后,Motorola公司、Zilog公司也推出了类似的单片机产品。该阶段单片机的主要特点是:在单个集成电路芯片上集成了8位CPU、存储器、I/O接口、定时/计数器、中断管理系统等部件,但其存储容量小,指令功能不强,无串行接口。例如,MCS-48单片机具有8位CPU、64B的RAM、1KB的ROM、27位并行I/O、一个8位定时/计数器和比较简单的中断管理系统。

2. 8位单片机性能完善阶段(1978—1982)

在该阶段形成了通用总线型单片机体系结构,单片机的指令趋于丰富和完善,具有较强的位操作功能,外围功能单元采用集中管理,存储器的存储空间得以扩大。例如,1980年Intel公司推出的MCS-51系列单片机集成有8位CPU、片内128B的RAM和4KB的ROM、可以扩展片外存储器最大寻址空间为64KB、4个8位并行接口、两个16位定时/计数器、能管理5个中断源2个优先级的中断管理系统、指令系统中设有位操作指令、可配置成具有8位数据总线和16位地址总线的总线型结构。

3. 单片机微控制化阶段(1982年至今)

1982年,Intel公司推出MCS-96系列单片机,标志着这个阶段的开始。该系列单片机与MCS-51单片机比较除了采用16位CPU外,还在片内集成了8路10位A/D转换器,1路D/A转换器和脉宽调制器、高速I/O接口部件,使得单片机更加方便应用于各种测控系统,故单片机的又一名称"微控制器"更能反映单片机的作用。此后,许多半导体厂商以MCS-51系列单片机8051为内核,将许多测控系统中经常使用的接口、先进的存储器技术和工艺技术融入到所开发的单片机中,生产了多种多样的单片机系列产品。同时,单片机的应用也得到了广泛和深入的发展。

目前,单片机正向着高性能和多品种方向发展,具体有如下主要发展趋势。

(1) 高性能化。采用精简指令集、流水线技术和多寄存器结构,增加数据总线的宽度,以大幅度提高CPU的处理速度。并增强位处理功能、中断和定时控制功能。近年来基于ARM内核32位单片机的出现,充分体现这种发展趋势。

(2) 片内存储大容量化。早期单片机的片内RAM只有几十个字节到几百个字节,ROM只有几千个字节。而新型存储大容量化单片机的片内RAM可达64 KB,ROM可达256 KB。它可直接用于需要较大存储容量的复杂控制场合,无须进行片外存储器的扩充。

(3) 程序存储器采用Flash和采用先进的系统仿真调试技术

相比早期单片机的ROM和EPROM型程序存储器,Flash型程序存储器可以方便地进行多次编程和修改,在系统开发阶段十分便利,因此被广泛采用。此外,随着技术的发展,一些单片机生产厂家推出了具有在系统编程(ISP)和在应用编程(IAP)功能的单片机,可以实现程序的在线编程,通过单片机的JTAG接口直接进行程序的仿真调试,摆脱了专用的编程器和仿真器,使单片机的应用开发更加方便。此外,单片机的软件仿真技术也有新的进展,英国Labcenter Electronics公司推出的仿真软件PROTEUS,可以实现单片机与外围电路一起仿真运行,能够形象地演示出单片机应用系统的运行结果,为单片机的学习者和开发者提供了非常好的仿真平台。

（4）外围电路内装化。随着集成电路集成度的不断提高，为将众多的外围电路集成到单片机内创造了条件。一些单片机制造商分别将 A/D 转换器、D/A 转换器、语音芯片、LCD 驱动器、DMA 控制器、PWM 波形发生器、网络连接等接口电路集成在单片机内，形成具有各种不同接口功能的单片机产品，而且根据应用需要推出含有不同接口电路的多品种产品供用户选择，例如，意法半导体公司基于 ARM Cortex-M3 内核生产的 STM32 系列单片机，提供了含有以太网接口的网络应用型单片机，含有 PWM 波形发生器适合于电机控制应用型单片机，固化了 ZigBee 协议栈的无线传感器网络应用型单片机，开发者通过合理的选型，能做到事半功倍，使得单片机应用系统的开发更方便，成本更低，系统的可靠性也得以提高。

（5）外围接口串行化。在很长的一段时间内，单片机一般是通过三总线的结构来进行扩展，这样必然导致单片机的对外引脚过多，单片机对外硬件连接比较麻烦，同时还增加了故障点。而 I^2C、SPI 串行总线的引入和一些并行外围器件的串行化，可以使得单片机的引脚减少，对外硬件连接得到简化。

（6）低功耗化。为了使单片机具有较小的功耗，CMOS 半导体生产工艺越来越广泛被采用。一些单片机还设置了空闲、休眠等多种节电工作方式，来节省电能消耗。例如，MSP430 单片机提供多种低功耗工作模式方式，典型的工作电流为 165 μA/MHz；最低休眠工作电流仅为 0.1 μA，为各种便携式和电池供电的嵌入式应用创造了良好的条件。此外，单片机的允许供电电压也越来越宽，单片机的供电电压一般在 3～6 V。低电压的单片机其供电电压可达到 1～2 V，0.8 V 供电的单片机已经问世。

习　　题

1. 微型计算机的硬件由哪几部分构成？简述各部分的作用。

2. 为什么计算机能一步步地自动执行存放在内存中的程序？

3. 微型计算机的内存储器有哪几种类型？它们各有什么特点？

4. 为什么单片机应用的开发者喜欢选用以 Flash 作为程序存储器的单片机？

5. 什么是堆栈？它有什么作用？

6. CPU 与输入/输出设备之间的数据传送方式有几种方式？哪一种方式 CPU 工作效率最高？为什么？

7. 什么是中断？举一个日常生活中发生的类似计算机中断过程的例子。

8. 在计算机内部采用什么表示信息？各举一个例子说明在计算机内部无符号整数、有符号整数、字符是如何表示的。

9. 分别写出字母 A、数字 1、回车动作的 ASCII 码，并总结出数字 0～9 和 26 个英文字母的 ASCII 码记忆规律。

10. 什么是单片机？单片机与 PC 相比具有哪些区别？在应用上有何不同？应用程序开发方法有什么差异？

11. 上网查询本书所列出的几种常用单片机产品的应用实例，写一篇有关单片机应用的报告。

12. 上网查询几种内部集成了以太网接口的单片机，列出它们的型号，简要说明其特点。

第2章

MCS-51系列单片机硬件结构

2.1 MCS-51 系列单片机概述

MCS-51 是采用美国 Intel 公司技术生产的一个单片机系列的名称。MCS-51 系列单片机有多种产品。从功能上,这些产品可分为基本型和增强型两类,通常用单片机芯片型号末尾数字来区分。型号末尾数字是 1 为基本型,例如 8031、8051、8751 等;型号末尾数字是 2 为增强型,如 8032、8052、8752 等。增强型与基本型的主要差异是片内数据存储器(RAM)和程序存储器(ROM)的存储容量与部分硬件资源的数量不同。

MCS-51 单片机的生产工艺有两种,一种为 HMOS 工艺(高密度短沟道 MOS 工艺),另一种为 CHMOS 工艺(互补金属氧化物 HMOS 工艺)。在 MCS-51 单片机的型号中凡带有字母 C 的均为采用 CHMOS 工艺生产的芯片,如 80C51、80C52、87C51 等;不带字母 C 的则为 HMOS 工艺生产。因为采用 CHMOS 工艺生产的芯片具有低功耗的优点,而且既能与 TTL 电平兼容又能与 CMOS 电平兼容,所以在单片机选型时应尽量采用 CHMOS 工艺生产的芯片,即型号中带有字母 C 的产品。MCS-51 系列单片机性能比较如表 2-1 所示。

表 2-1　MCS-51 系列单片机性能比较表

单片机类型	型号	片内存储器容量		其他资源			
		ROM	RAM	定时/计数器	中断源	串口	并口
基本型	80C31	无	128 B	2	5	1	4
	80C51	4 KB(PROM)	128 B	2	5	1	4
	87C51	4 KB(EPROM)	128 B	2	5	1	4
	89C51	4 KB(FLASH)	128 B	2	5	1	4
增强型	80C32	无	256 B	3	6	1	4
	80C52	8 KB(PROM)	256 B	3	6	1	4
	87C52	8 KB(EPROM)	256 B	3	6	1	4
	89C52	8 KB(FLASH)	256 B	3	6	1	4

80C51 是 MCS-51 系列单片机中一个典型产品,其他一些主流单片机制造商采用 8051 内核生产的产品其基本结构与 80C51 相同,如 Atmel 公司的 AT89S51、AT89S52、AT89C51、AT89C52 等,本书将以 80C51 为蓝本讲述 MCS-51 系列单片机。

2.2 MCS-51 单片机的基本硬件结构

为了进行单片机的应用开发，需要对单片机的硬件结构有所了解。下面将从单片机的内部结构、外部引脚功能以及芯片的内部资源三方面来认识 MCS-51 系列单片机。

2.2.1 内部结构框图

如图 2.1 所示，单片机从外观来看实际就是一个具有多个引脚的集成电路芯片，而芯片的内部结构是无法直观看到的。为了更好地使用单片机进行应用设计，需要从总体上理解单片机芯片内部的结构。如图 2.2 所示，单片机芯片内部主要包括以下组成部分：中央处理单元(CPU)、时钟电路、程序存储器(ROM)、数据存储器(RAM)、并行接口、串行接口、定时/计数器、中断系统以及内部总线。

图 2.1　单片机实物图

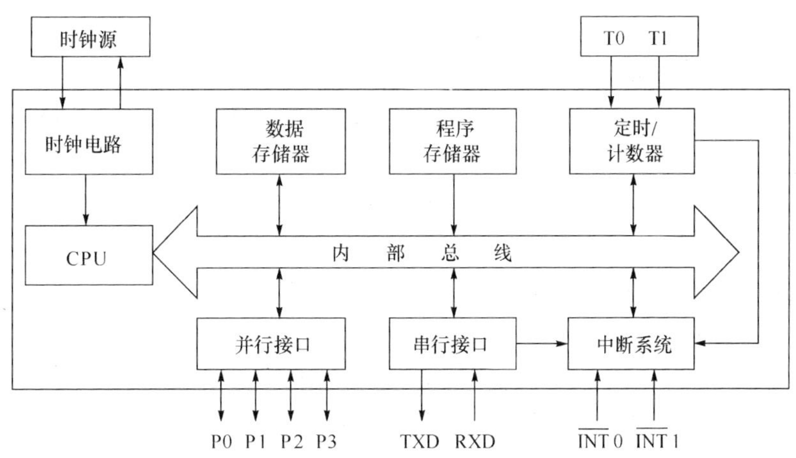

图 2.2　80C51 单片机的内部结构框图

(1) 中央处理单元(CPU)。它是单片机运算与控制的核心部分，如果把单片机比作一个人，那么 CPU 就好比是这个人的大脑。

(2) 时钟电路。主要用来向 CPU 提供工作的节拍。时钟电路每产生一个时钟节拍，CPU 就会完成一部分工作，CPU 的所有运算以及控制操作都是按时钟节拍进行控制来完成的。时钟电路就好比人的心脏，控制着整个 CPU 工作的节奏。

(3) 程序存储器(ROM)。用来存储由 CPU 执行的应用程序或者常数数据表(例如，平方表、立方表等)的二进制代码。

(4) 数据存储器(RAM)。用于保存应用程序以及单片机自身在运行过程中所要使用数据的二进制代码。例如,加法的两个加数以及所求得的和。程序和数据存储器好比大脑中的记忆体,用于存储各类相关信息。

(5) 并行接口。即并行输入/输出接口,也称为并行 I/O 口,简称并口。用于单片机芯片与外部设备同时交换多位二进制数据。例如,来自外部的 8 位二进制数据可以通过并口的 8 个 I/O 引脚同时进入单片机;另外,单片机也可以通过并口输出数据或控制信号。80C51 单片机具有 4 个并口,分别是 P0、P1、P2、P3,其中每个并口包括 8 个 I/O 引脚,所以最多可以输入和输出 32 位二进制数字信号。

(6) 串行接口。即串行输入/输出接口,也称为串行 I/O 口,简称串口。与并口相比,串口每次只能发送或接收 1 位二进制信息,如果要传送一个 8 位二进制数据,需要传送 8 次,但串行传送数据可使用较少的导线进行传输,硬件连接比较简捷。

(7) 定时/计数器。在 80C51 单片机内,给用户提供了两个定时/计数器 T0 和 T1,它们既可以作为定时器使用也可以作为计数器使用,具体功能可以由用户编程设置。在单片机应用时往往需要产生定时信号或对事件发生的次数进行计数,定时/计数器提供了这样的功能。

(8) 中断系统。在实际应用中,有些事件出现时需要单片机暂停现行的工作马上进行处理,待处理完事件后再继续进行被暂停的工作。中断系统为解决这类问题提供了有效的手段。80C51 单片机的中断系统可以处理来自外部的中断触发信号中断、串口中断、定时或计数器中断。

上述各组成部分通过内部总线紧密连接起来,形成一个麻雀虽小五脏俱全的计算机系统,再配上相应的外围电路就可实现各种各样的实际应用系统。

以上对单片机的内部组成部分,做了概要的描述,后续章节将对这些组成部分做进一步的深入讲解。

2.2.2 外部引脚功能

为了很好地应用单片机,除了了解单片机的内部结构外,还必须熟悉单片机的引脚功能。图 2.3 是 80C51 单片机的外部引脚图,它有 40 个外部引脚,下面将详细说明这些外部引脚的功能。

80C51 单片机的 40 个引脚按具体功能分为如下三大类。

1. 电源、地及时钟引脚

(1) 第 40 引脚(V_{CC}):单片机的电源引脚。通常在单片机的电源引脚与接地引脚之间,接+5V 直流电源,为单片机工作提供所需的电源。

(2) 第 20 引脚(V_{SS}):单片机的接地引脚。

(3) 第 18、19 引脚(XTAL2、XTAL1):单片机的时钟引脚。通常,时钟引脚外接晶体振荡器,构成单片机的时钟电路。

2. 并行接口引脚

并行接口引脚分为 P0 口、P1 口、P2 口和 P3 口共 4 个并口,其中每个并口又包括 8 个

I/O 引脚，因此单片机的 40 个引脚中有 32 个引脚是并行 I/O 接口引脚。如图 2.3 所示，P1 口包括的 8 个引脚是单片机第 1～8 号引脚（P1.0～P1.7），其他 3 个并口 P0 口、P2 口、P3 口，也可以从图 2.3 中找到具体的引脚，这里不再详述。在这些引脚上，当出现高电平信号时，对应数字信号为 1；当出现低电平时，代表数字信号为 0。

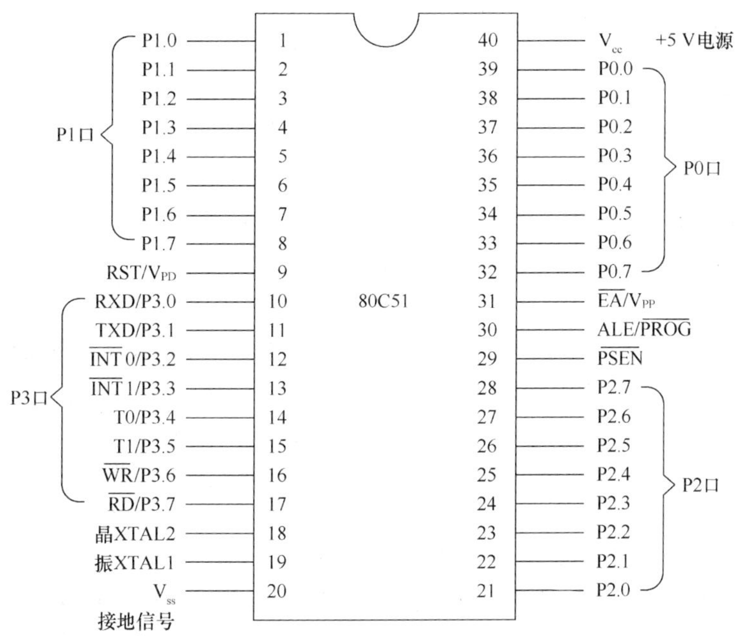

图 2.3 80C51 单片机芯片的引脚图

需要说明的是，为了减少单片机对外引脚的数量，MCS-51 系列单片机设计采用了引脚功能复用技术，即一些引脚具有两种功能，分别称为引脚的第一功能和第二功能。P3 口的 8 个引脚都是复用引脚，具有第二功能。其中 TXD(P3.1)和 RXD(P3.0)是串口通信的发送和接收引脚，在串行通信时使用；INT0(P3.2)和 INT1(P3.3)是两个外部中断信号输入引脚，当使用中断时用于连接外部中断触发信号；T0(P3.4)和 T1(P3.5)为单片机内部两个定时/计数器的输入端，用来作为计数器的计数输入。当然，在使用 P3 口的第二功能时，这些引脚就不能再作为并行 I/O 口使用了。

3. 控制引脚

此类引脚共计 4 个，其中有的引脚具有复用功能，在此简单介绍，初学者了解即可。

(1) 第 9 脚(RST/V_{PD})：RST 作为单片机的复位引脚，与复位电路连接；当使用第二功能时 V_{PD} 作为备用电源引脚，可以供 V_{CC} 引脚掉电时为单片机提供备用电源。

(2) 第 30 脚($ALE/\overline{PROG}$)：此引脚第一功能 ALE 可以作为低 8 位地址总线的锁存信号，在访问外部存储器时使用；它的第二功能$\overline{PROG}$用于 EPROM 程序存储器的编程。

(3) 第 29 脚($\overline{PSEN}$)：此引脚作为单片机访问外部程序存储器的读选通信号。

(4) 第 31 脚($\overline{EA}/V_{PP}$)：此引脚的第一功能$\overline{EA}$作为访问外部程序存储器的选通信号，而第二功能 V_{PP} 用于给 EPROM 存储器提供编程电源。当$\overline{EA}$引脚为低电平时，单片机只读取片外程序存储器中的程序，片内程序存储器不起作用；当$\overline{EA}$引脚为高电平时，单片机读取片内程序存储器中的程序，但当片内程序存储器容量不能完全放下用户程序时，单片机自动转向片外程序存储器继续读取程序。

以上介绍了 80C51 单片机的 40 个引脚的功能，随着学习以及应用的深入，会逐渐对这些引脚有更深刻的认识和理解。

2.2.3 内部资源

在学习了单片机的内部结构以及对应的外部引脚功能以后，下面归纳一下 80C51 单片机所具有的内部资源。

(1) CPU：1 个 8 位的 CPU，可以进行二进制数的算术运算和逻辑运算，同时完成单片机内部工作过程的控制，好比人的大脑。

(2) 时钟电路：给 CPU 提供工作节拍，控制工作节奏，好比人的心脏。

(3) 存储器：包括程序存储器(ROM)和数据存储器(RAM)，程序存储器用于存储用户程序及常数表；数据存储器用于存储数据、运算结果等信息，好比大脑中的记忆体。

(4) I/O 接口：包括 4 个 8 位的并行 I/O 接口和 1 个串行接口，分别用于以并行或串行的方式，实现单片机与外设间数据的输入和输出以及信号的控制。

(5) 定时/计数器：2 个 16 位可编程的定时/计数器，用于产生定时信号或对事件进行计数。

(6) 中断系统：5 个中断源，2 级中断优先权，用于处理外部或内部中断事件。

正是由于 MCS-51 系列单片机具有上述的计算资源和丰富的智能化功能，同时具有很低的成本，MCS-51 系列单片机得到了广泛的应用。

2.3 MCS-51 单片机的 CPU

在 MCS-51 系列单片机中，其核心组成部分就是 CPU(Central Processing Unit)。CPU 主要由运算器与控制器组成的。

2.3.1 运算器

运算器主要由算术逻辑单元(ALU)、累加器 A、寄存器 B 以及程序状态字寄存器(PSW)等部分组成。它主要功能是进行算术运算、逻辑运算和判断处理，以下将具体介绍运算部件各组成部分的功能。

算术逻辑单元(ALU)可以对 8 位二进制数据进行加、减、乘、除等基本的算术运算。同时，还可以进行“与”、“或”、“求反”、“异或”、“移位”等逻辑运算。

累加器 A 是一个功能很强的 8 位寄存器。CPU 在进行算术和逻辑运算时，大多需要先把一个数据放入 A 中，然后再进行运算，运算的结果也常常送到 A 中，所以累加器 A 是使用最频繁的寄存器。

寄存器 B 通常专用于配合累加器 A 进行乘法和除法的操作，除此之外也可以用作普通的寄存器来保存 CPU 处理的各类数据。

程序状态字寄存器(PSW)是一个 8 位 CPU 专用寄存器，用来保存各种运算结果的状态信息。例如,两个 8 位二进制数运算后结果有进位,则 PSW 的最高位(进位标志位)被置为 1;若无进位,则 PSW 的最高位被置为 0。PSW 寄存器中的每 1 位都有特定的含义。在程序执行中的一些跳转常常依据它们的状态进行,是单片机进行判断处理的基础。因此理解好 PSW 寄存器中的各位含义比较重要。图 2.4 表示了 PSW 寄存器中各位代表的含义。

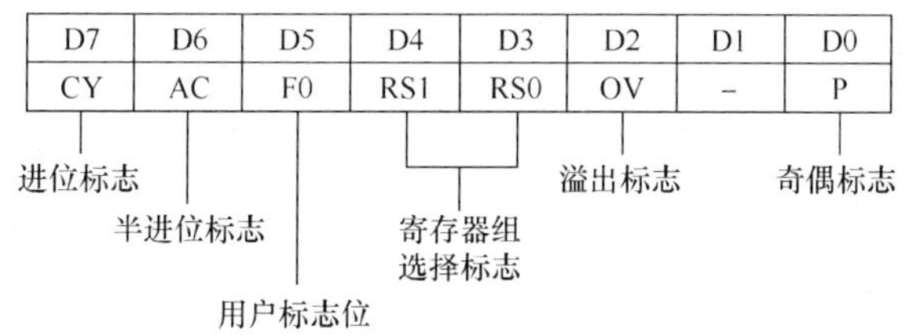

图 2.4 PSW 寄存器各位的含义

(1) D7 位是进位标志位,通常使用 CY 或者 PSW. 7 来表示。CY 位的含义是当 CPU 执行算术运算指令时,如果最高位有进位或借位时,则此位置为 1,否则为 0。另外,在一些位指令操作中,此位还可以作为位累加器。

(2) D6 位是辅助进位标志位,通常使用 AC 或者 PSW. 6 来表示。AC 位的含义是当两个 8 位二进制数进行加法或减法操作时,如果低 4 位二进制数向高 4 位二进制数有进位或借位时,则此位置为 1,否则为 0。

(3) D5 位是用户标志位,D5 位使用 F0 或者 PSW. 5 来表示。它可以由用户自主来使用,另外 D1 位没有定义,也可以作为用户使用的预留位。

(4) D4 位和 D3 位是寄存器组选择位,通常 D4 位使用 RS1 或者 PSW. 4 来表示,D3 位使用 RS0 或者 PSW. 3 来表示。这两个标志位值的 4 种组合,用来选择单片机的第 0 组~第 3 组(共计 4 组)工作寄存器(默认选择第 0 组)。例如,当 RS1 RS0=00 时,选择第 0 组工作寄存器;当 RS1 RS0=01 时,选择第 1 组工作寄存器;当 RS1 RS0=10 时,选择第 2 组工作寄存器;当 RS1 RS0=11 时,选择第 3 组工作寄存器(工作寄存器的内容后续介绍),具体如表 2-2 所示。

表 2-2 工作寄存器选择表

RS1 位的值	RS0 位的值	选择的工作寄存器组号
0	0	0
0	1	1
1	0	2
1	1	3

(5) D2 位是溢出标志位,通常使用 OV 或者 PSW. 2 来表示。OV 位的含义是当两个有符号 8 位二进制数进行算术运算时,如果结果超出-128~+127 的范围,则 OV 位置 1,否则清 0。通常,对于两个 8 位无符号数运算结果的溢出,采用 CY 位置 1 来表示,而不使用 OV 标志位表示。

(6) D0 位是奇偶标志位,通常使用 P 或者 PSW. 0 来表示。此位用来表示二进制运算结果中含有 1 的个数的奇偶性。如果 1 的个数是奇数,则 P 为 1,否则 P 为 0。常用奇偶校验的方法，来检测数据传输的可靠性。

下面通过例题，进一步理解 PSW 寄存器中各位的含义。

【例 2.1】 将两个有符号的 8 位二进制数 11101101 和 10001001 相加，结果保存在累加器 A 中，已知在运算前 OV=0，选择第 0 组寄存器，用户标志位为 F0=0，F1 取 0，请求出此加法运算结束后，PSW 寄存器各标志位的值。

如图 2.5 所示，两个有符号的 8 位二进制数 11101101 和 10001001 相加的结果为 01110110。由于在计算过程中最高位产生了进位，所以 CY=1，而低 4 位向高 4 位也有进位所以 AC=1，且由于是有符号运算且溢出，改变 OV 位，所以 OV=1，其中 01110110 中数字 1 的个数为 5 个，是奇数，所以 P=1，根据题目已知使用第 0 组寄存器所以 RS1=0，RS0=0，又知 F0 F1=00，因此 PSW 寄存器中 8 个二进制状态位的值为 11000101。

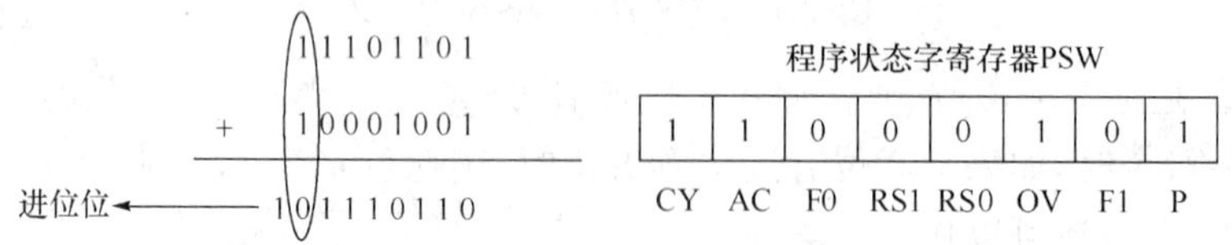

图 2.5 运算结果对标志位影响的例子

2.3.2 控制器

如果把 CPU 比作为大脑，那么控制器就好比大脑内的神经中枢，它按照单片机的时钟脉冲节拍控制 CPU 中的各硬件组成部分，指挥整个单片机的工作。控制器主要由指令寄存器(IR)、指令译码器、微操作控制电路、程序计数器(PC)等部分组成。控制器的主要功能是按照时序控制 CPU 的工作过程，对需 CPU 处理的指令进行译码，从而向单片机内的各硬件组成部分发出各种控制信号，使它们执行 CPU 发出的操作命令，以下将具体介绍控制器各组成部分的功能。

(1) 指令寄存器(IR)负责暂存从内存中取出来的指令，并为指令译码做好准备。

(2) 指令译码器用于将指令寄存器中的指令取出并进行译码，分析出指令要进行的各种操作。

(3) 微操作控制电路用于将指令译码器分析的结果向各功能部件(运算器、存储器、I/O 接口等)发出操作控制命令，从而执行该指令的相应功能。

(4) 程序计数器(PC)是 16 位的寄存器，专门用来存放下一条要执行指令的地址，CPU 每取出一条指令后，它的内容自动加 1。当 CPU 执行指令时，按照程序计数器 PC 中存放的地址，从程序存储器中取出要执行的指令代码，经指令译码器后由微操作控制电路发出控制信号，并由各功能部件(运算器、存储器、I/O 接口等)执行完相应的指令操作后，程序计数器会自动加 1 指向下一条指令在内存中的地址，为取程序的下一条指令做好准备。在执行转移指令、调用子程序、响应中断时，程序计数器不再加 1，而是自动将转移到的程序地址置入程序计数器 PC 中。这样，程序计数器 PC 不断自动形成下一条指令的地址，于是顺序存放在程序存储器中的程序就被一条条地执行，直到程序结束。

综上所述，通过控制器中的指令寄存器、指令译码器、微操作控制电路以及程序计数器等硬件组成部分的协调工作，使得程序能够自动执行。

2.3.3 CPU 的工作时序

通过前面的介绍，我们知道 CPU 是在时钟脉冲节拍的控制下完成对各种指令的处理功能。CPU 的工作时序是指 CPU 在处理指令的过程中，所特有的工作时间顺序，即在不同的时间顺序里完成了不同的工作。例如，CPU 取单/双字节的单周期指令的工作时序如图 2.6所示。为了解 CPU 取指令的时序，首先需要理解以下概念。

(1) 指令周期：是指每条指令的执行时间，不同指令的指令周期不同。

(2) 机器周期：用来衡量指令周期的长短。例如，在 80C51 单片机中，1 个指令周期通常由 1 个、2 个或 4 个机器周期所组成，只有乘、除法指令执行需要 4 个机器周期。

(3) 状态周期(用 S 表示)：是指 CPU 每次处理工作的最小时间单位，在 80C51 单片机中每个机器周期包含 6 个状态周期，图 2.6 中用 S1～S6 表示。

(4) 晶振周期(用 T 表示)：也称为振荡周期或时钟周期，是由单片机的晶体振荡器(简称为晶振)所提供的原始时钟周期，由于时钟信号是经过晶振信号二分频得到的，所以每个状态周期包含 2 个晶振周期，因此 1 个机器周期包含 12 个晶振周期。

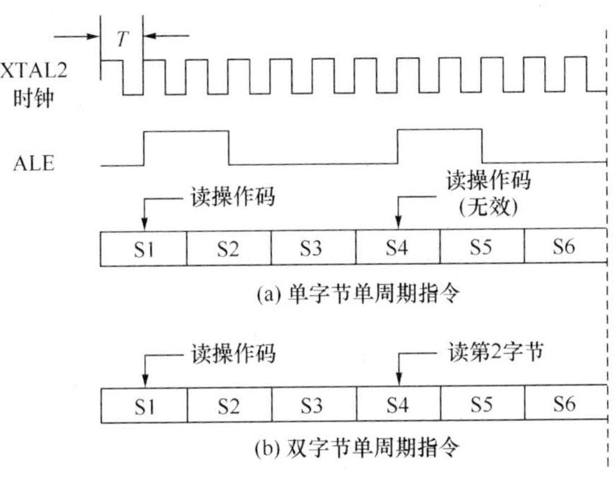

图 2.6 CPU 的取指令时序图

【例 2.2】 已知 80C51 单片机使用的晶体振荡器的频率分别为 6 MHz 和 12 MHz，试计算这两种情况下的机器周期与指令周期。

解：当使用的晶体振荡器的频率为 6 MHz 时有

晶振周期＝1/晶振频率＝1/6 MHz＝1/6 μs

时钟周期＝2×晶振周期＝2/6 μs

机器周期＝6×时钟周期＝2 μs

指令周期＝(1、2、4)×机器周期＝2、4、8 μs

当使用的晶体振荡器的频率为 12 MHz 时有：

晶振周期＝1/晶振频率＝1/12 MHz＝1/12 μs

时钟周期＝2×晶振周期＝2/12 μs

机器周期＝6×时钟周期＝1 μs

指令周期＝(1、2、4)×机器周期＝1、2、4 μs

由此可见，当单片机使用的晶体振荡器的频率为 6 MHz 时，执行一条指令的时间为

2 μs、4 μs 或 8 μs；晶体振荡器的频率为 12 MHz 时，执行一条指令的时间为 1 μs、2 μs或 4 μs。

2.4 MCS-51 单片机的存储器组织

通常单片机运行的程序和使用的数据都是以二进制的形式保存在存储器中，存储器就好比人类大脑中的记忆体，记忆了所有单片机工作需要使用的各种信息。从总体来看，存储器又分为程序存储器和数据存储器，下面将具体介绍。

2.4.1 程序存储器

程序存储器通常用来存放程序以及常数表等内容，它一般由 ROM、EPROM、EEPROM、FLASH ROM 半导体存储器具体实现，由于它存储的内容在程序运行时只能读出不能更改，通常也称它为只读存储器（ROM）。80C51 单片机的程序存储器的组织结构如图 2.7所示。

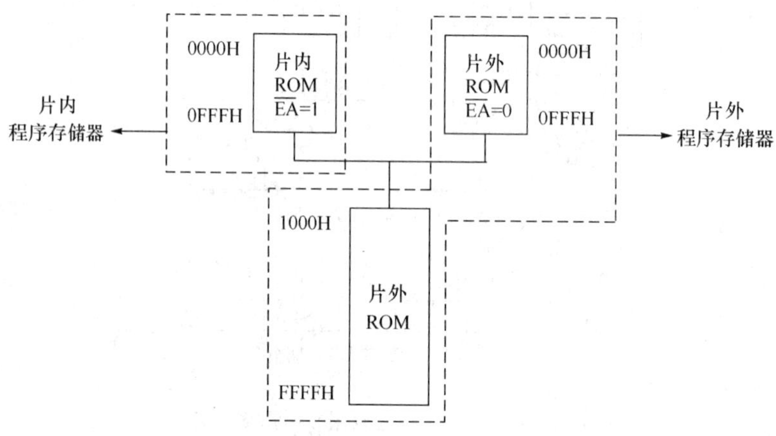

图 2.7 程序存储器组织结构图

单片机的程序存储器分为片内程序存储器和片外程序存储器两部分。片内程序存储器位于单片机芯片的内部，如 80C51 的程序存储器大小是 4 KB，地址的范围是 0000H～0FFFH。片外程序存储器位于单片机芯片的外部，通常是由一个或多个芯片构成，片外程序存储器最大为 64 KB 容量，地址的范围是 0000H～FFFFH。如图 2.8 所示是一种采用 EPROM 外扩的片外程序存储器实物图。

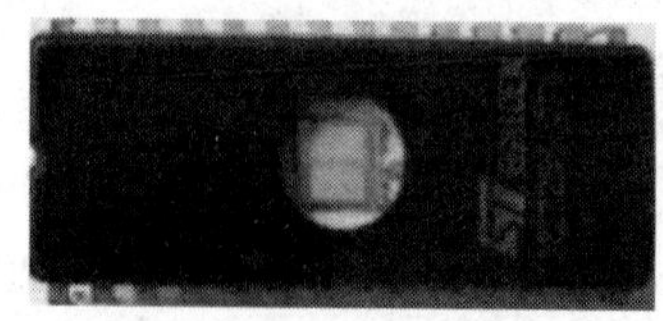

图 2.8 片外程序存储器 EPROM 实物图

在实际应用中,究竟是使用片内还是片外程序存储器呢? 通常,对于简单的单片机应用系统只要存储容量够用一般使用片内程序存储器就可以了,但是如果设计的单片机应用系统比较复杂,程序代码的容量超过了片内程序存储器的容量,这时就需要对原有的片内程序存储器进行容量扩展,使用片外的程序存储器。此时,应该注意单片机芯片引脚$\overline{EA}$(External Access)的设置,当使用片内程序存储器时,$\overline{EA}$引脚设置为高电平,当使用片外程序存储器时,$\overline{EA}$引脚设置为低电平。具体扩展方法,后续章节将详细描述。

另外,在程序存储器中还有一系列固定的中断入口地址,这些地址不能被其他程序指令所占用,而用来作为以下 5 种类型的中断服务程序的入口地址。

(1) 0003H:外部中断 0 的中断服务程序入口地址;

(2) 000BH:定时/计数器 0 的中断服务程序入口地址;

(3) 0013H:外部中断 1 的中断服务程序入口地址;

(4) 001BH:定时/计数器 1 的中断服务程序入口地址;

(5) 0023H:串行接口的中断服务程序入口地址。

当 CPU 响应中断时,会自动转到相应类型中断的入口地址处,来执行相应的中断服务程序。通常,在这些入口地址处并不直接存放中断服务程序,因为每两个入口地址间只有 8 个字节,无法存放大于 8 个字节的完整的中断服务程序。因此,一般在中断服务程序入口地址处存放一条跳转指令,跳转到真正中断服务程序的首地址处执行。

在使用程序存储器时,需要特别注意:单片机上电或复位后,程序计数器自动装入地址 0000H,于是单片机应用程序就从程序存储器的 0000H 地址处开始运行,而程序存储器的地址 0003H～002A 作为中断服务程序的入口地址不能被占用,所以一般应用程序在程序存储器的 0000H 内中存放一条跳转指令,而真正的应用程序从跳转到的地址处开始执行。

2.4.2 数据存储器

数据存储器通常用来存放各种运算数据和运算结果,它一般由 RAM(随机读写存储器)来承担。如图 2.9 所示,80C51 单片机的数据存储器也分为两部分,即片内数据存储器和片外数据存储器。

单片机的片内数据存储器位于单片机芯片的内部,它的存储容量一般较小。80C51 单片机的片内数据存储器存储容量是 128 B,若加上特殊功能寄存器区域的 128 B,共计 256 B,其地址范围是 00H～FFH。

片外数据存储器位于单片机芯片的外部,通常是由一个或多个芯片构成,存储器的容量最大也为 64 KB,地址范围是 0000H～FFFFH。图 2.10 是个片外数据存储器芯片的实物图。

下面详细介绍单片机的片内数据存储器,这部分是使用存储器中重要的一部分。如图 2.9所示,片内数据存储器主要被分为 4 部分:(1)地址 00H～1FH 这 32 个字节用来作为工作寄存器区。(2)地址 20H～2FH 这 16 个字节用来作为位寻址区。(3)地址 30H～7FH 这 80 个字节用来作为数据缓冲区。(4)地址 80H～FFH 这 128 个字节用来作为专用寄存器区,也称为特殊功能寄存器(SFR)区。下面将具体介绍这 4 部分。

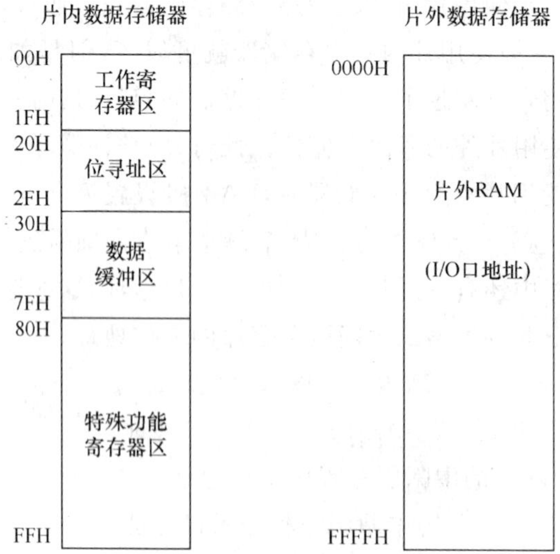

图 2.9　数据存储器的组织结构图

图 2.10　片外数据存储芯片的实物图

1. 工作寄存器区

该区域含有 4 个工作寄存器组，每个寄存器组有 8 个寄存器，共计有 32 个工作寄存器，每个寄存器都可用来存放 8 位二进制数，该区域的地址范围是 00H～1FH。其中第 0 组工作寄存器地址范围为 00H～07H、第 1 组地址范围为 08H～0FH、第 2 组地址范围为 10H～17H、第 3 组地址范围为 18H～1FH。每一组 8 个寄存器名称都为 R0～R7，单片机工作时只能使用这 4 组工作寄存器中的 1 组，默认使用第 0 组，如果想使用其他组寄存器，可以通过改变 PSW 寄存器中的 RS1 和 RS0 两位的数值来选择相应的工作寄存器组，RS1 和 RS0 与各寄存器组的对应关系如表 2-3 所示。例如，第 0 组工作寄存器中的 R1 寄存器，它在片内数据存储器的地址是 01H，因此向 R1 寄存器写数据，就相当于向 01H 这个内存地址单元写数据。实际上，一般只使用第 0 组的 R0～R7 作为工作寄存器，在特殊的快速保护现场或执行子程序需要时，才使用其他寄存器组。

表 2-3　工作寄存器地址表

组	RS1	RS0	R0	R1	R2	R3	R4	R5	R6	R7
0	0	0	00H	01H	02H	03H	04H	05H	06H	07H
1	0	1	08H	09H	0AH	0BH	0CH	0DH	0EH	0FH
2	1	0	10H	11H	12H	13H	14H	15H	16H	17H
3	1	1	18H	19H	1AH	1BH	1CH	1DH	1EH	1FH

2. 位寻址区

该区域在片内数据存储器中的地址范围是 20H～2FH，共计 16 字节即 128 个二进制位。位寻址区的地址如表 2-4 所示。位寻址区的每一位都可以按位寻址，并对它进行位操作。例如，要将 20H 单元的最高位(D7 位)置成 1，可以使用下面指令实现：

```
SETB  07H  ;指令 SETB 的操作是使某位置 1,07H 是 20H 单元的最高位的地址。
```

位寻址区的设置提高了单片机的位处理能力，为单片机应用到测控领域提供了很好的条件。当然，如果不使用该区域存储位信息，该区域可以作为数据缓冲区使用，存放字节数据。

表 2-4　位寻址区的地址表

字节地址	位地址							
	D7	D6	D5	D4	D3	D2	D1	D0
20H	07H	06H	05H	04H	03H	02H	01H	00H
21H	0FH	0EH	0DH	0CH	0BH	0AH	09H	08H
22H	17H	16H	15H	14H	13H	12H	11H	10H
23H	1FH	1EH	1DH	1CH	1BH	1AH	19H	18H
24H	27H	26H	25H	24H	23H	22H	21H	20H
25H	2FH	2EH	2DH	2CH	2BH	2AH	29H	28H
26H	37H	36H	35H	34H	33H	32H	31H	30H
27H	3FH	3EH	3DH	3CH	3BH	3AH	39H	38H
28H	47H	46H	45H	44H	43H	42H	41H	40H
29H	4FH	4EH	4DH	4CH	4BH	4AH	49H	48H
2AH	57H	56H	55H	54H	53H	52H	51H	50H
2BH	5FH	5EH	5DH	5CH	5BH	5AH	59H	58H
2CH	67H	66H	65H	64H	63H	62H	61H	60H
2DH	6FH	6EH	6DH	6CH	6BH	6AH	69H	68H
2EH	77H	76H	75H	74H	73H	72H	71H	70H
2FH	7FH	7EH	7DH	7CH	7BH	7AH	79H	78H

3. 数据缓冲区

该区域在片内数据存储器中的地址范围是 30H～7FH，共 80 个字节。此区域通常用来存放用户数据，也可供堆栈操作使用。

4. 特殊功能寄存器(SFR)区

该区位于片内数据存储器的地址范围是 80H～FFH，共 128 个字节。特殊功能寄存器区域安排了供管理和控制单片机内各硬件的相关寄存器。在这个区域中，共有 21 个特殊功能寄存器，它们的符号、名称、地址如表 2-5 所示。

表 2-5　特殊功能寄存器一览表

符号	名称	地址
A	累加器	E0H
B	B 寄存器	F0H
PSW	程序状态字	D0H
SP	堆栈指针	81H
DPTR	数据指针寄存器	82H、83H
DPL	数据指针低 8 位	82H
DPH	数据指针高 8 位	83H
P0	P0 口	80H
P1	P1 口	90H
P2	P2 口	A0H
P3	P3 口	B0H
IP	中断优先级控制寄存器	B8H
IE	中断允许控制寄存器	A8H
TMOD	定时/计数器方式寄存器	89H
TCON	定时/计数器控制寄存器	88H
TH0	定时/计数器 0 高 8 位	8CH
TL0	定时/计数器 0 低 8 位	8AH
TH1	定时/计数器 1 高 8 位	8DH
TL1	定时/计数器 1 低 8 位	8BH
SCON	串口控制寄存器	98H
SBUF	串口数据缓冲器	99H
PCON	电源控制寄存器	87H

21 个特殊功能寄存器中的累加器 A、寄存器 B、程序状态寄存器 PSW 已在 2.3.1 节做了介绍，下面再介绍其他特殊功能寄存器，剩余的特殊些功能寄存器将在后续相关章节中介绍。

(1) 堆栈指针(SP)：用于存放堆栈顶部的地址。堆栈通常在调用子程序和响应中断时使，凡是应用程序中含有子程序或使用了中断必须先设置堆栈指针，即给 SP 赋初值，一般堆栈设置在片内数据存储区的 30H 以后的区域。

(2) 数据指针寄存器(DPTR)：这是一个 16 位寄存器，通常用来存放一个片外数据存储器的 16 位地址，在访问片外数据存储器时使用。DPTR 还可以拆分为两个 8 位寄存器使用，这两个 8 位寄存器分别称为 DPH 和 DPL。

(3) P0～P3：对应 4 个并行口 P0～P3，对并行口的输入/输出操作就是对这些特殊功能寄存器的操作，使用起来非常方便。

(4) 串口数据缓冲器(SBUF)：单片机串行通信时使用，它既是串口数据发送的缓冲器也是串口数据接收的缓冲器。当发送数据时，将要发送的数据用程序写入到 SBUF 中，数据将自动发出；当串口接收到数据后，接收的数据被自动放入 SBUF 中，用程序从 SBUF 中取出的数据就是接收到的数据。

(5) 定时/计数器(T0 和 T1),80C51 单片机中有两个 16 位可编程的定时/计数器 T0 和 T1,在进行定时和计数控制时使用。它们各自由两个独立的 8 位寄存器组成,其中,组成 T0 的两个独立的 8 位寄存器为 TH0 和 TL0,用于存放 T0 的初值;组成 T1 的两个独立的 8 位寄存器 TH1 和 TL1,用于存放 T1 的初值。

2.5　MCS-51 单片机的并口

MCS-51 单片机具有 4 个并口,分别为 P0、P1、P2、P3。这四个端口都是双向的,既可以作为输入也可以作为输出,但它们的特性和的分工又有所不同,下面将进行详细的说明。

2.5.1　P0 口

P0 口主要有两种用途,一是在最小系统应用模式时作为通用并行输入/输出接口,二是在总线扩展系统时作为单片机外扩的数据总线和地址总线的低 8 位使用(分时复用)。

P0 口是一个 8 位端口,其中一位的内部结构如图 2.11 所示。P0 口由 1 个输出锁存器、2 个三态输入缓冲器、1 个输出驱动电路和 1 个输出控制电路构成。其中输出驱动电路由一对场效应管 T1、T2 组成。其工作状态受输出控制电路的控制。输出控制电路由 1 个选择开关、1 个"与"门、1 个反相器组成。

在 P0 口作为通用并行输入/输出接口使用时,选择开关置于 0 的位置,使输出驱动电路与输出锁存器连接,形成数据输出通道。另外,输入的数据也可以通过读引脚控制的三态输入缓冲器进入。

在 P0 口作为数据总线和地址总线的低 8 位使用时,选择开关置于 1 的位置,使输出驱动电路与数据总线或地址总线连接,形成数据总线或地址总线的信息。

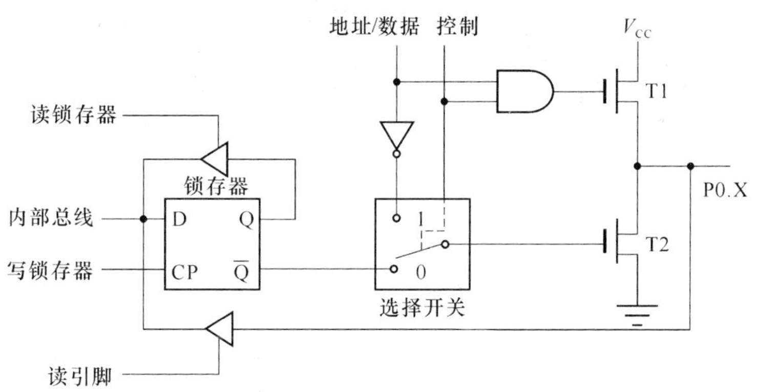

图 2.11　P0 口的内部结构图

2.5.2　P1 口

与其他并口不同,在 80C51 单片机中 P1 口只能作为通用输入/输出并行接口使用,没有第二功能。P1 口如图 2.12 所示。它由 1 个输出锁存器、2 个三态输入缓冲器和输出驱动电路构成。因为它只有一种功能，所以没有输出选择控制电路。另外，它的输出驱动电路与P0不同，上拉电阻R代替了P0口中的场效应管，上拉电阻的作用是加速端口的数据从0到1的转换过程，使端口的输出更稳定。

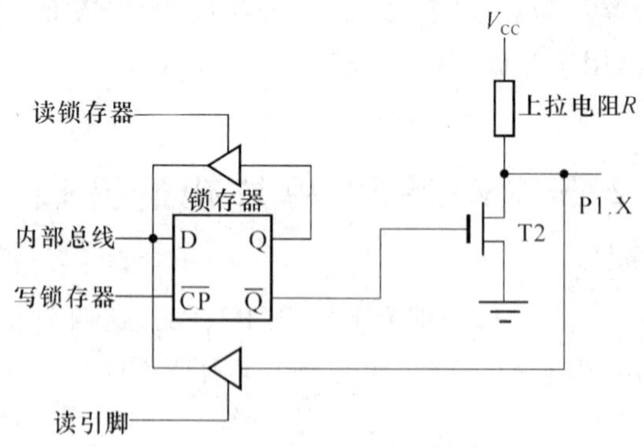

图 2.12　P1 口的内部结构图

2.5.3　P2 口

与P1口类似P2口具有两种用处，它的第一功能是作为通用输入/输出并行接口，第二功能是在总线扩展系统时作为单片机外扩的地址总线的高8位。

P2口的内部结构如图2.13所示。它由1个输出锁存器、2个三态输入缓冲器、1个输出驱动电路和1个输出控制电路构成。其中输出驱动电路与P0不同，上拉电阻R代替了P0口中的场效应管。

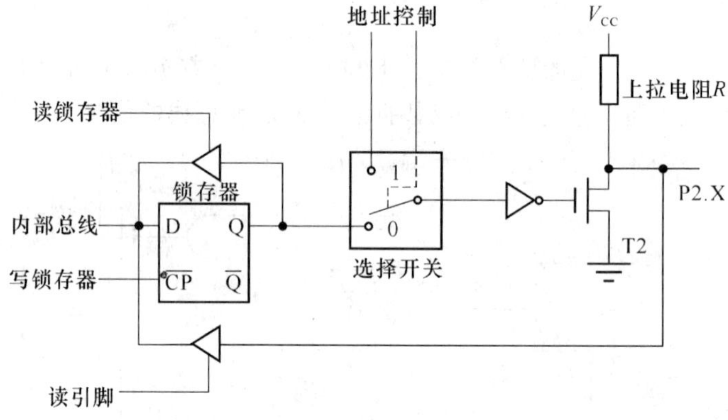

图 2.13　P2 口的内部结构图

2.5.4　P3 口

P3口的8个引脚都具有两种功能，其中第一功能是作为通用输入/输出并行接口，P3口的8个引脚的第二功能如表2-6所示。需要说明的是，当P3中的引脚作为第二功能时，就不能再作为输入/输出并行接口使用了。

表 2-6　P3 引脚的第二功能

引脚名称	第二功能
P3.0	RXD(串行输入口)
P3.1	TXD(串行输出口)
P3.2	$\overline{\text{INT0}}$(外部中断 0 输入口)
P3.3	$\overline{\text{INT1}}$(外部中断 1 输入口)
P3.4	T0(定时器 0 外部输入口)
P3.5	T1(定时器 1 外部输入口)
P3.6	$\overline{\text{WR}}$(外部数据存储器写选通)
P3.7	$\overline{\text{RD}}$(外部数据存储器读选通)

注：表中的$\overline{\text{INT0}}$、$\overline{\text{INT1}}$、$\overline{\text{WR}}$、$\overline{\text{RD}}$上面的"¯"代表此引脚的第二功能低电平有效。

P3 口的内部结构如图 2.14 所示。它由 1 个输出锁存器、3 个三态输入缓冲器、1 个输出驱动电路和 1 个"与非"门构成。"与非"门用于控制第一功能和第二功能的选择。

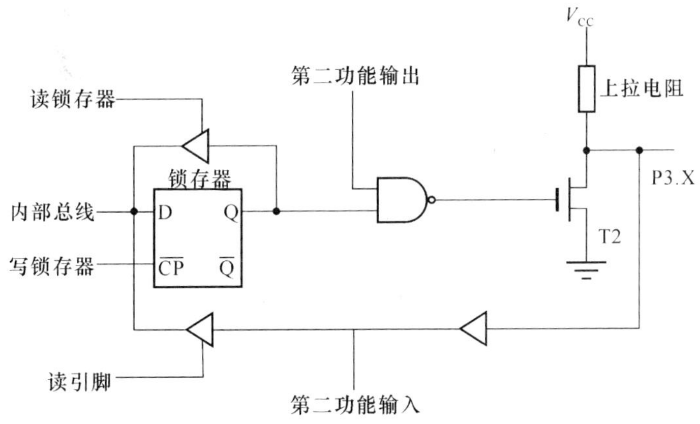

图 2.14　P3 口的内部结构图

2.5.5　并口的输出能力

当使用 P0、P1、P2、P3 作为输出并行接口时，需要考虑它的带载能力。

P1、P2、P3 接口的每一位可以直接驱动 4 个 LSTTL 负载，并且内部配有上拉电阻，应用时可以不外加上拉电阻；P0 可以驱动 8 个 LSTTL 负载，但 P0 与 P1、P2、P3 不同，由于在它的内部没有上拉电阻，所以用它作为输出接口时需要外接上拉电阻，上拉电阻的阻值一般取 10 kΩ，P0 接口某个管脚的上拉电阻接法如图 2.15 所示。

在使用 P0、P1、P2、P3 作为输出并行接口，当输出功率不大时，它可以直接连接负载；当输出功率较大时，则需要通过功率驱动器件来驱动。

另外，P0、P1、P2、P3 的输入/输出电平与 CMOS 电平和 TTL 电平兼容，当与电平不兼容的电路连接时，需采用电平转换电路或光电隔离电路。

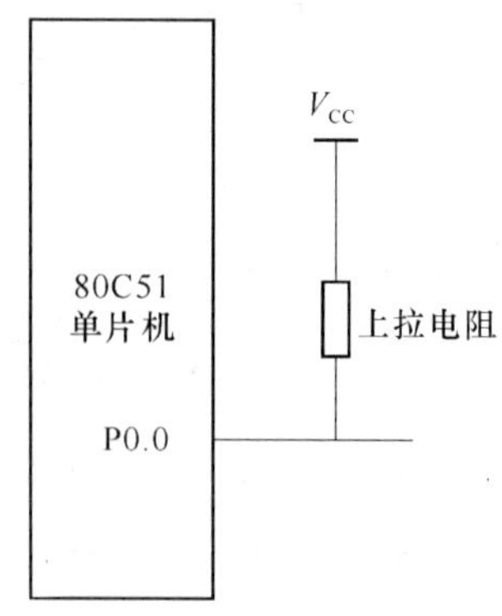

图 2.15　P0.0 输出时上拉电阻的接法

2.6　MCS-51 单片机的最小系统

使用 MCS-51 系列单片机进行应用系统开发设计时，通常有两种模式可以采用，一种是单片机最小系统，另一种是单片机总线扩展系统。总线扩展系统，使用单片机的 P0 和 P2 口作为向外扩展的地址总线和数据总线，连接片外存储器和扩展接口芯片，构成应用系统，一般在单片机片内资源不够用的情况下使用，MCS-51 系列单片机总线扩展系统方框图，如图 2.16 所示。

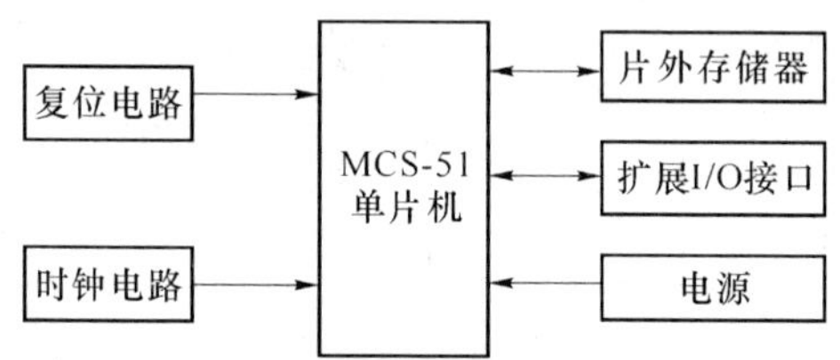

图 2.16　单片机总线扩展系统

如果不使用向外扩展的地址总线和数据总线，而构成的单片机应用系统称为单片机最小系统，如图 2.17 所示。单片机最小系统通常由单片机芯片、时钟电路、复位电路以及电源构成。在应用系统的设计过程中，由于最小系统使用的全部资源在单片机芯片内部，不需要使用其他外扩芯片，因此抗干扰能力强，系统性价比高，所以成为单片机应用系统设计的首选方案。下面将具体介绍最小系统的主要组成部分——时钟电路和复位电路的设计方法。

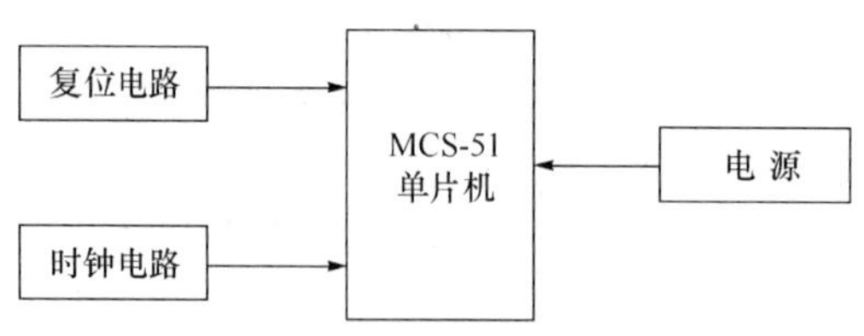

图 2.17　单片机最小系统

2.6.1 时钟电路

时钟电路是单片机产生工作节拍的电路，它控制着单片机的工作节奏。MCS-51 系列单片机的时钟电路设计有两种方式：一是内部时钟方式，二是外部时钟方式。具体如下。

1. 内部时钟方式

在 MCS-51 系列单片机的内部，有一个用于构成振荡器的高增益反相放大器。单片机芯片的引脚 XTAL1 为反相器的输入端，引脚 XTAL2 为输出端。放大器与作为反馈元件的片外连接的晶振和电容一起构成了一个自激振荡器，产生周期性脉冲信号，内部时钟方式的电路如图 2.18 所示。

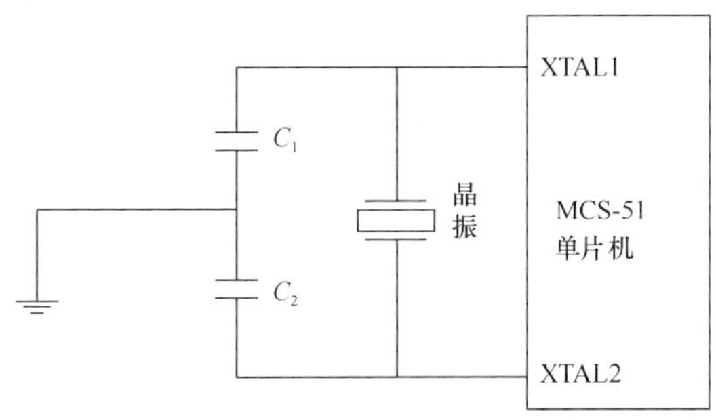

图 2.18 内部时钟方式的电路图

MCS-51 系列单片机的晶体振荡器的频率范围通常为 1.2～12 MHz，典型值为12 MHz 或 11.0 592 MHz。图中电容 C_1、C_2 主要作用是帮助晶体振荡器起振，同时起到频率微调和稳定的作用，它的值通常为 20～100 pF。当晶振的振荡频率为 12 MHz 时，电容的大小通常选择 30 pF。一般在设计单片机时钟电路时，多采用内部时钟方式。

2. 外部时钟方式

外部时钟方式是利用外部振荡器时钟源直接来连接单片机在 XTAL1 或 XTAL2 引脚。通常 XTAL1 接地，XTAL2 接外部时钟，由于考虑 XTAL2 的逻辑电平匹配，一般加一个 4.7～10 kΩ 的上拉电阻，如图 2.19 所示。一般外部时钟电路的设计方式使用较少。

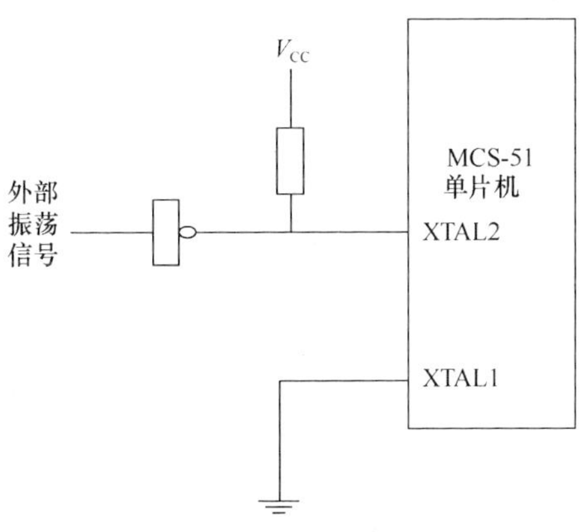

图 2.19 外部时钟方式的电路设计图

2.6.2 复位电路

MCS-51 系列单片机的复位电路是由单片机的复位引脚 RST 接入的，只要 RST 端保持高电平 10 ms 以上，就能使单片机有效复位。当单片机进入到复位状态时，单片机内部的所有硬件组成部分进行初始化，恢复到单片机的默认工作状态，并从程序存储器的 0000H 地址单元处开始执行程序。

复位电路包括上电复位电路和按键钮复位电路两种。图 2.20 所示的是上电复位电路。在上电的瞬间，RC 电路开始充电，RST 引脚出现正脉冲，RC 电路使 RST 引脚的高电平保持 10 ms 以上，保证单片机就有效进行复位。随着对电容的充电，RST 引脚的电位逐渐下降，直到结束复位状态。一般通过要选择合适的 R 和 C 的大小来保证 RST 引脚维持高电平的时间，以实现可靠的复位。在图 2.20 中的电路中，R 的值为 10 kΩ，C 的值为 10 μF。

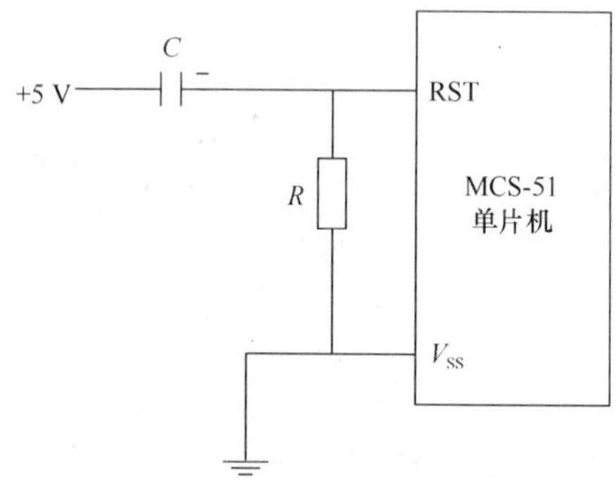

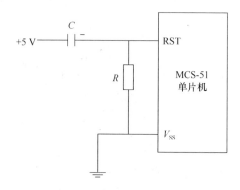

图 2.20 上电复位电路图

在实际复位电路设计中，常常将上电复位电路与按钮复位电路两种方式结合在一起，这样即可实现上电复位也可实现按键复位。图 2.21 所示的电路就是具有上电复位和按钮复位功能的复位电路 R=10 kΩ，C=10 μF。

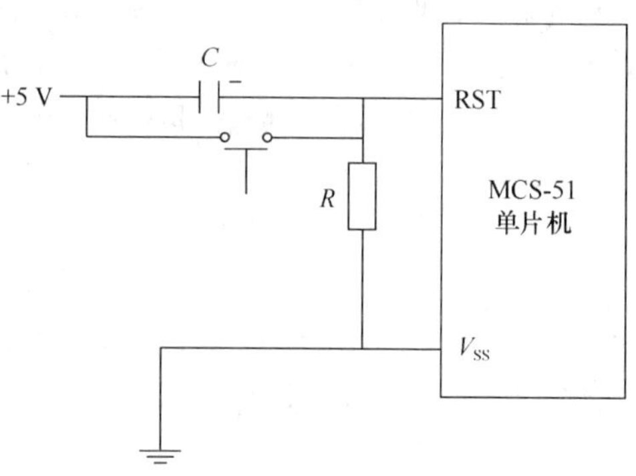

图 2.21 上电与按钮组合复位电路图

2.6.3 最小系统

单片机与时钟电路、复位电路结合起来，就可构成一个完整的单片机最小系统。一个完整的单片机最小系统的电路如图 2.22 所示，其中时钟电路采用内部时钟方式设计，复位电路采用上电与按钮组合复位电路图，参数与前面相同。图 2.23 是这个单片机最小系统的实物图片。

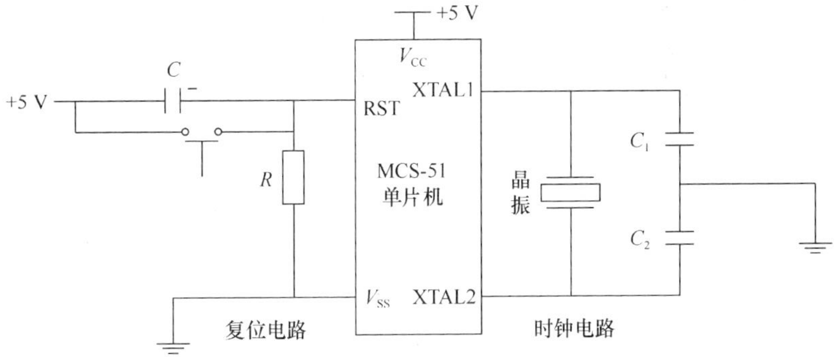

图 2.22　单片机最小系统电路图

图 2.23　单片机最小系统的实物图

2.7　简单的单片机应用系统设计

本节结合前面学习的理论知识，举出一个简单的单片机应用系统设计的实例，以便初学者入门。

【例 2.3】 设计一个单片机应用系统，该系统能够依次控制 8 盏小灯循环点亮。已知单片机的 P1.0～P1.7 引脚，经反相驱动器芯片（该芯片的作用是提高单片机的驱动能力）控制所连接小灯 L1～L8 循环点亮。

在具体进行一个单片机系统设计时，首先要进行需求分析和总体设计，然后根据总体设计的要求进行硬件设计和软件设计。由于本例比较简单，需求分析和总体设计的步骤省略。

1. 硬件设计

首先考虑 8 个小灯的亮灭控制方案，如果将小灯的一端连接＋5 V 的直流电源，小灯的另一端连接一个可以产生 0 和＋5 V 变化的控制信号，小灯就可以点亮和熄灭，从而实现小灯的亮灭控制。由于单片机的并口，具有输出 0 和＋5 V 变化的控制信号功能，因此可以采用单片机的并口实现此题设计。

在用单片机实现上述控制方案时，考虑到单片机的输出带载能力，为了使它的输出更稳定，采用单片机通过反相驱动芯片输出控制小灯的方案。由于该单片机系统不需要外扩内存和接口芯片，故采用单片机的最小系统，使用 P1 口来输出控制信号。在此基础上，可以设计出一个满足功能要求的单片机应用系统，它的电路图如图 2.24 所示。

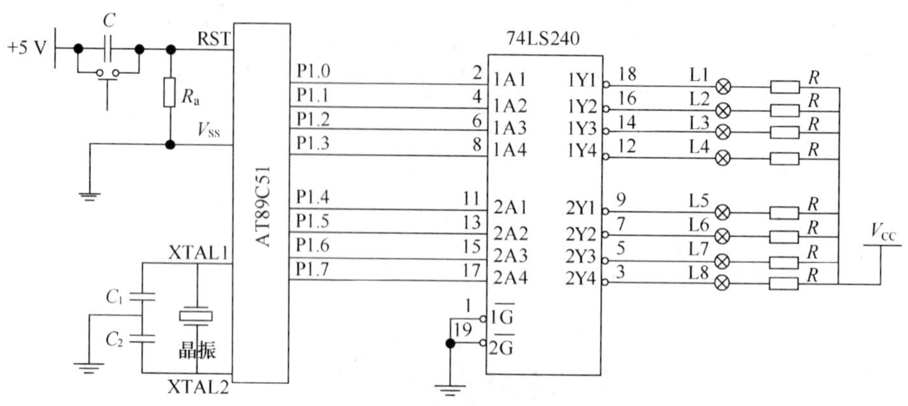

图 2.24　单片机控制小灯循环点亮电路图

硬件器件的选择如下。

(1) AT89C51：具有 Flash 程序存储器的单片机。

(2) 晶振：12 MHz 的晶体振荡器。

(3) C_1 和 C_2：时钟电路的电容，电容值为 30 pF。

(4) C：复位电路的电容，电容值为 10 μF。

(5) R_a：复位电路的电阻，电阻值为 10 kΩ。

(6) L1～L8：小灯，采用发光二极管实现。

(7) R：限流电阻，电阻值为 220 Ω。

(8) 74LS240：反相器，作为驱动器件使用。

按照电路图制作成的单片机应用系统的实物图，如图 2.25 所示。

图 2.25　单片机控制小灯循环点亮实物图

2. 软件设计

软件设计的基本思想：用程序使 AT89C51 单片机的 P1 口的 P1.0～P1.7 引脚循环输

出高电平，经反相器后控制小灯循环点亮。小灯点亮与熄灭之间的时间间隔通过软件延时来实现。

下面给出了用汇编语言和C语言两种程序设计语言实现上述功能的源程序。通过阅读程序的注释可以初步了解程序的设计思想，学习了后续章节的内容后将会对它们有更深刻的理解。

汇编语言源程序如下：

```
      ORG    0000H              ;指定上电时程序的起始地址
      JMP    LOOP               ;跳转到应用程序入口
      ORG    0100H              ;指定应用程序在程序存储器中存放的首地址
LOOP: MOV    P1,   #00H         ;熄灭8盏小灯
      ACALL  DELAY              ;延时，给硬件留出完成相应动作的时间
      MOV    P1,   #01H         ;点亮小灯L1
      ACALL  DELAY              ;延时
      MOV    P1,   #02H         ;点亮小灯L2
      ACALL  DELAY              ;延时
      MOV    P1,   #04H         ;点亮小灯L3
      ACALL  DELAY              ;延时
      MOV    P1,   #08H         ;点亮小灯L4
      ACALL  DELAY              ;延时
      MOV    P1,   #10H         ;点亮小灯L5
      ACALL  DELAY              ;延时
      MOV    P1,   #20H         ;点亮小灯L6
      ACALL  DELAY              ;延时
      MOV    P1,   #40H         ;点亮小灯L7
      ACALL  DELAY              ;延时
      MOV    P1,   #80H         ;点亮小灯L8
      ACALL  DELAY              ;延时
      SJMP   LOOP               ;程序跳回上面的LOOP处，循环执行程序
      DELAY: MOV   R6,   #0FFH  ;延时子程序，使用R6、R7两个计数器进行双层循环延时
      DELAY1:MOV   R7,   #0FFH
      DELAY2:DJNZ  R7,   DELAY2
             DJNZ  R6,   DELAY1
             RET                ;延时子程序返回
         END
```

C51语言源程序如下：

```
#include  <reg51.h>           // 51单片机头文件声明
void delay();                 // 延时子函数声明
void main()                   // 主函数
{
  while(1)                    // 无限循环结构，用于循环点亮小灯
  {
    P1 = 0x00;   delay();     // 熄灭8盏小灯，并延时
```

```
        P1 = 0x01;   delay();     // 点亮小灯 L1,并延时
        P1 = 0x02;   delay();     // 点亮小灯 L2,并延时
        P1 = 0x04;   delay();     // 点亮小灯 L3,并延时
        P1 = 0x08;   delay();     // 点亮小灯 L4,并延时
        P1 = 0x10;   delay();     // 点亮小灯 L5,并延时
        P1 = 0x20;   delay();     // 点亮小灯 L6,并延时
        P1 = 0x40;   delay();     // 点亮小灯 L7,并延时
        P1 = 0x80;   delay();     // 点亮小灯 L8,并延时
    }
}
void delay()                      // 延时子程序
{   int i = 0;
    while(i<25000)  i++;          // 通过循环进行延时
}
```

习　题

1. 画出 80C51 单片机芯片的内部结构图，并说明它所含有的内部资源。

2. 简要说明 80C51 单片机 P3 各引脚的功能。

3. 说明 PSW 各位的含义，如果 PSW＝91H，表示什么意思？

4. 简述晶振周期、状态周期、机器周期、指令周期之间的关系。

5. 80C51 单片机的片内 RAM 和片内 ROM 各起什么作用？它们的地址范围各是多少？

6. 单片机上电或复位后从哪处开始执行？应用程序为什么一般在该处放一条转移指令？

7. 什么情况下需要使用 SP？

8. 画出单片机最小系统电路图，说明最小系统的复位电路与时钟电路的工作原理。

9. 在最小系统应用模式时，P0 和 P3 口可以作为什么功能使用？在总线扩展模式时，它们又起什么作用？

10. 自己设计一个单片机最小应用系统。

第3章 Keil μVision2集成开发环境

由于单片机无自主开发能力，单片机应用程序的开发需要在宿主计算机上进行，通常宿主计算机由PC或笔记本计算机来担当。在宿主计算机上安装能够实现程序编辑、编译连接、仿真调试的软件，这类软件称为集成开发环境。利用集成开发环境不仅能够实现应用程序的开发，而且还可以帮助初学者熟悉单片机的寄存器、内存、特殊功能寄存器，了解在程序的执行过程中变量、内存单元、寄存器等变化情况以及程序和数据在内存中的分配。由于单片机内部可操作的对象是肉眼看不到的，给理解它们的工作原理带来了困难。而集成开发环境给初学者了解单片机的工作过程提供了一种手段，为此建议初学者学习单片机编程语言的开始，就使用集成开发环境。下面介绍一种应用最广泛的MCS-51系列单片机集成开发环境Keil μVision2。

3.1 Keil μVision2集成开发环境介绍

Keil μVision2是基于Windows操作系统的MCS-51系列单片机的集成开发环境之一，它集项目管理、源程序的编辑、汇编、编译、连接、程序的仿真运行调试功能为一体，是一个功能强大的集成开发平台，它的μVision2以上版本支持C51编译器、MCS-51宏汇编编译器，具有友好的用户界面，深受广大单片机应用开发者的青睐。下面首先介绍该软件主要菜单的功能。

1. Keil μVision2的主界面

Keil μVision2启动后，主界面如图3.1所示。主界面的上部有一些下拉菜单，打开这些下拉菜单可以进行相应的操作。

2. File菜单（文件菜单）

该下拉菜单提供建立源程序文件、保存源程序文件、打开已存的源程序文件、打印源程序文件的功能，最常用的选项如下。

- New——新建文件，开发者建立汇编语言或C语言源程序文件要从这里进入。
- Open——打开文件，如果要打开已经建立的源程序文件，选择该项。
- Close——关闭当前文件。
- Save——以原文件名保存文件。

- Save as ——给当前文件命名并保存，保存源程序文件时要注意在文件名后一定要加上扩展名，汇编语言程序扩展名为“a”或“asm”，C语言程序扩展名为“c”。

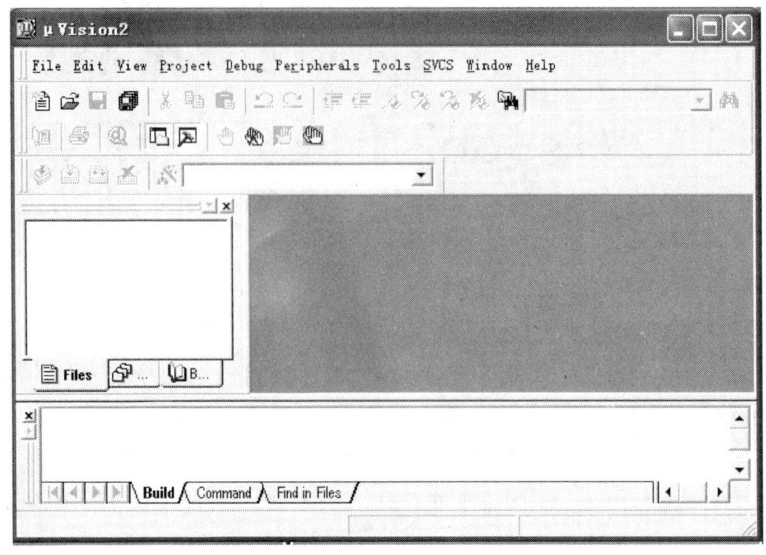

图 3.1 Keil μVision2 主界面

3. Edit 菜单（编辑菜单）

这个下拉菜单提供文件的编辑功能，如复制、粘贴、替换等，利用它们可很方便地输入、编辑、修改源程序文件。该下拉菜单的功能与 Microsoft Word 的编辑菜单功能类似，在此不再赘述。

4. View 菜单（视图菜单）

该下拉菜单的选项较多，可以分为两类。一类是通用的各种工具栏和窗口的设置；另一类是只有在调试状态下才被激活的选项，例如，在调试状态时可以打开存储器窗口观察内存单元的数据变化情况，打开反汇编窗口观察程序代码在程序存储器中的分配情况等。下面列出了重要的选项。

- Project Window——工程窗口，该窗口在工程文件编辑状态下，用来显示工程的组成，通过它可以了解工程由那些程序组构成、每一个程序组又包括那些程序以及正在编辑的程序属于哪个程序组。该窗口在调试状态下，用来显示单片机内各种寄存器，可以观察在程序执行过程中所使用的寄存器内容的变化情况。
- Output Window——输出窗口，用来观察程序的编译及连接的结果，如果编译或连接有错误，则会在该窗口有提示信息显示。
- Disassembly Window——反汇编窗口，在调试状态下使用，可以对正在调试的程序进行反汇编，观察程序代码在内存中分配情况及跟踪程序的执行。
- Memory Window——存储器窗口，在调试状态下使用，用于观察在程序执行过程中所用存储器各存储单元数据的变化情况以及存放在存储单元中的运行结果。

- Symbol Window——符号窗口，在调试状态下使用，可以观察程序中所使用的符号及数据类型、程序各条语句的目标代码在程序存储器中的具体存放情况等。
- Periodic Window Update——窗口周期性更新功能，用于在连续执行程序时观察运行结果的变化。

5. Project 菜单（工程菜单）

该下拉菜单对开发者来说比较重要，它涉及工程有关处理。首先说明一下工程的概念。一个比较大的应用程序往往包括许多个程序模块，一个应用程序也有可能由多人共同完成。Keil μVision2 采用工程的概念，为解决大型问题提供了手段。利用它可以将一个大的应用程序组织为一个工程，工程可以由若干个程序组组成，每个程序组中又可以包含一些程序。通过这种方式可以将一个大的应用程序各部分有机地组合起来。Project 菜单就是工程组织管理功能的具体体现。而开发者利用文件菜单功能建立好的源程序文件必须加入到工程中才能汇编、编译、连接、形成目标文件。工程菜单的主要功能如下。

- New Project——新建工程，用来建立一个新的工程。需要注意：一个做好的源程序文件并不能直接进行汇编或编译连接的，必须将它加入到一个工程中，所以为程序建立工程是必须的。
- Open Project——打开已有的工程。
- Close Project——关闭当前工程。
- Build target——建立目标文件，用来进行当前源程序的编译和连接，该选项是使用频率较高的选项。
- Rebuild all target files——重新建立所有目标文件，如果一个工程中有多个程序模块，使用它可以将所有的程序模块进行重新的编译和连接。
- Options for File——文件选项，用来为当前的源程序文件进行一些选择，其中比较重要的是对程序使用变量的存储模式、代码的存储模式、单片机的晶振频率的设置。该选项的子菜单界面如图 3.2 所示。它的作用及设置方法后续章节将进一步详细介绍。

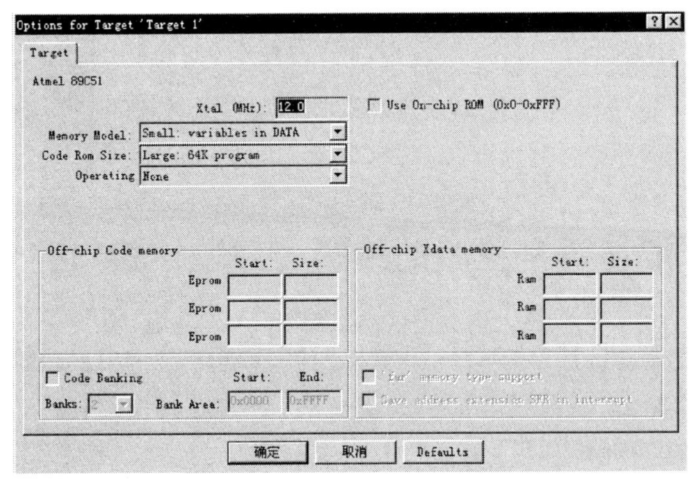

图 3.2 Options for File 子菜单

6. Debug 菜单(调试菜单)

该下拉菜单的各选项是为程序运行调试时使用的。需要注意:只有编译连接通过的程序才能使用这些功能。通过不同的操作选项可以实现连续或单步执行程序、可以在程序中设置断点,这些功能的使用对调试程序、找出程序的错误和理解程序的工作流程十分有用。

- Start/Stop Debug——开始或停止调试,从工程编辑状态进入调试状态单击该选项,在调试状态要返回工程编辑状态也需要单击该选项。
- Go——连续运行程序,在调试状态下才被激活。
- Step——单步运行(进入子程序),在调试状态下使用它可以单步执行程序,遇到子程序继续在子程序中单步向下执行。
- Step Over——单步运行(不进入子程序),与"Step"的功能类似,不同之是在单步执行时遇到子程序时不进入子程序而直接返回子程序执行的结果,然后继续执行,这种功能对侧重调试主程序时特别有用。
- Run to Cursor line——运行到光标行所在位置程序暂停。
- Stop Running——停止程序执行。
- Breakpoints——断点设置,用于在程序中设置断点。
- Insert /Remove Breakpoint——插入或删除断点,用于在光标所在行插入断点或删除光标所在行处的断点。
- Kill All Breakpoints——删除所有的断点。

7. Peripherals 菜单(外围设备菜单)

如果应用程序中涉及到对并行口、串行口、定时/计数器、中断等单片机内部资源的操作以及程序的仿真调试或对 CPU 复位时会用到这个菜单。该菜单的选项如下。

- Reset CPU——CPU 复位,单击该选项将使 CPU 复位,各寄存器复位到初始状态,指令计数器 PC 被置于 0000H。
- Interrupt——中断窗口,用来观察各中断源的状态及设置有关参数。
- I/O-Ports——并行口窗口,可以打开单片机的 4 个并行口的窗口,观察并行口每一位的数值,也可以对并行口的各位进行置"0"或置"1"操作。
- Serial——串行口窗口,用于观察串行口的工作参数和状态,以及设置串行口的工作参数。
- Timer——定时/计数器窗口,用于观察两个定时/计数器的工作状态和参数,进行相关的设置。

3.2 汇编语言程序的编辑、汇编、连接、运行调试

本节使用一个简单的加法运算的汇编程序实例,来对 Keil μVision2 的开发流程进行介绍,帮助初学者快速入门。

1. 启动 Keil μVision2

启动 Keil μVision2 软件后,出现如图 3.3 所示的初始界面。

图 3.3 Keil μVision2 的初始界面

2. 进入开发环境

软件启动信息短暂显示后，集成开发环境界面打开如图 3.4 所示。

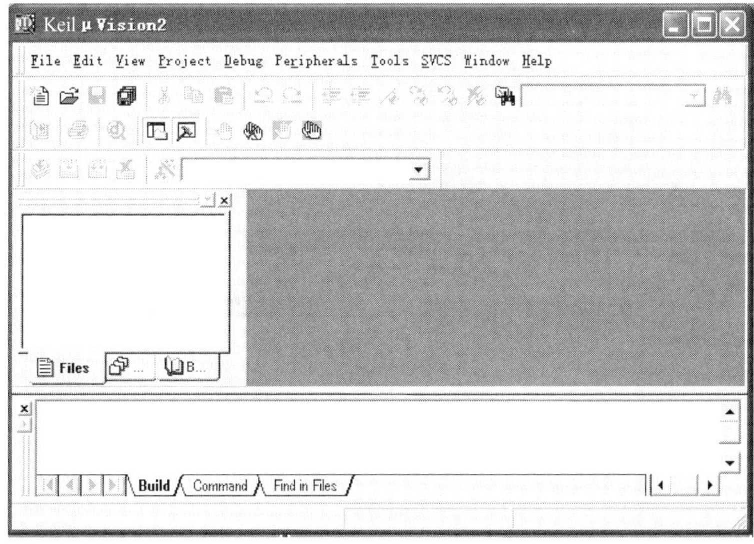

图 3.4 Keil μVision2 的主界面

3. 汇编源程序文件的建立

在 Keil μVision2 主界面的 File(文件)下拉菜单里选择 New(新建)命令，在画面中出现源代码编辑窗口，如图 3.5 所示。在该窗口中输入编写的程序，编辑完毕给该程序文件取名并选择路径后保存，注意文件名的后面一定要加汇编语言的扩展文件名"a"或"asm"。

本节所使用的参考程序如下：

```
----------------------------L01.asm------------------------------
;文件名称:L01.asm
;程序功能:在单片机片内 RAM 中地址为 30H～31H 单元中分别存放 2 个无符号整数,计算它们的和,并
         将结果存放在片内 RAM 的 32～33H 单元中
;编制时间:2007-02-01
-----------------------------------------------------------------------
---------
```

```
        ORG   0000H                 ；定位单片机上电程序入口地址
        JMP START                   ；转移到应用程序的入口
        ORG 0100H                   ；定位应用程序在程序存储器中的入口地址
        START： MOV  A，  ＃0        ；将累加器A清0
        MOV R0， ＃30H              ；将加数的首地址送入R0中
        ADD  A，@R0                 ；30H单元的内容与A内容相加，结果送A
        INC  R0                     ；地址指向31H单元
        ADD  A，  @R0               ；31H单元的内容与A内容相加，结果送入A
        INC  R0                     ；地址指向32H单元
        MOV  @R0，  A               ；求得的和送32H单元
        MOV  A，＃0                 ；将A清0
        MOV  33H，A                 ；将33H单元赋0
        JNC  FINISH                 ；无进位则转移到FINISH
        MOV  A，  ＃0               ；将A清0
        RLC  A                      ；将进位移入A
        INC  R0                     ；地址指向33H单元
        MOV  @R0，  A               ；将进位送32H单元
FINISH：SJMP $                      ；程序执行完后踏步等待
        END  ；程序结束
```

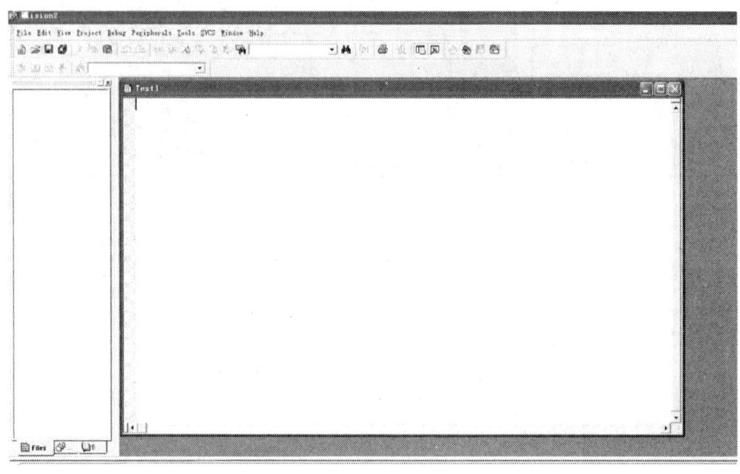

图3.5　源代码编辑窗口

4. 新建一个工程

在Project（工程）菜单里选择New Project（新建工程）命令，出现新建工程对话框，如图3.6所示。

在“保存在”选择框中选择工程文件存放位置，在“文件名”文本框中输入工程名称，单击“保存”按钮。

5. 单片机型号选择

在上一步输入工程名称保存后，立刻出现一个51系列CPU类型库选择对话框，用来选择该工程所采用的单片机的型号，如图3.7所示。

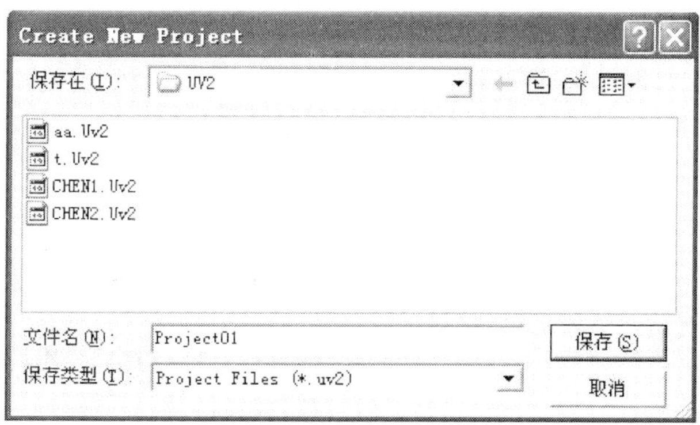

图 3.6 新建一个工程

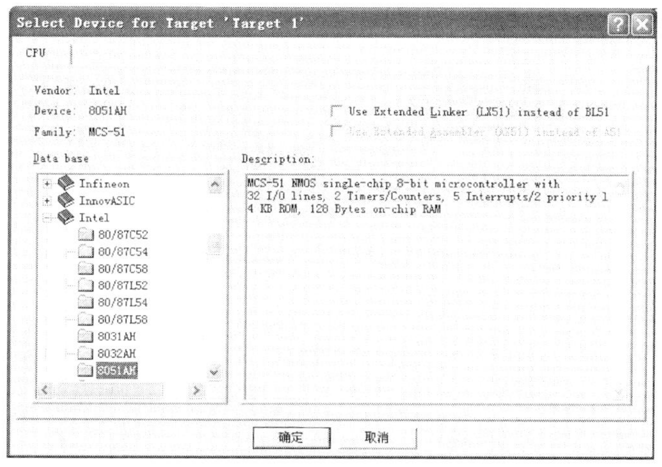

图 3.7 MCS-51 系列单片机型号的选择

单片机的型号选择好之后，单击“确定”按钮，则一个工程已经建立好了。这时，新建立的工程出现在工程窗口中，如图 3.8 所示。

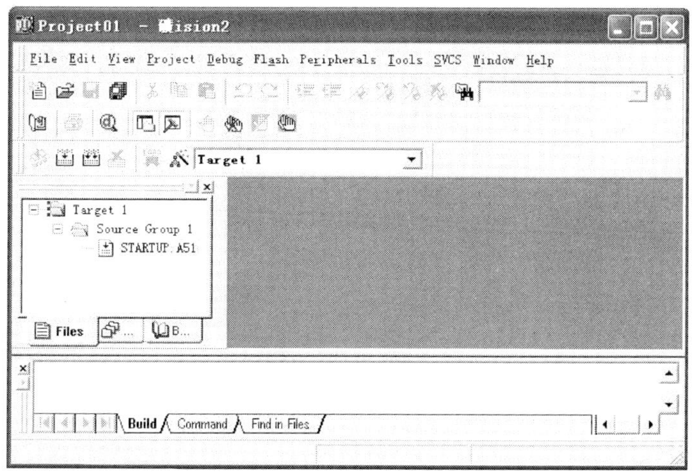

图 3.8 新建立的工程出现在工程窗口中

6. 将源程序文件加入工程

在对源程序进行汇编连接之前，必须先将源程序文件加入工程。在上一步工程建立后，用鼠标右击项目工作区里的 Source Group 1（源程序组 1），选择“Add Files to Group Source Group 1”（把文件加入到源程序组）命令，把所建立的汇编源程序文件 L01. asm 加入到已建立的工程中，如图 3.9 所示。

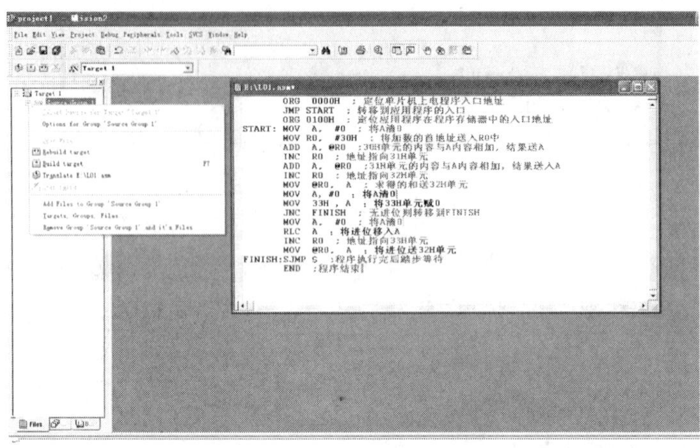

图 3.9　汇编源程序文件加入到工程中

7. 对源程序进行汇编和连接

这时就可以对编写的源程序进行汇编和连接了。打开 Project（工程）菜单，选择 Build-target（建立目标文件），对源程序进行编译和连接。如果汇编和连接有错，则在输出窗口会显示错误信息，例如，不小心将第 4 句 MOV 误写为 MOU，系统给出了错误的内容和错误所在的语句号，如图 3.10 所示。改正第 4 句的错误，再重新执行，在输出窗口可得到汇编连接成功的信息，如图 3.11 所示。

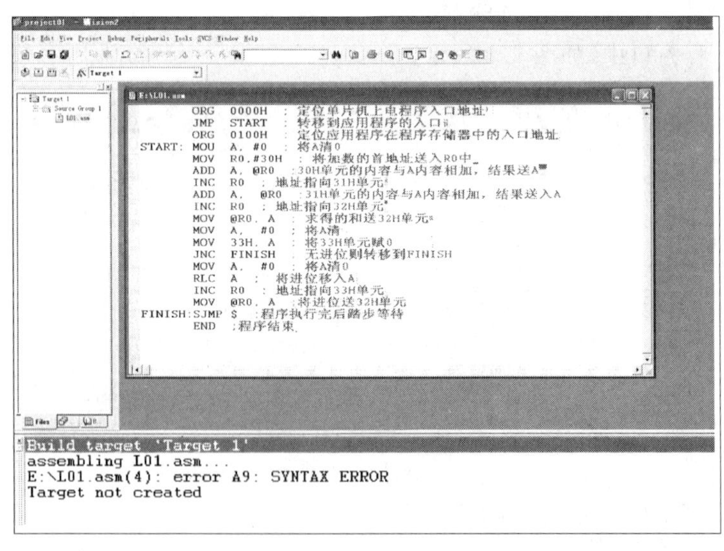

图 3.10　汇编出错的提示信息

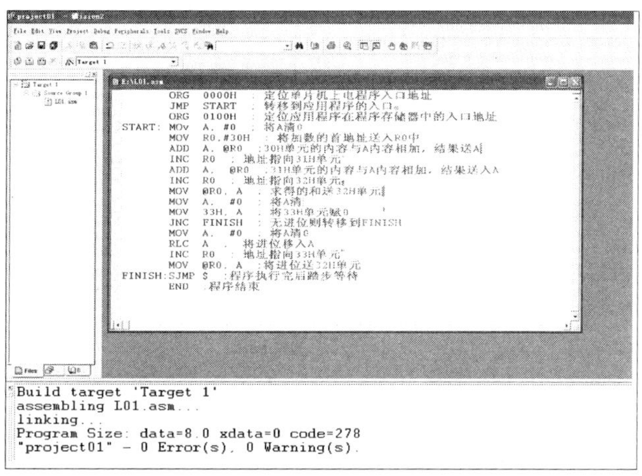

图 3.11 汇编连接成功的提示信息

8. 运行调试

编译通过的程序就可以进入 Keil μVision2 的 Debug 菜单界面，单击“Start/Stop Debug”（开始/停止调试）按钮开始运行调试，有单步、连续运行、设置断点三种运行程序的模式可以选择。

（1）单步运行调试

单击“Step”（单步运行）操作选项，可以进行单步运行调试。配合观察寄存器窗口（Regs 选项卡）和存储器窗口（Memory Window），可以观察每一步的运行结果，检验程序运行是否正确，同时也可发现程序设计的逻辑错误。建议初学者多用单步运行进行调试，同时在程序的运行过程中观察有关寄存器和存储单元的变化情况。

对本节中的源程序，运行调试过程如下：

在仿真运行之前，需要为片内 RAM 的 30H 和 31H 单元预置已知数据。首先打开 memory Window（存储器窗口），在地址栏输入 RAM 的地址 D:30，之后在要修改的地址上右击，会出现如图 3.12 所示的画面。单击“Modify Memory at…”选项，就会弹出对话框，填上要的预置数据 1 和 2，如图 3.13 所示。

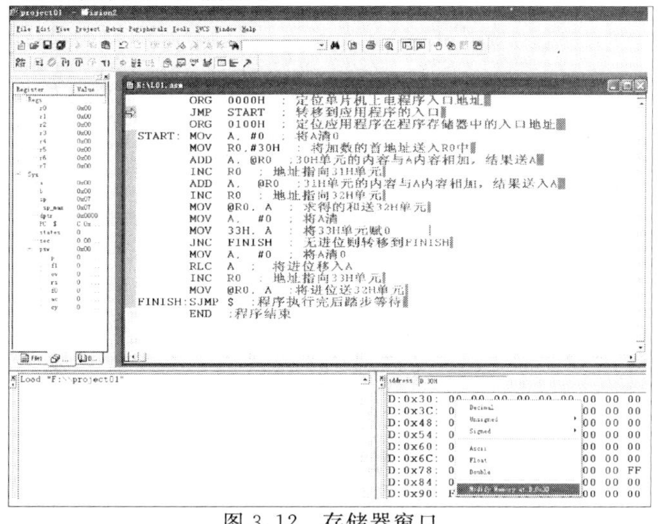

图 3.12 存储器窗口

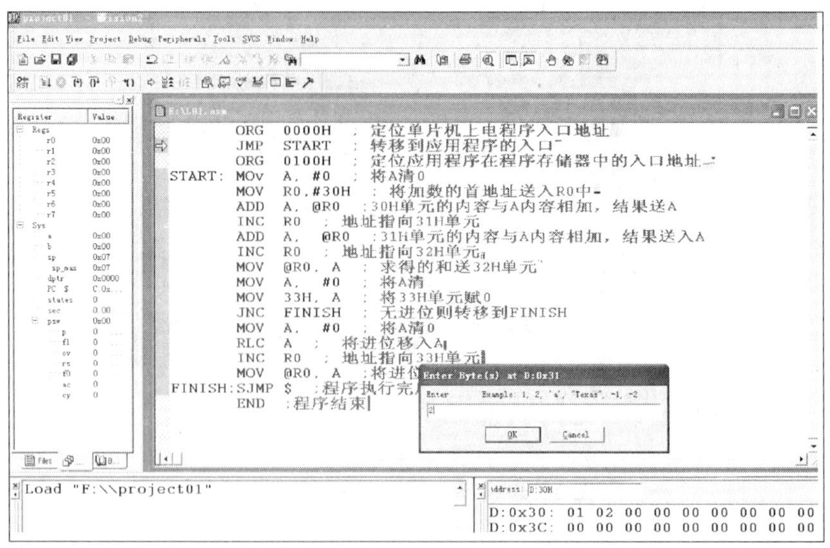

图 3.13　预置存储单元数据

然后就可以进行调试，单击"Step"（单步运行）操作选项一步一步地执行程序，同时观察各有关寄存器和存储单元内容的变化，特别是 PSW 进位的变化情况，执行到程序的结尾，得到的结果如图 3.14 所示。如果把 30H 和 31H 单元预置数据修改为 3 和 255，复位 CPU 后再重新单步执行直到程序的末尾，所得的结果如图 3.15 所示。

在调试时如果发现运行结果不正确，可按照单步调试时发现出错的位置分析故障原因，修改程序，再进行运行调试直到获得成功。

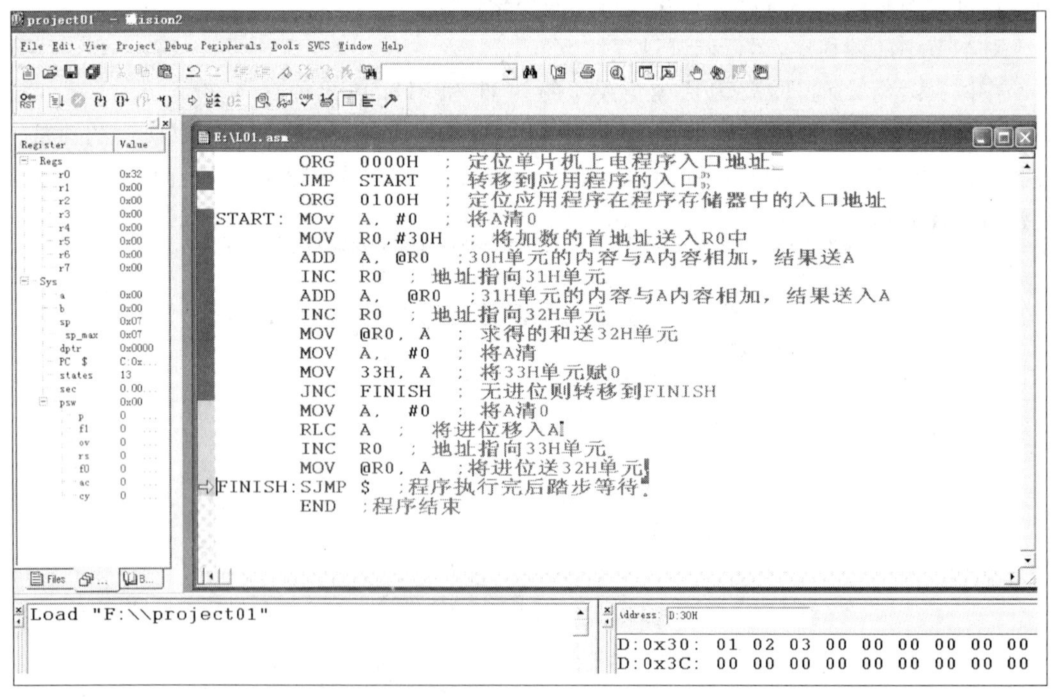

图 3.14　运行结果 1

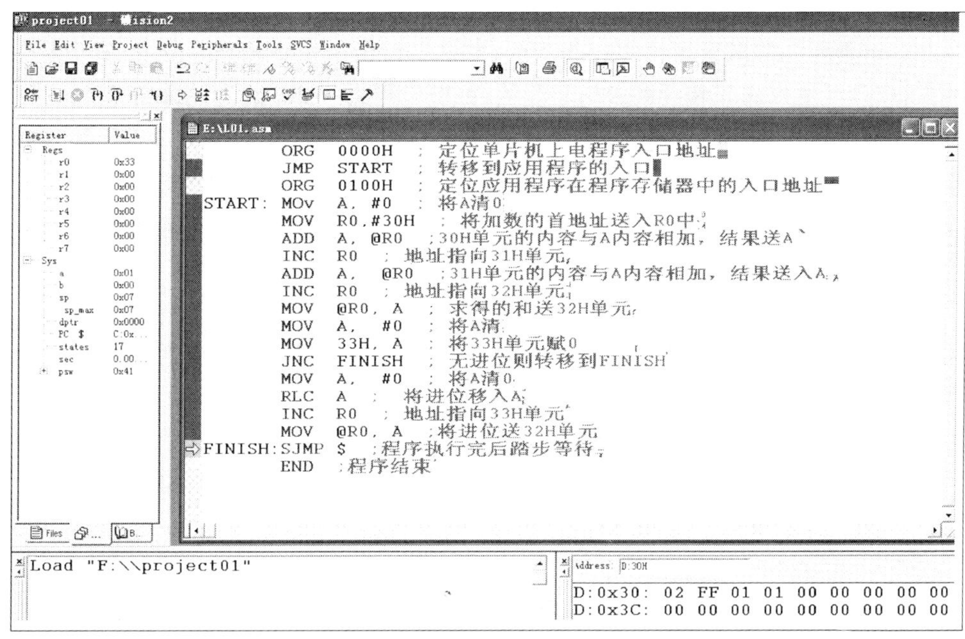

图 3.15 运行结果 2

(2) 连续运行调试

如果不想一步一步地运行,而是希望程序直接运行到最后一句,只需单击“Debug”菜单中的“Go”选项,就可以进行连续运行调试。配合观察寄存器窗口(Regs 选项卡)和存储器窗中(Memory Window)中有关寄存器和存储单元内容,检验程序运行是否正确。在 30H 和 31H 的预置数据为 250 和 10 的条件下,运行结果如图 3.16 所示。

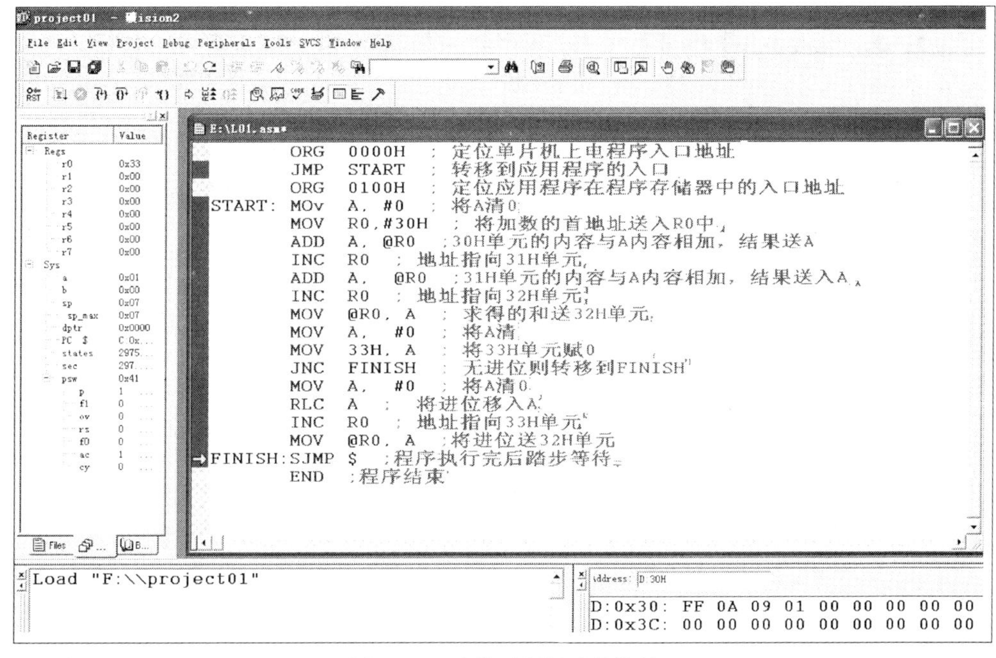

图 3.16 连续运行调试的结果

（3）断点运行调试

在选择设置断点的源程序语句连续双击，当语句前面出现下图所示红色方形断点标志时，表明断点设置完成。按快捷键 F5 即可运行到所设置的断点语句。配合观察寄存器窗口（Regs 选项卡）和存储器窗口（View\Memory Window），检验程序运行是否正确。断点设置的界面如图 3.17 所示。

图 3.17　设置断点运行调试

3.3　C51 语言程序的编辑、编译、连接、运行调试

C 语言程序的编辑、编译、连接、调试的过程与汇编语言程序基本相同，为了进一步熟悉和了解 Keil μVision2 的使用方法，本节再介绍一个 C 语言程序的编辑、编译、运行调试的例子。

1. 启动和进入 Keil 主界面

启动和进入 Keil μVision2 主界面的过程与 3.2 节的操作相同。

2. C 语言源程序文件的建立

用与 3.2 节同样的方法打开源代码编辑窗口。在该窗口中输入编写的源程序，输入编辑完毕后给源程序文件取名保存，需要注意：与汇编语言不同，C 语言源程序文件一定要使用扩展名"c"。

运行调试的参考程序如下：

```
---------------------------------dc1.c----------------------
// 文件名称:dc1.c
// 程序功能:该程序的功能是控制并行口 P1 的第 0 位引脚交替 0 和 1 变化,如果在 P1.0 的引脚连接
   一个发光二极管,发光二极管将交替亮灭。整个程序由主函数和一个软件延时函数组成,软件延时
   是通过循环来实现的
------------------------------------------
```

```
#include  <reg51.h>              // 包含特殊功能寄存器头文件
sbit P10 = P1^0 ;                // 特殊功能位声明
delay( )                         // 延时函数
  {
    unsigned int  i = 0 ;        // 声明变量 i 为无符号整型数,初值赋为 0
    while(i<10000) i++ ;         // 以 i 为循环计数器进行循环
  }
  main ( )                       // 主程序
    {
      P1 = 1;                    // 给并行口 P1 赋初值,P1.0 为 1,P1.1~P1.7 为 0
      delay( ) ;                 // 调延时函数
      while(1)                   // 无限循环
        {
          P10 = 0 ;              // 将 P1.0 置 0
          delay( ) ;             // 调延时函数
          P10 = 1;               // 将 P1.0 置 1
          delay( ) ;             // 调延时函数
        }
    }
```

3. 新建一个工程

用与 3.2 节的同样的方法新建一个工程。

4. 将源程序文件加入工程并进行编译连接

将源程序加入工程中后,进入工程菜单,单击"Build target"对源程序进行编译和连接,程序编译连接成功后的界面如图 3.18 所示。

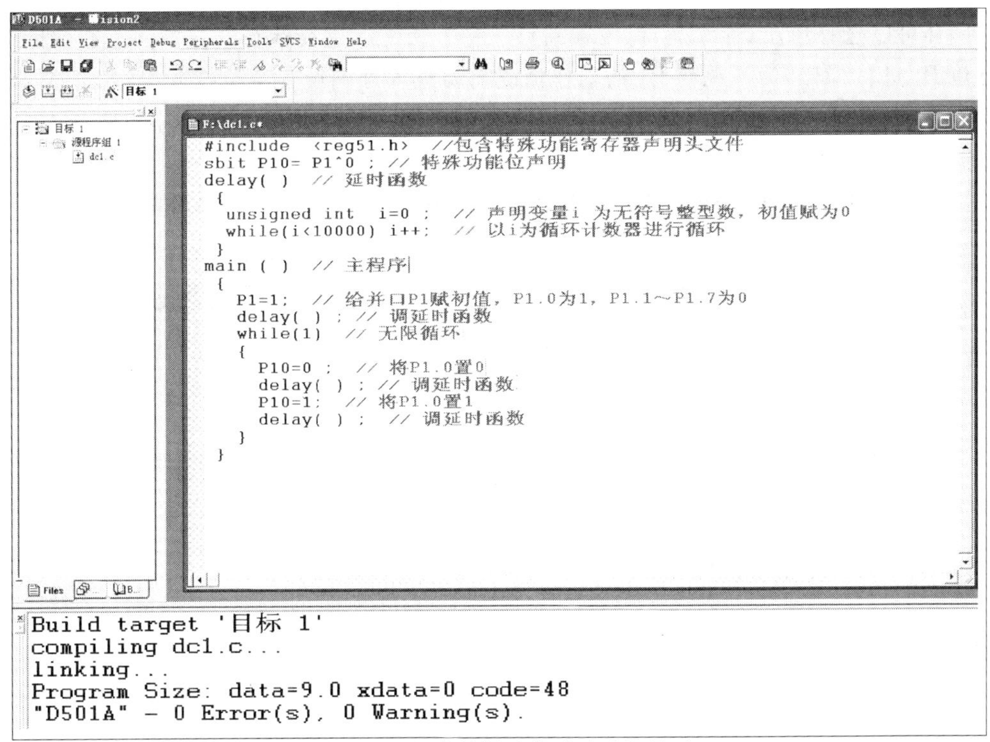

图 3.18 程序编译连接成功后的界面

5. 运行调试

然后就可进入调试菜单，单击“Start/Stop Debug”选项开始调试。如果想了解该 C 语言程序的目标代码在程序存储器中是如何存放以及 C51 编译器等价的汇编语言语句，可以打开反汇编窗口(Disassembly Window)观察，反汇编窗口显示的内容如图 3.19 所示。

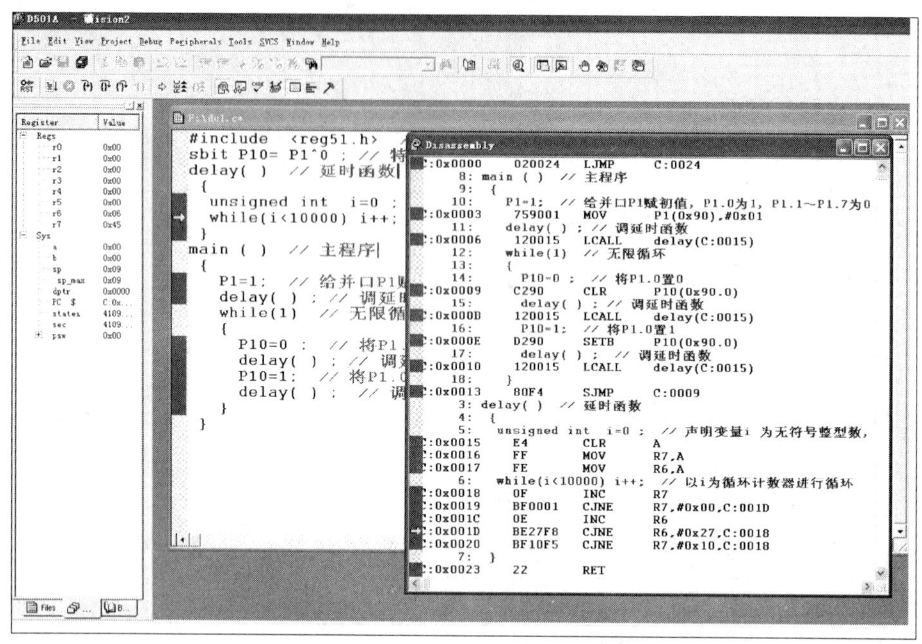

图 3.19　反汇编窗口显示的内容

同样可以选择单步、连续运行、设置断点三种方法之一进行运行调试。因为在本例中对并行口 P1 进行操作，为了观察 P1 的动作情况需要进入外围设备菜单打开 P1 显示窗口，操作步骤为：单击“Peripherals”(外围设备菜单)→“I/O-Ports”(并行口)→选择 Port 1，P1 的显示窗口出现在界面中，如图 3.20 所示。

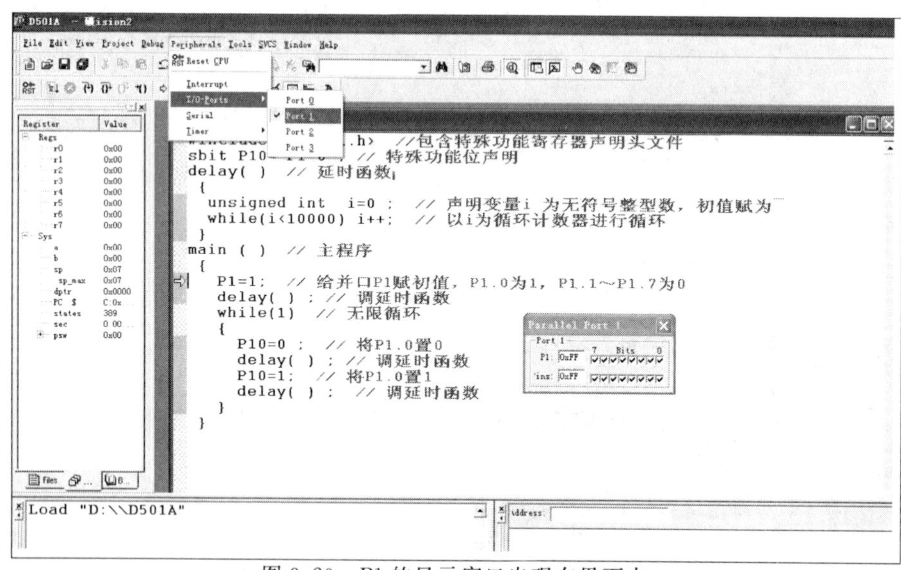

图 3.20　P1 的显示窗口出现在界面中

下面进行单步调试，注意：该程序调试需要使用不进入子程序的单步运行功能（Step Over），因为子程序内含有次数较多的循环。通过单步运行程序，可以观察到 P1.0 会按照程序设计的功能交替变化，成功单步运行的情况如图 3.21 所示。

如果在调试时发现运行结果不正确，可按照单步调试时发现出错的位置分析故障原因。集成开发环境提供观察 C 语言程序中变量的功能，将光标移到变量的左侧，就可在一个小矩形框内显示出变量的数值，这种功能为逐语分析程序的执行提供了方便。找到问题后，修改程序，再进行运行调试直到获得成功。

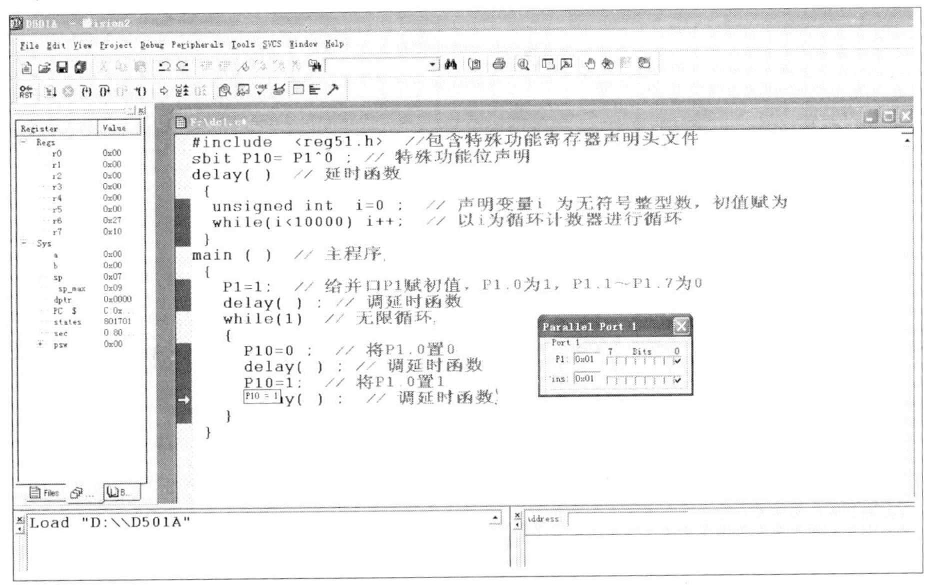

图 3.21 单步调试时的显示界面

下面进行连续运行调试，为了便于连续观察 P1.0 引脚的交替变化，打开视图菜单，选择“Periodic Window Update”（窗口周期更新功能），进行连续运行，可以看到 P1.0 引脚周期性 0 和 1 交替变化，如图 3.22 所示。

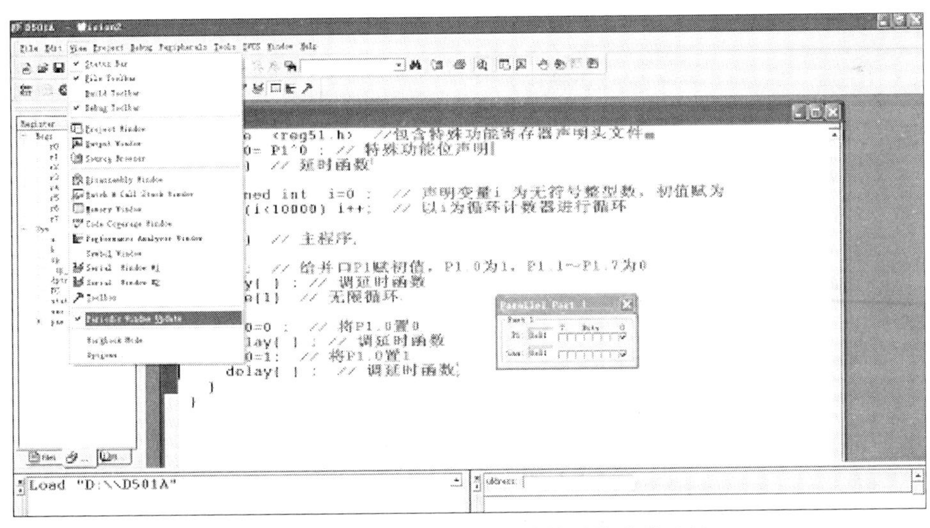

图 3.22 启用窗口周期更新功能后的连续运行

工欲善其事，必先利其器，对于51单片机的开发者而言，要想高效地开发大型复杂的项目，首先必须对开发软件达到运用自如的程度。从本章内容中，读者可以看出：Keil μVision2的调试过程并不复杂，但对于初学者，需要多多练习，并付诸实践，才能真正全面掌握51单片机的汇编语言、C语言程序调试方法和技巧。

习　题

1. 简述使用Keil μVision2集成开发环境开发一个程序的步骤。

2. 在Keil μVision2集成开发环境中运行调试程序时，在哪里可以观看寄存器R0～R7和PSW的内容？如何才能观察数据存储器存储单元的内容？如何修改数据存储器存储单元的内容？

3. 在Keil μVision2的调试功能中，为什么设置了两种单步执行功能？

4. 设置断点有何用处？如何在程序中设置断点？

5. 在反汇编窗口中可以了解哪些信息？

6. 使用Keil μVision2集成开发环境输入、汇编连接、运行调试下列程序。

```
        ORG    0000H       ;定位单片机上电程序入口地址
        JMP    START       ;转移到应用程序的入口
        ORG    0100H       ;定位应用程序在程序存储器中的入口地址
START:  MOV    A, #00H     ;将A清0
        MOV    R0, #30H    ;将加数的首地址送入R0中
        ADD    A, @R0      ;30H单元的内容与A内容相加，结果送入A
        INC    R0          ;地址指向31H单元
        ADD    A, @R0      ;31H单元的内容与A内容相加，结果送入A
        INC    R0          ;地址指向32H单元
        ADD    A, @R0      ;32H的内容与A内容相加，结果送入A
        MOV    33H, A      ;求得的和送33H单元
        SJMP   $           ;程序执行完后等待
        END                ;程序结束
```

7. 使用Keil μVision2集成开发环境输入、汇编、连接、运行调试下列程序，画出程序流程图。

```
        ORG    0000H       ;定位单片机上电程序入口地址
        JMP    START       ;转移到应用程序的入口
        ORG    0100H       ;定位应用程序在程序存储器中的入口地址
START:  MOV    SP,#50H     ;在片内RAM建立堆栈
        MOV    P1,# FFH    ;初始化P1口的8位为11111111B
LOOP:   MOV    A,  #FE     ;将P1.0置0,P1.1～P1.7置1
        MOV    R2,#8       ;设置R2为循环计数器,计数器初值为8
OUTPUT: MOV    P1,A        ;将累加器A的内容向P1口输出
        RL     A           ;累加器A的内容循环左移一次
        CALL   DELAY       ;调延时子程序
```

```
        DJNZ    R2,OUTPUT
        AJMP    LOOP
DELAY: MOV     R7,#20 ;延时子程序
 DEL2: MOV     R6,#200 ;
 DEL1: MOV     R5,#250 ;
        NOP ;
DEL0: DJNZ     R5,DEL0 ;
        DJNZ  R6,DEL1 ;
        DJNZ  R7,DEL2 ;
        RET ;子程序返回
        END ;程序结束
```

8. 使用 Keil μVision2 集成开发环境输入、编译连接、运行调试下列程序,画出程序流程图。

```
#include <absacc.h>                    // 包含对内存直接操作头文件
void main(void)
{
  unsigned char data i, n;             // 声明 i 和 n 为无符号字符型变量,存放在片内 RAM
  n = DBYTE[0x30];                     // 取出 ASCII 码的个数
   i = 0;
   while( i < n )
   {
    if(DBYTE[0x31 + i] <= 0x39)        // 判断是否为 0~9 的 ASCII 码
    DBYTE[0x40 + i] = DBYTE[0x31 + i] - 0x30;   // 进行 0~9 ASCII 码的转换
    else
    DBYTE[0x0 + i] = DBYTE[0x31 + i] - 0x37;    // 进行 A~F ASCII 码的转换
    i++;                               // 指向下一个单元
  }
}
```

第4章 MCS-51的指令系统与汇编语言程序设计

4.1 MCS-51的指令系统概述

4.1.1 指令概述

所谓指令，就是计算机能够识别，并可以用来控制、指挥计算机按照编程者的意图完成一定功能的命令代码。指令系统就是计算机能够执行指令的集合。

计算机内部只能识别和存储二进制数，所以能被计算机直接识别和执行的指令是二进制代码，这种用二进制代码表示的指令称为机器语言指令。例如，在 MCS-51 单片机中，用二进制代码 00100100 00010100 表示累加器 A 中的数据与 20 相加结果存放在 A 中。机器语言难于记忆、编制程序容易出错、程序修改和调试困难。

为了方便人们记忆和使用，单片机制造厂家对指令系统中的每一条指令给出助记忆符(用英文缩写来表示指令的功能)，例如，累加器 A 中的数据与 20 相加可用助记忆符表示为：ADD A，＃20。用助记忆符表示的指令便于记忆和理解，被广泛采用。以助记忆符表示的指令称为汇编语言指令。

4.1.2 汇编语言指令格式

MCS-51 单片机的汇编指令格式为：

标号： 操作码 操作数 ；注释

操作码——告诉单片机做什么事情。

操作数——单片机要操作的数据，操作数可以是一个或几个，它们之间用“，”分隔。

标号——该条指令在内存中的地址，标号可以由 1～8 个字符构成，第一个字符必须是字母，标号后要跟“：”。在实际程序中指令可以带标号，也可不带标号。

注释——对程序的运行没有作用，仅仅是编程者编写、修改和调试程序的辅助说明。

MCS-51 系列单片机汇编语言指中，大多数指令具有两个操作数，但也有一些个别指令，操作数不是两个，而是一个、三个，甚至是零个。示例如下。

(1) ADD A，＃20 (有两个操作数，指令功能为：累加器 A 的内容加 20 结果放到 A 中)；

(2) INC A (有一个操作数，指令功能为：累加器 A 的内容加 1 结果放到 A 中)；

(3) CJNE　A,＃30,L1(有三个操作数,指令功能为:累加器 A 的内容与 30 比较,如果两者不相等则转移到标号为 L1 的指令去执行);

(4) NOP (无操作数,指令功能为:空操作,只是占用一个机器周期,在需要短时间延时时使用)。

对于两个操作数的情况,右侧的操作数称为源操作数,左侧的操作数称为目的操作数。例如,ADD A,＃20 中的＃20 为源操作数,A 为目的操作数。

汇编语言指令对应的机器语言指令在程序存储器中以字节为单位存放,指令可分为单字节、双字节、三字节指令。例如,INC A 的机器语言指令在程序存储器中占一个字节,ADD A,＃20 的机器语言指令占两个字节,MOV 60H,＃50H(该指令的功能是将数据 50H 传送到内部 RAM 的 60H 单元中去)占三个字节。

4.1.3　操作数的类型

按照操作数存放的地方不同,操作数可分为立即数、寄存器操作数、存储器操作数三种。

1. 立即数

立即数是作为指令机器代码的一部分,存放在程序存储器的指令中。它在汇编语言指令中可以用二进制、十六进制或十进制的形式表示,而且在数据前必须加一个"＃"。例如,立即数 20 可表示为＃20(十进制)、＃00010100B(二进制)或＃14H(十六进制)。

2. 寄存器操作数

寄存器操作数是指存放在寄存器中的操作数。在汇编语言指令中,给出寄存器的名称。MCS-51 的寄存器有 8 位和 16 位两种,在使用时应该注意区分。

3. 存储器操作数

存储器操作数存放在数据存储器中,在汇编语言指令中可以直接或间接地给出数据存储器的地址。

4.2　寻址方式

4.2.1　概述

所谓寻址方式,就是寻找操作数或指令地址的方式。寻址方式包括两种情况:一是操作数的寻址,二是指令地址的寻址(如转移指令)。包括单片机在内,每一种计算机都具有多种寻址方式,寻址方式越多,编程灵活性越大。

MCS-51 单片机的指令系统有以下 7 种寻址方式:

(1) 立即寻址;

(2) 直接寻址;

(3) 寄存器寻址;

(4) 寄存器间接寻址;

(5) 变址寻址;

(6) 相对寻址；

(7) 位寻址。

4.2.2 寻址方式

1. 立即寻址

立即寻址的操作数直接出现在指令中，它紧跟在操作码的后面，作为指令的一部分与操作码一起存放在程序存储器内，可以立即得到并执行，不需要另外到寄存器或存储器寻找，故称为立即寻址。该操作数称为立即数，并在其前冠以“#”号作为前缀，以表示并非地址。例如：

```
MOV  A,#30H          ;将立即数 30H 传送到累加器 A 中
MOV  DPTR, #2000H    ;将立即数 2000H  传送到数据指针 DPTR 中
```

2. 直接寻址

直接寻址方式的操作数存放在数据存储器中，在指令中直接给出数据存储器中操作数的地址，例如：

```
MOV  A,30H        ;将数据存储器的 30H 单元中数据传送到累加器 A 中
```

在直接寻址方式下可以访问 3 种存储器空间：

(1) 片内数据存储器的低 128 个字节单元(地址为 00H～7FH)；

(2) 特殊功能寄存器，访问特殊功能寄存器可以使用被访问特殊功能寄存器的名称；

(3) 位地址空间(可按位操作的存储空间)。

3. 寄存器寻址

在该寻址方式中，操作数据存放在寄存器中。寄存器包括 8 个工作寄存器 R0～R7，累加器 A，寄存器 B、数据指针 DPTR 等。例如：

```
ADD  A,R0        ;把工作寄存器 R0 中内容与累加器 A 中的内容相加，结果存入 A 中
MOV  30H,A       ;将累加器 A 中的数据传送到数据存储器的 30H 单元中
INC  R0          ;将 R0 中的数加 1 结果再送回 R0
```

4. 寄存器间接寻址

该寻址方式中，操作数在数据存储器中，而操作数的地址存放在寄存器中。存放操作数地址的寄存器也称为数据指针，寻址片内 RAM 区的存储单元时使用寄存器 R0、R1 作为数据指针；当访问片外 RAM 的存储单元时，可使用 R0、R1 及 DPTR 作为数据指针。

寄存器间接寻址符号为“@”，例如：

```
MOV  A,@R0          ;以 R0 中的内容作为地址将 RAM 单元中的数传送到累加器 A 中
MOVX  A,@DPTR       ;将以 DPTR 指向的片外 RAM 中单元的内容送到累加器 A 中
```

注意：寄存器间接寻址的操作数存放在数据存储器中，寄存器存放的不是操作数而是操作数的地址，指令在寻找操作数时，先从寄存器找到操作数在数据存储器中的地址，然后再根据得到的地址从数据存储器中找出操作数。

寄存器间接寻址的示意图如图 4.1 所示。该图表示了指令 MOV A,@R0 的寻址过程，操作数 20H 存放在片内 RAM 的 30H 单元中，地址 30H 存放在寄存器 R0 中。指令在寻找操作数 20H 时，先从寄存器 R0 中找到操作数 20H 的地址 30H，再根据地址 30H 从片

内 RAM 中取出操作数 20H。

为什么不使用直接寻址直接访问数据存储器中的操作数，而使用寄存器间接访问呢？在应用系统编程时，处理的数据常常在数据存储器中顺序存放，逐个记忆这些数据的地址是很麻烦和不切实际的，如果给出操作数的初始地址，利用计算机的加减运算功能自动生成其他操作数的地址是一种好办法，寄存器间接寻址方式就是实现这种方法的手段。例如，在图 4.1中，如果事先将 30H 放入到 R0 中，利用指令 INC R0 就指向了地址 31H；利用指令 DEC R0 就指向了地址 2FH，编程十分方便。

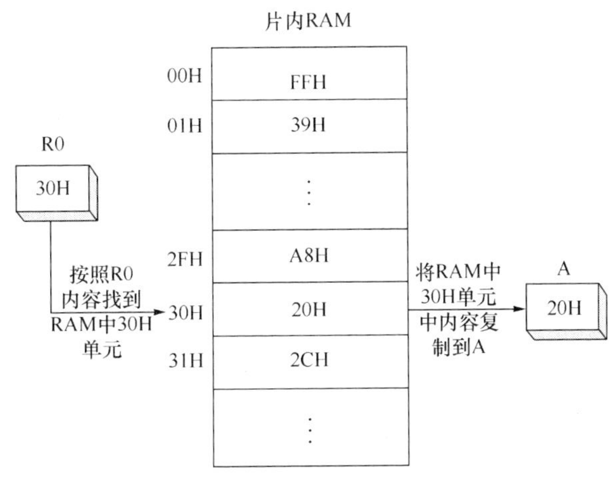

图 4.1 寄存器间接寻址的示意图

5. 变址寻址

这种寻址方式以一个地址为起点（称为基址），操作数的地址等于基址加上一个偏移地址，基址可以存放在数据指针 DPTR 或程序计数器 PC 中，偏移地址存放在累加器 A 中，两者的内容相加形成一个 16 位的地址，该地址就是操作数所在地址。

这种寻址方式多用于访问程序存储器中的常数，例如：

```
MOVC  A,@DPTR + A         ;将 DPTR + A 的结果为地址把程序存储器 ROM 单元中数据传送到累加器
                           A 中
```

变址寻址的示意图如图 4.2 所示。该图表示了指令 MOVC A,@DPTR＋A 的寻址过程，操作数 20H 存放在程序存储器 ROM 的 1031H 单元中，基址 1020H 存放在数据指针 DPTR 中，偏移地址 11H 存放在累加器 A 中。指令在寻找操作数 20H 时，先从数据指针 DPTR 中取出基地址 1020H，从在累加器 A 中取出偏移地址 11H，将两者相加形成操作数的地址 1031H，再根据地址 1031H 从程序存储器 ROM 中取出操作数 20H。

与寄存器间接寻址同样道理，对访问存放在程序存储器中的常数表数据，变址寻址具有操作上的优越性。

6. 相对寻址

相对寻址仅在相对转移指令中使用，转移的地址等于程序计数器 PC 中当前的内容加上一个偏移地址。偏移地址是一个带符号的 8 位二进制数，取值范围为－128～＋127。例如：

```
       AJMP   PRINT          ;转移到标号 PRINT 所表示的地址处去执行；
        ⋮
PRINT:MOVX   @DPTR,  A       ;标号 PRINT 代表指令的地址
```

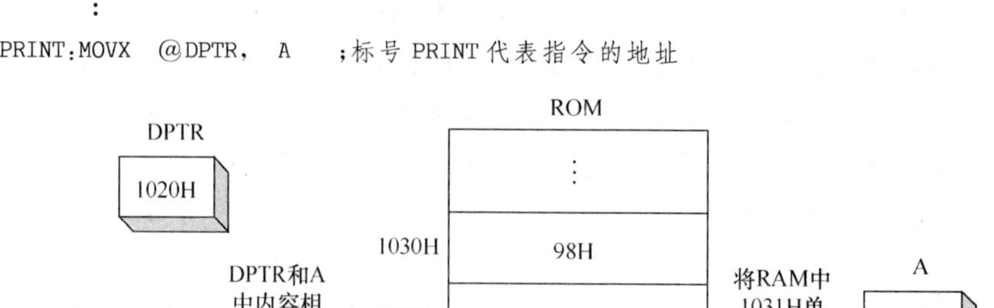

图 4.2　变址寻址示意图

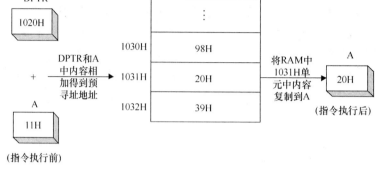

需要说明的是，在编写程序时用标号表明了转移到的指令的地址，寻址的地址计算是在程序汇编时自动完成的而不需要求开发者进行计算。需要注意的是在使用相对转移指令进行转移的的距离不要超出转移指令地址范围的限制。

7. 位寻址

该种寻址方式中，操作数是内部 RAM 存储单元或特殊功能寄存器 SFR 中可以位寻址的某一位。

MCS-51 系列单片机具有位寻址的功能，即指令中直接给出位地址或名称，可以对内部数据存储器 RAM 中的可位寻址区和特殊寄存器 SFR 按位进行寻址和操作，例如：

```
SETB  P1.0 ;     将 P1 的第 0 位置为 1
```

4.3　MCS-51 单片机的指令系统

MCS-51 系列单片机指令系统共有 111 条指令，按功能可以划分为 5 大类：数据传送类指令、算术运算类指令、逻辑运算类指令、控制转移类指令、位操作类指令。下面首先熟悉一下描述指令常用的符号，然后分类介绍这些指令。

4.3.1　描述指令常用的符号

为了描述指令方便，习惯使用一些符号，经常使用的一些符号及含义如下：

Rn——选中的工作寄存器组中的寄存器 R0～R7 中的一个；

Ri——当前选中的工作寄存器组中可以作为 8 位地址指针的寄存器 R0 或 R1；

＃data——8 位立即数；

＃data——16 位立即数；

direct——片内前 128 个 RAM 存储单元的地址及特殊功能寄存器的地址；

addr11——11 位目的地址；

addr16——16 位目的地址；

rel——以补码形式表示的 8 位偏移地址，其值在－128～＋127；

bit——可以位寻址的片内 RAM 的位地址或特殊功能寄存器的位地址；

@——间接寻址寄存器的前缀。

4.3.2　数据传送类指令

数据传送类指令的功能是把源操作数传送到目的操作数，而源操作数的内容不变，指令执行后一般不影响 PSW 的标志位。数据传送操作可以在累加器 A、工作寄存器 R0～R7、片内数据存储器 RAM、片外数据存储器 RAM、程序存储器 ROM 之间进行。

1. 将数据传送到累加器 A 的指令

```
MOV   A,Rn
MOV   A, direct
MOV   A, @Ri
MOV   A, ＃data
```

这组指令的功能是把源操作数的内容送入累加器 A。例如：

```
MOV   A,＃10H ;        将立即数 10H 送入累加器 A 中
```

2. 将数据传送到工作寄存器 Rn 的指令

```
MOV   Rn, A
MOV   Rn, direct
MOV   Rn, ＃data
```

这组指令的功能是把源操作数的内容送入当前工作寄存器区的 R0～R7 中的某一个寄存器。例如：

```
MOV   R0, A ;        将累加器 A 中的数据传送至工作寄存器 R0
```

3. 将数据传送到片内 RAM 的存储单元或特殊功能寄存器指令

```
MOV   direct,A
MOV   direct,Rn
MOV   direct,@Ri
MOV   direct,＃data
MOV   direct1,direct2
MOV   @Ri,A
MOV   @Ri,direct
MOV   @Ri,＃data
MOV   DPTR  ＃data16
```

这组指令的功能是把源操作数的内容送入片内 RAM 单元或特殊功能寄存器，在对特殊功能寄存器进行操作时经常使用它的名称。例如：

```
MOV   30H,A          ;将累加器 A 中的数据传送到片内 RAM 的 30H 单元中
MOV   P1,＃1FH       ;将 8 位立即数 1FH 传送到并行口 P1
MOV   DPTR  ＃1000H  ;将 16 位立即数 1000H 传送到数据指针 DPTR
```

4. 累加器 A 与片外数据存储器之间的传送指令

```
MOVX   @DPTR, A
```

```
MOVX  @Ri, A
MOVX  A, @DPTR
MOVX  A, @Ri
```

这组指令的功能是在累加器 A 与片外数据存储器单元之间进行数据传送，在访问片外扩展数据存储器时使用。注意：只有累加器 A 才能直接与片外数据存储器的存储单元传送数据，而且必须使用片外数据传送指令 MOVX 而不是 MOV。

【例 4.1】 使用数据传送指令把片外 RAM 中 2000H 单元的数据传送到片内 RAM 的 50H 单元中。

解：

```
MOV   DPTR,#2000H        ;将片外 RAM 的单元地址送到 DPTR
MOVX  A,@DPTR            ;通过数据指针 DPTR 间接寻址将片外 RAM 的 2000H 单元内容送 A
MOV   50H, A             ;将 A 的内容传送到片内 RAM 的 50H 单元
```

5. 程序存储器数据传送指令（查表指令）

```
MOVC  A, @A+DPTR
MOVC  A, @A+PC
```

这是两条很有用的查表指令，可用来查找存放在程序存储器中的常数表，查到的常数被送到 A 中。它们采用的是变址寻址方式，指令 MOVC A、@A+DPTR 是以 DPTR 作为基址寄存器，累加器 A 的内容与 DPTR 内容相加，得到程序存储器中常数的地址；指令 MOVC A、@A+PC 是以 PC 作为基址寄存器，A 的内容与 PC 的内容相加后得到程序存储器中常数的地址。需要注意，程序存储器数据传送指令的符号为 MOVC，而数据存储器的数据传送指令为 MOV。

【例 4.2】 将 0～5 的平方值作为常数表放在程序存储器中，编制用查表法求 0～5 平方值的程序。

解：

```
      ORG    0000H            ;定位单片机上电程序入口地址
      AJMP   START            ;转移到应用程序的入口
      ORG    0100H            ;定位应用程序在程序存储器中的入口地址
START:MOV    DPTR,#TABLE      ;将平方表的首地址送入 DPTR 作为基地址
      MOVC   A, @A+DPTR       ;查表求出 A 中数的平方值并回送到 A 中
      SJMP   $                ;程序执行完后踏步等待
TABLE:DB     0,1,4,9,16,25    ;将常数表放入程序存储器（在程序执行前由汇编程序对程序汇编
                              时完成）
             END              ;程序结束
```

6. 堆栈操作指令

```
PUSH  direct
POP   direct
```

在 MCS-51 单片机的片内 RAM 中，可以设定一个后进先出的存储区域，称其为堆栈。把一个数据送入堆栈（称为压栈），使用 PUSH 指令；把一个数据从堆栈取出（称为出栈），使用 POP 指令。在 PUSH 指令执行时，首先将堆栈指针 SP 自动加 1 形成新的栈顶，再把数据压入堆栈；POP 指令执行时，先将数据出栈，再将堆栈指针 SP 自动减 1 形成新的栈顶。

堆栈主要供调子程序和响应中断时保护断点和保护现场使用。例如，应用程序由主程序和子程序组成，在主程序中使用了累加器 A 和工作寄存器 R0，如果在子程序中也要使用累加器 A 和工作寄存器 R0，为了保证在子程序执行时累加器 A 和工作寄存器 R0 的内容不被破坏，在子程序中入口处安排了累加器 A 和工作寄存器 R0 进栈操作，在子程序中出口处安排了累加器 A 和工作寄存器 R0 出栈操作，从而达到了保护现场的目的。子程序结构如下：

```
PUSH  ACC        ;累加器 A 内容进栈
PUSH  00H        ;工作寄存 R0 内容进栈

…
…                ;子程序主体
…
POP   00H        ;工作寄存 R0 内容出栈
POP   ACC        ;累加器 A 内容出栈
```

需要注意的是：MCS-51 单片机堆栈指令的操作数是一个 RAM 中的直接地址，寄存器不能写它的名称而要写它的地址。

另外，由于堆栈在 RAM 中占有一定的空间，在设置 SP 初值时要充分考虑堆栈的深度，要留出足够的存储空间，满足堆栈的使用。

7. 字节交换指令

```
XCH   A, Rn
XCH   A, @Ri
XCH   A, direct
XCHD  A, @Ri
SWAP  A
```

前三条指令是将累加器 A 的内容和源操作数内容相互交换，后两条指令是半字节交换指令。指令 SWAP A 是将累加器 A 的高 4 位与低 4 位的数据进行交换，例如，指令执行前 A 中的数据为 11110000B(F0H)，指令 SWAP A 执行后，A 中的数据变为 00001111B(0FH)。

4.3.3 算术运算指令

MCS-51 单片机的算术运算指令包括加、减、乘、除四则运算和加 1、减 1 指令，其中加、减、乘、除的运算结果对 PSW 的标志位有影响，而加 1、减 1 指令执行的结果对 PSW 的标志位无影响。

1. 加法指令

MCS-51 单片机的加法指令有不带进位加法和带进位加法两种。

(1) 不带进位加法指令

```
ADD   A, Rn
ADD   A, direct
ADD   A, @Ri
ADD   A, #data
```

不带进位加法指令将累加器 A 中的数与另一个操作数相加，所得的和存放在累加器 A 中，如果运算的结果最高位有进位，则使 PSW 的进位位 Cy=1，否则 Cy=0。

（2）带进位加法指令

```
ADDC  A, Rn
ADDC  A, direct
ADDC  A, @Ri
ADDC  A, #data
```

带进位加法指令执行时，将累加器 A 中的数据、另一个操作数和指令执行前的 Cy 值三者相加，所得的和存放在累加器 A 中，对于标志位的影响与不带进位加法指令相同。

【例 4.3】 编制程序计算两个无符号 16 位二进制数的和，已知第一个 16 位二进制数存放在片内 RAM 的 30H 和 31H 单元，另外一个 16 位二进制数存放在片内 RAM 的 32H 和 33H 单元，要求计算所得的和并存放在 34H 和 35H 单元中(假设计算结果不产生溢出)。它们在片内 RAM 中均按照低地址存放低字节，高低地址存放高字节的顺序存放。

解：由于 MCS-51 没有 16 位二进制数加法指令，故采用不带进位加法和带进位加法指令配合实现，所编制程序如下：

```
       ORG  0000H         ;定位单片机上电程序入口地址
       AJMP  START        ;转移到应用程序的入口
       ORG  0100H         ;定位应用程序在程序存储器中的入口地址
START: MOV  A,30H         ;取一个加数的低字节传送到 A
       ADD   A,31H        ;与另一个加数的低字节相加
       MOV   34H,A        ;存和的低字节
       MOV   A,32H        ;取一个加数的高字节传送到 A
       ADDC  A,33H        ;与另一个加数的高字节进行带进位加
       MOV   35H,A        ;存和的高字节
       SJMP  $            ;程序执行完后踏步等待
       END                ;程序结束
```

2. 带借位减法指令

```
SUBB  A, Rn
SUBB  A, direct
SUBB  A, @Ri
SUBB  A, #data
```

这组指令的功能是将累加器 A 的内容减去第二个操作数，再减去进位标志位的内容，所得的差送回到累加器 A 中。如果被减数不够减，则 PSW 的进位位 Cy=1，否则 Cy=0。MCS-51 单片机没有不带借位减法指令，在使用带借位减法指令进行不带借位减法运算时，要首先将 Cy 清 0，以避免运算前 Cy 的值对计算结果的影响。

3. 加 1 与减 1 指令

（1）加 1 指令

```
INC  A
INC  Rn
INC  direct
```

```
INC   @Ri
INC   DPTR
```

这组指令的功能是将操作数的内容加 1 后再送回。该指令不影响 PSW 的标志位。这组指令常常用于对寄存器间接寻址的寄存器进行操作，可以很方便地改变存放在寄存器中的地址，给编程提供便利。

【例 4.4】 编制程序计算三个无符号 8 位二进制数的和，已知这三个数依次存放在片内 RAM 中 30H 开始的单元中，要求将结果存放到片内 RAM 的 33H 单元（假设计算结果不产生溢出）。

解：

```
       ORG    0000H        ;定位单片机上电程序入口地址
       AJMP   START        ;转移到应用程序的入口
       ORG    0100H        ;定位应用程序在程序存储器中的入口地址
START: MOV    A, #00H      ;将 A 清 0
       MOV    R0, #30H     ;将加数的首地址送入 R0 中
       ADD    A, @R0       ;30H 单元的内容与 A 内容相加,结果送入 A
       INC    R0           ;地址指向 31H 单元
       ADD    A, @R0       ;31H 单元的内容与 A 内容相加,结果送入 A
       INC    R0           ;地址指向 32H 单元
       ADD    A, @R0       ;32H 的内容与 A 内容相加,结果送入 A
       MOV    33H, A       ;求得的和送 33H 单元
       SJMP   $            ;程序执行完后踏步等待
       END                 ;程序结束
```

（2）减 1 指令

```
DEC  A
DEC  Rn
DEC  direct
DEC  @Ri
```

这组指令的功能是将操作数的内容减 1 后再送回，该指令不影响 PSW 的标志位，它的作用与加 1 指令类同。

4. 十进制调整指令

```
DA  A
```

这条指令的功能是对执行加法后，对存在累加器 A 的结果进行十进制调整，使累加器 A 中的内容调整为两位压缩型 BCD 码（每两位 BCD 码存放在一个字节中），在进行 BCD 码数运算时使用。

【例 4.5】 有两个 8 位压缩型的 BCD 码数据，一个存放在片内 RAM 的 50H～53H 单元中，另一个存放在 54H～57H 单元中。编程实现这两个数相加，结果以压缩型 BCD 码的格式存放在 50H～53H 中（设结果仍为 8 位压缩型的 DCB 码数据）。

解：

```
       ORG    0000H        ;定位单片机上电程序入口地址
       AJMP   START        ;转移到应用程序的入口
       ORG    0100H        ;定位应用程序在程序存储器中的入口地址
```

```
STRAT:MOV   R0, #50H        ;R0 指向第一个加数的起始单元
      MOV   R1, # 54H       ;R1 指向第二个加数的起始单元
      MOV   R2, #4          ;设置计数器
      CLR   C               ;进位位清 0
 LOOP:MOV   A, @R0          ;取出第一个加数的一个单元
      ADDC  A, @R1          ;与第二个加数的一个单元相加
      DA    A               ;十进制调整
      MOV   @R1, A          ;保存部分结果
      INC   R0              ;R0 指向第一个加数的下一个单元
      INC   R1              ;R1 指向第二个加数的下一个单元
      DJNZ  R2,LOOP         ;如果没加完,循环继续做加法
      SJMP   $              ;程序执行完后踏步等待
      END                   ;程序结束
```

5. 乘法指令

乘法指令完成两个单字节的乘法，只有一条指令：

```
MUL  AB
```

这条指令的功能是将累加器 A 的内容与寄存器 B 的内容相乘,因为两个 8 位二进制数相乘的乘积可能是一个 16 位二进制数,所以乘积的结果分为两个 8 位二进制数,它们的低 8 位存放在累加器 A 中,高 8 位存放于寄存器 B 中。

6. 除法指令

除法指令完成单字节的除法，只有一条指令：

```
DIV  AB
```

这条指令的功能是将累加器 A 中的内容除以寄存器 B 中的数,因为除法的结果会有商和余数两部分,所以相除后所得商存放在累加器 A 中,余数存放在寄存器 B 中。

4.3.4 逻辑运算指令

逻辑运算指令可实现对操作数的“与”、“或”、“非”、“异或” 等运算及“移位”操作,大多数逻辑运算运算需要将一个操作数事先放在累加器 A 中,运算结果也被存放在累加器 A 中。

1. 逻辑“与”运算指令

```
ANL  A, Rn
ANL  A, direct
ANL  A, @Ri
ANL  A, #data
ANL  direct, A
ANL  direct, #data
```

这组指令的功能是将两个操作数按位进行“与”运算,将结果送入累加器 A 中。由于一个二进制数中的某位和 0“与”的结果为 0,和 1“与”的结果就等于原来的值,所以逻辑“与”运算指令常用来清 0(也称为屏蔽)某些位,和保持某些位不变,需要屏蔽的位和 0 相“与”,需要保持不变的位和 1 相“与”。

【例 4.6】　编制程序实现将累加器 A 中 8 位二进制数拆分成两个字节，将 A 中数的低四位输出到 P1 口的低 4 位，将 A 中数的高四位输出到 P2 口的低 4 位，P1 口和 P2 口的高四位输出为 0。

解：

```
        ORG     0000H           ;定位单片机上电程序入口地址
        AJMP    START           ;转移到应用程序的入口
        ORG     0200H           ;定位应用程序在程序存储器中的入口地址
START:  MOV     B,A             ;将 A 中的原始数据保存在 B
        ANL     A,#0FH          ;将 A 的高 4 位屏蔽,低 4 位保持不变
        MOV     P1,A            ;向 P1 输出
        MOV     A,B             ;取原始数据
        ANL     A,#F0H          ;将 A 的低 4 位屏蔽,高 4 位保持不变
        SWAP    A               ;将 A 的高四位与低四位交换
        MOV     P2,A            ;向 P2 口输出
        SJMP    $               ;程序执行完后踏步等待
        END                     ;程序结束
```

2. 逻辑"或"指令

```
ORL   A, Rn
ORL   A, direct
ORL   A, @Ri
ORL   A, #data
ORL   direct, A
ORL   direct, #data
```

这组指令的功能是将两个操作数按位进行逻辑或操作，将结果送入累加器 A 中。对二进制数中的某位，不管它是 0 还是 1，只要和 1"或"其结果都是 1，所以逻辑"或"运算指令常用来使某些位置 1。

3. 逻辑"异或"指令

```
XRL   A, Rn
XRL   A, direct
XRL   A, @Ri
XRL   A, #data
XRL   direct, A
XRL   direct, #data
```

这组指令的功能是将两个操作数按位进行逻辑"异或"操作，将结果送入累加器 A 中。由于一个二进制数中的某位和 1"异或"后，结果为原来值的反值，所以逻辑"异或"指令可以用于二进制数的某些位取反。

4. 累加器清 0 和取反指令

```
CLR   A          ;对累加器 A 清 0
CPL   A          ;对累加器 A 按位取反
```

这两条指令的功能是将累加器 A 中的内容清 0 和取反，结果送回 A 中。

5. 循环移位指令

```
RL   A     ；累加器 A 的内容循环左移 1 位
RLC  A     ；累加器 A 的内容带进位位循环左移 1 位
RR   A     ；累加器 A 的内容循环右移 1 位
RRC  A     ；累加器 A 的内容带进位位循环右移 1 位
```

这组指令的功能是对累加器 A 的内容进行循环移位，移位的操作如图 4.3 所示。

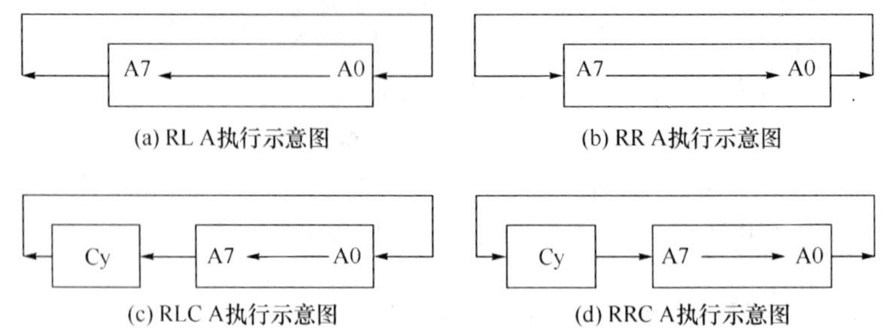

图 4.3　循环移位操作示意图

4.3.5　控制转移指令

根据单片机的工作原理，单片机可以自动按顺序执行存放在程序存储器中的程序。但有时，在执行到某条指令时要改变执行的顺序，跳转到另外的位置去执行，另外单片机有时需要进行判断，根据条件转移到不同的处理程序，控制转移指令就是为实现这种功能而设置的。MCS-51 单片机的控制转移类指令可分为无条件转移指令、条件转移指令和调子程序指令。下面将分别介绍。

1. 无条件转移指令

无条件转移指令不考虑条件，执行到该指令时就进行跳转。按照可以在程序存储器中跳转距离的范围，无条件转移指令可以分为短跳转指令、长跳转指令、相对跳转指令。

（1）短跳转指令

```
AJMP   addr11
```

AJMP 是 2KB 范围内的无条件跳转指令。执行该指令时，先将 PC＋2，然后将 addr11 送入 PC.10～PC.0，而 PC.15～PC.11 保持不变，这样得到跳转的目的地址。

（2）长跳转指令

```
LJMP   addr16
```

LJMP 指令的跳转范围较大，可以在程序存储器中的 64 KB 内。执行该指令时，把 16 位操作数装入 PC，然后无条件转移到指定的地址。

（3）相对转移指令

```
SJMP   rel
```

SJMP rel 的相对 PC 值的跳转范围为－128～＋127。执行该指令时，先将 PC＋2，再把指令中带符号的偏移量与现行 PC 中的值相加，得到跳转的目标地址送入 PC。

（4）散转指令

```
JMP   @A + DPTR
```

该指令具有散转功能，可以替代许多条判断和转移指令。特别适合多分支程序使用。执行该指令时，把累加器 A 中的 8 位无符号数与数据指针中的 16 位数相加，得到的结果作为下条指令的地址送入 PC。利用这条指令可以实现程序的多分支转移，例如：

```
        MOV     DPTR, #TABLE
        JMP     @A + DPTR
        ⋮
TABLE:  AJMP    ROUT0
        AJMP    ROUT1
        AJMP    ROUT2
```

该程序段执行时，根据 A 中的数值进行转移。当 A 中的数为 0 时，执行 JMP @A+DPTR 后转移到 ROUT0 处执行；当 A 中的数为 2 时，执行 JMP @A+DPTR 后转移到 ROUT1 处执行；当 A 中的数为 4 时，执行 JMP @A+DPTR 后转移到 ROUT2 处执行。

2. 条件转移指令

该类指令在转移前进行判断，满足指令指明的条件则进行转移，如果不满足条件则继续顺序向下执行程序。条件转移指令具体又分为累加器 A 判 0 转移指令、比较转移指令、循环转移指令。

（1）累加器 A 判 0 转移指令

```
JZ   rel    ;如果(A) = 0   转移
JNZ  rel    ;如果(A)≠0   转移
```

这两条指令是依据累加器 A 的内容是否为 0 的条件确定是否转移。条件满足时转移，条件不满足时则顺序执行下面一条指令。转移的目标地址在－128～＋127 的范围内。

（2）比较转移指令

```
CJNE  A, direct, rel
CJNE  A, #data, rel
CJNE  Rn, #data, rel
CJNE  @Ri, #data, rel
```

比较转移指令是把两个操作进行比较，以比较的结果作为条件来控制程序的转移。这组指令的具体功能是：比较前面两个操作数，如果它们的值不相等则转移，如果相等则顺序执行下面一条指令。转移的目标地址在相对 PC 值的－128～＋127 的范围内。

（3）循环转移指令

```
DJNZ  Rn , rel
DJNZ  direct, rel
```

这两条指令的功能是把操作数减 1，结果回送到操作数中去，并进行判断，如果结果不为 0 则转移，如果结果为 0 则顺序执行下面一条指令。转移的地址也通常用标号表示，转移的目标地址也在－128～＋127 的范围内。因为该指令每执行一次，操作数减 1，如果将操作数设置为程序循环的计数器，该指令可以同时完成计数器减 1 和判断转移两种功能，所以它们经常在循环程序中使用。

【例 4.7】 在片内 RAM 的 30H 开始的 5 个单元顺序存放 5 个无符号数，编制程序计算它们的和并存放在 40H 单元中(设和不大于 255)。

解：

```
        ORG     0000H           ;定位单片机上电程序入口地址
        AJMP    START           ;转移到应用程序的入口
        ORG     0100H           ;定位应用程序在程序存储器中的入口地址
START:MOV       A,   #00H       ;累加器 A 清 0
        MOV     R0,   # 30H     ;R0 指向数据的首地址
        MOV     R7,   #5        ;将单元的个数送 R7,R7 作为循环控制计数器
LOOP:ADD        A, @R0          ;做一次加法
        INC     R0              ;地址加 1
        DJNZ    R7,LOOP         ;R7 内容减 1,如果不为 0 继续循环,为 0 循环结束
        MOV     40H,A           ;存结果
        SJMP    $               ;程序执行完后踏步等待
        END                     ;程序结束
```

3. 子程序调用及返回指令

在程序设计中,通常把具有一定功能的公用程序段编制成子程序,当主程序需要使用子程序时用子程序调用指令调用,而在子程序的最后安排一条子程序返回指令,以便执行完子程序后能返回主程序继续执行。

(1) 子程序调用指令

```
ACALL   addr11
LCALL   addr16
```

这两条子程序调用指令功能相同,只是调用的距离范围限制不同而已。短调用指令 ACALL addr11 的调用距离范围在 2 KB 之内,对程序存储器中存放的主程序与子程序相距较近时使用。如果主程序与子程序相距超过 2 KB,可以使用长调用指令 LCALL addr16,长调用的距离范围为 64 KB。

执行该指令时,首先 PC+2 以获得下一条指令的地址,接着将 16 位地址分两个字节压入堆栈,然后将调用指令指明的子程序入口地址送入 PC,转到子程序入口去执行。由此可见,在执行子程序调用指令时,单片机自动完成了断点的保护的工作。

(2) 子程序返回指令

```
RET
```

这条指令放在子程序的末尾,其功能是从子程序返回。指令执行时会自动恢复断点,将在调用子程序时压入堆栈保护的指令地址取出送入 PC,使程序返回主程序继续执行。

(3) 中断返回指令

```
RETI
```

这条指令是中断返回指令,放在中断服务程序的末尾。由于它的功能与子程序返回类似在此一并给出。

需要说明的是,一般各种转移控制指令的转移地址都是用标号表示的,在汇编程序对源程序进行汇编编译时会自动计算出实际的转移地址,而不需要人工计算。在使用各种转移指令时,可估算出跳转的距离,只要不超出控制转移跳转距离的范围就可以使用。

4.3.6 位操作指令

以上四类指令都是以字节为最小单位进行操作的，MCS-51 单片机还包括以位为单位进行操作的指令，操作的对象是进位位 Cy 或 RAM 中的可位寻址的位变量。这类指令也称为布尔操作指令，具体有以下几种。

1. 位数据传送指令

```
MOV  C, bit
MOV  bit, C
```

这组指令的功能是把源操作数的位变量送到目的操作数指定的位地址单元中，操作对象是进位位 Cy 或 RAM 中的可位寻址的位。例如：

```
MOV  C , P0.1           ;将 P0.1 的值传送到 Cy
MOV  P1.2 ,  C          ;将 Cy 的值传送到 P1.2
```

2. 位状态设置指令

```
CLR  C
CLR  bit
SETB  C
SETB  bit
```

这组指令对操作数所指出的位进行置“0”或“1”的操作，前两条指令是对指定的位进行清 0，后两条指令使指定的位置 1。例如：

```
CLR  P1.1               ;将 P1.1 置 0
SETB  P1.7              ;将 P1.7 置 1
```

如果在上述指令执行前(P1)＝00001111B，这两条指令执行后有(P1)＝10001101B。

3. 位逻辑运算指令

```
ANL  C, bit
ANL  C, /bit
ORL  C, bit
ORL  C, /bit
CPL  C
CPL  bit
```

这组指令中前 4 条指令的功能是进位位 Cy 和位地址中的内容进行“与”运算和“或”运算，结果送入进位位 Cy。斜杠“/”表示该位值先取反，再参加运算。后两条指令是对指令指出位的内容进行取反操作。例如：

```
CPL  P1.3
```

如果在指令执行前(P1)＝00001111B，指令执行后(P1)＝10000111B。

4. 位条件转移指令

```
JC   rel          ;如果 Cy 为 1,则执行转移
JNC  rel          ;如果 Cy 为 1;,则执行转移
JB   bit,rel      ;如果 bit 位的值为 1,则执行转移
JNB  bit, rel     ;如果 bit 位的值为 0,则执行转移
```

```
JBC  bit, rel    ;如果bit位的值为1,则执行转移,然后将该位清0
```

这组指令也是条件转移指令，它们根据指定位的状态控制程序的转移。

4.4 伪指令

4.3节介绍的MCS-51单片机的指令系统中的每一条指令都对应CPU可以执行的一个操作，为了表达方便，使用对应的助记忆符表示，用助记忆符编写成的程序称为汇编语言源程序。在汇编语言源程序中，每条指令就是用助记忆符表示的一条语句。因为计算机只能识别二进制指令代码，汇编语言源程序必须转换成二进制指令代码才能执行。将汇编语言程序转换为二进制指令代码的过程称为汇编，完成汇编任务的软件称为汇编程序。在汇编程序对汇编语言源程序进行汇编时，不仅要把汇编语言语句转换为二进制指令代码，还需要知道所形成的二进制代码程序在程序存储器中从什么位置开始存放，程序所使用的常数放在哪个地方等等，汇编语言的伪指令为汇编程序提供了这些信息。由于伪指令仅仅是给汇编程序提供一些必要信息的指令，而不是指令系统中真正可执行的指令，故称为"伪指令"。下面介绍几种常用的伪指令。

1. 起始地址设定伪指令ORG

指令格式：ORG 16位地址

该指令的作用是指明后面的程序或数据块的起始地址，它一般出现在每段源程序或数据块的开始。指令中的16位地址确定了该伪指令后面第一条指令或第一个数据的地址，此后的源程序或数据块就依次连续存放在以后的存储器单元内，直到遇到另一个ORG指令为止。例如：

```
       ORG     0000H          ;定位单片机上电程序入口地址
       AJMP    START
       ORG     0100H          ;定位应用程序在程序存储器中的入口地址
START: MOV     A,30H
       ADD     A,31H
       MOV     34H,A
       …
```

伪指令ORG 0000H说明了其后面的指令JMP START对应的指令代码存放在程序存储器的地址0000H开始的位置；伪指令ORG 0100H说明了其后面的程序段对应的指令代码从程序存储器的地址0100H开始存放。

2. 汇编结束伪指令

指令格式：END

该伪指令的功能是结束汇编，放在汇编语言源程序的末尾，放在END之后的程序将不被转换为可执行的二进制代码。注意：END并不表示程序运行结束，而是汇编语言源程序结束的标志。

3. 字节数据定义伪指令DB

指令格式：标号：DB 字节数据序列

该伪指令的功能是把字节数据序列依次存入从标号地址开始的程序存储器的连续存储单元中。字节数据序列可以是一个或多个字节数据及字符串。例如：

```
        ORG  1000H
TABLE1:DB  0,1,4,9,16 ,25
TABLE2:DB  "how  are  you"
```

在这段程序中，伪指令 ORG 1000H 指定了标号 TABLE1 的地址为 1000H，而 DB 伪指令的作用是将其后的字节数据 0、1、4、9、16、25 依次存放在程序存储器 1000H、1001H、1002H、1003H、1004H、1005H 的 6 个连续单元之中，TABLE2 也是一个标号，其地址与前一条伪指令指明的地址接续，即从 1006H 地址开始依次存放字符串 how are you。在汇编之后数据和字符串就按伪指令的规定存放在程序存储器中。

4. 字数据定义伪指令 DW

指令格式：标号：DW 字数据序列

该指令的功能与 DB 相似，区别仅在于从指定地址开始存放的是字数据(16 位二进制数据)，每个数据要占两个存储单元。例如：

```
        ORG  1000H
KTAB:DW  3010H,3031H,3032H,3033H
```

5. 预留存储空间定义伪指令 DS

指令格式：标号：DS 字节数

该伪指令的作用是预留一定数量的存储单元空间供程序运行时存放数据，预留存储空间的数量由伪指令中的字节数规定。例如：

```
      ORG  0300H
BUF:DS  10
      …
```

汇编后从 0300H 地址开始为程序预留了 10 个存储单元。

6. 赋值伪指令 EQU

指令格式：字符名称 EQU 数字或符号

该伪指令的功能是使指令中的字符名称等价于给定的数字或汇编符号。使用等值指令给程序的编制、调试、修改带来方便，如果在程序中要多次使用到某一地址，由 EQU 指令将其赋值给一个字符名称，一旦需要对其进行变动，只要改变 EQU 后面的数字或符号即可，而不需要对程序中涉及该数字或符号的所有指令逐句进行修改，改进了程序的可维护性。但要注意，用 EQU 等值的字符名称必须先赋值后使用，且在同一个源程序中，同一个符号只能赋值一次。例如：

【例 4.8】 可维护性较好的求和程序。

```
LEN     EQU  6             ;定义求和数据的个数为 6,并用符号 LEN 表示
SUM     EQU  21H           ;定义用 SUM 代表和的存放的地址 21H
BLOCK   EQU  22H           ;定义用 BLOCK 代表数据的起始地址 22H
        ORG   0000H
        AJMP   START
        ORG  0100H
```

```
STRAT:CLR  A
        MOV  R7,# LEN        ;等价于 MOV  R7,#6
        MOV  R0,# BLOCK      ;等价于 MOV  R0,#22H
LOOP: ADD  A, @R0
        INC  R0
        DJNZ  R7, LOOP
        MOV  SUM, A          ;等价于 MOV  21H,A
        SJMP  $
        END
```

该程序的功能是将BLOCK单元开始的存放的6个无符号数进行求和，结果存放在SUM存储单元中。在程序开始处LEN被赋值为6，以后凡是出现LEN都代表数字6。如果要将程序改为求8个数的和只需将第一条语句改为：LEN EQU 8。这种做法可增加程序的可读性和可维护性。该程序稍加修改就可以变成能够解例4.7的程序。

7. 位地址赋值伪指令BIT

指令格式：字符名称 BIT 已知位标识

该指令用来定义某已知的特定位的标号。例如：

```
FLG  BITt  P1.0   ;用 FLG 标号代替 P1.0
```

4.5 汇编语言程序设计

4.5.1 汇编语言程序设计的基本步骤与程序的基本结构

1. 汇编语言程序设计的基本步骤

汇编语言程序设计就是针对实际应用问题，使用MCS-51指令系统中的指令和伪指令，编制程序的过程。在程序设计过程中，应该在保证实现程序功能的前提下，使程序占用空间小，执行速度快。汇编语言程序设计的基本步骤如下：

（1）分析问题，明确系统的功能要求与设计目标，确定算法和思路。

（2）根据算法和思路画出程序框图。

（3）分配内存单元，即原始数据、中间数据、结果和程序在数据存储器和程序存储器中如何存放。

（4）按照程序框图编写源程序。

（5）使用在宿主计算机上的集成开发环境输入程序，进行程序的汇编和运行调试，找出程序的错误并进行更正，再调试，直到程序通过。

（6）编制文档。

2. 程序的基本结构

汇编语言中的基本结构有顺序结构、分支结构、循环结构和主子结构，其程序流程图如图4.4所示。

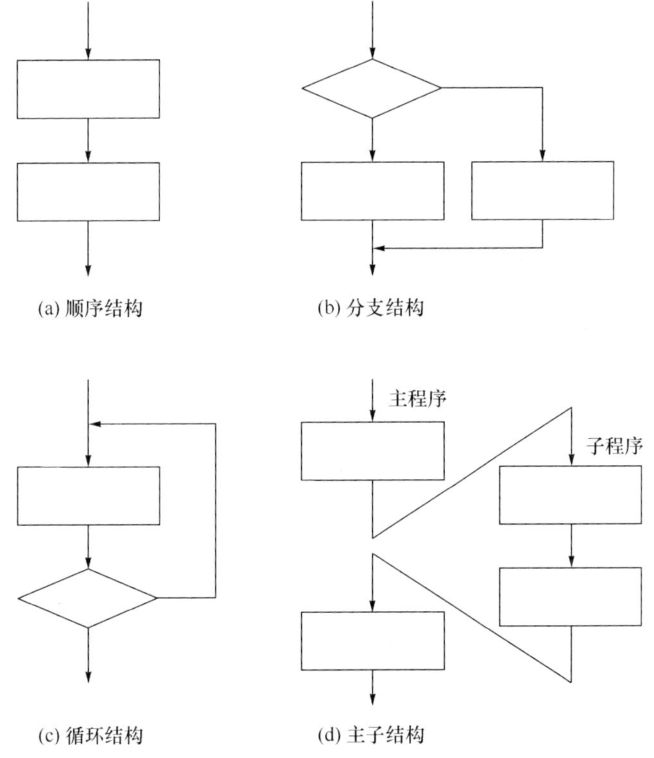

图 4.4 程序的基本结构示意图

4.5.2 顺序结构程序设计

顺序结构程序是最简单、最基本的程序。程序按编写的顺序依次往下执行每一条指令，直到最后一条。它能够解决一些简单的问题或作为复杂程序的一部分。

【例 4.9】 有一个 2 位十六进制数存放在片内 RAM 的 30H 单元，编制程序将它转换为两个 ASCII 码并存放在片内 RAM 的 31H 和 32H 单元中。

解：由于一个 2 位十六进制数存放在一个单元，所以在转换前需要进行拆分处理，将它拆分成两个数，因为 2 位十六进制数的的每一位数都为 0～F 的数，而 0～F 数的 ASCII 码值可以根据 ASCII 码表获得，故采用查表法编制程序。程序流程图如图 4.5 所示，程序在 Keil μ Vision2 下的仿真运行结果如图 4.6 所示。

程序清单如下：

```
        ORG    0000H            ;定位单片机上电程序入口地址
        AJMP   START            ;转移到应用程序的入口
        ORG    0100H            ;定位应用程序在程序存储器中的入口地址
START:  MOV    DPTR, #TABLE     ;将 ASCII 码表的首地址送入 DPTR 作为基地址
        MOV    A,30H            ;取出要处理的数据
        MOV    B,  A            ;暂存要处理的数据
        ANL    A,#0FH           ;屏蔽高 4 位,保持低 4 位(拆分)
        MOVC   A,  @A+DPTR      ;查表求低位数的 ASCII 码
        MOV    31H,  A          ;存低 4 位数的 ASCII 码
```

```
        MOV     A， B                ;取回原数据
        SWAP    A                    ;高位4位与低4位交换
        ANL     A,＃0FH              ;拆分出原数据的高4位数
        MOVC    A， @A+DPTR          ;查表求高4位的ASCII码
        MOV     32H， A              ;存放高4位的ASCII码
        SJMP    $                    ;程序执行完后踏步等待
TABLE:DB  30H,31H,32H,33H,34H,35H,36H,37H,38H,39H
        DB      41H,42H,43H,44H,45H,46H;0～F的ASCII码表
        END                          ;程序结束
```

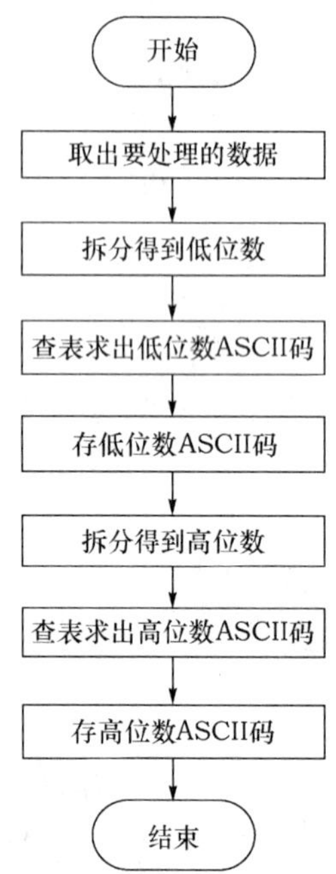

图 4.5　2位十六进制数转换为ASCII码的程序流程图

```
        ORG   0000H ;定位单片机上电程序入口地址
        AJMP   START ;转移到应用程序的入口
        ORG   0100H ;定位应用程序在程序存储器中的入口地址
START:  MOV   DPTR, #TABLE ;将ASCII码表的首地址送入DPTR作为基地址
        MOV   A, 30H ;取出要处理的数据
        MOV   B,  A  ; 暂存要处理的数据
        ANL   A,  #0FH ;屏蔽高位，保留低位（拆分）
        MOVC  A,  @A+DPTR ;查表求低位数的ASCII码
        MOV   31H, A ;存低位数的ASCII码
        MOV   A,   B ;取回原数据
        SWAP  A ;高位与低位交换
        ANL   A, #0FH ;拆分出原数据的高位数
        MOVC  A,  @A+DPTR ;查表求高位的ASCII码
        MOV   32H, A ;存放高位的ASCII码
        SJMP    $ ;程序执行完后踏步等待
TABLE: DB  30H,31H,32H,33H,34H,35H,36H,37H,38H,39H
DB  41H,42H,43H,44H,45H,46H ;0~F的ASCII码表
END ; 程序结束

D:0x30: 12 32 31 00 00 00 00 00 00 00 00 00 00 00 00 00 00 00
```

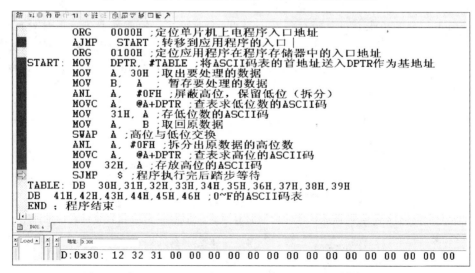

图 4.6　求ASCII码的程序在Keil μVision2下的仿真运行结果

【**例 4.10**】 有一个无符号 8 位二进制整数存放在片内 RAM 的 30H 中，将它转换为十进制数，结果存放在片内 RAM 的 40H～42H 单元。

解：无符号 8 位二进制整数的范围为 0～255，将该数除以 100 得到的商是它的百位数字，然后将余数除以 10 将得到该数的十位数字，再次获得的余数为该数的个位数字，采用这种算法可以依次求出无符号 8 位二进制整数的百位数、十位数、个位数，由于它们各占一个单元，结果需用 3 个存储单元存放。程序流程图如图 4.7 所示，程序在 Keil μVision2 下的仿真运行结果如图 4.8 所示。

程序清单如下：

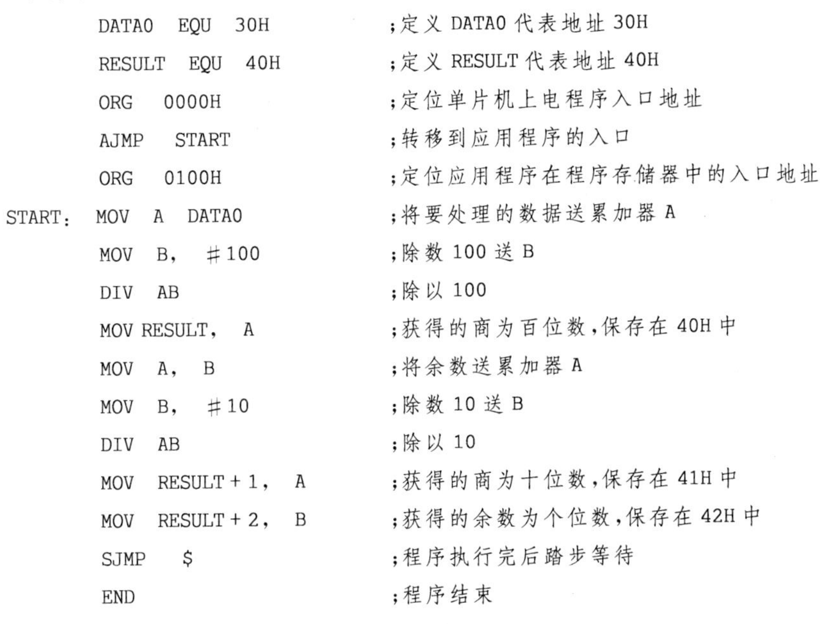

```
        DATA0   EQU   30H          ;定义 DATA0 代表地址 30H
        RESULT  EQU   40H          ;定义 RESULT 代表地址 40H
        ORG    0000H               ;定位单片机上电程序入口地址
        AJMP    START              ;转移到应用程序的入口
        ORG    0100H               ;定位应用程序在程序存储器中的入口地址
START:  MOV  A  DATA0              ;将要处理的数据送累加器 A
        MOV  B,  #100              ;除数 100 送 B
        DIV  AB                    ;除以 100
        MOV RESULT,  A             ;获得的商为百位数，保存在 40H 中
        MOV  A,  B                 ;将余数送累加器 A
        MOV  B,  #10               ;除数 10 送 B
        DIV  AB                    ;除以 10
        MOV  RESULT+1,  A          ;获得的商为十位数，保存在 41H 中
        MOV  RESULT+2,  B          ;获得的余数为个位数，保存在 42H 中
        SJMP   $                   ;程序执行完后踏步等待
        END                        ;程序结束
```

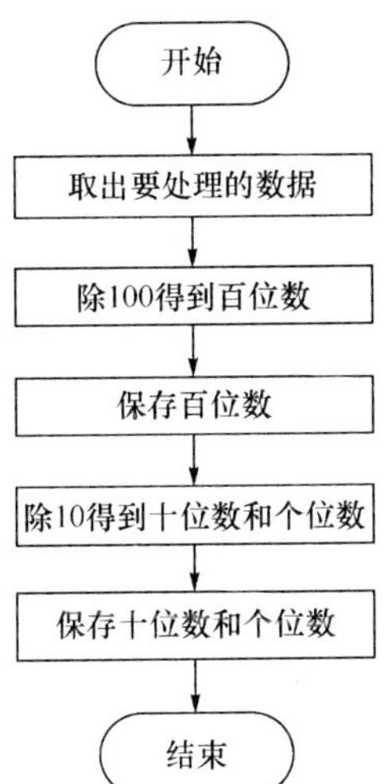

图 4.7 无符号 8 位二进制整数转换为十进制数的程序流程图

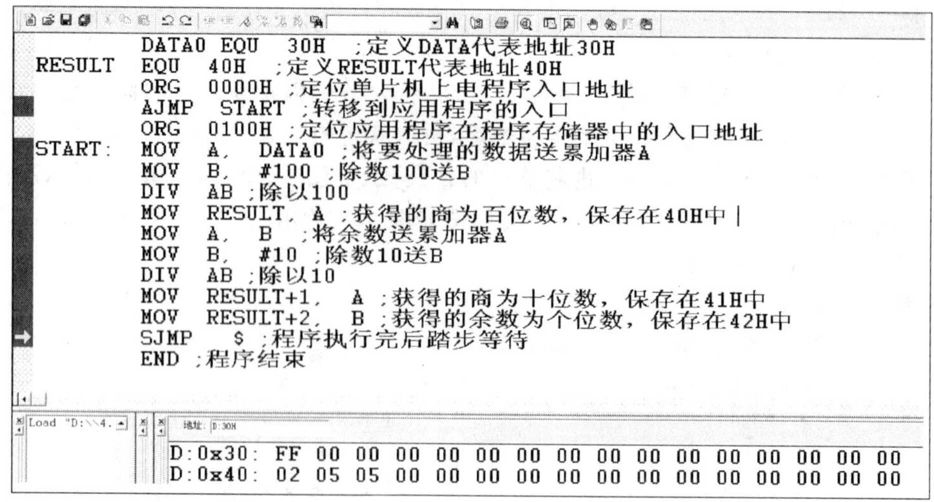
```
        DATA0 EQU   30H   ;定义DATA代表地址30H
RESULT  EQU   40H   ;定义RESULT代表地址40H
        ORG   0000H ;定位单片机上电程序入口地址
        AJMP  START ;转移到应用程序的入口
        ORG   0100H ;定位应用程序在程序存储器中的入口地址
START:  MOV   A,  DATA0 ;将要处理的数据送累加器A
        MOV   B,  #100 ;除数100送B
        DIV   AB ;除以100
        MOV   RESULT, A ;获得的商为百位数，保存在40H中
        MOV   A,  B  ;将余数送累加器A
        MOV   B,  #10 ;除数10送B
        DIV   AB ;除以10
        MOV   RESULT+1,  A ;获得的商为十位数，保存在41H中
        MOV   RESULT+2,  B ;获得的余数为个位数，保存在42H中
        SJMP   $ ;程序执行完后踏步等待
        END ;程序结束

D:0x30:  FF 00 00 00 00 00 00 00 00 00 00 00 00 00 00 00
D:0x40:  02 05 05 00 00 00 00 00 00 00 00 00 00 00 00 00
```

图 4.8　二进制整数转换为十进制数程序在 Keil μVision2 下的仿真运行结果

4.5.3　分支结构程序设计

分支结构是根据不同的条件进行分支，转移到不同的程序段的结构。具有分支结构的程序一般要使用转移指令进行判断和转移，在程序设计时要注意如下要点：

(1) 建立可供条件转移指令测试的条件。

(2) 选用合适的条件转移指令。

(3) 在转移的目的地址处设定标号。

(4) 在程序的分支汇合处要注意避免出现分支处理路径的错误。

【例 4.11】 已知片内 RAM 的 40H 单元内有一自变量 X，编制程序求如下函数的函数值 Y，并将其存入片内 RAM 的 41H 单元中。

$$Y=\begin{cases}1 & X>0\\0 & X=0\\-1 & X<0\end{cases}$$

解：此题有三个条件，所以有三个分支程序。这是一个三分支归一的条件转移问题。X 是有符号数，判断一个数为正数还是负数判断它的符号位即可，而判断符号位是 0 还是 1 可利用 JB 或 JNB 指令实现。判断 X 是否等于 0 则直接可以使用累加器 A 的判 0 指令 JZ 或 JNZ 来实现。因此采用这三条指令可以达到分支转移控制的目的。程序流程图如图 4.9 所示，程序在 Keil μVision2 下的仿真运行结果如图 4.10 所示。

程序清单如下：

```
        ORG   0000H          ;定位单片机上电程序入口地址
        AJMP  START          ;转移到应用程序的入口
        ORG   0100H          ;定位应用程序在程序存储器中的入口地址
START:MOV   A  40H           ;将要处理的数据送累加器 A
        JZ   COMP            ;若 A 为 0，转至 COMP 处
        JNB  ACC.7,POST      ;若 A 第 7 位不为 1(X>0)，程序转到 POST 处
        MOV  A, #0FFH        ;将 -1(补码表示)送入 A 中
```

```
        SJMP   COMP           ;程序无条件转到 COMP 处,注意该条指令不能丢,请思考如果没有该条
                               指令会出现什么现象?
POST:MOV   A, #01H           ;将+1送入A中
        COMP:MOV   41H, A    ;将获得的Y值存入41H
        SJMP    $             ;程序执行完后踏步等待
        END                   ;程序结束
```

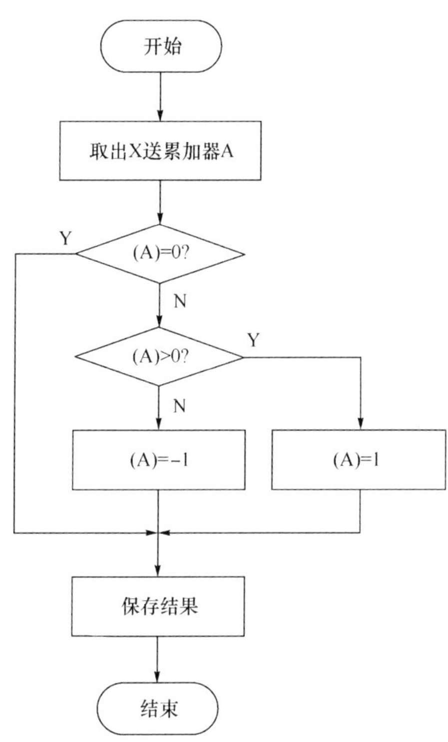

图 4.9 求函数值的三分支程序流程图

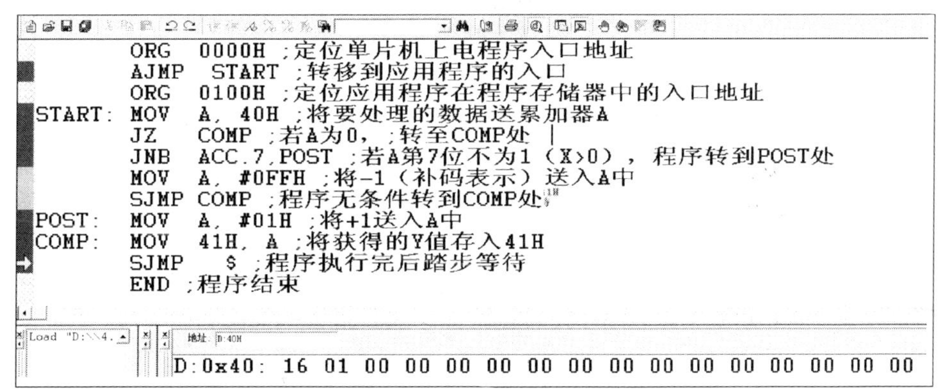

图 4.10 求函数值程序在 Keil μVision2 下的仿真运行结果

【例 4.12】 设片内 RAM 的 50H 单元内存放一个 0～9 的整数,编制程序实现:当它的值为 0 时转移到处理程序 0 去执行:当它的值为 1 时转移到处理程序 2 去执行,……,当它的值为 9 时转移到处理程序 9 去执行。

解：这是一个典型的多分支转移，使用散转指令实现比较适合。实现的方法是用散转指令计算出转移的地址并转移到跳转地址表中对应的指令去执行。由于跳转地址表中的指令占 2 个字节，而原始数据是 0～9，所以在执行 MOV DPTA，＃JMPTAB 前，A 中的偏移地址需乘 2，而乘 2 可以用左移 1 位操作完成。程序流程图如图 4.11 所示。

程序清单如下：

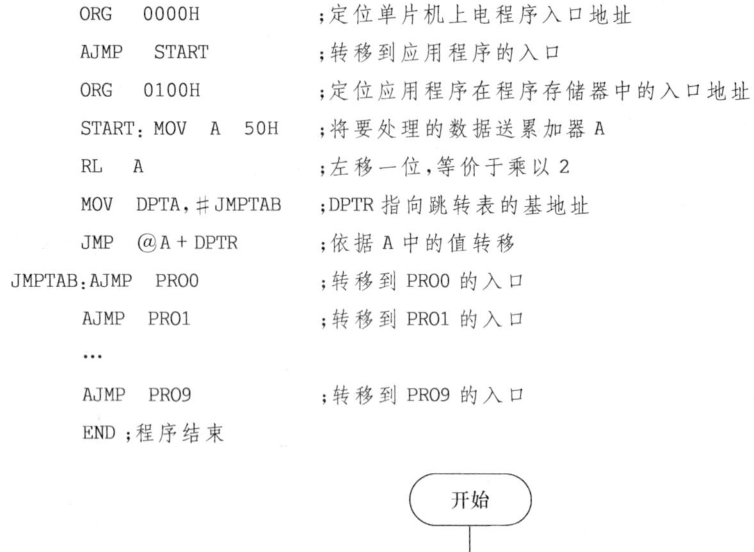

```
        ORG    0000H          ;定位单片机上电程序入口地址
        AJMP   START          ;转移到应用程序的入口
        ORG    0100H          ;定位应用程序在程序存储器中的入口地址
        START：MOV  A  50H     ;将要处理的数据送累加器 A
        RL    A               ;左移一位，等价于乘以 2
        MOV   DPTA，＃JMPTAB   ;DPTR 指向跳转表的基地址
        JMP   @A＋DPTR         ;依据 A 中的值转移
JMPTAB：AJMP   PRO0           ;转移到 PRO0 的入口
        AJMP   PRO1           ;转移到 PRO1 的入口
        …
        AJMP   PRO9           ;转移到 PRO9 的入口
        END ;程序结束
```

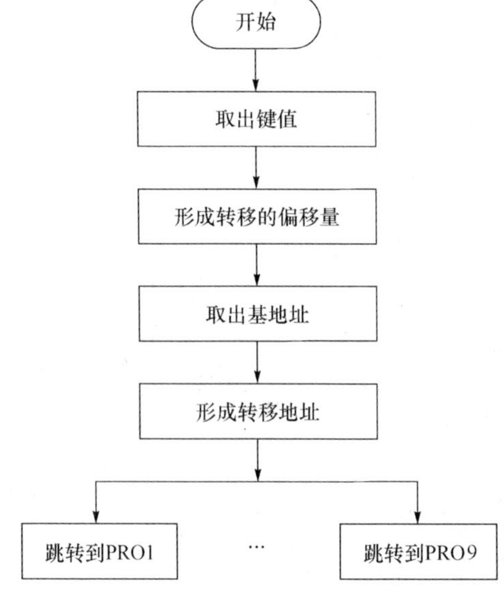

图 4.11　多分支散转转移程序流程图

4.5.4　循环结构程序设计

在实际应用中会遇到需要多次重复做的事情，处理这样事情的程序可采用循环结构。循环结构的程序一般由下面四部分组成。

(1) 循环初始化：位于循环程序开头，用于做好循环前的准备工作，如设置各工作单元的初始值、数据指针以及循环次数计数器的初值。

(2) 循环体：循环程序的主体，位于循环体之内，是循环程序的工作程序，在执行中会被多次重复执行使用。要求编写得尽可能简练,以提高程序的执行速度。

(3) 循环修改:每执行一次循环进行一次循环计数器值的修改,以及对有关的数据及数据指针进行修改,为下一次循环做好准备。

(4) 循环控制。根据循环次数计数器的现行值或其他条件来进行判断,控制循环的继续进行或结束。

具体的循环结构又分为"先执行后判断"和"先判断后执行"两种方式。"先执行后判断"方式是先进入循环体进行处理和循环修改,然后再进行循环控制判断;"先判断后执行"是将循环控制判断放在循环的入口处,如果循环条件成立则进入循环体进行处理和循环修改,循环条件不成立则退出循环。需要注意,对同样的处理程序这两种方式的计数器初值设置应该不同。这两种循环方式的处理流程如图 4.12 所示。

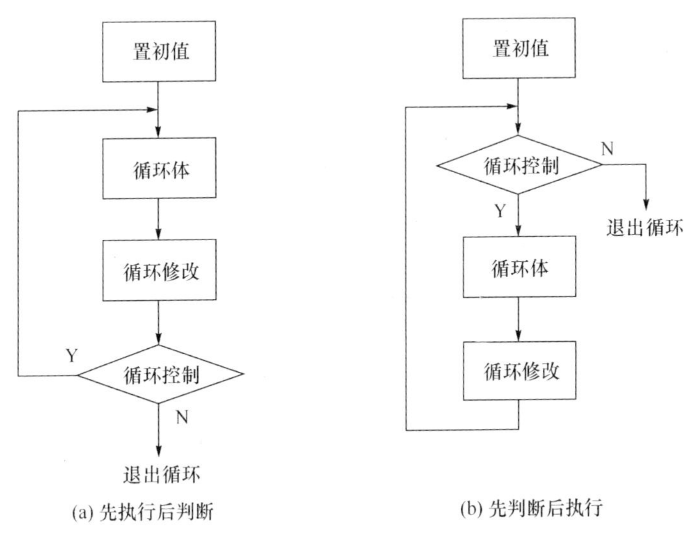

图 4.12 循环结构的两种方式

【例 4.13】 已知片内 RAM 30H～39H 单元中存放了 10 个二进制无符号数,编制程序求它们的累加和,并将其和数存放在 40H 和 41H 中。

解:该计算可以分解为多次重复计算两个数和的过程,可以用循环程序实现。10 个二进制无符号数求和,循环程序的循环次数应为 10 次,故使用 R7 作为循环计数器初值设置为 10 它们的和放在 40H 和 41H 单元(40H 存放低 8 位,41H 中存放高 8 位)。程序流程图如图 4.13 所示,图 4.14 是求的累加和程序在 Keil μVision2 下的仿真运行结果。

程序清单如下:

```
       ORG   0000H          ;定位单片机上电程序入口地址
       AJMP  START          ;转移到应用程序的入口
       ORG   0100H          ;定位应用程序在程序存储器中的入口地址
START:MOV   R7,#10          ;用 R7 作为循环计数器初值设置为 10
       MOV   R0, #30H       ;用 R0 作为数据指针指向要求和数据的首地址
       MOV   R4, #00H       ;将和的低 8 位暂存单元 R4 清 0
       MOV   R5, #00H       ;将和的高 8 位暂存单元 R5 清 0
LOOP:MOV   A, R4            ;将和的低 8 位的内容送 A
```

```
ADD   A, @R0         ;将@R0 内容与 R4 的内容相加并影响进位 Cy
MOV   R4, A          ;将和的低 8 位的结果送 R4
CLR   A              ;将累加器 A 清 0,为高 8 位相加做好准备
ADDC   A, R5         ;将 R5 的内容和 Cy 相加
MOV   R5, A          ;高 8 位的结果送 R5
INC   R0             ;数据的地址加 1
DJNZ    R7,LOOP      ;循环计数器减 1,如不为 0 则转到 LOOP 处循环,如果为 0 则结束循环
MOV   40H,R4         ;和的低 8 位送 40H 单元
MOV   41H,R5         ;和的高 8 位送 41H 单元
SJMP    $            ;程序执行完后踏步等待
END                  ;程序结束
```

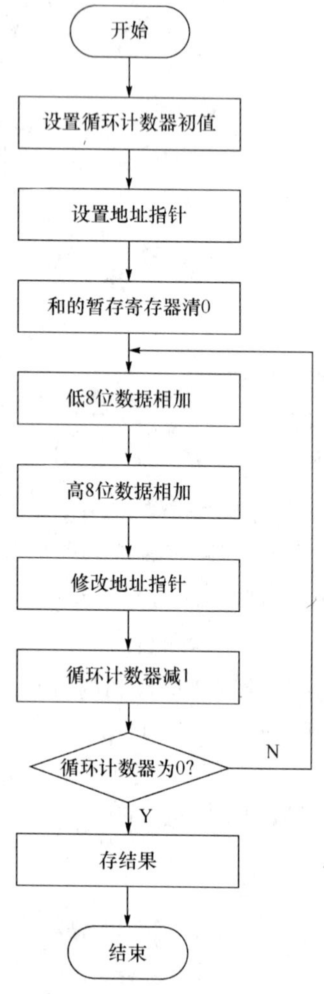

图 4.13　10 个二进制无符号数求和程序流程图

```
        ORG   0000H ;定位单片机上电程序入口地址
        AJMP   START ;转移到应用程序的入口
        ORG   0100H ;定位应用程序在程序存储器中的入口地址
START:  MOV   R7,   #10  ;用R7作为循环计数器初值设置为10
        MOV   R0,   #30H ;用R0作为数据指针指向要求和数据的首地址
        MOV   R4,   #00H ;将和的低8位暂存单元R4清0
        MOV   R5,   #00H ;将和的高8位暂存单元R5清0
LOOP:   MOV   A,    R4  ;将和的低8位的内容送A
        ADD   A,    @R0 ;将@R0内容与R4的内容相加并影响进位CY
        MOV   R4,   A ;将和的低8位的结果送R4
        CLR   A ;  将累加器A清0, 为高8位相加做好准备
        ADDC  A,   R5 ;将R5的内容和CY相加
        MOV   R5,   A ;高8位的结果送R5
        INC   R0 ;  数据的地址加1
        DJNZ  R7,   LOOP ;循环计数器减1, 如不为0则转到LOOP处循环, 如果为0则
        MOV   40H, R4 ;和的低8位送40H单元
        MOV   41H, R5 ;和的高8位送41H单元
        SJMP    $ ;程序执行完后踏步等待
        END ; 程序结束

Load "D:\\4.12"

地址 D:30H
D:0x30: 001 002 003 004 005 006 007 008
D:0x38: 009 010 000 000 000 000 000 000
D:0x40: 055 000 000 000 000 000 000 000
```

图 4.14 10 个二进制无符号数求和程序在 Keil μVision2 下的仿真运行结果

【例 4.14】 在实际应用中，经常需要进行一段时间的延时，利用循环程序可以实现软件延时功能。试编制一个延时约为 1 秒的程序。

解：单片机执行指令需要花费时间，通过循环不断执行指令就可实现软件延时功能。因为指令的执行周期由若干个机器周期构成，而机器周期由单片机使用的晶振频率决定，如果 MCS-51 单片机采用的晶振频率为 12 MHz，机器周期为 1 μs ，由于指令 MOV Rn，# data 执行周期为 1 个机器周期，所以指令执行时间为 1 μs；而指令 DJNZ 的执行周期为 2 个机器周期，所以指令执行时间为 2 μs。再考虑循环执行这些指令的次数，就可以计算出延时程序的延时时间。由于单片机执行指令的速度较快，故使用三层循环来实现延时 1 秒的功能。为了供其他程序调用，将延时程序编成一个子程序。延时子程序的流程图如图 4.15 所示。

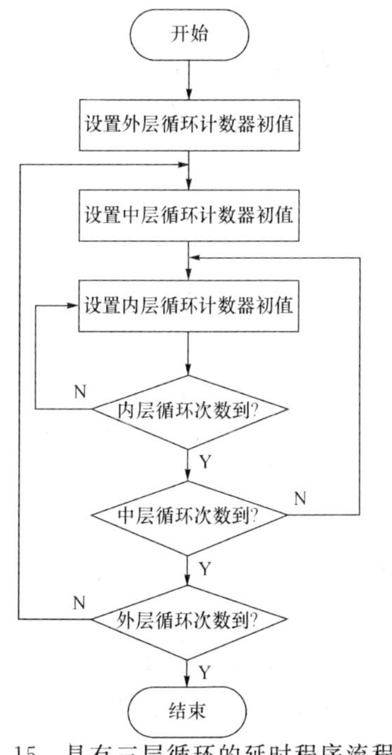

图 4.15 具有三层循环的延时程序流程图

程序清单如下：

```
DELAY：MOV  R7,#10          ;指令执行时间 1 μs
DEL2：MOV  R6,#200          ;指令执行时间 1 μs
DEL1：MOV R5,#250           ;执行时间 1 μs
DEL0：DJNZ  R5,DEL0         ;单条指令执行时间 2 μs,执行 250 次共(2×250)μs
      DJNZ  R6,DEL1         ;共(2×250+1+2) ×200=100.6 ms
      DJNZ  R7,DEL2         ;共{[(2×250+1+2)×200+1+2 ]×10 +1}=1.006031 s≈1 s
      RET                   ;子程序返回
```

4.5.5 主子结构程序设计

在编制应用程序时，经常会有一些程序段被频繁使用，如前面见到的计算程序、数制和码制转换程序、延时程序等。为了避免重复，节省程序存储空间，提高程序的模块化程度，常常把这些程序段编制成独立的、通用的程序，称它们为子程序。这样的完整程序将由一个主程序和子程序组成，这种程序结构称为主子结构。

在具有主子结构的程序中。主程序可以通过专门的调子程序指令(LCALL 或 ACALL)调用子程序，当子程序执行完后可使用返回指令(RET)返回主程序。

在进行主子结构的程序设计时要注意下述要点。

(1) 子程序的第一条指令的地址称为子程序的入口，该条指令一般都要安排一个标号，该标号最好以子程序的功能命名。

(2) 主程序通过子程序调用指令 LCALL 或 ACALL 调用子程序，其中 ACALL 的调用距离为 2 KB 内，LCALL 的调用距离为 64 KB 内，可根据主程序与子程序在程序存储器中存放地址的距离选择两者之一。子程序返回主程序之前，必须执行放在子程序末尾的一条返回指令 RET。

(3) 如果子程序内部有控制转移指令，最好使用相对转移指令，以便子程序可以放在程序存储器 64KB 存储空间的任何位置并能为主程序调用，在汇编时生成浮动代码。

(4) MCS-51 单片机能自动保护和恢复主程序的断点地址，即在主程序执行子程序调用指令时自动将断点地址压入堆栈，在子程序结束处执行子程序返回指令将主程序的断点地址自动恢复。

但是，对于主程序使用的各工作寄存器、特殊功能寄存器和内存单元的内容，MCS-51 单片机没有自动保护功能，如果在子程序中还要使用它们，必须通过保护现场和恢复现场进行保护。一般保护现场和恢复现场是利用堆栈操作指令来实现的。在子程序的开始处使用进栈指令，将需要保护的寄存器和数据进栈，在子程序的返回指令 RET 之前使用出栈指令使被保护的寄存器和数据出栈。在使用进栈和出栈指令进行保护现场和恢复现场时，要注意堆栈的数据进出顺序，堆栈是按照后进先出的原则组织的。

(5) 在主程序调用子程序时，有时需要把子程序需要使用的某些数据传送给子程序，另外，子程序在返回时也需要将计算的结果带回主程序。这种主程序与子程序之间数据的数据传送称为参数传递，主程序传递给子程序的参数称为子程序的入口参数，子主程序传递回主程序的参数称为子程序的出口参数。参数传递的方法有以下三种：

① 用累加器或工作寄存器传递参数。在调用子程序之前，将要传递的数据放到累加器

或工作寄存器中，在进入子程序后，就可从这些寄存器中取出数据进行处理，同样，子程序的计算结果也可以使用这些寄存器带回主程序。这种方法的优点是程序简单、参数传递速度快，缺点是传递的参数不能太多。

② 通过指针寄存器传递参数。使用这种方法时，在调子程序之前，将要传递的一批参数顺序存放在数据存储器中，将要传递的数据的首地址存入到指针寄存器，在进入子程序后，根据指针寄存器存放的地址可以找到要传递的参数。同样，使用指针寄存器也可以实现从子程序向主程序传递参数。如果要传递的参数存放在片内 RAM，可以使用 R0 或 R1 作为指针寄存器；如果要传递的参数存放在片外 RAM 中，需要使用 DPTR 作为指针寄存器。通过指针寄存器传递参数实质是通过寄存器传参数的地址，这种方法可以实现顺序存放的批量参数的传递。

③ 使用堆栈传递参数。利用堆栈传递参数时，在主程序调子程序之前利用进栈指令将入口参数压入堆栈，在进入子程序后子程序从堆栈得到参数。在子程序返回主程序之前将出口参数压入堆栈，而主程序从堆栈中再得到子程序的出口参数。这种方法的优点是节省工作寄存器，但编程要复杂些。

(6) 由于调子程序需要使用堆栈，在主子结构的程序编制时，不要忘记要在主程序中给堆栈指针 SP 赋初值，即建立堆栈。

【例 4.15】 编制程序实现 $c=a^2+b^2$，(a，b 均为 1 位十进制正整数)，设 a 存放在片内 RAM 的 30H 中，b 存放在 31H 中，要求计算结果 c 存放在 32H 中。

解：求 1 位十进制正整数的平方值可采用查表的方法实现，计算平方和需两次计算平方值，所以可以将求平方值的程序编写成子程序，在主程序中两次调用子程序并求和就可得到运算结果。在调用子程序时使用累加器 A 将数据传给子程序，在子程序返回时也使用累加器 A 传回结果。平方值采用查表的方法求得。程序流程图如图 4.16 所示，程序在 Keil μVision2下的仿真运行结果如图 4.17 所示。

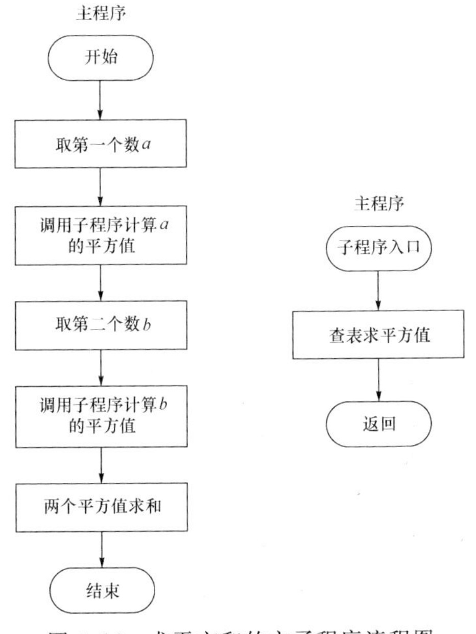

图 4.16 求平方和的主子程序流程图

程序清单如下：

```
         ORG   0000H                                   ;定位单片机上电程序入口地址
         AJMP   START                                  ;转移到主程序的入口
         ORG   0100H                                   ;定位主程序在程序存储器中的入口地址
START:MOV SP,#50H                                      ;在片内 RAM 建立堆栈
         MOV   A,30H                                   ;将 a 从 30H 中取出送入 A
         ACALL  SQR                                    ;调求平方子程序 SQR
         MOV   R1,A                                    ;将子程序求得的 a² 送 R1 暂存
         MOV   A,31H                                   ;将 b 从 31H 中取出送入 A
         ACALL  SQR                                    ;调求平方值子程序 SQR
         ADD   A,R1                                    ;计算 a² + b² 结果送 A
         MOV   32H,A                                   ;结果送 32H 单元中
         SJMP    $                                     ;程序执行完后踏步等待
  SQR:MOV   DPTR,#TABLE                                ;子程序入口
         MOVC   A,@A+DPTR                              ;查表求 A 中数的平方值
         RET                                           ;子程序返回
TABLE:DB ;0,1,4,9,16,25,36,49,64,81                    ;将常数表放入程序存储器
         END                                           ;程序结束
```

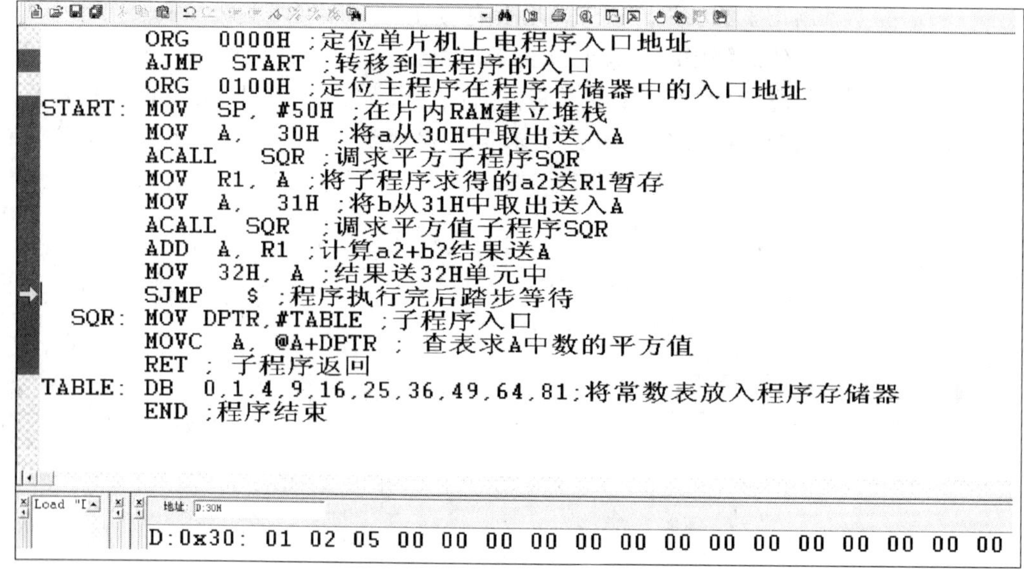

```
        ORG   0000H ;定位单片机上电程序入口地址
        AJMP   START ;转移到主程序的入口
        ORG   0100H ;定位主程序在程序存储器中的入口地址
START:  MOV   SP, #50H ;在片内RAM建立堆栈
        MOV   A,   30H ;将a从30H中取出送入A
        ACALL    SQR ;调求平方子程序SQR
        MOV   R1, A ;将子程序求得的a2送R1暂存
        MOV   A,   31H ;将b从31H中取出送入A
        ACALL   SQR  ;调求平方值子程序SQR
        ADD   A, R1 ;计算a2+b2结果送A
        MOV   32H, A ;结果送32H单元中
        SJMP    $ ;程序执行完后踏步等待
  SQR:  MOV DPTR,#TABLE ;子程序入口
        MOVC   A, @A+DPTR ; 查表求A中数的平方值
        RET ; 子程序返回
TABLE:  DB  0,1,4,9,16,25,36,49,64,81;将常数表放入程序存储器
        END ;程序结束
```


图 4.17　求平方和程序在 Keil μVision2 下的仿真运行结果

【例 4.16】 编制程序实现 P1 口 8 根引脚控制所接 LED 灯循环点亮（设引脚为 0 则灯亮，引脚为 1 则灯灭）。

解：利用 P1 口 8 根引脚控制 LED 灯循环点亮，需要使 P1 口的各位轮流变化，这可以通过循环移位来实现，考虑人的视觉差在轮流变化间隔需要延时，可采用例 4.14 中的延时 1 秒子程序。系统的电路原理、主程序流程图、在 Keil μVision2 下的仿真运行结果截图分

别如图 4.18、图 4.19 和 4.20 所示。汇编语言程序清单如下：

```
        ORG    0000H                 ;定位单片机上电程序入口地址
        AJMP   START                 ;转移到应用程序的入口
        ORG    0100H                 ;定位应用程序在程序存储器中的入口地址
START:MOV   SP,#50H                  ;在片内 RAM 建立堆栈
        MOV   P1,# 0FFH              ;初始化 P1 口为 11111111B
        LOOP:MOV   A,   #0FEH        ;将 P1.0 置 0,P1.1～P1.7 置 1
        MOV   R2,#8                  ;设置 R2 为循环计数器,计数器初值为 8
        OUTPUT:MOV   P1,A            ;将累加器 A 的内容向 P1 口输出
        RL   A                       ;累加器 A 的内容循环左移一次
        CALL   DELAY                 ;调延时延时子程序
        DJNZ   R2, OUTPUT
AJMP   LOOP
DELAY: MOV   R7,#10                  ;指令执行时间 1 μs
DEL2: MOV   R6,#200                  ;指令执行时间 1 μs
DEL1: MOV R5,#250                    ;执行时间 1 μs
DEL0: DJNZ   R5,DEL0                 ;单条指令执行时间 2 μs,执行 250 次共(2×250)μs
        DJNZ   R6,DEL1               ;共(2×250+1+2) ×200=100.6 ms
        DJNZ   R7,DEL2               ;共{[(2×250+1+2)×200+1+2 ]×10 +1}=1.006031 s≈1 s
        RET                          ;子程序返回
        END                          ;程序结束
```

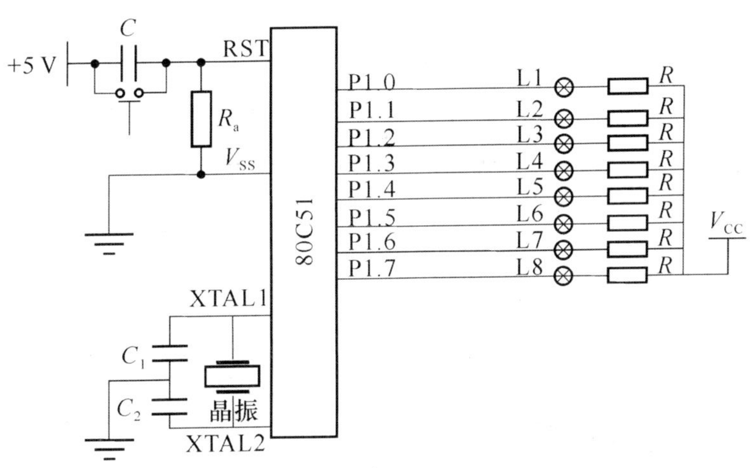

图 4.18 系统的电路原理图

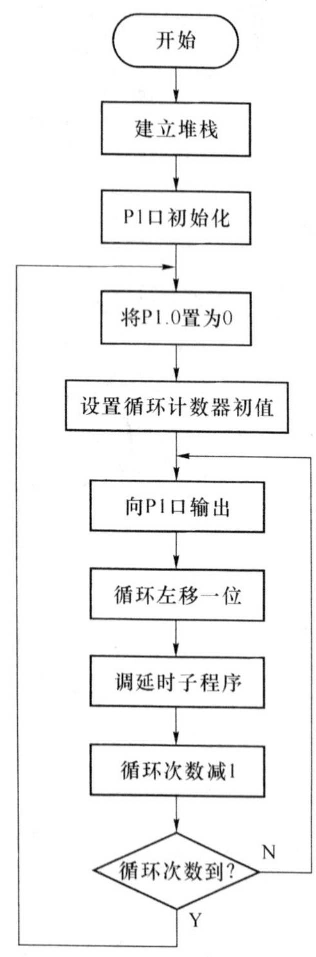

图 4.19　P1 口控制 LED 灯循环点亮的主程序流程图

```
        ORG    0000H
        AJMP    START
        ORG    0100H
START:MOV   SP,#50H
        MOV   P1,#0FFH
LOOP:  MOV   A,#0FEH
        MOV R2,#8
OUTPUT:MOV P1,A
        RL   A
        CALL   DELAY
        DJNZ   R2, OUTPUT
        AJMP   LOOP
DELAY: MOV   R7, #10
DEL2: MOV   R6, #200
DEL1: MOV R5, #250
DEL0: DJNZ   R5, DEL0
        DJNZ   R6, DEL1
        DJNZ R7, DEL2
        RET
        END
```

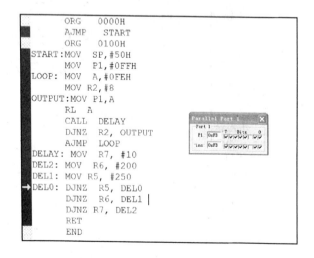

图 4.20　系统在 Keil μVision2 下的仿真运行结果截图

习　　题

1. MCS-51 单片机能直接执行什么样的指令？使用汇编语言指令有什么优点？

2. MCS-51 在单片机中，操作数都可以存放在哪里？指令存放哪里？

3. 说明下列指令中源操作数使用的寻址方式：

(1) MOV　R0，　#27H；

(2) MOVC　A，@A+PC

(3) MOV　@DPTR，　A；

(4) MOVX　70H，A；

(5) CLR　　P3.7

(6) MOV　70H，　A

(7) AJM　　START；START 为标号

(8) SETB　20H

(9) MOVC　A，@DPTR+A

4. 编程实现下列操作：

(1) 将 R5 中内容放入 A 中；

(2) 将以 R0 中内容为地址的片内 RAM 单元中内容放入 A 中；

(3) 将 A 中内容放片外 RAM 中的 1000H 单元；

(4) 将 P1.0 的信号传送给进位位；

(5) (30H)← (R1)+(R2)。

5. 已知 R1 中的内容为 30H，30H 中的内容为 60H，40H 中的内容为 0FH，A 中的内容为 EFH，分析下列指令执行后的结果。

(1) MOV　A，@R1

(2) MOV　@R1，A

(3) MOV　40H，A

(4) MOV　R1，#30FH

(5) MOV　R1，30H

6. 编制程序实现将存放在片外 RAM 3000H 的 10 个数传送到片内 RAM 30H 开始的 10 个单元中。

7. 指出 MCS-51 单片机进行加法运算 85H+9DH 后的结果和进位标志位、奇偶标志位、溢出标志位的值。

8. 用移位指令实现累加器 A 中的数乘 8。

9. 用 MCS-51 单片机进行除法运算时除数和被除数需放在哪里？商和余数又在哪里？

10. 条件转移指令的转移地址范围是多少？无条件转移指令又如何？

11. 什么是伪指令？它与指令系统中的指令有何区别？

12. 阅读下面程序，给程序加注释，指出程序实现的功能，画出程序流程图，利用

Keil μVision2仿真调试该程序，并将运行结果截图。

```
        ORG    0000H
        AJMP   START
        ORG    0100H
START:MOV    R0,＃50H
        MOV   R1,＃60H
        MOV   A, @R0
        ADD   A,   @R1
        MOV   @R0,A
        INC    R0
        INC    R1
        MOV   A,@R0
        ADDC   A,@R1
        MOV   @R0,A
        SJMP    $
        END
```

13. 散转指令适合在什么程序结构应用？在散转指令中累加器A中存放的是什么？转移的地址是如何形成的？

14. 保护断点和保护现场的含义是什么？保护断点是怎么实现的？什么时候需要保护现场？保护现场如何实现？

15. 主程序与子程序之间传递参数有几种办法？

16. 阅读下面程序，给程序加注释，指出程序实现的功能，画出程序框图，利用Keil μVision2仿真调试该程序，并将运行结果截图。

```
        ORG    0000H
        AJMP    START
        ORG    0100H
START: MOV    R0,＃30H
        MOV   R7,＃10
        MOV   R6,＃00
LOOP: MOV   A,@R0
        CLR   C
        SUBB   A,R6
        JC   NEXT
        MOV   A,@R0
        MOV   R6,A
NEXT   INC   R0
        DJNZ   R7,LOOP
        MOV   40H,R6
        SJMP   $
        END
```

17. 设在片内 RAM 的 30H 开始的 5 个单元中存放 5 个 2 位十六进制数，试编制程序将它们转换为 ASCII 并存放在片内 RAM 的 40H 开始的单元中，并利用 Keil μVision2 仿真调试该程序，并将运行结果截图。

18. 设计实现由 80C51 控制两列发光二极管循环亮灭的应用系统，每列有 8 个发光二极管，要求一列发光二极管从上到下顺序循环点亮，另一列发光二极管从下到上顺序循环点亮。要求说明设计思想，画出电路图和程序流程图，编制汇编语言程序，利用Keil μVision2仿真调试该程序，并将运行结果截图。

第5章

单片机的C语言程序设计

5.1 单片机的 C 语言

5.1.1 概述

单片机应用系统的程序设计，可以采用汇编语言，也可以使用 C 语言。汇编语言是一种用助记忆符来代表机器语言的符号语言。因为它最接近机器语言，所以汇编语言对单片机的操作直接、简捷，编制的程序紧凑、执行效率高。但是，不同种类的单片机其汇编语言存在差异，在一种单片机上开发的应用程序不能直接应用到另一种单片机上，如果进行移植难度很大，程序的可读性也很差。此外，当应用系统规模较大时，程序开发的工作量非常大。

而 C 语言恰好相反，与自然语言非常接近，同样的功能可以用少量的语句完成，入门容易，编程效率较高，程序的可读性和可移植性好。而且 C 语言程序中也可以嵌套汇编语言，以满足对执行效率或操作有特殊要求的情况。因此，在单片机及嵌入式系统应用程序的开发中，C 语言逐步成为主要的编程语言。

5.1.2 C51 与汇编语言相比的优势

现在有一些可以对 MCS-51 单片机硬件进行操作的 C 语言，它们通常称为 C51，在这些 C51 中，功能最强、最受欢迎的是 Keil 公司的 Keil C51。

与汇编语言相比，C51 具有下列优点：

(1) 编程效率高。程序开发人员无须花费大量的时间去了解单片机的指令系统与汇编语言，只要了解单片机的基本结构和输入/输出控制方法即可，寄存器和存储器的分配和寻址处理可由 C51 编译器来完成。这样，编程的难度降低，编写和调试程序的时间可以大大缩短。

(2) 程序的可移植性好。使用一种单片机开发的应用程序，可以非常容易地移植到另外一种单片机上运行。

(3) 程序的可读性和可维护性好。一般的情况，使用 C51 编制的程序比较好理解和阅读，修改起来也比较容易。

(4) 便于应用程序的模块化设计。C51 的程序结构与 C 语言基本相同。其程序采用函数结构,一个应用程序由一个或多个函数构成。一个应用程序必须有一个主函数 main(),程序从主函数 main()开始的语句执行,到主函数 main()的结尾结束,在主函数 main()中可以调用库函数和用户自行定义的函数。因此,应用程序结构清晰,便于实现模块化设计。

(5) 相对于汇编语言,简单易学,便于使用。

由于上述特点,C51 受到开发者的青睐,在单片机应用开发中使用的越来越广泛,已经成为单片机应用系统开发者必须掌握的编程语言。

5.1.3 C51 与 ANSI C 的差异

C51 的程序结构、语法,程序设计方法与 ANSI C 相同,但存在如下差异:

(1) C51 可以直接对单片机的硬件进行操作。它可以直接控制 I/O 接口动作,直接对单片机内部的特殊功能寄存器进行操作,直接访问单片机的片内和片外存储器,直接使用单片机的中断系统,几乎能实现用汇编语言编制程序的全部功能。

(2) 开发工具齐全。Keil C51 可以完成程序的编辑、编译、连接、仿真、调试整个过程,提供了在 Windows 界面下功能强大的集成开发环境。

(3) C51 中的数据类型与 ANSI C 的数据类型存在一定的差异,C51 中的数据类型中增加了几种针对 MCS-51 单片机特有的数据类型。

(4) C51 变量的存储模式与 ANSI C 变量的存储模式不同,由于单片机的存储器分为数据存储器和程序存储器,片内和片外存储器,使得 C51 变量的存储模式与 ANSI C 不同。

(5) C51 具有较强的位操作功能,能对特殊功能寄存器和部分内存单元按位寻址和按位进行各种操作。

(6) C51 的库函数与 ANSI C 的库函数不完全相同,C51 增加了中断函数来处理中断事件。此外,C51 还针对 MCS-51 单片机的需要对库函数进行了其他一些扩充。

5.2 C51 的数据类型和存储类型

5.2.1 C51 的数据类型

数据类型是指计算机能够处理的数据种类。变量的数据类型决定了变量在计算机中的表现形式、取值范围(值域)、占用内存空间的多少、能够参与运算的种类。在 C51 中,编译器要根据程序所定义的数据类型为变量安排存储单元。例如,无符号整型数,在内存中占有两个字节,取值范围为 0～65 535,可进行加、减、乘、除等运算。值得注意的是,定义一个变量为一种数据类型时,该变量的取值范围不能超过数据类型规定的值域。

为了实现对单片机的操作,除了具有 ANSI C 的整型、浮点型等数据类型外,C51 还扩充了位型和特殊功能寄存器型。C51 支持的数据类型如表 5-1 所示。

表 5-1　C51 支持的数据类型

数据类型	名称	长度	值域
unsigned char	无符号字符型	单字节	0～255
signed char	有符号字符型	单字节	－128～＋127
unsigned int	无符号整型	双字节	0～65 535
signed int	有符号整型	双字节	－32 768～＋32 767
unsigned long	无符号长整型	四字节	0～4 294 967 295
signed long	有符号长整型	四字节	－2 147 483 648～＋2 147 483 647
float	浮点型	四字节	±1.175494E－38～±3.402823E＋38
bit	位标量	位	0 或 1
sfr	特殊功能寄存器	单字节	0～255
sfr 16	16 位特殊功能寄存器	双字节	0～65 535
sbit	特殊功能位	位	0 或 1

1. 字符型 char

char 型的长度是一个字节，通常用于处理字符或者值域可用一个字节表示的变量，它又分为无符号字符类型 unsigned char 和有符号字符类型 signed char 两种。

声明为 unsigned char 类型的变量常用于处理无符号整数或字符。当 unsigned char 变量用来存放无符号整数时，所表达的数值范围是 0～255。当 unsigned char 变量用来存放字符时，它可以存放一个 ASCII 码字符，实际上是存放字符的 ASCII 码。

signed char 类型的变量用来处理占一个字节空间的有符号整数，用字节中最高位表示数据的符号，“0”表示正数，“1”表示负数，其他位为数值，以补码形式表示，所能表示的数值范围是－128～＋127。signed 可以默认，即 signed char 与 char 是等价的。

例如：

```
unsigned char  i        ；// 声明变量 i 为无符号字符型变量，能取值数的范围为 0～255
signed char  j          ；// 声明变量 j 为有符号字符型变量，能取值数的范围为 - 128～ + 127
char  j                 ；// 声明变量 j 为有符号字符型变量，能取值数的范围为 - 128～ + 127
```

与 ANSI C 的用法不同，ANSI C 的中字符型变量一般用来处理字符，而在 C51 中还常用字符型变量来处理长度能用一个字节表示的整数。

2. 整型 int

int 型变量的长度为两个字节，用于存放一个双字节整数数据。它具体又分有符号整型 signed int 和无符号整型数 unsigned int 两种。signed int 表示的数值范围是－32 768～32 767。unsigned int 类型表示的数值范围是 0～65 535。signed int 中的 signed 同样可以默认，int 与 signed int 都是表示有符号的整型数。

例如：

```
unsigned int  a0  ；// 声明变量 a0 为无符号整型变量，能取值的范围为 0～65 535 的整数
int  b0           ；// 声明变量 b0 为有符号整型变量，能取值的范围为 - 32 768～ + 327 67 的整数
```

3. 长整型 long

long 类型长度为四个字节，用于存放一个四字节整数数据。它也有符号长整型 signed

long 和无符号长整型 unsigned long 两种数据类型。unsigned long 用来表示正整数,数值范围是 0～4 294 967 295,signed int 表示的有符号整数,数值范围为－2 147 483 648～＋2 147 483 647。

4. 浮点型 float

float 类型长度为四个字节,依次存放数的符号、阶码、尾码。浮点型可表示带小数点的数据,数据的表示范围为±1.175 494E－38～±3.402 823E＋38。

5. 位标量 bit

bit 类型是 C51 编译器的一种扩充数据类型,利用它可声明一个位变量在程序中使用,它的值是一个二进制位,不是 0 就是 1。一个被变量被声明为位标量后,在程序中可以对它进行二值操作。位标量声明的格式为:

```
bit  位标量名称;
```

例如:

```
bit  keyflag       ;// 声明一个名称为 keyflag 的变量为位标量,它的取值为 0 或 1
```

6. 特殊功能寄存器 sfr

sfr 也是 C51 编译器的一种扩充数据类型,占用一个字节的内存单元,值域为 0～255。利用它可以访问 MCS-51 单片机内部的各个 8 位特殊功能寄存器。声明特殊功能寄存器的格式为:

```
sfr  特殊功能寄存器名称 = 常数地址
```

例如:

```
sfr P0 = 0x80        ;// 声明并行口 P0 端口的地址为 0x80,它的取值 0～255
```

值得注意的是,sfr 后跟的名称必须为单片机具有的特殊功能寄存器名,"＝"后的常数地址也应该是特殊功能寄存器在片内 RAM 中的实际地址。80C51 单片机的特殊功能寄存器的名称和地址如表 5-2 所示。

表 5-2 80C511 单片机的特殊功能寄存器的地址

符 号	地 址	注 释	符 号	地 址	注 释
P0	0x80	并行口 P0	IP	0xD8	中断优先控制寄存器
P1	0x90	并行口 P1	PCON	0x87	波特率选择寄存器
P2	0xA0	并行口 P2	SCON	0x98	串行口控制器
P3	0xB0	并行口 P3	SBUF	0x99	串行数据缓冲器
PSW	0xD0	程序状态字	TCON	0x88	定时器控制寄存器
ACC	0xE0	累加器	TMOD	0x89	定时器方式选择寄存器
B	0xF0	乘除法寄存器	TL0	0x8A	定时器 0 低 8 位
SP	0x81	堆栈指针	TL1	0x8B	定时器 0 高 8 位
DPL	0x82	数据指针低 8 位	TH0	0x8C	定时器 1 低 8 位
DPH	0x83	数据指针高 8 位	TH1	0x8D	定时器 1 高 8 位
IE	0xA8	中断允许控制寄存器			

这些特殊功能寄存器的变量声明已经被作成了一个名称为<reg51.h>的文件，包含在C51的头文件中，在编制应用程序时只需在程序中作为头文件包含进来，然后就可以直接使用特殊功能寄存器的名称进行操作了，而不需要另行声明。例如：

```
#include  <reg51.h>         // 包含特殊功能寄存器声明头文件
main ( )                    // 主程序
{
  P1 = 0x0f                 // 直接使用名称 P1,将 P1 口赋值为十六进制数 0f
  …
}
```

头文件<reg51.h>可以在C51的INC文件夹中找到，下面列出了该文件的部分内容供浏览。如果采用的MCS-51系列单片机的特殊功能寄存器的地址与文件中定义不同，可以对该文件进行修改，以适应所使用的机型。另外，C51还提供了一些不同机型的头文件，开发者可以根据使用的机型直接选用。

```
*---------------------------------------------------------------
REG51.H

Header file for generic 80C51 and 80C31 microcontroller.
Copyright (c) 1988-2001 Keil Elektronik GmbH and Keil Software, Inc.
All rights reserved.
----------------------------------------------------------------*/


/*  BYTE Register  */
sfr P0 = 0x80;        // 并行口 P0 定义
sfr P1 = 0x90;        // 并行口 P1 定义
sfr P2 = 0xA0;        // 并行口 P2 定义
sfr P3 = 0xB0;        // 并行口 P3 定义
sfr PSW = 0xD0;       // 状态字寄存器定义
sfr ACC = 0xE0;       // 累加器定义
sfr B = 0xF0;         // 寄存器 B 定义
sfr SP = 0x81;        // 堆栈指针定义
sfr DPL = 0x82;       // 数据指针低 8 位定义
sfr DPH   = 0x83;     // 数据指针高 8 位定义
…

/*  BIT Register  */
/*  PSW   */
sbit CY = 0xD7;       // 进位位定义
sbit AC = 0xD6;       // 辅助进位位定义
sbit F0 = 0xD5;       // 用户定义位定义
sbit RS1 = 0xD4;      // 工作寄存器选择位定义
sbit RS0 = 0xD3;      // 工作寄存器选择位定义
sbit OV = 0xD2;       // 溢出标志位定义
```

```
sbit P = 0xD0;          // 奇偶校验位定义
...
```

7. 16 位特殊功能寄存器 sfr16

sfr16 占用两个内存单元,值域为 0～65 535。sfr16 和 sfr 一样用于操作特殊功能寄存器,所不同的是它用于操作占两个字节的特殊功能寄存器,声明 16 位特殊功能寄存器的格式为:

```
sfr16  特殊功能寄存器名称 = 常数地址
```

例如:

```
sfr16  DPTR = 0x82      ;// 声明 16 位数据指针 DPTR 的地址为 0x82
```

同样,MCS-51 单片机的 16 位特殊功能寄存器的变量声明也被写入在<reg51.h>的文件中,只需在程序中作为头文件引用,在程序中就可以直接使用 16 位寄存器的名称了。

8. 特殊功能位 sbit

sbit 也是 C51 编译器中的扩充数据类型,利用它可以访问单片机中可位寻址的空间。如果用 sbit 声明了可位寻址的特殊功能寄存器的某位,就可以对该位进行位操作。声明特殊功能位的格式为:

```
sbit  特殊功能位名称  常数位地址或符号位地址
```

例如:

```
sbit  P1_7 = 0x97;        // 声明并行口 P1 的第 7 位的地址为 0x97
sbit  P10 = P1^0          // 声明 P10 代表特殊功能位 P1.0
```

定义以后就可以在程序中使用 P1_7 和 P10 对片内 RAM 地址为 0x97 的位和 P1.0 进行位操作了。

下面通过一个例子来了解特殊功能寄存器和特殊功能位在程序中的应用。

【例 5.1】 用 C51 控制并行口输出的程序。

```
#include  <reg51.h>           // 包含特殊功能寄存器声明头文件
sbit  P10 = P1^0;             // 特殊功能位声明
delay( )                      // 延时函数
  {
      unsigned int  i = 0 ;   // 声明变量 i 为无符号整型数,初值赋为 0
      while( i<10000) i++ ;   // 以 i 为循环计数器进行循环
  }
 main ( )                     // 主程序
  {
   P1 = 1;                    // 给并行口 P1 赋初值,P1.0 为 1,P1.1～P1.7 为 0
   Delay( ) ;                 // 调延时函数
   while(1)                   // 无限循环
     {
       P10 = 0 ;              // 将 P1.0 置 0
       Delay( ) ;             // 调延时函数
       P10 = 1;               // 将 P1.0 置 1
```

```
        Delay( ) ;                  // 调延时函数
      }
    }
```

该程序的功能是控制并行口 P1 的第 0 位引脚交替 0 和 1 变化，如果在 P1.0 的引脚连接一个发光二极管，发光二极管将交替亮灭。整个程序由主函数和一个软件延时函数组成，软件延时是通过循环来实现的。在程序开始处包含了特殊功能寄存器声明头文件<reg51.h>，并声明了特殊功能位，所以可以在程序中直接使用特殊功能寄存器和位的名称，及对它们进行操作。

5.2.2 C51 中的变量的存储类型

C51 的数据类型确定了所使用变量在内存中占有的字节数和取值范围。由于单片机的内存具有不同的区域，所以还必须确定变量存放在哪个区域。而变量在内存中所放置的区域将由 C51 的存储类型来确定。根据 MCS-51 单片机的内存组织，内存分为片内数据存储区（包括工作寄存器区、位寻址区、用户 RAM 区、特殊功能寄存器 SFR 区）、片外数据存储区，以及用于存放程序的程序存储区（包括片内 ROM 和片外 ROM），典型 MCS-51 单片机的内存组织如图 5.1 所示。与之相对应，按照变量在内存中的存放区域，变量的存储类型可分为 data、bdata、idata、pdata、xdata、code 六种。

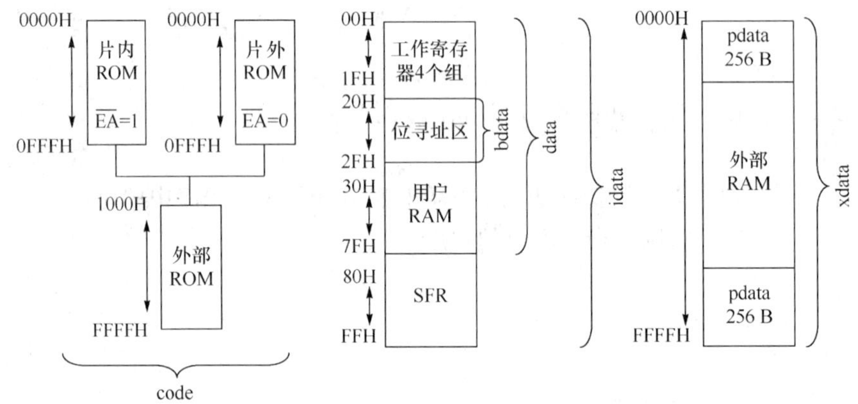

图 5.1　典型 MCS-51 单片机的内存组织示意图

1. data 区

data 区为单片机片内 RAM 的低 128 B 的内存空间，其地址范围为 0x00～0x7F。该区域的是单片机处理最快的内存空间，通常把频繁使用的变量安排在该区域内，以提高程序的执行速度，但要注意该区域存储空间的限制。

2. bdata 区

bdata 区是一个特殊的数据存储区，存放在该区域的变量可以按位操作，所以称为位寻址区。该区域的地址范围为 0x20～0x2F，共有 128 个可以寻址的位。

3. idata 区

idata 区是表示可以间接访问的片内数据存储区，地址范围为 0x00～0x7F，共 256 B。

该区域也是 80C51 的片内 RAM 的整个存储区域。

4. xdata 区

xdata 区是片外数据存储区，具有 64 KB 存储空间，地址范围为 0x000～0xFFFF。在该区域存储的变量程序执行时速度较 data 区慢，对那些不频繁使用的变量或需要与外部器件交换数据的变量可以保存在该区域内，定义为 xdata 存储类型。

5. pdata 区

pdata 区也是片外数据存储区，它可以以分页形式访问，每页 256 B，寻址空间为 256 B。存放在该区域的变量处理速度较 xdata 区内的变量处理速度要快，但较片内 RAM 中的变量处理速度要慢。

6. code 区

code 区是程序存储区，该区域中的变量只能读取不能改写，用来存放程序的机器代码或表格的常数，其寻址空间为 64 KB。

确定变量的存储类型可以通过声明变量存储类型来实现，其格式为：

```
数据类型   存储类型 变量的名称 ;            // 声明变量的存储类型
```

或：

```
数据类型   存储类型 变量的名称 = 数值 ;  // 声明存储类型的同时给变量赋初值
```

例如：

```
unsigned int   data   out_value;          // 声明无符号整型变量 out_value 的存储类型为 data,
                                            存放在片内数据存储区
unsigned char   xdata   sum = 0;          // 声明无符号字符型变量 sum 的存储类型为 xdata,且的
                                            初值赋为 0,存放在片外数据存储区
bit   bdata   system_status ;             // 声明位标量型变量 system_status 的存储类型为
                                            bdata,存放在片内位寻址数据存储区
```

5.2.3　C51 的存储模式

在 C51 的编写应用程序时，可以为每个变量规定存储类型，也可以不单独指定变量的存储类型，采用存储模式为变量统一规定存储类型。C51 编译器有三种存储模式为变量指定存储类型，这三种存储模式分别为：SMALL、COMPACT、LARGE。选择了存储模式后，变量的存储类型就统一确定了。

1. SMALL 存储模式

SMALL 存储模式也称小模式，选定了小模式后，C51 编译器会把程序中所有的变量与参数放在单片机的片内数据存储区内，等价于对程序中所有的变量进行一次 data 数据存储类型声明。在这种模式下，所有的变量和参数都存放在单片机片内数据存储器内，所以其数据访问速度最快。但是由于单片机片内数据存储器的空间有限，应用时受到一定的限制。一般来说，变量与参数不多的小型应用程序适合采用这种模式，或者在大型应用程序中，频繁操作的变量与参数采用 SMALL 存储模式，其余变量与参数采用其他模式，这样有利于提高程序的执行效率。

2. COMPACT 存储模式

COMPACT 存储模式也称为紧凑存储模式，在这种存储模式下，程序中所有的变量与

参数被 C51 编译器安排在单片机片外数据存储器中，且可以分页访问，等价于对程序中所有的变量进行一次 pdata 数据存储类型声明。在这种模式下，变量与参数存放在外部数据存储器中，参数的传递在片内数据存储器中进行，应用程序的处理速度仍然较快。

3. LARGE 存储模式

LARGE 存储模式又称为大模式，在这种存储模式下，程序中所有的变量与参数被 C51 编译器存放在单片机片外数据存储器中，等价于对程序中所有的变量进行一次 xdata 数据存储类型声明。在该模式下，可利用的存储空间较大(最大可支持 64 KB 的存储空间)，但数据访问的速度较慢。

综上所述，在应用程序设计时要尽可能使用 SMALL 存储模式，当程序变量与参数较多时可采用混合的存储模式，即频繁操作的变量与参数采用 SMALL 存储模式，其他采用另外两种模式。如果不使用片外数据存储器，则不能使用 COMPACT 存储模式和 LARGE 存储模式。

指定存储模式的方法有两种，一种方法是利用 Keil μVision2 集成开发环境的目标属性窗口中的存储器模式选项进行设置。具体方法是进入 Keil μVision2 集成开发环境，打开 Project 下拉菜单，单击“Potion for Target ‘Simalator’”选项，然后在 Memory Model 下拉菜单中进行存储器模式的选择，如图 5.2 所示。当然，这种设置是对工程中应用程序所有变量存储模式的统一设置。

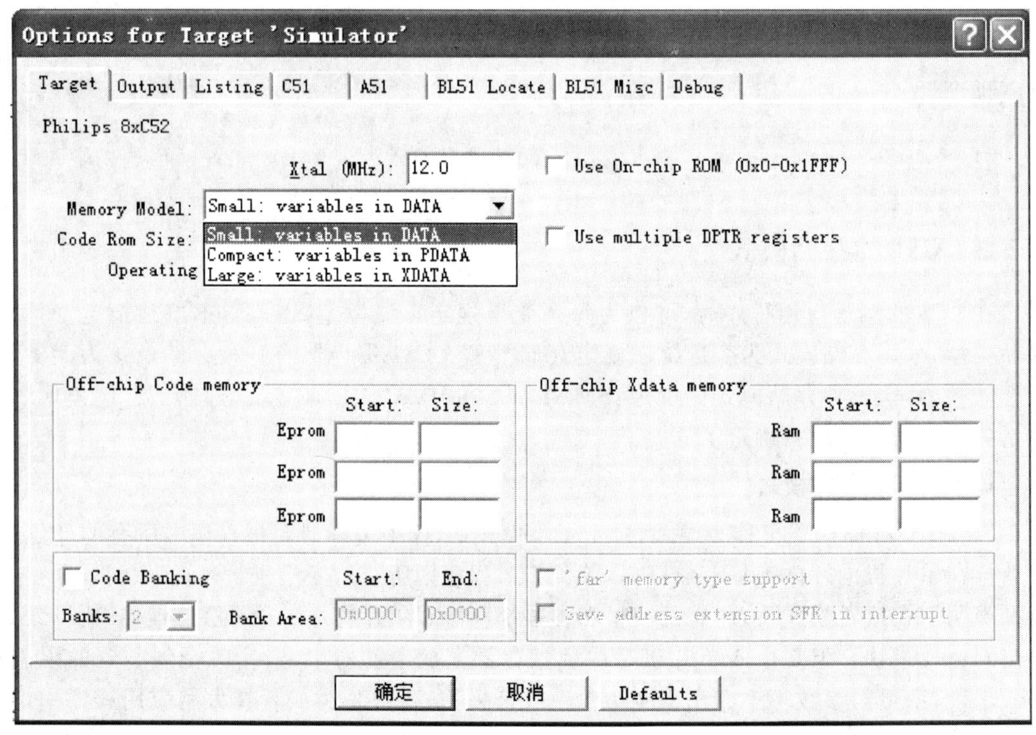

图 5.2 用 C51 集成开发环境的目标属性窗口设置数据存储器模式

另一种方法是在程序中使用预处理命令＃pragma 进行指定，利用预处理命令＃pragma可以在用第一种方法统一指定的基础上对部分变量进行特殊指定，例如：

```
#pragma small          // 规定下面变量的存储模式为 SMALL 存储模式
char a0 ;              // 有符号字符型变量 a0 存放在片内数据存储区
#pragma compact        // 规定下面变量的存储模式为 COMPACT 存储模式
int b0 ;               // 有符号整型变量 b0 存放在片外 pdata 数据存储区
#pragma large          // 规定下面变量的存储模式为 LARGE 存储模式
unsigned char  c1;     // 无符号字符型变量 c1 存放在片外数据存储区
```

C51 在对上述语句编译时，将 a0 规定为 SMALL 存储模式，放在单片机的片内 RAM 中；将 b0 规定为 COMPACT 存储模式，放在单片机的片外 RAM 的 pdata 中；将 c1 规定为 SMALL 存储模式，放在单片机的片外 RAM 中。

如果没有为变量选择存储模式，C51 编译器将为变量规定默认的存储模式，默认为 SMALL 存储模式。

5.3　C51 的常量和变量

5.3.1　常量

在程序执行过程中，其值不能被改变的量称为常量。C51 支持在程序中使用整型常量、浮点型常量、字符型常量、字符串型常量、位标量常量。

1. 整型常量

整型常量就是整数常数，它可以用十进制、十六进制、八进制表示，最常用的是十进制和十六进制表示。与汇编语言表示十六进制数的数值加 H 后缀不同，在 C51 中十六进制常数在数据之前加前缀 0x 表示，例如，0x20 表示十六进制数 20，即十进制的数 32，也等价汇编语言中的 20H。而十进制数则不加前缀。C51 不能直接表示二进制数，二进制数可用十六进制数表示，例如，二进制数 00001111B 在 C51 中可以用 0x0f 表示。当一个数超出整型数的表示范围时，则 C51 编译器会按长整型数处理，将它按 4 个字节存放。

2. 浮点型常量

浮点型常数就是实数常数，它有两种表达方式。一种是用带小数点的十进制数形式表示，例如，314.159；另一种是指数表达方式，例如，3.14159e2。

3. 字符型常量

字符型常量包括可以显示的 ASCII 码字符与动作控制字符。字符型常量用单引号括起来的字符表示，例如，‘A’、‘2’。对动作控制字符需要在动作控制字符前加“/”，例如，‘/n’代表换行，‘/r’代表回车。MCS-51 单片机的动作控制字符一览表如表 5-3 所示。

表 5-3　MCS-51 单片机的动作控制字符一览表

转义字符	含义	ASCII 码	转义字符	含义	ASCII 码
\n	换行符(LF)	0x0A	\f	换页符(FF)	0x0C
\r	回车符(CR)	0x0D	\'	单引号	0x27
\o	空字符(NULL)	0x00	\"	双引号	0x22
\t	水平制表符(HT)	0x09	\\	反斜杠	0x5C
\b	退格符(BS)	0x08			

4. 字符串型常量

字符串型常量是一个字符串，它用双引号扩起来的字符串表示，例如，"B"、"Hello"、"123"。字符串常量与字符型常量不仅是多个字符与一个字符的区别，而且在内存中存放的形式也有差异。字符型常量的一个字符在内存中占一个字节，而字符串常量除了每个字符占一个字节外还附加一个字符串结束标志符"/0"。所以要注意两者的区别。

5. 位标量常量

位标量是二值常量，它的值只有 0 和 1。位标量是 C51 扩充常量，它与整型常量不同，它存放在内存中的可位寻址区域，占有一位存储空间，对实现位操作非常方便和高效。

5.3.2　变量

变量是在程序运行过程中其值可以变化的量。与 ANSI C 一样，在 C51 程序中的变量也必须先定义(或者称为声明)后使用。

最简单的变量定义的格式为：

```
数据类型说明符　变量名称
```

例如：

```
unsigned char  i ;        // 声明变量 i 为无符号字符型变量，能取值的范围为 0～255 整数
int  b0;                  // 声明变量 b0 为无符号整型变量，能取值的范围为 -32 768～+32 767 的整数
```

如果同时定义多个变量，变量的名称之间用","隔开。

对变量数据类型进行定义的同时还可以对变量赋初值，例如：

```
unsigned char  i=1 ;  // 声明变量 i 为无符号字符型变量，同时给变量 i 赋初值 1
```

上面几条变量定义语句说明了变量的数据类型，同时也规定了变量的取值范围，但是没有指明变量的存储类型。在这种情况下，变量的存储类型是由编译器选择的统一存储模式规定的，编程人员应该心中有数，知道变量存放在哪个区域。

由于单片机的资源非常有限，在选择变量的数据类型时应该比编制在 PC 上运行的 C 语言程序更加仔细。为了减小变量在内存中所占的空间，只要变量的取值范围允许，尽量选择所占空间小的数据类型。字符型应该是变量首选的数据类型，如果一个变量的值域是 0～255 或 －128～127 的整数，就应该选择字符型。对超出了字符型变量表达范围的整数变量可采用整型数据类型。只要不是特殊需要，应该尽量避免长整型和浮点型变量的使用。在程序设计时，需要按照数据的特性和取值范围，根据减少占用资源的原则，选择变量的数据类型。这样可以减少程序所占的内存空间与提高执行速度。

【例 5.2】　编程计算 1＋2＋3＋…＋9＋10，并比较不同数据类型对程序占用资源的影

响情况。

解：

程序 1：

```
main( )                        // 主函数
{
  int  i=1, s=0 ;              // 定义 i 和 s 为整型变量并赋初值
  while (i<=10)                // 循环控制
    {
      s=s+i ;                  // 求累加和
      i++  ;                   // 循环计数器加 1
    }
  while(1);                    // 踏步等待
  }
```

程序 2：

```
main( )                        // 主函数
{
  unsigned char i=1,s=0 ;      // 定义 i 和 s 为无符号字符型变量并赋初值
  while (i<=10)                // 循环控制
    {
      s=s+i ;                  // 求累加和
      i++  ;                   // 循环计数器加 1
    }
  while(1);                    // 踏步等待
}
```

程序 1 和程序 2 可以实现同样的计算功能。在程序 1 中，变量 i 和 s 被定义为无符号整型变量，i 和 s 在数据存储器中各占 2 个字节共占 4 个字节，源程序经 C51 编译后形成的目标代码在程序存储器中的 0x0003～0x001C 存放，共占 26 B，如图 5.3 所示。而在程序 2 中，变量定 i 和 s 被定义为无符号字符型变量。i 和 s 在数据存储器中各占 1 B 共占 2 B，源程序经 C51 编译后形成的目标代码在程序存储器中的 0x0003～0x000F 存放占 13 B，节省了一半的存储空间，如图 5.4 所示。此外，程序 2 的执行时间也较程序 1 也大大缩短，由此可见给变量选择合适的数据类型，对减少资源占用和提高程序的执行速度是十分有益的。

另外，在利用循环实现延时功能时，采用不同数据类型的变量其延时的时间将不同，这一点在设计软件延时函数时应给予考虑。

如果想在变量定义数据类型的同时定义变量的存储类型，采用下列格式：

```
数据类型说明符  存储类型  变量名称
```

例如：

```
unsigned char  data  i, s ;     // 定义 i 和 s 的数据类型为无符号字符型，存储类型为 data 型，
                                   i 和 s 的取值范围为 -128～+127，存放在片内 RAM/的
                                   data 区
```

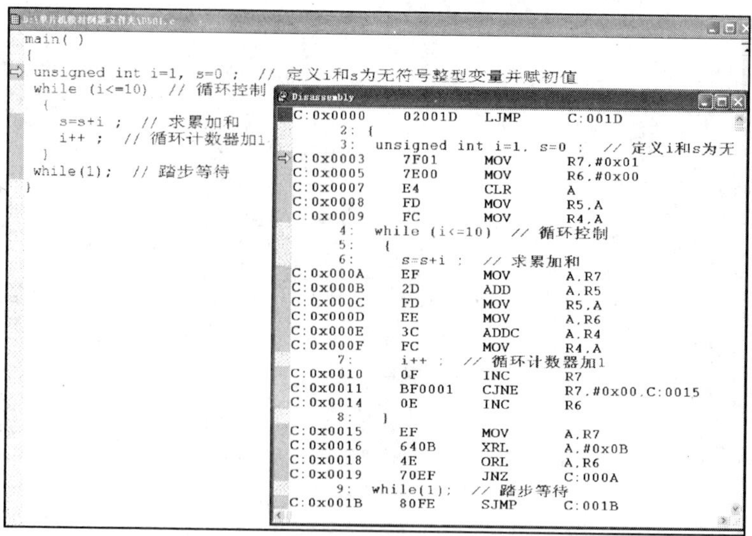

图 5.3　在 Keil μVision2 下反汇编窗口看到的程序 1 的目标码在程序存储器中的存放情况

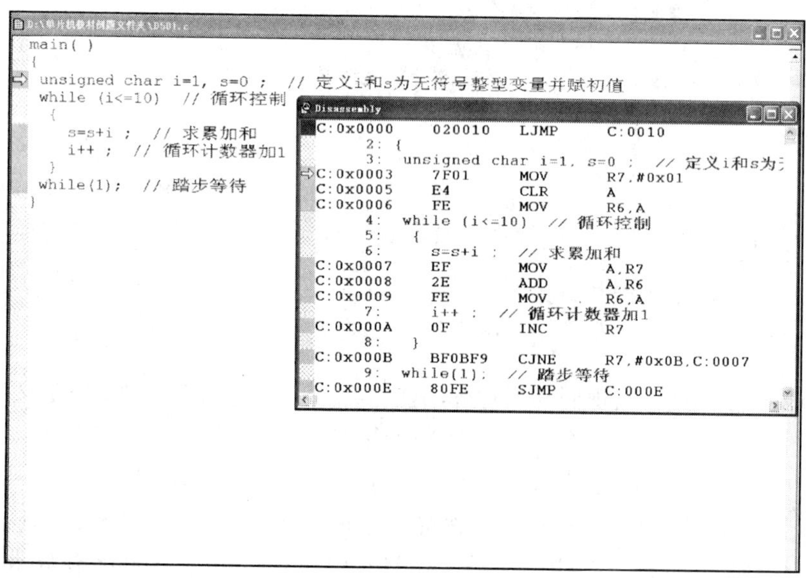

图 5.4　在 Keil μVision2 下反汇编窗口看到的程序 2 的目标码在程序存储器中的存放情况

5.4　C51 的预处理指令

C51 的预处理指令是 C51 编译器对应用程序编译前进行准备处理的一些指令，几乎每个 C51 应用程序都要用到它，正确的理解和使用 C51 的预处理指令是十分必要的。最常用的预处理指令是 #include 和 #define。使用 #include 可以将系统定义和用户定义的函数和文件包含进来。#define 用来进行宏定义，使用宏定义可增加程序的可读性与可维护性。此外，使用条件编译预处理指令 #ifdef 、#ifndef 、#else、#endif 对调试和增加程序的可移植性也是很有帮助的。

5.4.1 #include 指令

#include 指令用来将其他文件包含到源程序中,这种被包含的文件通常称为头文件,文件被包含后源程序就可以使用。通过这种办法,应用程序开发者可以使用 C51 的库函数。另外,将一些符号的定义或通用的函数作成头文件,使用#include 指令将其包含进来,可以减少应用程序开发者的重复劳动,提高应用软件开发的工作效率。

#include 指令的标准格式为:

```
#include <文件名>
```

例如:

```
#include <reg51.h>  //在源程序中包含 80C51 单片机特殊功能寄存器定义头文件
```

或

```
#include "文件名"
```

在#include 指令中使用<文件名> 时,表示所包含的文件在目录"\inc"中或是在标准库函数中。在#include 指令中使用"文件名"时,表示所包含的文件与源程序文件在同一目录中。当所包含的文件即不在目录"\inc"中也不在当前目录中时,需要写出包含的文件的目录,例如,#include "../src/gui.h."表示头文件 gui.h 在源程序文件所在目录的上一层目录的 src 子目录中。

5.4.2 #define 指令

#define 指令也称宏定义指令,作用是用一个标识符来代表一个数据或一个字符串。如果在程序开始处定义了一个数据或字符串用一个标识符表示,则在程序中出现的这个数据或字符串就可以用对应的标识符代表。宏定义的基本思想是:一次定义,多次使用。其优点是:

(1) 可以用标识符来代替长的数据,减少数据或字符串输入的工作量;

(2) 用易于理解的标识符来代替那些不太好记的具体的数据,便于程序的理解和维护;

(3) 有利于程序的修改和升级,当数据需要修改时,只需改动宏定义之处即可。

例如:

```
#define PI  3.1415926          //在程序中用 PI 代表 3.1415926
#define U8  unsigned char      //在程序中用 U8 代表 unsigned char
#define M1  XBYTE[0x1000]      //在程序中用 M1 代表片外数据存储器 0x1000 单元
```

5.4.3 条件编译指令

单片机应用软件开发者往往希望在一种机型上开发的应用程序具有一定的通用性,即很容易地移植到另一种机型上,C51 的条件编译指令为满足这种需要提供了实现的工具。条件编译指令可以实现程序的部分语句根据条件进行编译。如果条件满足进行,对这部分语句进行编译,不满足则不对它们进行编译;或者满足某条件对一组语句进行编译,当条件不满足则编译另外一组语句。条件编译形式如下:

形式 1:

```
#ifdef  表达式          //满足表达式条件则编译程序段,不满足不编译程序段
程序段
#endif
```

形式 2：

```
#ifdef  表达式          //满足表达式条件则编译程序段 1
程序段 1
#else                   //不满足表达式条件则编译程序段 2
程序段 2
#endif
```

单片机应用开发者常用的单片机机型为 8 位 MCS-51 系列单片机，但是，当 MCS-51 系列单片系列的处理能力不能满足要求时，会采用性能更佳的 16 位 96 系列单片机或其他型号的单片机。在算法相同的前提下，为了提高开发工作的效率，避免重新编制整个程序，需要将在一种 MCS-51 单片机机型上调试通过的程序转换成在其他机型单片机上可以运行的程序。这就是所谓的单片机程序移植的概念，即针对一种型号单片机编制的程序可以稍加修改就可适用其他型号的单片机上使用，而不用重新大量编写代码。

例如，80C51 单片机上调试通过的并行口应用程序可以编制成既可以在 MCS-51 系列单片机，也可以在 96 系列单片机上运行的可移植的程序。由于 96 系列单片机与 MCS-51 单片机同样具有 P0～P3 并行口，只是并行口的地址不同。使用下面的条件编译就可以适应并行口地址不同的情况，编制出可移植的程序。

```
#define MCU_51  1          //定义 51 单片机编译开关
#define MCU_96  0          //定义 51 单片机编译开关
⋮
#ifdef  MCU_51             //条件编译
sfr P0 = 0x80;             //51 单片机并行口 P0 声明
sfr P1 = 0x90;             //51/单片机并行口 P1 声明
sfr P2 = 0xA0;             //51 单片机并行口 P2 声明
sfr P3 = 0xB0;             //51 单片机并行口 P3 声明
⋮
#endif                     //条件编译结束
#ifdef MCU_96              //条件编译
sfr P0 = 0x0E;             //96 单片机并行口 P0 声明
sfr P1 = 0x0F;             //96 单片机并行口 P1 声明
sfr P2 = 0x10;             //96 单片机并行口 P2 声明
sfr P3 = 0x1FFE;           //96 单片机并行口 P3 声明
sfr P4 = 0x1FFF;           //96 单片机并行口 P4 声明
⋮
#endif                     //条件编译结束
```

在程序开始的宏定义中，如果定义编译开关 MCU_51 为 1 和 MCU_96 为 0，则 51 单片机并行口声明语句部分的条件编译条件成立，则得到编译；而 96 单片机并行口声明语句部分的条件编译条件不成立，则不被编译。如果将编译开关 MCU_51 改为 0 和 MCU_96 改为 1，则情况正好相反。利用这种方法就可以编写出对 MCS-51 单片机和 96 系列单片机都

适用、具有一定可移植性的程序。

5.5　C51 的位运算

在 C51 程序设计中，有时需要对变量及输入/输出接口的某些位或某一位(引脚)，进行单独操作，这称为位操作或位运算。

位运算有两种方法：方法一是针对整个字节的逻辑操作；方法二是使用 C51 扩展的位处理指令(setb 等)。

方法一：

在针对整个字节的逻辑操作方法中，使用 C51 中的位运算符进行位操作，C51 中的位运算符有：

```
&      按位“与”；例如，P1 = P1 & 0x0f       // 将 P1 的高 4 位置 0，低 4 位不变
|      按位“或”；例如，P2 = P2 | 0x0f       // P2 的高 4 位不变，，低 4 位置 1
~      按位“非”；例如，P3 = ~P3            // 将 P3 取反
∧      按位“异或”；例如，c = a∧b           // a 和 b 异或，结果送 c
>>     右移 ；例如，d = 8 >>3               // 数据 8 右移 3 位，结果送 d
<<     左移 ；例如，P1 = 1<<7               // 数据 1 左移 7 位，结果送 P1
```

除此之外，C51 还支持在赋值符“＝”的前面加上其他逻辑运算符，组成复合赋值运算表达式，例如：

```
a | = 0x4 ;                // 等价于 a = a | 0x4
P1 & = 0x0f ;              // 等价于 P1 = P1 & 0x0f
c & = ~(1 << 2) ;          // 等价于 c = c & ~(1 << 2)
d ∧ = (1 << 4) ;           // 等价于 d = d ∧ (1 << 4)
P2 >> = 2   ;              // 等价于 P2 = P2>>2
```

使用位运算符可以实现对字节中的位进行操作，具体方法如下。

把某一位置 1 的方法：

如果要把一个字节中的一位置 1，而其他的位不变，可以将该位和 1“或”，其他位和 0“或”。例如，要将 P1 口的第 2 根引脚(P1.2)置高电平(置 1)，实现该功能的 C51 语句是：

```
P1 | = 0 x 04;             // 使 P1.2 置 1，其他位不变
```

把某一位置 0 的方法：

如果要把一个字节中的一位置 0，而其他的位变，可以将该位和 0“与”，其他位和 1“与”。例如，将 P2 口的第 5 根引脚(P2.5)置低电平(置 0)，其 C51 的语句是：

```
P2 & = 00xdf;              // 使 P2.5 置 0，其他位不变
```

方法二：

用 C51 扩展的位处理指令，即用特殊功能位声明指令 setb 声明一个位变量，来对一个可位寻址的位进行位操作。例如：

```
setb  P0_0 = P0^0;         //特殊功能位声明
P0_0 = 1;                  // 使 P0_0 置 1
```

显然，对特殊功能寄存器中单独的某一位进行操作，使用特殊功能位处理更方便；而对

字节中一些位一起操作时，使用位运算符更合适。

5.6 C51 的程序结构

与 ANSI C 程序一样，C51 的程序采用函数结构，每一个 C51 应用程序由一个主函数和若干个函数构成。程序从主函数开始执行，在主函数中可以调用其他函数（也称为子函数），最后在主函数结束。反映 C51 程序结构的例子如下：

```
#include  <reg51.h>   //1
#include  <stdio.h>   //2
void OutP1( );      //3
int   a = 0xf0;   //4
main()     //5
{
  int   b;   //6          ┐
  while(1)   //7          │
  {                       │
    b = P0 & a;   //8     ├主函数
    OutP1( b );   //9     │
  }                       │
}                         ┘
void OutP1(int   x)   //10 ┐
{                          ├子函数
    P1 = x ;    //11       │
}                          ┘
```

程序的各部分为：

- 预处理指令部分：程序第 1～2 句
- 子函数声明部分：程序第 3 句
- 全局变量声明部分：程序第 4 句
- 主函数部分：程序第 5～9 句
- 局部变量声明（位于主函数内部）：程序第 6 句
- 子函数部分（可以有多个子函数）：程序第 10～11 句

该程序的子函数是先声明后定义，也可以将子函数写在主函数之前，这样子函数就不用声明了，其程序结构变为：

```
#include  <reg51.h>   //1
#include  <stdio.h>   //2
int   a = 0xf0;   //3
void OutP1(int   x)   //4 ┐
{                         ├子函数
    P1 = x ;    //5       │
}                         ┘
```

```
main()      //6
{
    int  b;  //7
    while(1)  //8
    {                              主函数
      b = P0 & a;  //9
      OutP1( b );  //10
    }
}
```

上述两种程序结构都可以采用，后者可以省去函数声明语句，前者程序阅读起来结构更清晰。

5.7　C51 的函数

5.7.1　函数概述

C51 源程序是由函数组成的。函数是 C51 程序的基本模块，C51 程序通过对函数的调用实现特定的功能。C51 中的函数相当于汇编语言的子程序，开发者可把解决实际问题的程序编成一个个相对独立的函数模块，然后通过用调用的方法来使用函数，当然也可以使用 C51 标准函数库中的库函数。对于使用 C51 标准函数库中的库函数时，在使用前需要通过预处理命令＃include 将所要使用的库函数包含进来。而对开发者自己开发的函数，在使用之前必须对它进行定义。

C51 函数定义的一般格式如下：

```
函数类型  函数名(形参表)[reentrant][interrupt m][using n]
{
   局部变量定义；
   函数体；
}
```

1. 函数的类型

函数的类型是对函数返回值数据类型的说明，可以是前面介绍的数据类型中的一种。当函数没有返回值时，可以不写函数类型，也可以将它定义为 void。例如：

```
int max ()          // 函数 max ()的返回值为有符号整型数
void delay()        // 函数 void delay()无返回值
```

2. 函数名

函数名是开发者为函数命名的名字。函数名应尽可能代表函数的功能，以便于记忆和理解，同时也要遵循 C 语言的命名规则。

3. 形参表

形参表列出了调用该函数的程序与函数之间进行参数传递的形式参数。与其他变量一样，也必须说明形参的数据类型。说明形参的数据类型有两种方法，一种是在形参表中直接说明，另一种方法是在函数定义的下一条语句说明。例如：

```
int max ( int x, int y )          // 形参表中直接说明形参 x 和 y 的数据类型
{
  函数体;
}

int max ( x, y )                  // 形参表中未说明形参 x 和 y 的数据类型
int x, y                          // 说明形参 x 和 y 的数据类型
{
函数体;
}
```

对函数没有参数传递的情况，可以没有形参，也可以括号内写入 void。例如：

```
void delay( void )                // 函数 delay( )无返回值，无形参
```

4. 可重入函数说明符 reentrant

在 C51 中，可以将一个函数定义成可重入函数。如果要将函数定义为可重入函数，在形参项后写上 reentrant。

5. 中断函数说明符 interrupt m

中断函数是 C51 的重要扩充，如果在应用系统中使用了中断，就需要定义中断函数。中断函数要使用中断函数说明符 interrupt m 进行说明，"interrupt" 表示所定义的函数为中断函数，"m"表示中断类型号。有关中断函数的内容后面将详细介绍。

6. 工作寄存器组选择说明符 using n

MCS-51 单片机内有 4 个工作寄存器组，即第 0 组、第 1 组、第 2 组、第 3 组可以选择使用。using n 说明符用于指定本函数使用的工作寄存器组，其中 n 表示所选择的寄存器组号。如果省略工作寄存器组选择说明符 using n，则 C51 编译器自动为函数选择一个工作寄存器组。

5.7.2 中断函数

正如前面章节所述，中断是单片机应用开发中经常用到的技术。在汇编语言中，需要按照中断源的入口地址，写入中断服务程序。在 C51 中，不需要考虑中断服务程序的地址，但需要定义特定的中断函数。典型的中断函数定义格式如下：

```
函数类型  函数名()interrupt m
{
  局部变量定义;
  中断函数体;
}
```

interrupt 表示函数是中断函数，m 为中断类型号，m 的最大取值范围为 0～31，m 的具体含义和实际取值范围由具体型号单片机的中断源情况确定。例如，80C51 单片机共有 5 个中断源，m 具有实际意义的取值为 0～4，m 值的含义具体如下：

```
0    外部中断 0              3    定时器 T1 中断
1    定时器 T0 中断          4    串行口中断
2    外部中断 1
```

【例 5.3】 处理外部中断的简单程序。

```
#include  <reg51.h>          // 包含特殊功能寄存器声明头文件
sbit P10 = P1^0;             // 定义特殊功能位 P10
main ()                      // 主函数
{
  while(1);                  // 踏步等待
}
void  int0 ()  interrupt 0   // 定义外部中断 0 的中断函数
{
  P10 = ! P10;               // P1^0 取反
}
```

该程序实现的功能是单片机的 INT0 引脚每来一个中断信号,P1 的第 0 号引脚电平翻转一次。

5.8 C51 对内存的直接访问和操作

使用 C51 进行编程时,一般是通过变量的形式访问内存的,不需要考虑内存和寄存器的分配,但在某些情况下还是需要对内存单元直接寻址和操作,C51 具有这样的功能。

C51 编译器提供了一组宏定义来对 MCS-51 系列单片机内存的 code、data、xdata 等区域进行访问和操作,这组宏定义包含在 C51 的头文件 absacc.h 中。

这个头文件使得单片机 C 语言程序中对内存单元的操作变得简单。在 absacc.h 中,提供了一些对不同内存单元进行访问的宏定义,常用的如下:

(1) CBYTE[data] 对单片机片内 ROM 单元进行访问

(2) DBYTE[data] 对单片机片内 RAM 单元进行读写操作

(3) XBYTE[data] 对单片机片外 RAM 单元进行读写操作

利用 absacc.h 中的这些宏定义就可以对内存单元进行直接访问和操作。

【例 5.4】 有若干个十六进制数的 ASCII 码存放在片内 RAM 从 31H 开始的内存单元中,将它们分别转换成十六进制数,存储到片内 RAM 的 40H 开始的单元中,ASCII 码的个数储存在 30H 单元,要求用 C51 编程实现。

解:由于是对片内 RAM 的操作,故使用 DBYTE[data]来实现。

```
#include <absacc.h>                     // 包含对内存直接操作头文件
void main(void)
{
  unsigned char data i, n;              // 声明 i 和 n 为无符号字符型变量,存放在片内 RAM
  n = DBYTE[0x30];                      // 取出 ASCII 码的个数
  i = 0;
  while( i < n )
```

```
    {
      if(DBYTE[0x31 + i] <= 0x39)              // 判断是否为 0～9 的 ASCII 码
      DBYTE[0x40 + i] = DBYTE[0x31 + i] - 0x30;  // 进行 0～9 ASCII 码的转换
      else
      DBYTE[0x40 + i] = DBYTE[0x31 + i] - 0x37;  // 进行 A～F ASCII 码的转换
      i++;                                     // 指向下一个单元
    }
  }
```

上述程序中，利用 DBYTE 进行内存单元绝对地址访问，直接对内存操作。使得在 C51 语言下，可以方便地实现只有在汇编语言中才能实现的访问内存操作。该程序在 Keil μVision2下的仿真运行结果如图 5.5 所示。

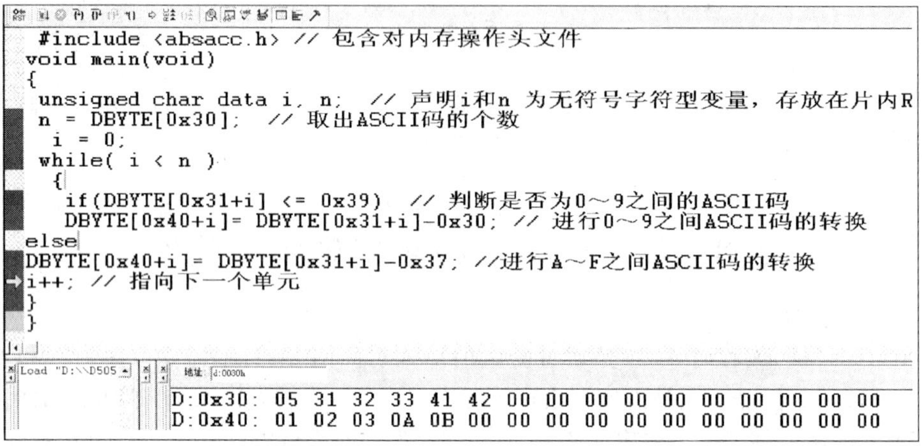

```
 #include <absacc.h> // 包含对内存操作头文件
void main(void)
{
 unsigned char data i, n;  // 声明i和n 为无符号字符型变量，存放在片内R
 n = DBYTE[0x30];  // 取出ASCII码的个数
  i = 0;
 while( i < n )
  {
   if(DBYTE[0x31+i] <= 0x39)  // 判断是否为0～9之间的ASCII码
   DBYTE[0x40+i]= DBYTE[0x31+i]-0x30; // 进行0～9之间ASCII码的转换
else
DBYTE[0x40+i]= DBYTE[0x31+i]-0x37; //进行A～F之间ASCII码的转换
i++; // 指向下一个单元
}
}

D:0x30: 05 31 32 33 41 42 00 00 00 00 00 00 00 00 00 00
D:0x40: 01 02 03 0A 0B 00 00 00 00 00 00 00 00 00 00 00
```

图 5.5　例 5.4 在 Keil μVision2 下的仿真运行结果

5.9　C51 的应用程序开发方法

要为具体应用系统开发一个完整的程序，一般需要以下几个步骤：分析问题→设计算法→画出程序流程图→编写程序→调试验证→应用与维护，如图 5.6 所示。

1. 分析问题

首先明确单片机应用系统要实现什么功能，选择什么型号的单片机比较合适；应用环境如何，有些什么已知条件、未知条件，最终要达到什么目标，要完成这些还需要哪些前提。

2. 设计算法

从已知的条件出发，统筹既有的硬件资源，制定数据结构，设计软件中的算法。将所要解决的应用问题分解成一系列的处理过程，实现算法的最优化。

3. 画出程序流程图

在算法设计和编程思路确定后，画出程序流程图，为下一步的程序编制打下基础。

4. 编写程序

根据流程图使用 C51 语句编制出程序。

5. 调试程序

使用集成开发环境在宿主计算机上输入程序，进行程序的编译和仿真调试，找出程序的错误并进行更正，再调试，直到程序通过，然后还要将编制好程序下载到单片机中去执行，对比与设计目标是否一致，未达到设计目标，修改程序，再下载，再调试。如此反复，直至功能与预期一致。

6. 应用维护

在上述工作完成之后，整理和写好文档，把已经调试完好无误的程序付诸应用，并根据用户的意见进行维护和升级改进。

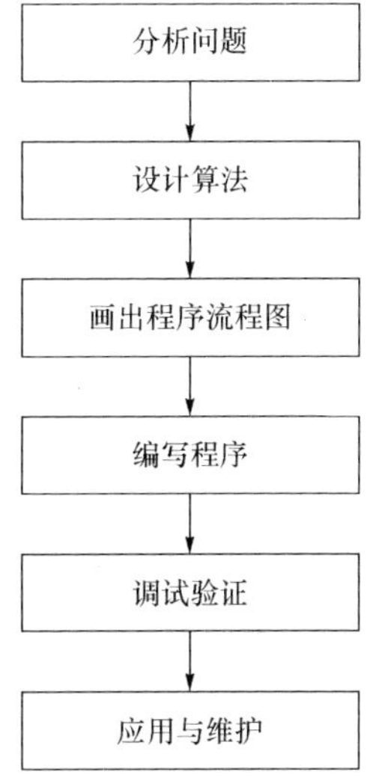

图 5.6 C51 的应用程序开发方法一般步骤

5.10 C51 并行口应用编程举例

MCS-51 系列单片机共有四个并行口，分别为 P0、P1、P2 和 P3。每个并行口包括 8 根引脚，共 32 个输入/输出引脚。单片机可以利用四个并行口中的任何一个，以字节为单位把数据从 CPU 输出到外部，或把数据从外部输入给 CPU。此外，也可以单独使用并行口中的一个引脚来输入或输出开关量信号。

在 C51 的头文件中已经对各个特殊功能寄存器的口地址进行了定义，这样就可以直接使用并行口的名称对并行口进行操作。以字节为单位的输入/输出操作可以使用如下两条语句实现。

1. 并行口数据输入语句

```
x = Pn;                  // x 是程序中已经定义的变量;Pn 表示 4 个并行口中的一个,n 可取值 0～3
```

例如：

```
a = P1;                 // 从 P1 口输入数据送给变量 a
```

2. 并行口数据输出语句

```
Pn = x ;                // x 是程序中已经定义的变量或常数，而且它的取值范围为 0～255 的整数；Pn
                           表示 4 个并行口中的一个，n 可取值 0～3
```

例如：

```
P2 = 0x0f;              // 将数据 0x0f 输出到 P2 口，使 P2 口的高 4 位引脚置为低电平，P2 口的低 4 位
                           引脚置为高电平
```

以上是对单片机并行口的整体访问，那么如何对其某个引脚进行读/写操作呢？

通过前面定义特殊功能位的方法就可以实现对某个并行口中某个引脚的访问和操作。例如：

```
sbit P10 = P1^0         // 定义特殊功能位
…
P1^0 = 1;               // 向并行口 P1 的最低位引脚输出 1


bit c                   // 定义位标量 c
sbit P27 = P2^7         // 定义特殊功能位
…
c = P27;                // 从 P2 口最高位引脚输入开关信息并存入位标量 c(c 是事先定义的位标量)
```

下面举几个用 C51 编程的并行口应用例子。

【例 5.5】 设计一个基于 MCS-51 单片机应用系统，从并行口 P1 输入 8 位二进制无符号整数数据，要求单片机对所输入的数据进行判断，如果输入的数据小于 32，则使 P2.0 为低电平，控制低限报警 LED 指示灯亮；如果输入的数据大于 192，则使 P2.1 为低电平，控制高限报警指示灯亮。

解：该题目是一个在 P1 口输入并行字节数据，在 P2 口的两个引脚输出开关量控制信号的并行口应用问题。为了检验运行结果，应用系统采用一个 8 位拨码开关来产生并行字节数据输入数据。例如，利用 8 位拨码开关产生数据 00001111B(十进制数 15)，则 P2.0 为低电平，控制低限报警 LED 指示灯 D1 亮；利用 8 位拨码开关产生数据 11000001B(十进制数 193，则 P2.1 为低电平，控制高限报警 LED 指示灯 D2 亮；利用 8 位拨码开关产生数据 10000000B(十进制数 128)，则 P2.0 和 P2.1 均为高电平，控制低限报警 LED 指示灯 D1 和高限报警 LED 指示灯 D2 灭。应用系统的硬件原理图和程序流程图分别如图 5.7 和图 5.8 所示，该系统在 Keil μVision2 下的仿真运行结果之一如图 5.9 所示。

程序清单如下：

```
#include<reg51.h>                    // 包含特殊功能寄存器声明头文件
#define low_limit 16                 // 定义低限报警值
#define high_limit 192               // 定义高限报警值
unsigned char x;                     // 定义 x 为无符号字符型变量
sbit P20 = P2^0;                     // 定义特殊功能位 P20
sbit P21 = P2^1;                     // 定义特殊功能位 P21
main()                               // 主函数
  {
  P20 = 1;                           // P2.0 初始化
  P21 = 1;                           // P2.1 初始化
```

```
  while(1)                          // 无限循环
  {
    x = P1;                         // 输入 P1 值
    if (x<low_limit) P20 = 0;       // 判断 P1 数据是否小于低限报警值,小于则 P20 = 0
    else P20 = 1;                   // P1 数据不小于低限报警值,则 P20 = 1
    if (x>high_limit) P21 = 0;      // 判断 P1 数据是否大于高限报警值,大于则 P21 = 0
    else P21 = 1;                   // P1 数据不大于高限报警值,则 P21 = 1
  }
}
```

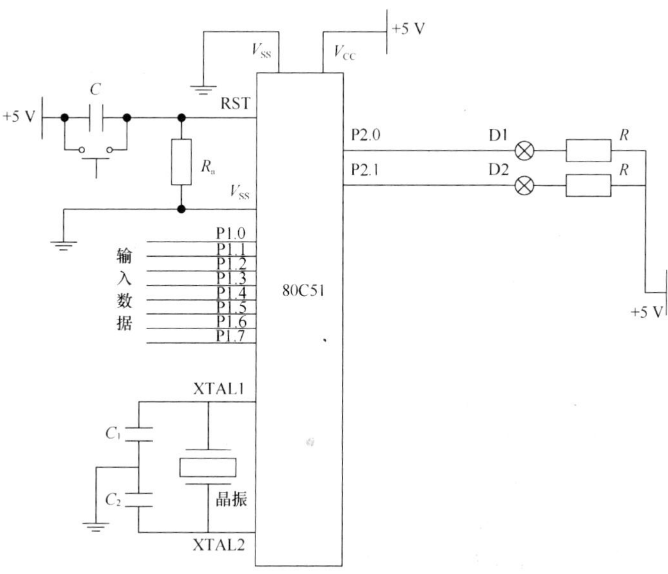

图 5.7 P1 口输入并行字节数据高低限报警应用系统原理图

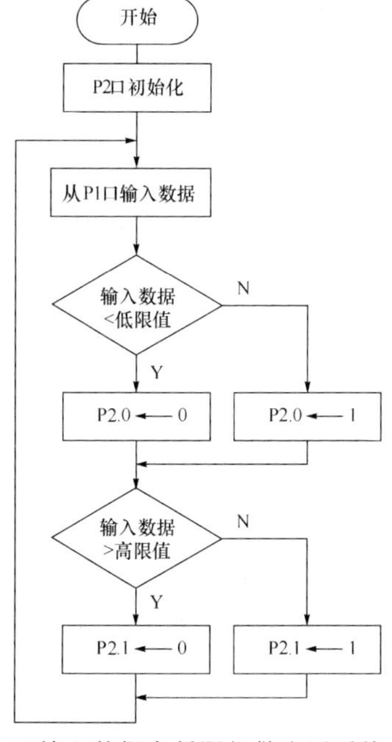

图 5.8 P1 口输入数据高低限报警应用系统程序流程图

```
#include<reg51.h>
#define low_limit 16
#define high_limit 192
unsigned char x;
sbit P20=P2^0;
sbit P21=P2^1;
main( )
{
 P20=1;
 P21=1;
  while(1)
  {
  x=P1;
  if (x<low_limit) P20=0;
  else P20=1;
  if (x>high_limit) P21=0;
   else P21=1;
  }
}
```

图 5.9　例 5.5 在 Keil μVision2 下的仿真运行结果(输入数据为 15)

【例 5.6】 设计一个基于 MCS-51 单片机的应用系统。有一个按键开关连接到并行口的一个引脚，要求单片机接收按键开关动作信号并进行计数，按键开关每按一次单片机进行一次计数值加 1，计数的结果通过并行口输出来控制四个 LED 灯的亮灭，LED 灯亮代表 1，LED 灯灭代表 0，用四个 LED 灯的亮灭表示 4 位二进制数计数结果，当计数值达到 15 后将计数器清 0，以后再从 0 开始重新计数。

解：该题目是具有一个 8 位二进制数据输入、四个开关量输出的应用问题。可采用 80C51 单片机实现，具体采用 P1 口的 P1.0 引脚与按键开关连接作为输入，由单片机进行计数计算；用 P2 口的低 4 位引脚作为输出来控制 LED 灯的亮灭；另外，因 4 位二进制数能表示的数为 0～15，在编程时加入了这一判断，如果计数值大于 15 则计数器清 0；除此之外，程序设计还考虑了人对按键开关操作时的抖动干扰，对开关按下后的输入信号延时一段时间后进行第二次判断，确定无疑后才认为是按键开关按下动作，从而消除抖动对系统的影响。应用系统的硬件原理图和程序流程图分别如图 5.10 和图 5.11 所示，该程序在 Keil μVision2下的仿真运行结果之一如图 5.12 所示。

程序清单如下：

```
# include  <reg51.h>                    // 包含特殊功能寄存器声明头文件
sbit P10 = P1^0;                        // 定义特殊功能位
void delay();                           // 声明延时函数
main()                                  // 主函数
{
  unsigned char count = 0;              // 定义计数器变量
  while(1)                              // 无限循环
  {
    if (P10 == 0)                       // 有键按下?
    {
      voId delay();                     // 调延时函数
      if ((P10 == 0)                    // 确实有键按下?
      {
        count ++;                       // 计数器值加 1
        if (count>15)   count = 0;      // 计数值大于 15,则计数器清 0
        P2 = ~count                     // 计数器值输出到 P2 口
        while(P10 == 0);                // 等待按键抬起
      }
    }
```

```
    }
}
void delay( )                          //延时函数
{
    unsigned char i, j;
    for(i = 20;i>0;i-- );
    for(j = 250;j>0;j-- );
}
```

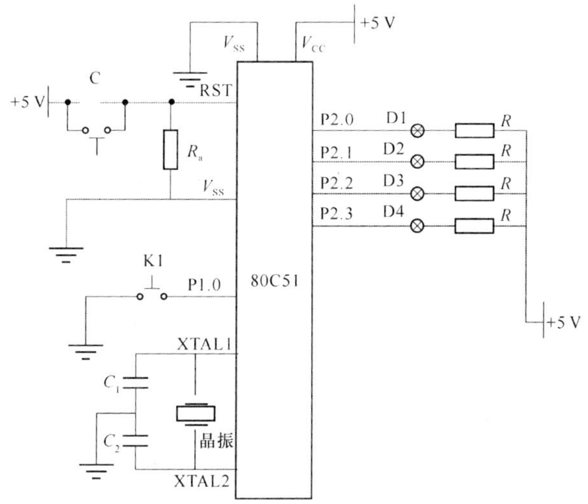

图 5.10　记录并显示按键次数单片机应用系统原理图

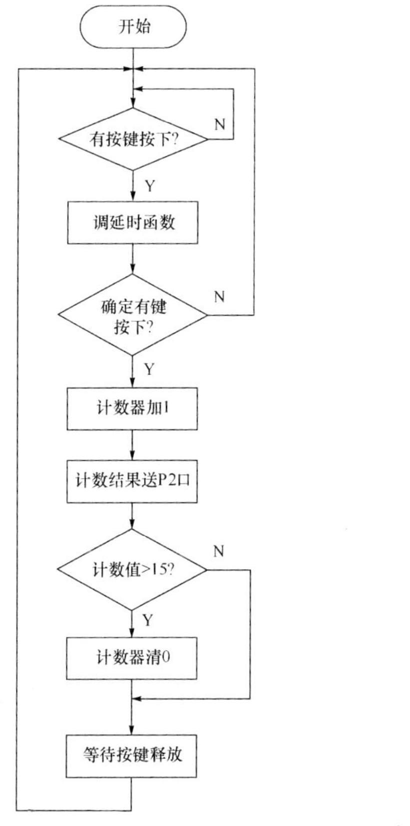

图 5.11　记录并显示按键次数单片机应用系统程序流程图

```
#include<reg51.h>
sbit P10=P1^0;
void delay( );
main( )
{
unsigned char count=0;
while(1)
{
     if(P10==0)
     {
       void delay( );
       if(P10==0)
      {
       count++;
       P2=~count;
       if(count>15) count=0;
       while(P10==0);
      }
    }
  }
}

void delay( )
{
  unsigned char i,j;
  for(i=20;i>0;i--);
  for(j=250;j>0;j--);
}
```

图 5.12　记录并显示按键次数应用系统 Keil μVision2 下的仿真运行结果(计数值为 15 时)

【例 5.7】 设计一个单片机应用系统，要求把 P3 口的 8 个引脚分两组与分别与两组拨码开关连接，每组拨码开关具有四个开关，通过开关的不同状态可以模拟 0～15 的数据输入，这样就有两个 0～15 的数据输入到单片机。要求单片机应用系统对这两个输入的数据求和，并用两个数码管按十进制显示出两个输入数据的和。

解：单片机应用系统使用 P3 口从两组拨码开关输入数据，经 P3 口输入的数据进入单片机后要分成两个数据，这样在程序中要有数据拆分处理，拆分后的两个数再相加。此外系统要求输出以十进制显示，所以在输出前还需将求得的和转换为两位十进制数据，最后将数据经 P1 口和两个译码驱动芯片 CD4511 输出，在两个数码管显示(一个显示个位数字，另一个显示十位数字。

在硬件电路设计中，拨码开关为 4 位，两组拨码开关分别接至 P3 口的高四位和低四位用于输入两个 BCD 码数据。而 P1 口输出的高四位和低四位分别与两片 CD4511 芯片连接，CD4511 芯片可以非常方便地实现四位二进制数与数码管段码值的直接转换并驱动数码管进行显示。应用系统的硬件电路图(单片机的时钟电路与复位电路省略)和程序流程图分别如图 5.13 和图 5.14 所示，系统在 Keil μVision2 下的仿真运行结果之一如图 5.15所示。

C51 程序清单如下：

```
#include  <reg51.h>                          // 包含特殊功能寄存器声明头文件
main()                                       // 主函数
{
  unsigned char input_data,input_low,input_high,output_low,output_high,sum;
                                             // 变量声明
```

```
while(1)                                      // 无限循环
 {
   input_data = P3;                           // 输入数据
   input_low = input_data&0x0F ;              // 拆分低 4 位
   input_high = input_data>>4&0x0F ;          // 拆分高 4 位
   sum = input_high + input_low;              // 求和
   output_high = sum/10;                      // 拆分高 4 位
   output_high = output_high<<4;              // 形成和的十位
   output_low = sum % 10;                     // 形成和的个位
   sum = output_high + output_low;            // 合成 8 位数据
   P1 = sum ;                                 // 输出数据
 }
}
```

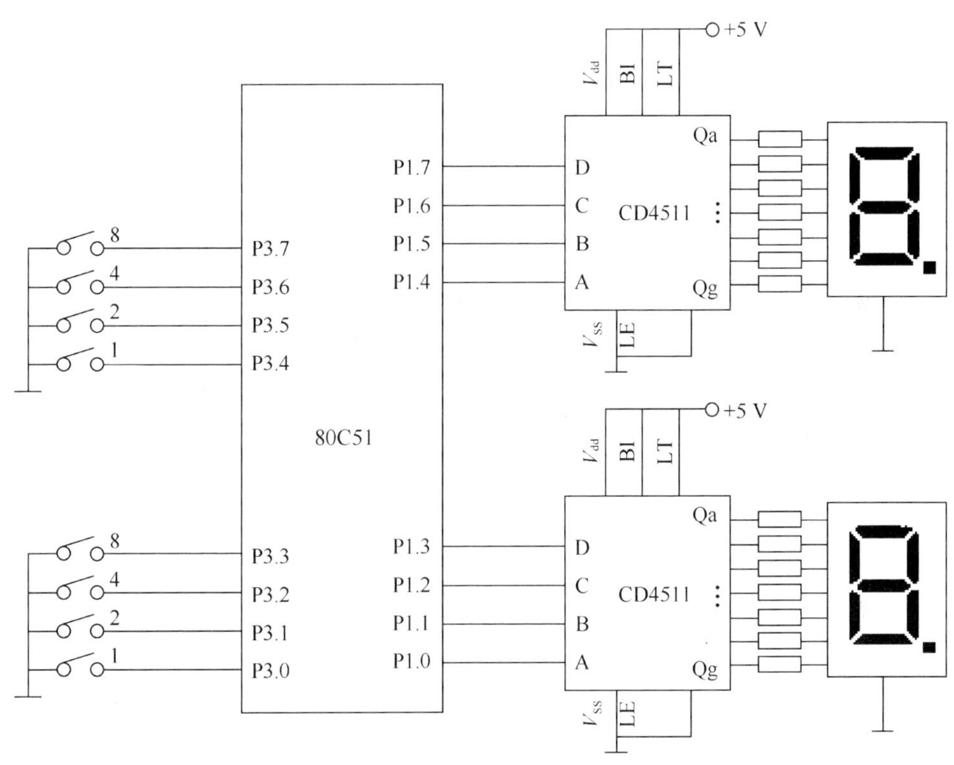

图 5.13 输入数据数码管显示单片机应用系统原理图

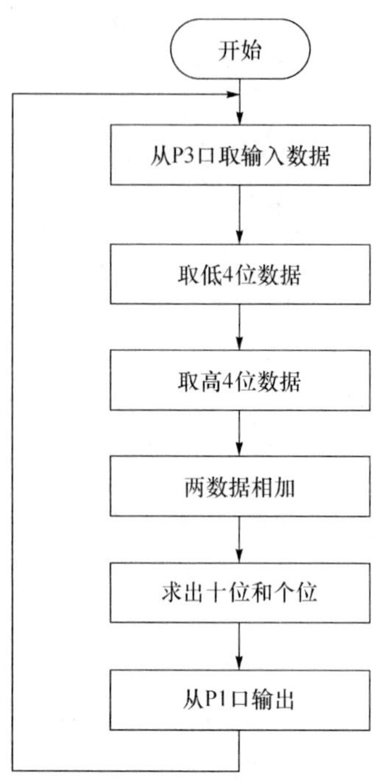

图 5.14　输入数据数码管显示单片机应用系统

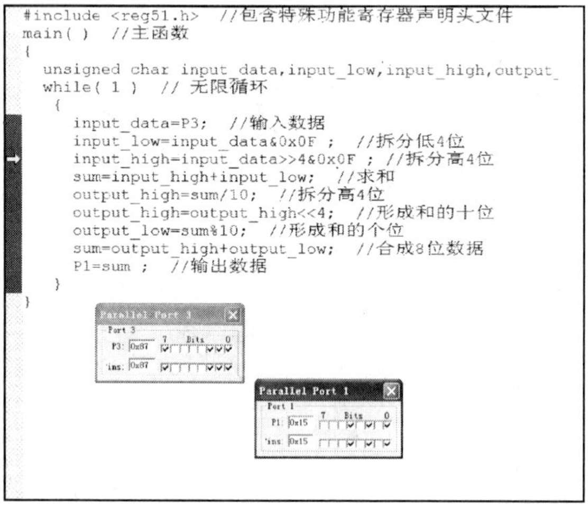

```
#include <reg51.h>  //包含特殊功能寄存器声明头文件
main( )  //主函数
{
  unsigned char input_data,input_low,input_high,output_
  while( 1 )  // 无限循环
   {
     input_data=P3;  //输入数据
     input_low=input_data&0x0F ;  //拆分低4位
     input_high=input_data>>4&0x0F ; //拆分高4位
     sum=input_high+input_low;  //求和
     output_high=sum/10;  //拆分高4位
     output_high=output_high<<4;  //形成和的十位
     output_low=sum%10;  //形成和的个位
     sum=output_high+output_low;  //合成8位数据
     P1=sum ;  //输出数据
   }
}
```

Parallel Port 3
Port 3
P3: 0x87
Pins: 0x87

Parallel Port 1
Port 1
P1: 0x15
Pins: 0x15

图 5.15　系统在 Keil μVision2 下的仿真运行结果(8+7=15，输出高 4 位为 1，低 4 位为 5)

习　　题

1. MCS-51 单片机的编程语言 C51 与汇编语言各有什么优缺点？
2. 在 C51 程序中，unsigned char 和 char 各表示什么数据类型？取值范围各是多少？

为什么要尽可能使用它们？

3. 在 C51 程序中，为什么很少使用长整型和浮点型数据类型？

4. 在 C51 中有哪几种数据类型是 ANSI C 所没有的？它们各有什么用途？

5. C51 为什么要定义变量的存储类型？C51 有哪几种存储类型？哪一种存储类型的变量所占空间最小且处理速度最快？

6. C51 的存储模式有哪三种？它们的含义是什么？

7. 如果不定义程序中变量的存储类型，而选择了 SMALL 存储模式，这时程序中使用变量的存储类型是什么？

8. 举例说明 C51 实现对某一位进行操作的方法。

9. 写出下列变量最合适的变量声明：

(1) 存放在片内 RAM 中取值范围为 0～200 整数的变量 a0。

(2) 存放在片外 RAM 中取值范围为 0～500 整数的变量 a1。

(3) 存放在片内 RAM 的地址 0x30～0x7f 中取值范围为－100～＋100 整数的变量 a3。

(4) 特殊功能寄存器 P0。

(5) P1 的最高位。

10. 举例说明用宏定义定义一个常数的好处。

11. 条件编译预处理指令有何用处？

12. 定义一个中断函数，函数的功能是对来自单片机 INT1 引脚的信号进行计数。

13. 阅读下列程序，给程序加注释，说明程序实现的功能，画出程序流程图，运用 Keil μVision2进行仿真调试，并将运行结果截图。此外，再用汇编语言编制实现同样功能的程序，并谈一下使用 C51 比使用汇编语言编程有什么好处。

```
#include <absacc.h>
#define ADRR 0X0040
#define max DBYTE[0X0045]
void main (void)
  {
    int n;
    for (n = 0;n<4;n + + )
     {
       if (DBYTE[ADRR + n + 1]<DBYTE[ADRR + n])
         {
           max = DBYTE[ADRR + n];
           DBYTE[ADRR + n] = DBYTE[ADRR + n + 1];
           DBYTE[ADRR + n + 1] = max;
         }
       else
           max = DBYTE[ADRR + n + 1];
     }
  }
```

14. 阅读下列程序，给程序加注释，画出程序流程图。试为程序配上合适的硬件来控制 LED 灯的亮灭，画出电路图，说明程序实现的功能，运用 Keil μVision2 进行仿真运行。

```
#include <REG52.H>
#define ON  0
#define OFF 1
sbit Lamp1 = P0^0;
sbit Lamp2 = P0^1;
void initial();
void delay();
main()
{
  initial();
  delay();
  while(1)
   {
     Lamp1 = ON;
     delay();
     Lamp1 = OFF;
     delay();
     Lamp2 = ON;
     delay();
     Lamp2 = OFF;
     delay();
   }
}
void initial()
{
  P0 = 1;
}
void delay()
{
  int i = 0;
  while(i<30000)i++
}
```

15. 设计一个单片机控制 LED 流水灯应用系统，具体要求为：设置 3 个开关 K0、K1、K2，当 K0 合上时，8 个 LED 灯都亮；当 K1 合上时，8 个 LEED 灯先从左到右逐个点亮再从右到左逐个点亮，然后反复进行；当 K2 合上时，8 个 LED 灯全灭。要求说明设计思想，画出硬件原理图和程序流程图，列出程序清单，运用 Keil μVision2 进行仿真。

第6章 MCS-51单片机的中断系统与定时/计数器

6.1 中断的概念

当 CPU 正在执行程序，某个事件发生打断 CPU 正在执行的程序，CPU 转去执行一段事先编写好的程序，执行完这段事先编写好的程序后，CPU 又继续执行被打断的程序的过程称为中断。

被中断的程序一般称为主程序，在主程序被中断处称为断点，引发 CPU 中断的事件称为中断源，CPU 转去执行的事先编写好的程序称为中断服务程序。CPU 实现中断的机制称为中断系统。中断过程的示意图如图 6.1 所示。

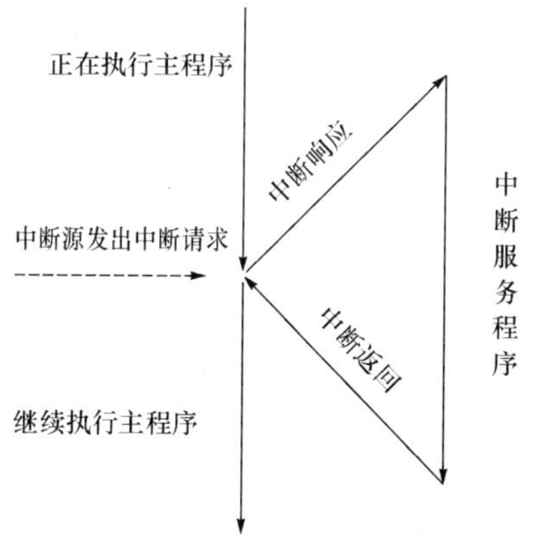

图 6.1　中断过程示意图

6.1.1 中断的用途

在实际应用系统中，中断的主要用途如下：

(1) 在 CPU 与外部设备间传送数据时，可以提高 CPU 的工作效率。在 CPU 和外部设备启动后，CPU 执行自己的任务，只有当外部设备准备好后向 CPU 发出请求，CPU 才停下自己的任务来与外部设备交换数据。如果外部设备没有准备好，CPU 一直在执行自己的任务。与查询数据传送方式相比，CPU 与外部设备之间采用中断方式传送数据时，CPU 与外部设备可以并行工作。

（2）可及时响应随机事件。如果将随机事件作为中断源，当事件发生时CPU可以马上响应，进行及时处理。此外，在实际应用系统中，CPU往往要处理多个任务，其中有些任务对CPU的响应速度要求不高，有些任务则要求CPU及时响应。在应用程序设计时，可以将响应速度要求不高的任务放在主程序中，将需要快速响应的任务安排由中断服务程序来处理，这样可以很好地满足系统对随机事件和任务快速响应的要求。

（3）可实现定时或周期性事件的实时处理。CPU的中断系统与定时器配合可以实现定时中断处理。例如，一个数据采集系统需要每一秒钟采集一次数据，开发者可以设计定时器每秒钟产生一次中断，再将数据采集的处理设计成对应的中断服务程序，每一秒CPU执行一次中断服务程序，就可以实现对定时或周期性事件的处理。

（4）可以及时进行故障处理。将应用系统发生断电、电路故障作为中断事件，当故障发生时，向CPU发出故障处理中断请求，CPU响应中断后转到对应的故障处理中断服务程序进行处理，可实现紧急应急处理，减少故障带来的损失。

6.1.2 中断过程

计算机处理中断的过程一般包括中断请求、中断优先级的判断、响应中断、中断处理、中断返回五个阶段。

（1）中断请求是指中断源向CPU发出中断请求的阶段。计算机的中断系统一般能处理若干个中断源。中断请求发生时，可能只有一个中断源发出中断请求，也可能有几个中断源同时向CPU发出中断请求。

（2）考虑到可能有几个中断源同时向CPU发出中断请求的情况，计算机的中断系统一般都设有中断优先级的判断和处理机制，可以将中断源按重要性不同设置成不同的优先级别。所谓中断优先级的判断，就是从同时发出中断请求的几个中断源中选择出优先级别最高的中断源进行处理。

（3）响应中断是指CPU暂停正在执行的程序转到中断服务程序入口的阶段。在这个阶段首先要判断CPU是否已经开放中断(即允许中断)。如果CPU已经开放中断，则进行断点保护，即把中断返回后程序继续执行的地址放到堆栈中保存起来，然后转到中断服务程序去执行。需要指出，每个中断服务程序的入口地址是中断系统事先规定好的，CPU响应不同中断源的中断请求将自动转到对应的中断服务程序入口。

（4）中断处理是执行中断服务程序的阶段。应用程序开发者要为每个所使用的中断源编制中断服务程序，中断服务程序的内容决定了中断处理的事情。

（5）中断服务程序执行完后返回到被中断的主程序的阶段称为中断返回。在该阶段中，中断系统将保存在堆栈中的主程序继续执行的地址取回，即恢复断点，然后主程序就可以继续执行了。

6.2 MCS-51单片机的中断系统

MCS-51单片机的中断系统具有处理多个中断源的能力，可以识别中断源发出的中断请求，进行中断优先级的判断，允许或屏蔽中断，选择外部信号触发中断触发信号的形式。正确理解中断系统的工作原理，对实际应用是十分必要的。

6.2.1 中断源

典型的 MCS-51 单片机的中断系统具有五个中断源，这五个中断源可以具体分为三类：外部信号触发中断(两个)、定时/计数器中断(两个)、串行接口发送/接收中断(一个)。下面详细介绍这五个中断源。

1. 外部信号触发中断

外部信号触发中断是单片机的外部引脚上信号引发的中断，这种中断源共有两个，分别称为外部信号触发中断 0 和外部信号触发中断 1。外部信号触发中断 0 为单片机的引脚 $\overline{INT0}$(P3.2)上外来信号引发的中断，外部信号触发中断源 1 为单片机的引脚$\overline{INT1}$(P3.3)上外来信号引发的中断。

单片机所能识别的外部信号触发中断触发信号是电平触发信号和边沿触发信号中的一种，单片机具体能识别哪一种信号需在编制中断系统初始化程序时进行指定。指定方法是对特殊功能寄存器 TCON 的可编程位 IT0 和 IT1 进行编程。

单片机的外部信号触发中断被指定为电平信号触发后，当$\overline{INT0}$(P3.2)或$\overline{INT1}$(P3.3)引脚上出现低电平信号时单片机认为外部信号触发中断源向 CPU 发出了中断请求。

单片机的外部信号触发中断被指定为边沿信号触发后，当$\overline{INT0}$(P3.2)或$\overline{INT1}$(P3.3)引脚出现脉冲信号时，在脉冲信号的下降沿出现时单片机认为外部信号触发中断请求的到来。

2. 定时/计数器中断

定时/计数器中断是单片机内部定时/计数器发出的中断，典型的 MCS-51 单片机内有两个定时/计数器，所以这类中断源有两个，分别称为 T0 中断和 T1 中断。

单片机内部的定时/计数器既可作为定时器使用，也可作为计数器使用，通过对特殊功能寄存器 TMOD 编程进行选择。

当将定时/计数器定义为定时器时，启动定时器后定时器开始计时，当达到预先设定的定时时间后定时器向 CPU 发出中断请求。

当将定时/计数器定义为计数器后，计数器对来自单片机引脚 T0(P3.4)或 T1(P3.5)的脉冲信号进行计数，当脉冲信号的个数达到预先设定值时计数器向 CPU 发出中断请求。

3. 串行接口发送/接收中断

串行接口发送/接收中断源是专门为利用中断控制串行接口的数据发送或接收而设置的，典型的 MCS-51 单片机具有一个串行接口，所以该中断源只有一个。

每当串行接口发送完一帧串行数据时，向 CPU 发出中断请求，同时使特殊功能寄存器 SCON 的 TI 位置 1，表示向 CPU 发出的是串行接口数据发送完中断请求。

每当串行接口接收到一帧串行数据后，向 CPU 发出中断请求，同时使特殊功能寄存器 SCON 的 RI 位置 1，表示向 CPU 发出的是串行接口数据接收完中断请求。

需要说明的是，对串行接口的发送和接收中断，CPU 都转到一个中断服务程序入口，在编制串行接口的发送和接收中断服务程序时，需要查询 TI 和 RI 标志位来区别是串行口发送中断还是串行口接收中断。

6.2.2 中断的允许与屏蔽

中断源发出中断请求后，CPU是否响应中断是可以控制的。MCS-51单片机内部设置了四个与中断控制有关的特殊功能寄存器，其中的中断允许控制寄存器IE就是用来控制中断的允许与屏蔽的。中断允许控制寄存器IE的地址为A8H，各位的位地址为AFH～A8H，其格式如表6-1所示。

表6-1 中断允许控制寄存器IE的格式

	D7	D6	D5	D4	D3	D2	D1	D0	
	EA	—	—	ES	ET1	EX1	ET0	EX0	
位地址	AFH			ACH	ABH	AAH	A9H	A8H	

下面对中断允许控制寄存器IE的各控制位进行介绍。

EA：中断允许总控制位，EA=1，CPU开放中断。EA=0，CPU禁止所有中断。

EX0：外部信号触发中断0中断控制位，EX0=1，允许外部信号触发中断0中断；EX0=0，禁止外部信号触发中断0中断。

EX1：外部信号触发中断1中断控制位，EX1=1，允许外部信号触发中断1中断；EX1=0，禁止外部信号触发中断1中断。

ET0：定时/计数器T0中断控制位。ET0=1，允许T0中断；ET1=0，禁止T0中断。

ET1：定时/计数器T1中断控制位。ET1=1，允许T1中断；ET1=0，禁止T1中断。

ES：串行接口中断控制位，ES=1允许串行接口中断，ES=0，屏蔽串行接口中断。

MCS-51单片机具有总的中断允许控制位EA，它就像一个总开关，只有EA=1时CPU才能接受来自各中断源的请求，当EA=0时所有中断源的中断请求都被拒绝。而每一个中断源又有一个分开关，这个分开关就是各个中断源的中断控制位，当该位为1时其中断被允许，当为0时其中断被拒绝响应。所以一个中断源要得到CPU的响应，中断允许总控制位和中断源对应的中断控制位必须同时为1。

中断允许与屏蔽控制是通过对中断允许控制寄存器的编程来实现的。

例如，应用系统只使用外部信号触发中断0，其他中断屏蔽，C51语言编程语句为：

```
IE = 0x81;          // 将IE赋值为0x81，0x81等价于10000001B，其作用是把中断总控制位EA和
                       EX0置为1，将其他中断控制位置为0，即只允许外部信号触发中断0中断
```

另外，也可以使用特殊功能位操作语句直接对IE的相应的位进行操作：

```
EA = 1;             // 开放CPU中断
EX0 = 1;            // 允许外部信号触发中断0中断
```

如果使用汇编语言，则为：

```
MOV  IE,#81H        ;// 开放CPU中断，允许外部信号触发中断0中断
```

或：

```
SETB EA             ;// 开放CPU中断
SETB EX0            ;// 允许外部信号触发中断0中断
```

需要指出的是，中断允许控制寄存器IE的所有位在单片机上电或复位后均被置为0，

屏蔽了所有的中断请求，所以必须在进行中断允许设置后 CPU 才能响应中断。

6.2.3 中断优先级控制

对多中断源的计算机系统中，会出现两个以上中断源同时发出中断请求的情况，也会出现正在执行一个中断服务程序时另外一个中断源又发出中断请求的情况，计算机一般是采用中断优先级控制来解决这样问题的。MCS-51 单片机采用的中断优先级控制机制如下：

1. 两级中断优先级

MCS-51 单片机的每个中断源都可设置为高中断优先级或低中断优先级。如果几个中断源同时发出中断请求，则 CPU 先响应高优先级中断源的中断请求。另外，如果有一个低优先级的中断已经得到 CPU 的响应正在处理，那么在又出现高优先级的中断请求时，CPU 则暂停现行中断处理，响应这个高优先级的中断，即高优先级的中断可以打断低优先级的中断处理；与之相反，若 CPU 正在处理一个高优先级的中断，即使有低优先级的中断发出中断请求，CPU 也不会理会这个中断，而是继续处理正在执行的中断服务程序。

CPU 正在处理中断，高级别中断源又发出中断请求，CPU 暂停现行中断处理，响应高优先级的中断的过程称为中断嵌套。中断嵌套的示意图如图 6.2 所示。

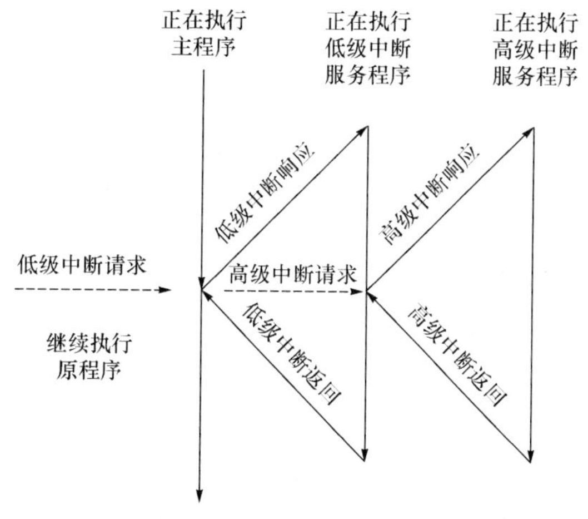

图 6.2 中断嵌套的示意图

每个中断源的中断优先级设置是通过中断优先级控制寄存器 IP 的编程来实现的。中断优先级控制寄存器 IP 的地址为 B8H，五个中断源的优先级设定位地址为 BCH～B8H，具体格式如表 6-2 所示。

表 6-2 中断优先级控制寄存器 IP 的格式

	D7	D6	D5	D4	D3	D2	D1	D0
	—	—	—	PS	PT1	PX1	PT0	PX0
位地址				BCH	BBH	BAH	B9H	B8H

PX0：外部信号触发中断 0 优先级控制位，PX0＝1，设置外部信号触发中断 0 为高优先级中断；PX0＝0，设置外部信号触发中断 0 为低优先级中断。

PX1：外部信号触发中断1优先级控制位，PX1=1，设置外部信号触发中断1为高优先级中断；PX1=0，设置外部信号触发中断1为低优先级中断。

PT0：定时/计数器0优先级控制位。PT0=1，设置定时/计数器0为高优先级中断；PT0=0设置定时/计数器0为低优先级中断。

PT1：定时/计数器1优先级控制位。PT1=1，设置定时/计数器1为高优先级中断；PT1=0设置定时/计数器1为低优先级中断。

PS：串行接口中断优先级控制位，PS=1，设置串行接口中断为高优先级中断；PS=0，设置串行接口为低优先级中断。

如果在这五个中断优先级控制位中，其中一个设置为1，其他位设置为0，则该位对应的中断源具有最高的优先级。

类似于中断允许控制寄存器的编程，两级中断优先级的设置编程也比较简单。例如，要将外部信号触发中断1设置为比其他中断源的中断优先级高，则C51的编程语句为：

```
IP = 0x04;          // 将 IP 赋值为 0x04,0x04 等价于 00000100B,其作用是把 PX1 设置为 1,其他位设
                       置为 0,使外部信号触发中断 1 具有较高的中断优先级
```

对应的汇编语言语句为：

```
MOV   IP,#04H      // 使外部信号触发中断 1 具有较高的中断优先级
```

2. 默认优先级

如果五个中断优先级或其中几个中断优先级控制位设置相同，如何来确定哪个优先级高呢？MCS-51单片机是采用默认优先级机制来进行判断的，默认优先级的顺序为：

(1) 外部信号触发中断0　　优先级最高
(2) 定时/计数器中断0
(3) 外部信号触发中断1
(4) 定时/计数器中断1
(5) 串行接口发送/接收中断　　优先级最低

例如，IP的内容为00000000B，各中断源的两级中断优先级的设置相同，这时外部信号触发中断0具有最高的优先级别，当几个中断源同时发出中断请求时CPU优先响应外部信号触发中断0的中断。

6.2.4 中断服务程序入口

对MCS-51单片机的五个中断源，CPU响应中断时分别转到五个中断服务程序的入口去执行，这五个中断服务程序的入口地址是事先约定好的，中断服务程序的入口地址如表6-3所示。

表6-3 中断服务程序的入口地址

中断源	入口地址
外部信号触发中断0	0003H
定时/计数器0中断	000BH
外部信号触发中断1	0013H
定时/计数器0中断	001BH
串行接口中断	0023H

从表 6-3 中可以看出,中断服务程序的入口地址被安排到单片机的程序存储器的开始区域,而且每两个相邻的中断服务程序的入口地址仅相隔 8 B,空间很小。一般情况下(中断服务程序非常简单的情况除外),都不可能装下一个完整的中断服务程序的可执行目标代码。因此,在使用汇编语言编程时,通常是在这些入口地址放置一条无条件转移指令,而将中断服务程序的可执行目标代码安排到程序存储器中有足够存放空间的区域,在该区域存放中断服务程序的第一条指令的地址称为实际中断服务程序的入口地址。一旦 CPU 响应中断,进入中断服务程序入口后马上执行无条件转移指令,转移到实际中断服务程序的入口去执行。在使用 C 语言进行编程时,则由 C 编译器自动进行这些处理。

例如,一个具有处理外部信号触发中断 0 中断的汇编语言程序结构为:

```
        ORG   0000H                  ;定位单片机上电程序入口地址
        AJMP  START                  ;转移到主程序的入口
        ORG   0003H                  ;定位外部信号触发中断 0 的中断服务程序入口地址
        LJMP  EX0INT                 ;转移到实际中断服务程序的入口;
        ORG   30H                    ;定位主程序的入口地址,避开中断服务程序入口地址区
  START:MOV   IE, #81H               ;主程序的入口,第一条语句为允许外部信号触发中断 0 中断
        SETB  IT0                    ;设置外部信号触发中断 0 为边沿触发方式

        …
  LOOP:                              ;主程序的循环体

        …
        AJMP  LOOP                   ;循环控制
EX0INT: 中断服务程序的第一条语句      ;实际中断服务程序入口
        …
        RETI  ;中断返回
```

实现同样功能的 C51 程序结构为:

```
#include  <reg51.h>                 // 包含特殊功能寄存器声明头文件
main()                              // 主函数
{
  EA = 1;                           // 允许 CPU 中断
  EX0 = 1;                          // 允许外部信号触发中断 0 中断
  IT0 = 1;                          // 设置外部信号触发中断 0 为边沿触发方式
    …
  while(1)                          // 无限循环
    {
      …
    }
}
  int_e0 ()   interrupt  0          // 中断服务程序,int_e0 为中断服务程序名,0 为外部信号触
                                       发中断 0 的中断类型号,关于 C51 中断服务
                                    // 程序的写法可复习 5.7.2 小节
  {
    …
  }
```

6.2.5 中断请求标志

当外部信号触发中断源和定时/计数器中断源发出中断请求时，MCS-51 单片机利用特殊功能寄存器 TCON 的 4 个二进制位 IE0、IE1、TF0、TF1 来记录中断请求标志信息，这 4 个二进制位对应 4 个中断源。一个中断源发出中断请求，TCON 对应的位被置 1；无中断请求，TCON 对应的位为 0。这些表示中断请求状态的位被称为中断请求标志位。TCON 表示中断标志的格式如表 6-4 所示。

表 6-4 特殊功能寄存器 TCON 的格式

	D7	D6	D5	D4	D3	D2	D1	D0
	TF1	TR1	TF0	TR0	IE1	IT1	IE0	IT0
位地址	8FH	8EH	8DH	8CH	8BH	8AH	89H	88H

IE0 和 IE1 是外部信号触发中断 0 和外部信号触发中断 1 的中断请求标志。如果外部信号触发中断源有中断请求，单片机的中断系统会自动将 IE0 或 IE1 置成 1，CPU 响应中断后中断系统又会自动将它们置为 0，等待下次中断的到来。

TF0 和 TF1 分别是定时/计数器 0 和定时/计数器 1 的中断请求标志。当定时/计数器定时时间到或计数器计满时，发出中断请求，单片机的中断系统会自动将 TF0 和 TF1 置成 1，CPU 响应中断后中断系统又会自动将它们清 0。

对串行接口数据发送/接收完中断源发出的中断请求，MCS-51 单片机利用特殊功能寄存器 SCON 的 2 个二进制位 RI 和 TI 作为中断请求标志。SCON 的格式如表 6-5 所示。

表 6-5 特殊功能寄存器 SCON 的格式

	D7	D6	D5	D4	D3	D2	D1	D0
	—	—	—	—	—	—	TI	RI
位地址							99H	98H

当串行接口接收完一帧数据时，向 CPU 发出中断请求，同时单片机的中断系统将 RI 置 1；当串行接口将一帧数据发送完时，向 CPU 发出中断请求，同时单片机的中断系统将 TI 置 1。需要注意，当 CPU 响应中断后，单片机的中断系统并不会自动将它们置为 0，必须通过软件将它们再次清零，以便为下一次中断做好准备，这与外部信号触发中断和定时/计数器中断不同。

中断请求标志位是软件可以查询的标志位，它除了表征中断源发生请求外，还可以作为以查询方式工作程序中的判断标志。特别是对串行接口的发送/接收完中断，必须查询中断标志位 TI 和 RI 才能判断出是发送完成还是接收完成中断请求，因为在 MCS-51 单片机中将串行接口的发送/接收完中断作为一个中断源处理。

6.2.6 外部信号触发中断触发信号的选择

为了适应不同的外部触发信号，MCS-51 单片机的外部信号触发中断可以选择电平触发或边沿触发两种方式之一。选择的方法是对特殊功能寄存器 TCON 的二进制位 IT0 和

IT1(见表 6-4)进行设置,IT0 对应外部信号触发中断 0,IT1 对应外部信号触发中断 1。

当 IT0(或 IT1)被设置为 0 后,则选择低电平触发。即当单片机的对应外部信号触发中断引脚出现低电平时,表明有中断请求。

当 IT0(或 IT1)被设置为 1 后,则选择边沿触发方式。即当单片机的对应外部信号触发中断引脚出现脉冲下降沿时,表明有中断请求。

外部信号触发中断信号的选择是通过对 IT0 和 IT1 编程来实现的。例如,在 C51 程序中:

```
IT0 = 1;          // 设置外部信号触发中断 0 为边沿触发方式
```

在汇编语言程序中:

```
SETB  IT0         ;设置外部信号触发中断 0 为边沿触发方式
```

6.2.7 中断标志位的复位

中断源发出中断请求后,对应的中断标志位被置 1。当 CPU 响应中断后,对应的中断标志位应该复位(清 0),为下次再响应中断做好准备,否则 CPU 将会不断地响应中断使 CPU 进入死循环。在 MCS-51 单片机中,各中断源的中断标志位复位的方法不同。

1. 定时/计数器中断标志位的复位

当 CPU 响应定时/计数器的中断后,CPU 自动将 TF0 或 TF1 清 0,因此 CPU 具有自动复位定时/计数器的中断标志位的功能,开发者不用考虑定时/计数器中断标志位的复位问题。

2. 串行接口发送/接收中断标志位的复位

当 CPU 响应串行接口发送/接收中断后,CPU 不能使中断标志位 RI 或 TI 自动复位。所以,在 CPU 响应串行接口发送/接收中断后,开发者应该首先利用中断标志位判断出是串行接口发送中断还是串行接口接收中断,然后再用软件将串行接口的中断标志位复位(即将 RI 或 TI 置 0)。

3. 外部信号触发中断标志位的复位

外部信号触发中断标志位的复位有两种情况。对边沿触发型,当 CPU 响应中断后,CPU 自动将中断标志位 IE0 或 IE1 复位,开发者不用考虑复位问题。但是,对电平触发型中断的复位问题比较复杂。虽然在 CPU 响应中断后能自动将中断标志位 IE0 或 IE1 复位,但是外部的中断触发低电平信号如果不能及时撤销,CPU 将会又检测到低电平信号,再次产生中断,出现一次请求多次中断的问题。解决这一问题的基本思路是设法在 CPU 响应中断后将单片机外部信号触发中断触发引脚及时由低电平变为高电平,这可以由软件与硬件结合起来完成,但比较麻烦。为此建议对外部信号触发中断尽可能选用边沿触发型。

6.2.8 MCS-51 单片机的中断系统的结构

综上所述,典型 MCS-51 单片机可以处理 5 个中断源,它的中断系统可以允许中断和屏蔽中断,可以安排中断的优先级来优先响应更为重要的中断事件,中断源发出中断请求时由对应的中断标志位表征,可以选择外部信号触发中断触发信号的形式。所有这些控制都是通过对单片机内部的特殊功能寄存器 IE(中断允许控制寄存器)、IP(中断优先级控制寄存器）、TCON（定时/计数控制寄存器）、SCON（串行接口控制寄存器）的设置来实现的，而具体的设置就是对这些特殊功能寄存器的相关可编程位进行编程。MCS-51单片机的中断系统的结构可以用图6.3表示。

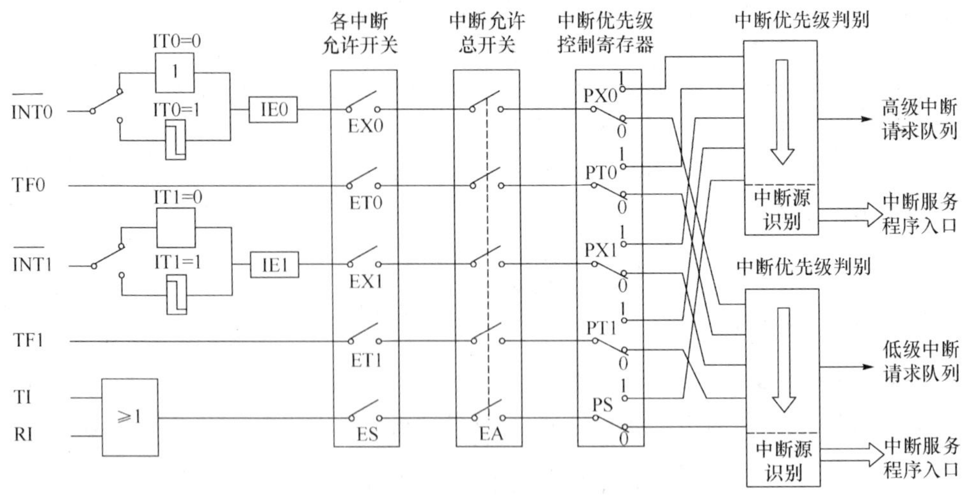

图6.3　MCS-51单片机的中断系统的结构

6.2.9　MCS-51单片机的中断过程

与一般计算机的中断过程一样，MCS-51单片机的中断过程包括中断请求、中断优先级的判断、响应中断、中断处理、中断返回五个阶段。

1. 中断请求和优先级判断

单片机的中断源发出请求时，对应的中断标志位被自动置位，CPU执行程序时，在每个机器周期对各中断源的中断标志进行一次采样，所获得的采样值在下一个机器周期被按照优先级顺序依次查询。如果发现某个中断标志位被置成1，而CPU又满足中断响应条件，CPU将在当前的指令执行完后开始响应中断。

中断源发出中断请求，CPU响应中断的必要条件是：

（1）发出中断请求的中断允许位为1。

（2）CPU开放中断（即EA＝1）。

此外，当CPU正在处理高级别或同级中断时，即使满足上述条件，CPU也不响应中断。而当发出请求中断的级别高于正在处理的中断时，CPU可以响应中断。因此，在应用系统设计中，常常将实时性响应要求高的中断事件，设置为较高的中断优先级别，以保证它得到及时的响应和处理。

2. 中断响应

CPU响应中断的过程如下：

（1）对应的优先级状态触发器置1（以阻止CPU响应后来的同级或低级中断）；

（2）将部分中断标志位复位；

(3) 将程序计数器 PC 的内容压入堆栈,即保护程序的断点;

(4) 转移到中断服务程序的入口去执行。

3. 中断处理与中断返回

中断请求的识别、中断优先级的判断、响应中断的各种动作是由 CPU 自动完成的,而中断处理与中断返回需要由开发者编制的中断服务程序来完成。在编制中断服务程序时要考虑下列问题:

(1) 因为各中断源的中断服务程序入口地址仅相隔 8 B,一般容纳不下中断服务程序的执行代码,所以通常在中断服务程序的入口处存放一条无条件转移指令,在 CPU 响应中断时转移到实际中断服务程序的入口去执行。

(2) 如果在执行实际中断服务程序的过程中不允许高级别的中断打断程序的执行,需要在实际中断服务程序的入口处用软件屏蔽 CPU 的中断,而在中断返回前再用软件打开 CPU 中断。

(3) 如果在中断服务程序中要使用主程序(或能够被该中断源中断的其他程序)所用的寄存器或存储单元,就需要对它们进行保护,即保护现场。当然,在保护现场之前应先屏蔽 CPU 的中断。

(4) 因为在 CPU 响应串行接口发送/接收中断时 CPU 不能使中断标志位自动复位,因此要在中断服务程序中用软件将其中断标志位复位。对电平型外部信号触发中断也要考虑类似的问题。

(5) 如果在中断服务程序中进行了现场保护,在中断返回前一定要恢复现场。如果 CPU 的中断被屏蔽了,一定要用软件再打开 CPU 中断。然后才是中断服务程序的最后一条语句 RETI,从中断服务程序返回主程序。

(6) 为了使应用系统能够及时响应各中断源的中断请求,中断服务程序要尽可能简短,一些可以在主程序中完成的操作,应安排在主程序中来完成,这样可以减少中断处理占用的时间,提高响应速度。

6.2.10 MCS-51 单片机中断应用的例子

【例 6.1】 设计单片机应用系统,该系统有一个按钮开关和 8 个发光二极管,每按一次按钮,8 个顺序排列的发光二极管依次点亮。

解:采用单片机的外部信号触发中断输入端$\overline{\text{INT}}0$与按钮开关相连,这样在按钮每按下一次在$\overline{\text{INT}}0$引脚产生一个中断触发脉冲,单片机响应中断进行判断处理输出控制信号到并口 P1,在单片机的输出端,并口 P1 与 8 个发光二极管连接,由 P1 的 8 个引脚控制 8 个发光二极管的亮灭。单片机应用系统的硬件原理图和程序流程图分别如图 6.4 和图 6.5 所示。

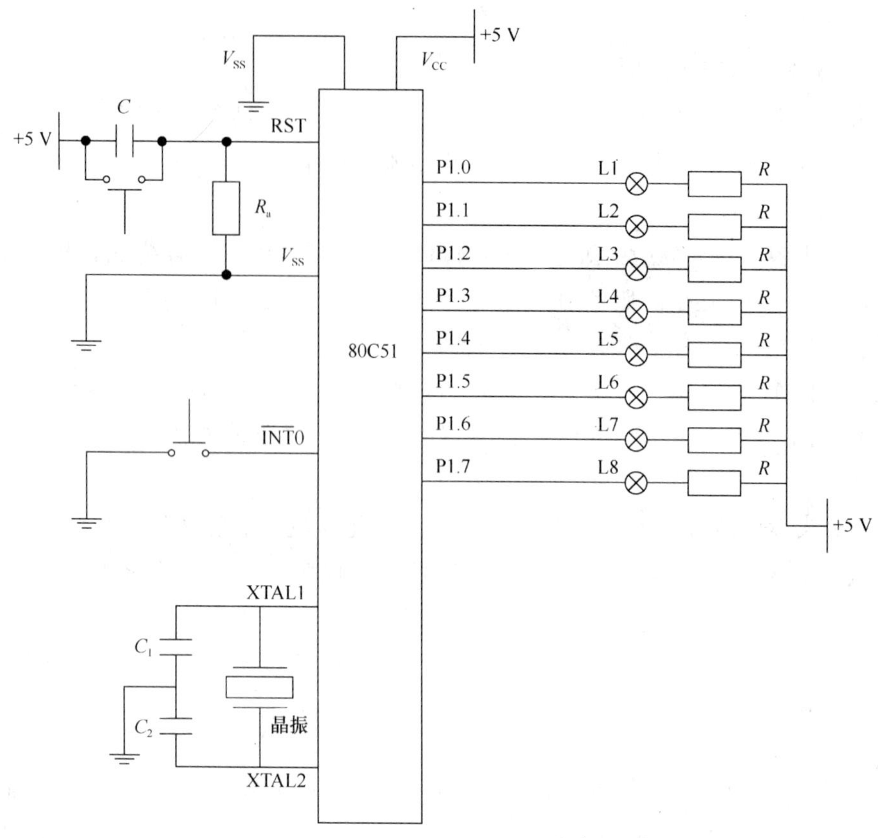

图 6.4　按钮中断控制发光二极管依次点亮系统的原理图

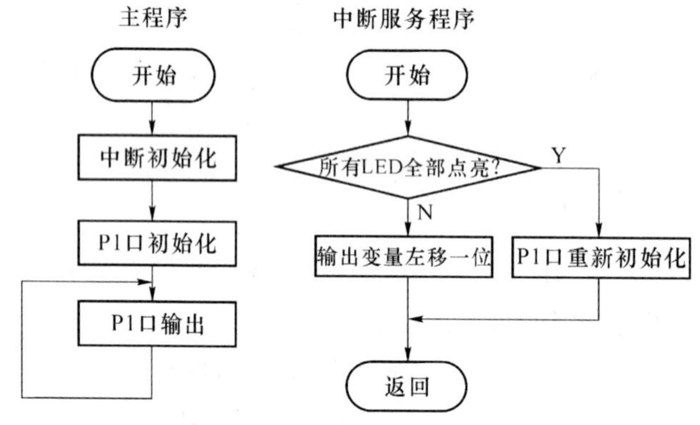

图 6.5　按钮中断控制发光二极管依次点亮系统的程序流程图

C51 程序清单如下：

```
#include  <reg51.h>           // 包含特殊功能寄存器声明头文件
unsigned char n = 0xff ;      // 定义变量 n 并赋初值
main() //主函数
  {
```

```
    IT0 = 1 ;                    // 设置外部信号触发中断 0 为边沿触发
    EX0 = 1 ;                    // 允许外部信号触发中断 0 中断
    EA = 1 ;                     // 允许 CPU 中断
    P1 = 0xf f ;                 // P1 初始化
  }
    while(1) ;                   // 无限循环
    {
      P1 = n ;                   // P1 口输出
    }
  }
  int_e0 ()  interrupt  0        // 外部信号触发中断 0 中断服务函数
  {
    if (n = = 0) n = 0xff;       // 判断是否所有 LED 全部点亮,LED 全部点亮则 n 重新初始化
    n<< = 1;                     // n 左移 1 位
  }
```

实现同样功能的汇编语言程序清单如下：

```
        ORG 0000H                ; 定位单片机上电程序入口地址
        AJMP START               ; 转移到主程序的入口
        ORG 0003H                ; 定位外部信号触发中断 0 服务程序入口地址
        AJMP INT_0               ; 转移到外部信号触发中断 0 实际中断服务程序入口地址
        ORG 0030H                ; 定位主程序的入口地址
START: MOV SP, #050H             ; 主程序,第一条语句为建立堆栈
        MOV A,   #0FFH           ; A 初始化
        MOV P1,   #0FFH          ; P1 口初始化
        SETB  IT0                ; 设置外部信号触发中断 0 为边沿触发
      SETB  EX0                  ; 允许外部信号触发中断 0 中断
      SETB  EA                   ; 允许 CPU 中断
      SJMP  $                    ; 循环等待
INT_0: CLR C                     ; 外部信号触发中断 0 实际中断服务程序入口,进位位清 0
        RLC A                    ; 带进位循环
        MOV  P1,  A              ; P1 输出
        CJNE A, #0H, EXIT        ; 判断是否所有 LED 全部点亮
        MOV A, #0FFH             ; LED 全部点亮则 A 重新初始化
EXIT: RETI                       ; 中断返回
        END                      ; 程序结束
```

【例 6.2】 利用单片机设计一个简单的家庭火灾报警系统。已知烟雾检测器和煤气泄漏检测器在检测的浓度达到报警值时，使对应的报警开关闭合，要求单片机接收这两个报警开关信号，当它们中任一个闭合时，单片机启动蜂鸣器发出报警声音，同时单片机进行判别是谁发出的报警，如果煤气泄漏报警使黄色指示灯亮，烟雾报警则红色指示灯亮。

解:将两个报警开关信号作为单片机的外部信号触发中断源，两个中断源都通过一个

“与门”连接到单片机的$\overline{INT0}$引脚作为外部信号触发中断0，这样任何一个报警开关闭合都向单片机发出中断请求，CPU响应中断后，启动蜂鸣器发出报警声音，再通过查询的方法确定是哪个报警开关发出的报警，控制对应的指示灯亮。该系统为有两个输入共用一个外部信号触发中断，控制单片机三个并口引脚输出问题。所设计的电路图如图6.5所示。在电路中，L1为红色报警指示灯，L2为黄色报警指示灯，考虑到蜂鸣器是感性负载不宜由单片机直接驱动，故通过一个三极管来驱动。基于单片机简单的家庭火灾报警系统电路图如图6.6所示。

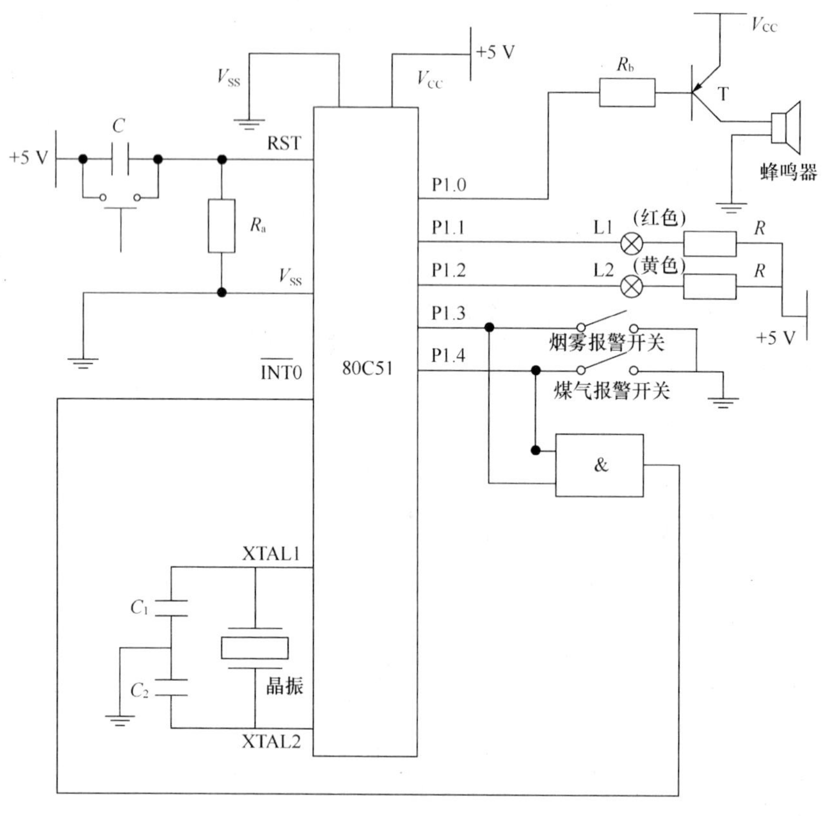

图6.6　基于单片机简单的家庭火灾报警系统电路图

C51的程序清单如下：

```
#include  <reg51.h>              // 包含特殊功能寄存器声明头文件
sbit P1_0 = P1^0;                // 定义特殊功能位 P1_0
sbit P1_1 = P1^1;                // 定义特殊功能位 P1_1
sbit P1_2 = P1^2;                // 定义特殊功能位 P1_2
sbit P1_3 = P1^3;                // 定义特殊功能位 P1_3
sbit P1_4 = P1^4;                // 定义特殊功能位 P1_4
main()                           // 主函数
{
  EA = 1 ;                       // 允许 CPU 中断
  EX0 = 1 ;                      // 允许外部信号触发中断 0 中断
```

```
    IT0 = 1 ;                           // 设置外部信号触发中断 0 为边沿触发
    P1 = 0xFF;                          // P1 口初始化
    while (1) ;                         // 无限循环
  }
  int_0 ()   interrupt   0              // 外部信号触发中断 0 中断函数
    {
      EA = 0 ;                          // 屏蔽 CPU 中断
      P1_0 = 0 ;                        // P1.0 置 0,即使蜂鸣器响
      if ( P1_3 == 0 ) { P1_1 = 0 ; }   // 判断烟雾报警
      if ( P1_4 == 0 ) { P1_2 = 0 ;}    // 判断煤气泄漏报警
      EA = 1                            // 允许 CPU 中断
    }
```

实现同样功能的汇编语言程序清单如下：

```
          ORG 0000H              ; 定位单片机上电程序入口地址
          AJMP START             ; 转移到主程序的入口
          ORG 0003H              ; 定位外部信号触发中断 0 服务程序入口地址
          AJMP INT_0             ; 转移到外部信号触发中断 0 实际中断服务程序入口地址
          ORG 0030H              ; 定位主程序的入口地址
  START:MOV SP,   #50H           ; 主程序,第一条语句为建立堆栈
          MOV P1, #0FFH          ; P1 口初始化
          SETB EA                ; 允许 CPU 中断
          SETB EX0               ; 允许外部信号触发中断 0 中断
          SETB IT0               ; 设置外部信号触发中断 0 为边沿触发
          SJMP $                 ; 循环等待
  INT_0: CLR   EA                ; 外部信号触发中断 0 实际中断服务程序入口,第一句屏蔽 CPU 中断
          CLR   P1.0             ; P1.0 置 0,即使蜂鸣器响
          JNB   P1.3, NEXT0      ; 判断是烟雾报警?
          JNB   P1.4, NEXT1      ; 判断是否煤气泄漏报警?
  NEXT0:CLR   P1.1               ; P1.1 置 0,使烟雾报警指示灯亮
         AJMP   EXIT             ; 跳转到出口
  NEXT1:CLR   P1.2               ; P1.2 置 0,即使煤气泄漏报警指示灯亮
  EXIT:  SETB EA                 ; 开放 CPU 中断
         RETI                    ; 中断返回
         END                     ; 程序结束
```

程序在集成开发环境下的仿真运行结果如图 6.7 所示。其中图(a)和图(b)分别为烟雾报警和煤气泄漏报警发生时的仿真结果。

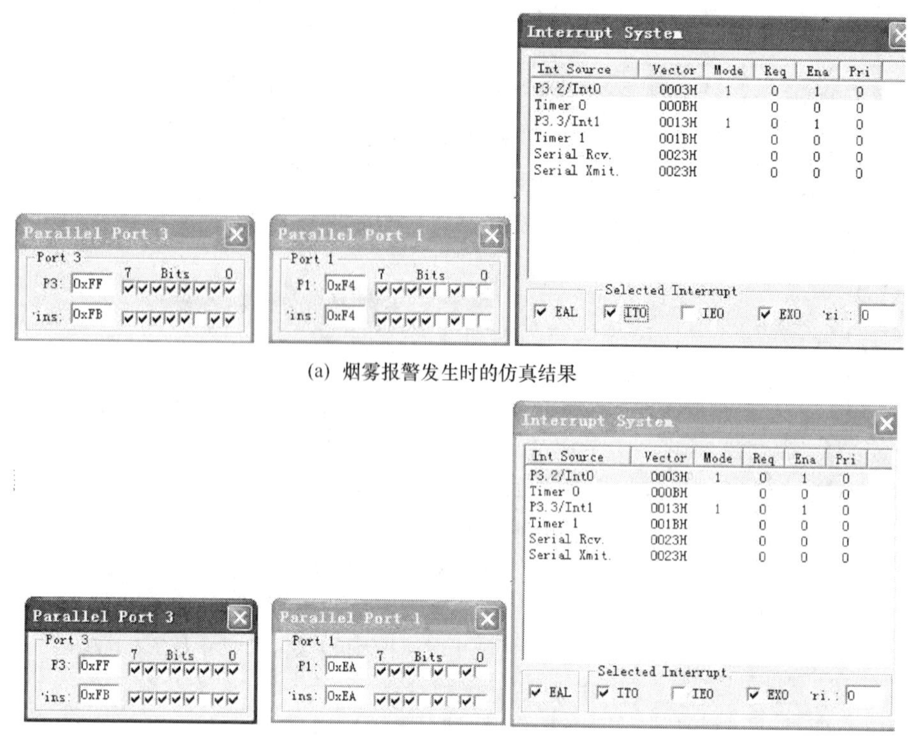

(a) 烟雾报警发生时的仿真结果

(b) 煤气泄漏报警发生时的仿真结果

图 6.7　例 6.2 程序在集成开发环境下的仿真运行结果

6.3　MCS-51 单片机的定时/计数器

6.3.1　定时和计数的概念

1. 定时

在实际应用中，往往需要控制一些事件在设定的时间到达时发生或者使一些变量周期性地变化量。例如，洗衣机的定时控制、工业中的周期性定时采集数据，报警灯的周期性闪烁等。这类控制需要使用定时信号，产生定时信号的常用方法有三种。

(1) 电气或机械定时器：例如，采用 555 定时器芯片，外接必要的电阻和电容，可以构成硬件定时电路。改变电路中的电阻和电容可以在一定范围内改变定时时间，但改变定时的时间不那么灵活方便。

(2) 软件定时：利用 CPU 执行循环程序来实现定时，通过修改循环次数可以很灵活地设定定时时间。软件定时不需另外的硬件电路，但占用了 CPU 的时间，降低了 CPU 的工作效率。

(3) 可编程定时器：这种可编程定时器集成在微处理器芯片内，可以通过编程来选择定时器的工作模式、确定定时时间的长短。一旦对定时器初始化编程完成，启动定时器后，定时器就可以与CPU并行工作，不占用CPU的时间，定时时间设置灵活，应用起来十分方便。

2. 计数

计数是对外部事件发生的次数进行计量。例如，汽车上的里程表、家用电度表、工厂中的产品个数计数器等。计数功能的实现一是采用商品化的电气或机械计数器，二是利用微处理器来实现。作为处理器来实现计数功能时，外部事件发生的次数是以输入脉冲来表示的，所以计数就是记录外部输入到微理器的脉冲个数。实际上，利用微处理器的计数功能也可以实现定时功能，这时计算机内部的计数通常是记录微处理器机器周期脉冲的个数。

目前一些微处理器将定时器和计数器合一集成在它的内部，既可以通过编程设定为定时器使用，也可以设定为计数器使用，实现定时或计数功能非常经济和方便。

6.3.2 MCS-51单片机定时/计数器的结构

在典型的MCS-51单片机内部集成了两个16位的可编程定时/计数器，分别称为定时器0(T0)和定时器1(T1)，它们均可以编程设定为定时模式和计数模式工作，实现定时或计数功能。在这两种模式下，又可以设定四种具体的工作方式，这些设置都是通过对定时/计数器中的工作方式寄存器的编程来完成的。

当MCS-51单片机内部定时/计数器设定为计数模式工作时，单片机的引脚T0(P3.4)和T1(P3.5)分别是两个计数器的计数信号输入端，计数器计满时其标志位置1。当定时/计数器被设定为定时模式时，对单片机的内部的机器周期脉冲进行计数，计数计满时，定时时间到，对应的标志位置1。

1. 定时/计数器的结构

典型的MCS-51单片机内部的定时/计数器的结构如图6.8所示。定时/计数器由两个16位加法计数器、一个工作方式寄存器和一个控制寄存器组成。两个16位加法计数器分别属于T0和T1，T0由特殊功能寄存器TL0(低8位)和特殊功能寄存器TH0(高8位)构成；T1由特殊功能寄存器TL1(低8位)和特殊功能寄存器TH1(高8位)构成。工作方式寄存器(称为特殊功能寄存器TMOD)和控制寄存器(称为殊功能寄存器TCON)为两个定时/计数器共用，用于对两个定时/计数器进行设置和控制。

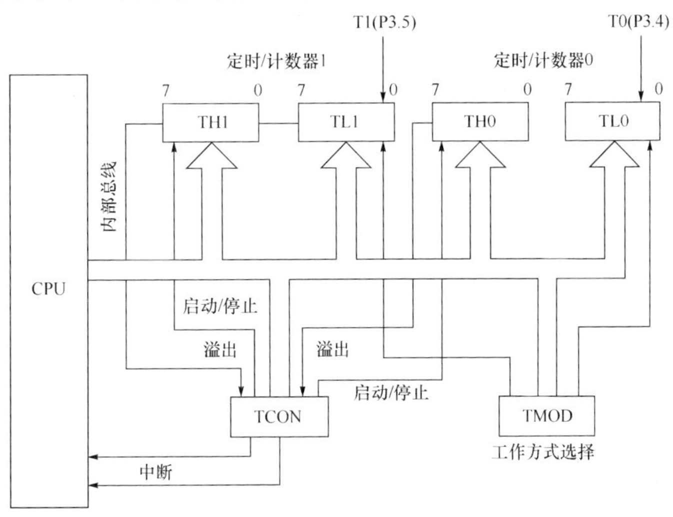

图6.8 典型的MCS-51单片机内部定时/计数器的结构

2. 工作方式寄存器 TMOD

工作方式寄存器 TMOD 用于设置定时/计数器 T0 和 T1 的工作方式，TMOD 是一个 8 位特殊功能寄存器，其格式如表 6-6 所示。

表 6-6　特殊功能寄存器 TMOD 的格式

D7	D6	D5	D4	D3	D2	D1	D0
GATE	$C/\overline{T}$	M1	M0	GATE	$C/\overline{T}$	M1	M0
T1 方式设置部分				T0 方式设置部分			

TMOD 的 8 位可以分成两部分，低 4 位用于设置定时/计数器 T0，高 4 位用于设置定时/计数器 T1。其中各位的含义如下：

（1）$C/\overline{T}$：定时/计数模式选择位，开发者可根据应用需要将单片机的定时/计数器设置作为定时器或作为计数器使用。

① $C/\overline{T}=0$　选择为定时器工作模式；

② $C/\overline{T}=1$　选择为计数器工作模式。

（2）M1M0：工作方式选择位，两位二进制数有四种组合，可代表对应定时/计数器的四种工作方式。

① M1M0＝00　方式 0，13 位定时/计数器工作方式；

② M1M0＝01　方式 1，16 位定时/计数器工作方式；

③ M1M0＝10　方式 2，自动装入计数初值的 8 位定时/计数器工作方式；

④ M1M0＝11　方式 3，两个 8 位定时/计数器工作方式，仅 T0 可以使用。

（3）GATE：门控位，用来编程设定定时/计数器的启动和停止的条件，可以设置成启动和停止控制是只由控制寄存器的 TR 位来确定，还是由$\overline{INT0}$（或$\overline{INT1}$）与 TR 位共同确定。

① GATE＝0　定时/计数器的启动和停止由控制寄存器的 TR 位控制，不受$\overline{INT0}$（或$\overline{INT1}$）的影响，这是一般应用选择的模式；

② GATE＝1　定时/计数器的启动和停止受控制寄存器的 TR 位和 INT0（或 INT1）的双重控制。

工作方式寄存器 TMOD 的编程只能以字节为单位进行操作，而不能使用位操作指令操作。例如，要将定时/计数器设置为作为定时器使用，工作于方式 1，TR 位单独控制定时器的启动和停止，可以使用下面语句实现：

```
TMOD = 1;            // C51 语句
MOV TMOD,#1          ;汇编语言语句
```

因为 1＝00000001B，可从中看出它的含义。

3. 控制寄存器 TCON

控制寄存器 TCON 用于设置定时/计数器 T0 和 T1 的启动和停止及外部信号触发中断控制，TCON 是一个 8 位特殊功能寄存器，其格式如表 6-7 所示。

表 6-7 特殊功能寄存器 TCON 的格式

	D7	D6	D5	D4	D3	D2	D1	D0
	TF1	TR1	TF0	TR0	IE1	IT1	IE0	IT0
位地址	8FH	8EH	8DH	8CH	8BH	8AH	89H	88H

TCON 也可以分成两部分，它的低 4 位部分用于外部信号触发中断控制，与定时/计数器无关，它们的含义已经在 6.2 节中介绍过。TCON 的高 4 位用于定时/计数器控制，具体含义如下。

(1) TR0：定时/计数器 T0 的启动和停止控制位，用于控制定时/计数器 0 的启动和停止。

① TR0＝0　使定时/计数器 T0 停止定时或计数；

② TR0＝1　使定时/计数器 T0 开始定时或计数。

(2) TR1：定时/计数器 T1 的启动和停止控制位，用于控制定时/计数器 1 的启动和停止。

① TR1＝0　使定时/计数器 T1 停止定时和计数；

② TR1＝1　使定时/计数器 T1 开始定时或计数。

通过用软件将 TR0 或 TR1 置 1 或 0，就可以启动或停止定时/计数器，对 TR0 或 TR1 的操作可以使用位操作语句实现。例如，启动定时/计数器 T0，可以使用下面的位操作语句实现：

```
TR0 = 1          ;// C51 语句
SETB TR0         ;汇编语言语句
```

TF0：定时/计数器 T0 的溢出(计满)标志。当定时/计数器 T0 达到溢出时，该位由硬件自动置为 1。当开发者以查询方式编程时，可以使用该位作为查询状态位，来判断定时时间是否达到，或计数器计数是否计满。要注意：在查询完成后需要通过软件将该位清 0 复位，以便为定时/计数器的下一次工作做好准备。如果开发者以中断方式编程，该位被作为定时/计数器 T0 的中断标志位，CPU 响应中断时自动将该位清 0，不需另行清 0。

TF1：定时/计数器 T1 的溢出(计满)标志，它的作用与 TF0 雷同，在此不再赘述。

6.3.3 MCS-51 单片机定时/计数器的工作方式

MCS-51 单片机的定时/计数器具有四种工作方式，通过编程工作方式寄存器 TMOD 的 M1M0 位可以方便地选择工作方式。

1. 工作方式 0

当 M1M0 设置为 00 时，定时/计数器选择为工作方式 0。工作方式 0 也称为 13 位定时/计数器工作方式。在这种工作方式下，它仅使用 16 位加法计数器中高字节的 8 位和低字节中的低 5 位(低字节中的高 3 位没有使用)，构成 13 位加 1 计数器。在工作时，低字节中的低 5 位计满后会直接向高字节进位，全部 13 位计数器计满溢出时，自动使控制寄存器 TCON 的溢出标志 TF0 或 TF1 置 1。

因工作方式 0 是为了与早期单片机产品兼容而保留的一种工作方式，定时和计数的常数计算麻烦，而一般工作方式 1 又可以取代工作方式 0，故不推荐使用工作方式 0。

2. 工作方式 1

当 M1M0 设置为 01 时，定时/计数器选择为工作方式 1。工作方式 1 也称为 16 位定时/计数器工作方式。在工作方式 1 下，使用加法计数器中的全部 16 位构成 16 位加 1 计数器。在定时/计数器工作时，当低字节中的 8 位计满后会向高字节进位，全部 16 位计数器计满溢出时，自动使控制寄存器 TCON 的溢出标志 TF0 或 TF1 置 1。下面以定时/计数器 0 为例详细分析在该方式下定时/计数器的工作原理。

在工作方式 1 下，定时/计数器 0 的内部逻辑结构如图 6.9 所示。

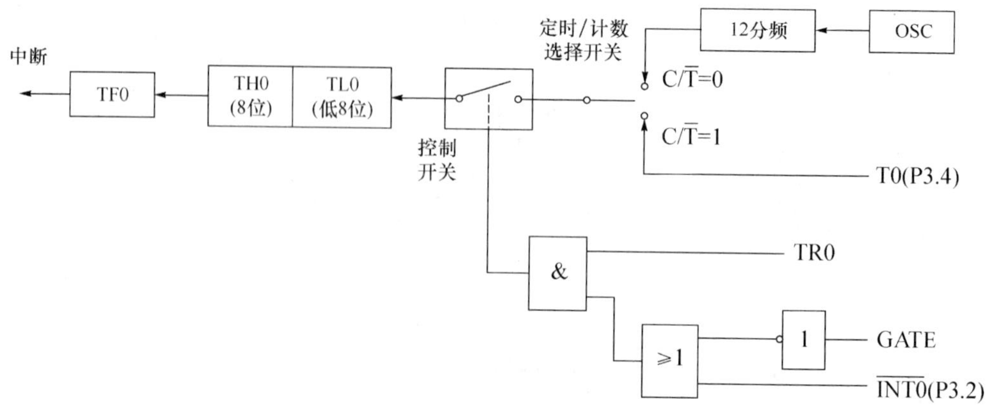

图 6.9　工作方式 1 下定时/计数器 0 的内部逻辑结构

在图 6.11 中有两个逻辑开关，左侧的开关是定时器与计数器选择开关，该开关由控制寄存器的 C/$\overline{T}$ 位控制。当 C/$\overline{T}$ 位被置 1 时，定时/计数器被作为计数器使用，来自单片机引脚T0(P3.4)的计数脉冲信号通过选择开关和控制开关后进入 16 位加法计数器进行加 1 计数，计满后使 TF0 置 1。C/$\overline{T}$ 位被置 0 时，定时/计数器被作为定时器使用，这时单片机内部的时钟脉冲信号经过 12 分频，通过选择开关和控制开关后进入 16 位加法计数器进行加 1 计数，计满后使 TF0 置 1。由此可见，定时功能是通过对单片机内部的时钟脉冲分频后信号的计数来实现的。

在工作方式 1 下，定时/计数器作为计数器使用时，开发者要根据应用需要设置计数器的初值。要计数的个数与计数器初值的关系为：

$$X=(2^{16}-N)$$

式中，X 为计数器的初值，N 为计数的个数，X 的值在 1～65 535 的范围。例如，当计数的个数为 65 536 时，计数器的初值 $X=0$；当计数的个数为 16 时，计数器的初值 $X=65\,520$。

【例 6.3】 某应用使用定时/计数器 0 作为计数器，计数的个数为 100，试计算计数器的初值，并编程将计数初值送入计数器。

解：

$X=(2^{16}-N)=65\,536-100=65\,436=$ FF9CH

编程将计数器初值送入计数器的汇编语言语句为：

```
MOV   TL0,#9CH              //设置计数器 0 初值的低 8 位
MOV   TH0,#FFH              //设置送计数器 0 初值的低 8 位
```

对应 C51 语句为：

```
TL0 = 0x9 C;             //设置计数器 0 初值的低 8 位
TH0 = 0xff;              //设置计数器 0 初值的高 8 位
```

如果定时/计数器作为定时器使用，开发者要根据单片机的晶振频率和定时时间计算计数器的初值。具体关系式为：

$$T_p = 12/Fosc$$
$$X = (2^{16} - T/T_p)$$

式中，Fosc 为单片机的晶振频率，T_p 为单片机的机器周期，T 为定时时间。

【例 6.4】 某 MCS-51 单片机的晶振频率为 12 MHz，选用了单片机定时/计数器 0 作为定时器，要求定时时间为 10 ms，试计算计数器的初值。

解：

$$T_p = 12/Fosc = 12/12\,000\,000 = 1\ \mu s$$
$$X = (2^{16} - T/T_p) = 65\,536 - 10\,000/1 = 55\,536 = \text{D8F0H}$$

下面再来谈谈图 6.11 中控制开关的动作规律。该开关用于控制进入 16 位加法计数器的计数脉冲的接通与断开，它受 GATE、TR0、$\overline{\text{INT}}$0 的控制。当门控位 GATE＝0 时，由于 GATE 信号取反后封锁了或门，使来自$\overline{\text{INT}}$0 引脚的信号不起作用，这时上方与门的输出完全取决于 TR0，也就是完全由 TR0 控制开关的动作。换句话说，当 GATE＝0 时，完全由控制寄存器的 TR0 位控制定时/计数器 0 的启动和停止。

当 GATE＝1 时，$\overline{\text{INT}}$0 引脚的信号能够进入，控制开关的接通与断开受 TR0 和$\overline{\text{INT}}$0 的双重控制，在 TR0＝1 的条件下，$\overline{\text{INT}}$0＝1，定时/计数器 0 工作；当$\overline{\text{INT}}$0＝0，定时/计数器 0 停止工作。

这就是门控位 GATE 的作用。实际上，一般应用都是将 GATE 设置为 0（非门控状态），只有在特殊需要，比如需要检测外部信号的脉冲宽度时，才将 GATE 设置为 1（门控状态）。

以上是以定时/计数器 0 为例进行分析的，定时/计数器 1 的工作原理完全与定时/计数器 0 相同。

3. 工作方式 2

工作方式 0 和工作 1 的一个主要特点是：在定时/计数器工作之前需装入计数初值，计数计满后需要利用软件再重新装入计数初值，这对需要反复定时和计数的应用不太方便。而工作方式 2 具有计数初值重新自动装载功能，对需要反复定时和计数的应用十分方便。

在工作方式 2 下，定时/计数器 0 的内部逻辑结构如图 6.10 所示。

在这种工作方式中，16 位计数器被分为两部分，即以 TL0 为计数器，以 TH0 作为预置寄存器，定时/计数器初始化时把计数初值分别装载至 TL0 和 TH0 中，当计数溢出时，不再像方式 0 和方式 1 那样需要由软件重新赋值，而是由预置寄存器 TH 通过硬件自动给计数器 TL0 重新装载初值。

在程序初始化时，给 TL0 和 TH0 同时赋以初值，当 TL0 计数溢出时，在将 TF0 置 1 的同时把预置寄存器 TH0 中的初值重新装载到 TL0，TL0 重新计数，如此反复。这样省去了程序需要不断给计数器赋初值的麻烦，而且计数准确度也提高了。但这种方式也有其不利的一面，就是实际能使用的计数器只有 8 位，计数值有限，最大只能达到 255。

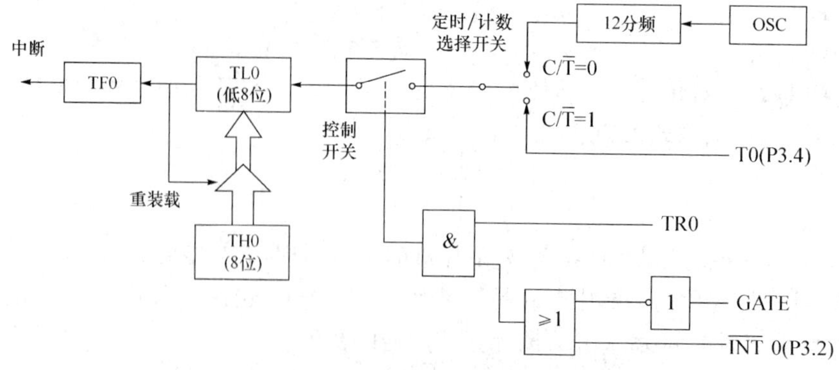

图 6.10　工作方式 2 下定时/计数器 0 的内部逻辑结构

工作方式 2 下，定时/计数器作为计数器使用时，计数的个数与计数器初值的关系应修正为：

$$X=(2^8-N)$$

定时时间与计数器的初值关系式为：

$$T_p=12/Fosc$$

$$X=(2^8-T/T_p)$$

4. 工作方式 3

在工作方式 3 下，定时/计数器 0 被拆成两个独立的 8 位计数器 TL0 和 TH0。其中 TL0 既可以作计数器使用，也可以作为定时器使用，其功能和操作与方式 0 或方式 1 完全相同。TH0 就没有那么多“资源”可利用了，只能作为简单的定时器使用，而且由于定时/计数器 0 的控制位已被 TL0 占用，因此只能借用定时/计数器 1 的控制位 TR1 和 TF1，也就是以计数溢出去置位 TF1，TR1 则负责控制 TH0 定时的启动和停止。

由于 TL0 既能作定时器也能作计数器使用，而 TH0 只能作定时器使用而不能作计数器使用，因此在工作方式 3 下，定时/计数器 0 可以构成两个 8 位定时器或者一个 8 位定时器和一个 8 位计数器。所以工作方式 3 适合于需要增加一个额外的 8 位定时器时使用。在工作方式 3 下，定时/计数器 0 的内部逻辑结构如图 6.11 所示。

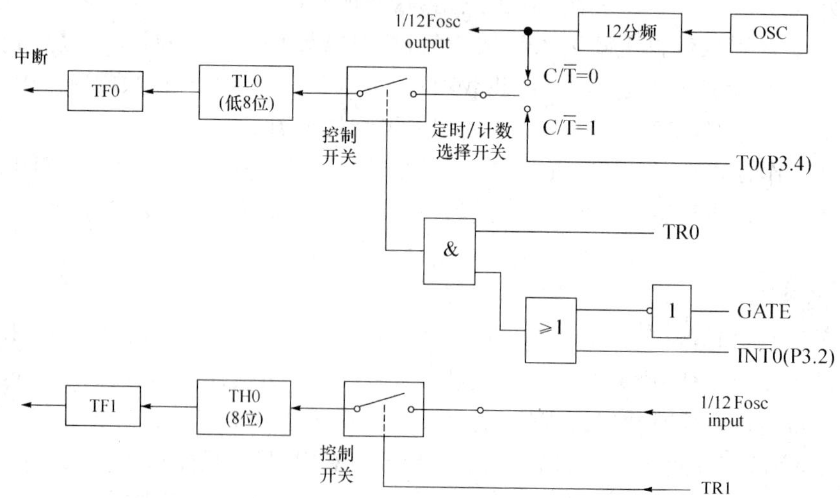

图 6.11　在工作方式 3 下定时/计数器 0 的内部逻辑结构

6.3.4 定时/计数器应用举例

【例 6.5】 设一个单片机系统的晶振频率为 12 MHz,编制程序实现在并口一个引脚输出频率为 50 Hz 的方波。

解:选择从 P1.0 引脚输出幅值为 0～5 V 的方波,频率 50 Hz 的方波周期为 0.02 s=20 ms,周期为 20 ms 的方波在半个周期幅值为 0 V,半个周期幅值为 5 V,可以通过 P1.0 每半个周期交替取反来实现。这样需要产生 10 ms 的定时信号,为此采用单片机的定时/计数器 T0 定时实现,每 10 ms 产生一个中断将 P1.0 取反一次。T0 选用工作方式 1,计数的初值为:

$$T_p = 12/Fosc = 12/12\,000\,000 = 1\ \mu s$$

$$X = (2^{16} - T/T_p) = 65\,536 - 10\,000/1 = 55\,536 = \text{D8F0H}$$

C51 语言的程序清单如下:

```
#include <reg51.h>              // 包含特殊功能寄存器声明头文件
sbit P1_0 = P1^0 ;               // 定义输出引脚
  main(  )                       // 主函数
  {
    TMOD = 1 ;                   // 设置定时/计数器 0 工作于方式 1
    TL0 = 0xF0 ;                 // 给定时/计数器 0 赋初值(低 8 位)
    TH0 = 0xD8 ;                 // 给定时/计数器 0 赋初值(高 8 位)
    TR0 = 1 ;                    // 启动定时器 T0
    ET0 = 1 ;                    // 允许定时器 T0 中断
    EA = 1 ;                     // 开放 CPU 中断
    while(1);                    // 无限循环
  }
  t0_int( ) interrupt 1          // T0 中断函数
  {
    P1_0 = ! P1_0 ;              // P1.0 取反
    TL0 = 0xF0 ;                 // 重新装入定时/计数器 0 赋初值
    TH0 = 0xD8 ;
  }
```

实现同样功能的汇编语言程序为:

```
        ORG   0000H          ; 定位单片机上电程序入口地址
        AJMP  START          ; 转移到应用程序的入口
        ORG   000BH          ; 定位 T0 实际中断服务程序入口地址
        AJMP  T0_INT         ; 转移到应用程序的入口
        ORG   0030H          ; 定位主程序在程序存储器中的入口地址
START:  MOV   SP, #50H       ; 建立堆栈
        MOV   TMOD, #1       ; 设置定时/计数器 0 工作于方式 1
        MOV   TL0,  #0F0H    ; 装入计数初值
        MOV   TH0,  #0D8H
        SETB  TR0            ; 启动定时器 T0
```

```
        SETB ET0                ；允许定时器 T0 中断
        SETB EA                 ；开放 CPU 中断
        SJMP  $
T0_INT: CPL P1.0                ；T0 实际中断服务程序入口，P1.0 取反
        MOV   TL0，   #0F0H     ；重新装入计数初值
        MOV   TH0，   #0D8H
        RETI                    ；中断返回
        END                     ；程序结束
```

【例 6.6】 实际应用中常常需要产生 1 秒周期的定时信号，试用晶振频率为 12 MHz 的单片机系统产生 1 秒的定时信号。

解：

在晶振频率为 12 MHz 时，单片机的定时/计数器所能产生的最大定时时间为：

工作方式 1：$0\sim2^{16}\times$机器周期$=0\sim2^{16}\times1\ \mu s=0\sim65.536$ ms

工作方式 2 和 3：$0\sim2^{16}\times$机器周期$=0\sim2^{8}\times1\ \mu s=0\sim256\ \mu s$

直接使用定时/计数器的哪种工作方式都不能满足要求，故采用另外设计一个软件计数器与定时/计数器共同实现，具体采用 T0 工作在工作方式 1 下，产生 50 ms 的定时中断，软件计数器对 50 ms 的定时中断进行计数，计满 20 次所获得的时间间隔为 1 秒。在工作方式 1 下，50 ms 定时的计数初值为：

$$T_p=12/Fosc=12/12\,000\,000=1\ \mu s$$

$$X=(2^{16}-T/T_p)=65\,536-50\,000/1=15\,536=3CB0H$$

将该 1 秒定时的方案应用于例 6.5，可以产生周期为 2 秒的方波输出。

其 C51 程序清单如下：

```
#include  <reg51.h>            // 包含特殊功能寄存器声明头文件
sbit P2_0 = P2^0 ;             // 定义输出引脚
char count = 20;               // 软件计数器赋初值
main(  )                       // 主函数
  {
    TMOD = 1 ;                 // 设置定时/计数器 0 为定时器
    TL0 = 0xB0 ;               // 给定时/计数器 0 赋初值(低 8 位)
    TH0 = 0x3C ;               // 给定时/计数器 0 赋初值(高 8 位)
    TR0 = 1 ;                  // 启动定时器 0
    ET0 = 1 ;                  // 允许定时/计数器 0 中断
    EA = 1 ;                   // 允许 CPU 中断
    while(1) ;                 // 无限循环
  }
t0_int( ) interrupt 1          // T0 中断函数
  {
    TL0 = 0xB0 ;               // 重新给定时/计数器 0 赋初值
    TH0 = 0x3C ;
    count --- ;                // 计数器计数减 1
    if (count = = 0)           // 判断软件计数器是否计满 20 次
```

```
    {
      P2_0 = ! P2_0 ;            // P2.0 取反
      count = 20 ;               // 软件计数器重新赋初值
    }
  }
```

对应的汇编语言程序清单如下：

```
         ORG 0000H;              ;定位单片机上电程序入口地址
         AJMP  START             ;转移到主程序入口
         ORG   000BH             ;定位定时/计数器 0 中断服务程序入口地址
         AJMP  T0_INT            ;转移到定时/计数器 0 中断服务程序实际入口
         ORG   0030H             ;定位主程序在程序存储器中的入口地址
START：  MOV   SP，  #50H        ;主程序
         MOV   R0，  #20         ;软件计数器赋初值
         MOV   TMOD，#1         // 设置定时/计数器 0 为定时器
         MOV   TL0，  #0B0H      ;给定时/计数器 0 赋初值
         MOV   TH0，#03CH
         SETB  TR0               ;// 启动定时器 0
         SETB  ET0               ;允许定时/计数器 0 中断
         SETB  EA                ;允许 CPU 中断
         SJMP  $                 ;无限循环
T0_INT:MOV   TL0，  #0F0H      ;T0 实际中断服务程序入口,重新装入定时/计数器数初值
         MOV   TH0，#0D8H
         DJNZ  R0，  EXIT        ;判断软件计数器是否计满 20 次
         CPL   P2.0              ;P2.0 取反
         MOV   R0，  #20         ;软件计数器重新赋初值
EXIT：   RETI                    ;中断返回
         END                     ;程序结束
```

【例 6.7】 设一单片机系统在 P0 口有字节输入数据，数据的范围为 0～255。P1 口的输出数据分低 4 位和高 4 位两组经两个译码驱动芯片 CD4511 来驱动在两个静态数码管显示(一个显示个位数字，另一个显示十位数字)，系统的电路图如图 6.12 所示(单片机的复位和时钟电路略)。试编制程序实现每 1 秒定时采集一次 P0 口的输入数据，并将的输入的字节数据转换为 0～99 的数在数码管显示。

解：这属于实际应用中经常遇到的实时数据采集和显示问题，可以采用定时中断的方法来实现，程序由主程序和中断服务程序组成。系统涉及数据采集、数据处理和显示三个任务，为了使中断程序处理的更快，将实时性要求最高的数据采集任务安排到中断服务程序中，将相对实时性要求不高的数据处理和显示程序安排在主程序中。1 秒的定时中断可由单片机的定时/计数器与软件计数器共同产生，定时/计数器的设置同例 6.6。程序设计采用模块化结构，将初始化程序与数据处理和显示程序编制成两个子函数，由主函数调用。程序框图如图 6.13 所示，程序的仿真运行结果如图 6.14 所示。

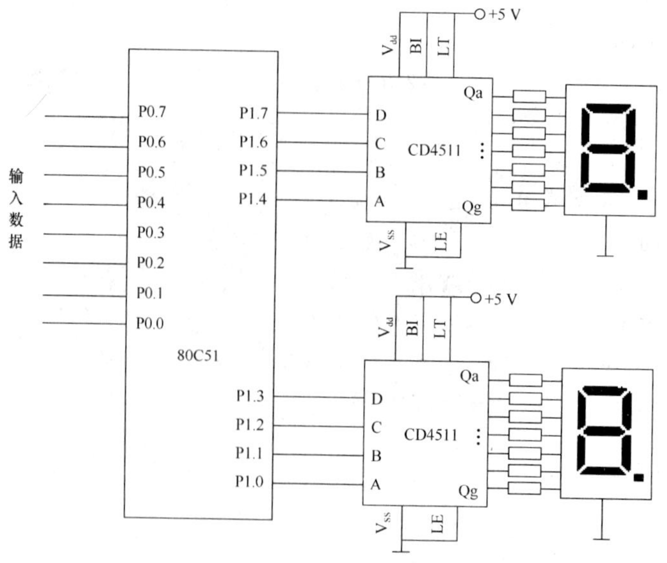

图 6.12　实时数据采集和显示系统的电路图

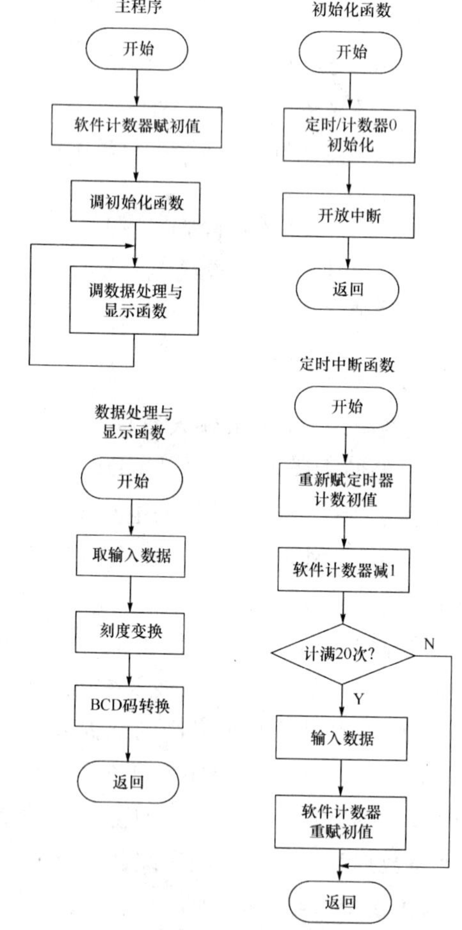

图 6.13　实时数据采集和显示系统的程序框图

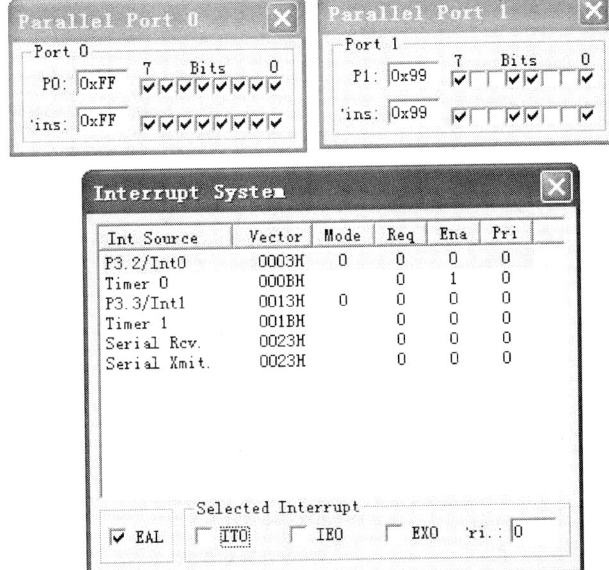

图 6.14　例 6.7 程序的仿真运行结果之一(输入数据为 255)

C51 程序清单如下:

```
#include  <reg51.h>
char count = 20;                          // 1 秒软件计数器赋初值
int input_data, buffer ;                  // 定义全局变量
initial(void) ;                           // 声明初始化函数
pro_display() ;                           // 声明定义数据处理和显示函数
main()                                    // 主函数
{
    initial();                            // 调初始化函数
    while(1)                              // 无限循环
    {
      pro_display();                      // 调数据处理和显示函数
    }
}
t0_int() interrupt 1  using 1             // T0 中断函数
{
    TL0 = 0xB0 ;                          // 计数器重新赋初值
    TH0 = 0x3C ;
    count -- ;                            // 软件计数器减 1
    if (count == 0)                       // 判断软件计数器是否计满 20 次
      {
      input_data = P0;                    // 输入数据
      count = 20 ;                        // 软件计数器重新赋初值
      }
  }
```

```
initial( void)                              // 初始化函数
{
  TMOD = 1 ;
  TL0 = 0xB0 ;
  TH0 = 0x3C ;
  TR0 = 1 ;
  ET0 = 1 ;
  EA = 1 ;
}
pro_display()                               // 声明定义数据处理和显示函数
{
  unsigned char high_4bit,low_4bit;         // 定义局部变量
  buffer = input_data;                      // 取输入数据
  buffer = input_data * 99/255;             // 刻度变换
  high_4bit = buffer/10;                    // 拆分高 4 位
  high_4bit = high_4bit<<4;                 // 形成 BCD 码的十位
  low_4bit = buffer % 10;                   // 形成 BCD 码的个位
  P1 = high_4bit + low_4bit;                // 合成个位与十位并输出显示
}
```

习　　题

1. 什么是中断？中断有什么用处？

2. 中断与调用子程序有什么区别？

3. 80C51 能处理哪几种中断源？它的外部信号触发中断可接受什么样的信号？如何编程选择？

4. 如果 80C51 的一个中断源发出中断请求，在什么条件下 CPU 才能响应中断？

5. 如果没有给各中断源设置优先级，哪个中断源的优先级最高？哪个中断源的优先级最低？

6. 试编程设置 INT1 具有最高的中断优先级，T0 具有较低的优先级，不允许其他中断源中断。

7. 中断标志位的含义是什么？为什么在 CPU 响应中断后需要将它们清 0？哪些中断源需要使用软件将它们清 0？

8. 80C51 程序存储器的 0000H～0030H 单元一般如何使用？

9. 在什么情况下中断服务程序才能得以执行？在用 C51 编写中断服务程序时，如何区分不同中断源的中断服务程序？

10. 阅读下列程序，给程序加注释，说明程序的功能，编写出实现该功能的 C51 程序，利用 Keil 51 集成开发环境运行调试这两个程序.

```
ORG   0000H
AJMP   START
```

```
        ORG   0013H
        AJMP   INT_1
        ORG   0030H
START:MOV   SP,  ＃50H
        MOV   P1,   ＃FFH
        MOV   A,   ＃01H
        SETB   IT1
        SETB   EX1
        SETB   EA
        SJMP   $
INT_1:MOV   P1 ,A
        RL   A
        RETI
        END
```

11. 80C51 内部有几个定时/计数器？它们有什么用途？如何将它们设置为计定时器使用？

12. 单片机的定时/计数器内部的 TMOD 和 TCON 有什么用处？

13. 归纳总结定时/计数器的工作方式 1、工作方式 2、工作方式 3 各自的特点。

14. 80C51 的晶振频率为 12 MHz，当它的定时/计数器作为定时器使用时，在工作方式 1 和工作方式 3 下，定时器的最大定时时间各是多少？

15. 阅读下列程序，给程序加注释，说明程序的功能，编写出实现该功能的 C51 程序，利用 Keil 51 集成开发环境运行调试这两个程序。

```
        ORG   0000H
        AJMP   START
        ORG   000BH
        AJMP    TIME0
        ORG    00100H
START:MOV   SP, ＃60H
        MOV   P1, ＃0FFH
        MOV   TMOD, ＃1
        MOV   TL0, ＃0A0H
        MOV   TH0, ＃15H
        SETB   EA
        SETB   ET0
        SETB   TR0
  LOOP:AJMP   LOOP
  TIME:PUSH   ACC
        PUSH   PSW
        CPL   P1.0
        MOV   TL0, ＃0A0H
        MOV   TH0, ＃15H
        POP    PSW
```

```
POP   ACC
RETI
END
```

16. 单片机的晶振频率为 12 MHz，分别编制实现在它的 P1.1 引脚输出 2 kHz 的方波的汇编语言和 C51 程序。利用 Keil μVision2 集成开发环境运行调试这两个程序。

17. 设计一个单片机应用系统，该应用系统控制与 P1 连接的 8 个小灯循环闪亮，每个小灯亮的时间为 50 ms(用定时中断实现)。要求利用 Keil μVision2 集成开发环境仿真调试程序。制作文档，包括设计思想说明、电路图、程序流程图、程序清单、运行结果截图。

第7章 MCS-51单片机的串行通信

随着计算机应用的普及和深入，计算机的通信功能显得越来越重要。在计算机系统中，计算机与外界的信息交换称为通信。

由于单片机本身无自举开发能力，单片机的开发需要借助宿主计算机进行，在宿主计算编制和调试好的程序代码要下载到单片机，在单片机上的运行调试信息也要上传到宿主计算机，这就需要用到通信。

在单片机应用中，为了实现某种特殊功能，需要用单片机控制专用的功能模块或设备。例如，利用单片机来处理 GPS 模块接收的数据、控制 GPRS 模块接收发送短信等都涉及通信。

在含有单片机的测控系统中，单片机往往作为系统的下位机担任数据采集和直接控制的任务，它所采集的数据通常要传送到功能更强大、人机接口性能更好的高档嵌入式微处理器或 PC(称为上位机)去，同时上位机的控制命令也要传送到单片机去执行，这样构成一个分布式测控系统，通信技术是构建分布式测控系统核心技术之一。

此外，人们梦寐以求的远程监控，希望从千里之外获得由单片机采集的现场信息，以及发布命令遥控单片机完成控制任务，都离不开通信技术。

单片机串行通信技术不仅是学习单片机的一个主要内容，而且对进一步掌握 PC 与 PC 之间、PC 与仪器设备之间、仪器设备间的通信技术都是十分有益的。

7.1 通信的基本概念

7.1.1 并行通信与串行通信

设有两个 MCS-51 单片机分别称为单片机甲和单片机乙，在单片机甲中有一个字符“A”，要从单片机甲传送到单片机乙。如何传送呢？

通信线路与单片机一样只能识别和传送高低电平信号，即 0 和 1 信号。字符“A”在单片机中是用它的 ASCII 码 01000001 表示的，即一个 8 位二进制数。01000001 从单片机甲传送到单片机乙有两种传送方法：一是从单片机甲引出 8 根数据线和一个根公共地线到单片机乙，将二进制数 01000001 的 8 位数据从单片机甲同时一次性地传送到单片机乙，这种数据各位同时传送的方式称为并行通信，如图 7.1(a)所示；二是从单片机甲引出一根数据线和一个根公共地线到单片机乙，将 01000001 八位分 8 次一位一位顺序地传送到单片机乙，这种数据一位一位顺序传送的方式称为串行通信，如图 7.1(b)所示。在图 7.1(b)中，考虑到数据也能从单片机乙传送到单片机甲，串行通信采用了两根数据线和一根公共地线。

在并行通信中，数据占多少位就需要多少根数据线。并行通信的特点是传送速度快，但传送线数量较多，成本高，适合近距离通信。在计算机内部，PC 的存储器与 CPU、单片机与片外存储器之间都是采用并行通信的。与并行通信相比，串行通信传送的各位数据在一根数据线上传送，能够节省传送线，比较经济，适合计算机系统对外远距离数据传送，但缺点是传送的速度比并行通信要慢。

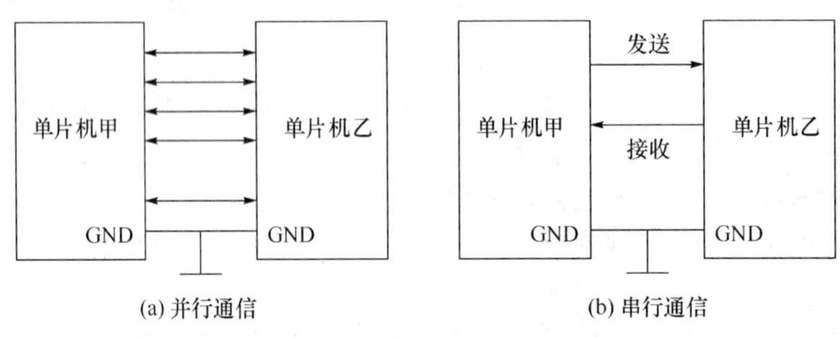

图 7.1　并行通信和串行通信示意图

7.1.2　异步串行通信与同步串行通信

下面考虑两个单片机之间传送多个字符的问题，设有一批字符需要从单片机甲传送到单片机乙。一种办法是以一个字符为单位，一个一个字符地传送，每个字符都有它的起始和结束标志，而不传送数据时又有空闲标志。接收方可以根据这些标志对传送的数据进行判断和接收，不需要发送方与接收方的工作时钟相同，这种发送端与接收端使用各自时钟控制数据发送与接收的通信方式称为异步串行通信。

在异步串行通信中，通信的双方必须有约定一致的字符帧格式和相同的传送速度，这样接收方才能正确地接收和识别发送方发来的数据。目前普遍采用的异步串行通信的字符帧格式如图 7.2 所示。

由图 7.2 可以看出，一个字符在进行异步串行通信时被组成一个传送单位，这个传送单位称为字符帧。字符帧由四部分构成，第一部分是一个起始位(低电平)表示字符的开始；第二部分是要传送字符对应的二进制数据，可以是 8 位、7 位、6 位或 5 位二进制数据(必须在通信前约定好)；第三部分是奇偶校验位，它的作用是用来检验传送的数据是否正确，实际通信时可以选择奇校验或偶校验，当然也可以不使用奇偶校验，这也必须是通信双方在通信前约定好的；第四部分是停止位(高电平)，标志该字符帧的结束，停止位可以规定为 1 位、2 位或 1.5 位。在图 7.2 中，所表示的字符帧有 8 个数据位、一个奇偶校验位、一个起始位、一个停止位共 11 位组成了一个字符帧。例如，按照这种通信协议，在选择为奇校验时，字符“A”的字符帧的格式为：

00100000111

选择为偶校验时，字符“A”的字符帧的格式为：

00100000101

选择为无奇偶校验位时，字符“A”的字符帧由 10 位构成，其格式为：
0010000011

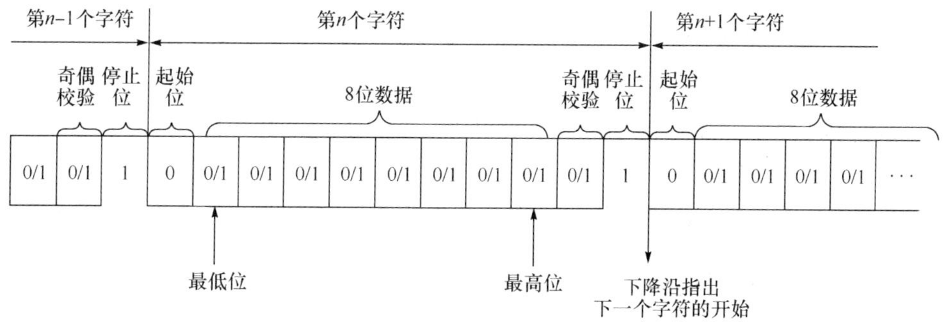

(a) 连续传送字符的数据通信格式

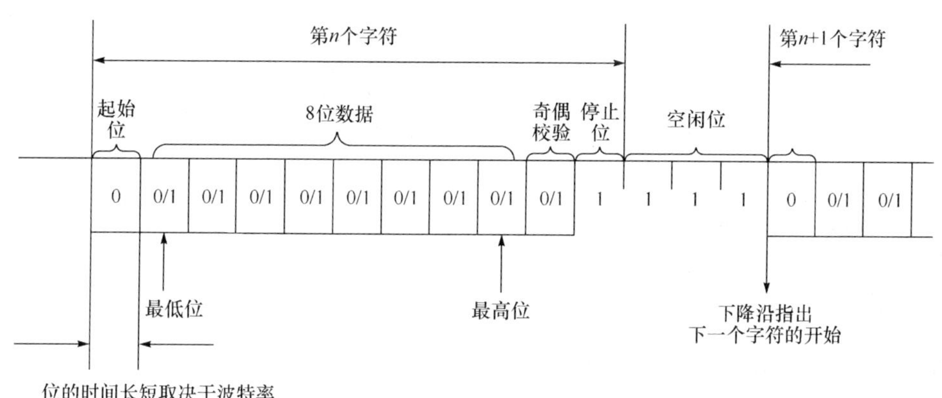

(b) 具有空闲位传送字符的数据通信格式

图 7.2 异步串行通信的字符帧格式

注意：在通信时，字符对应的二进制数据是按先低位后高位逐位传送的。

奇偶校验是最简单和最常用的串行通信错误检验的方法。在进行串行通信时，发送方与接收方可以约定好，所传送的数据与奇偶校验位“1”的个数之和为奇数或偶数。发送方在发送前通过设置奇偶校验位，使发送的数据与奇偶校验位“1”的个数之和位为约定的奇数或偶数。接收方在接收时将按照奇偶校验的约定进行检验，如果接收到的数据与奇偶校验位“1”的个数之和与约定一致，则接收的数据正确；如果不一致，则表明通信出错，可以发出反馈信息通知发送方重新发送数据。

在传送多个字符时，如果字符一个接着一个传送，其传送的情况如图 7.2(a)所示。如果间断地传送字符，在字符帧传送的间隔中有若干个空闲位(高电平)，直到再出现起始位(低电平)时才开始传送下一个字符，如图 7.2(b)所示。所以，字符可以随时连续或间断地传送，不受时间的限制。

在进行异步串行通信时，除了双方要约定一致的数据格式外，还必须有一个相同的数据传送速度。在计算机通信中，数据传送的速度通常用波特率来衡量。所谓波特率是指每秒钟传送二进制数位的数量，单位为 bit/s。例如，串行通信的波特率为 9 600，表示每秒钟能传送 9 600 个二进制位。这时，如果字符帧是 10 位，则每秒钟能传送 960 个字符；如果字符帧是 11 位，则每秒钟约能传送 872 个字符。

最后归纳一下，在计算机进行异步串行通信时，发送端和接收端必须保持下列通信参数一致：

（1）同样的数据位数；

（2）同样的奇偶校验设置；

（3）同样的数据停止位个数；

（4）同样的波特率。

对 PC 与 PC、PC 与单片机、PC 与外部设备的异步串行通信，也一定首先在发送端和接收端将这些通信参数设置一致，然后进行通信才能保证通信的正确性。

下面再来看一下同步通信。异步串行通信的基本传送单位是字符帧，要传送一批字符需要一个个传送，因为每个字符帧中都包含有起始位、停止位、奇偶校验位，所以在传送数据的同时还传送了大量的附加信息，从而导致通信效率较低，例如，在前边提到的每秒钟传送 960 个字符的情况，附加位信息就达 960×3＝2 880 个二进制位。如果将 960 个字符帧的起始位、停止位、奇偶校验位都去掉，将 960 个字符构成一个数据块，在数据块的前面加上特殊的同步字符，数据块后面加上校验字符，用于校验通信中的错误，这就是同步通信。同步通信是通常是按数据块传送的，把传送的字符顺序地连接起来，组成数据块，在发送方和接收方一致的同步时钟控制下进行的通信。

同步通信固然可以提高通信效率，但需要发送端和接收端的时钟严格同步，实施起来比较麻烦。而异步通信的特点是不要求收发双方时钟的严格一致，实现容易，设备开销较小，因此得到了广泛的应用。

7.1.3 串行通信的数据通路形式

在串行通信中，具有以下三种数据通路形式。

（1）单工形式：在单工形式下，数据是单向传送的。在通信的双方，一方固定为发送方，另一方固定为接收方，收发双方位置固定不能互换。最简单的情况只要使用一根数据线和一根公共的地线就可以进行通信，如图 7.3(a)所示。

（2）半双工形式：在半双工形式，数据可以双向传送，即数据可以从一方传送到另一方，也可以反过来传送数据。但是，两个传送方向都使用一个通信线路，正向传送和反向传送必须分时进行，而不能同时双向传送数据，如图 7.3(b)所示。

（3）全双工形式：在全双工形式下，双方都有两个通信线路，数据可以双向传送，而且可以同时发送和接收数据，如图 7.3(c)所示。

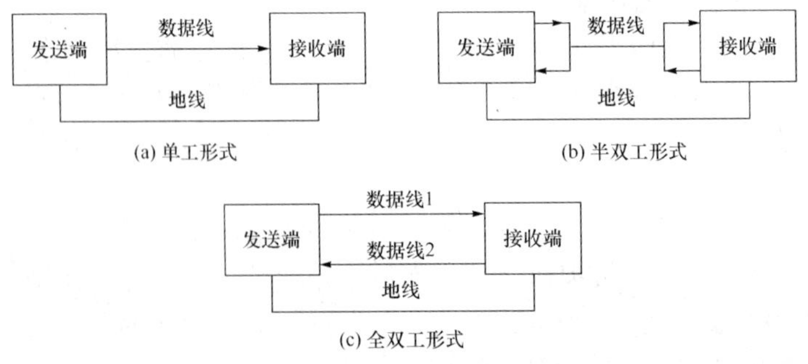

图 7.3　串行通信的数据通路形式

7.1.4 串行通信接口

在计算机内部，数据一般都是以字节为基本单位存放的，从通信的角度看是并行数据。而串行通信需要将数据一位一位地进行传送，这种通信的数据可以称为串行数据。进行串行通信时，在发送端需要将并行数据转换为串行数据，在接收方需要将串行数据转换为并行数据，而且这种转换需要在一定的时序控制下完成，串行通信接口就是实现这些功能的部件。

通用的异步接收/发送器（Universal Asynchronous Receiver/Transmitter ，UART）就是串行异步通信接口的核心部件，它可以独立构成一个串行接口芯片，也可集成到微处理器中。UART 的典型结构如图 7.4 所示。

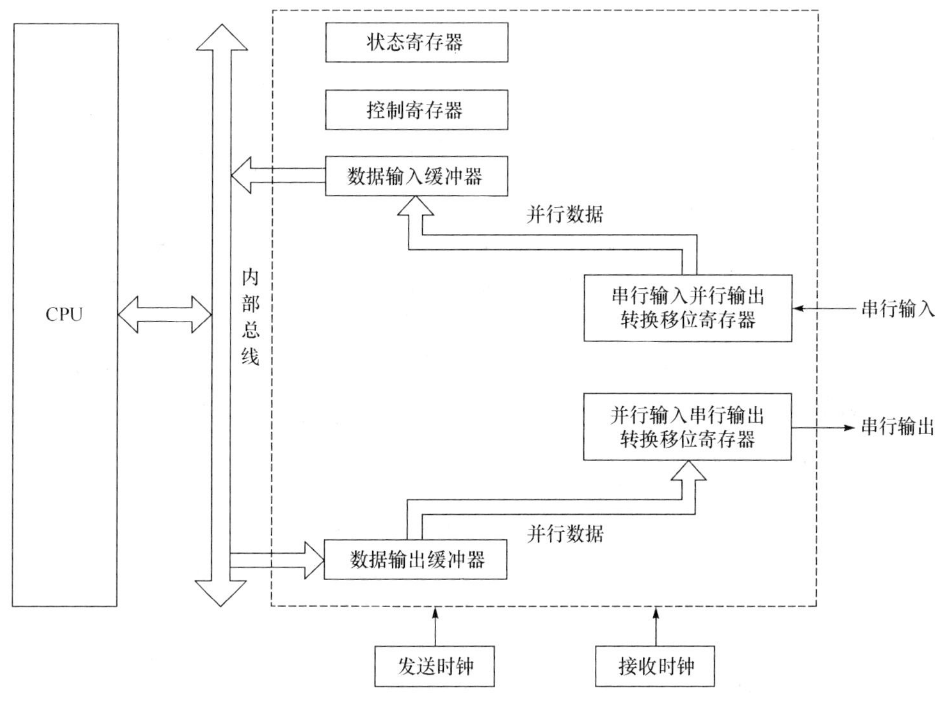

图 7.4 UART 的典型结构

UART 的内部主要由数据输入缓冲器、数据输出缓冲器、串行输入并行输出转换移位寄存器、并行输入串行输出转换移位寄存器、控制寄存器、状态寄存器及发送时钟和接收时钟构成。

在通过 UART 发送数据时，来自 CPU 的并行输出数据经过总线进入数据输出缓冲器，由并行输入串行输出移位寄存器将并行数据转换为串行数据，一位一位地从串行输出端输出。

在通过 UART 接收数据时，来自串行输入端的串行输入数据一位一位地进入串行输入并行输出移位寄存器，由串行输入并行输出移位寄存器实现串行数据到并行数据的转换，然后数据从串行输入并行输出移位寄存器进入数据输入缓冲器，等待 CPU 经过总线将数据取走。

控制寄存器用来存放 CPU 送给 UART 的各种控制信息，以决定 UART 的工作方式。状态寄存器以位状态来表示通信过程中的状态信息。此外，为了控制串行通信一位一位传送数据的节奏，还需要给 UART 配备发送时钟和接收时钟。

7.2 MCS-51 单片机串行接口及串行通信

在 MCS-51 单片机内部集成了一个全双工异步串行通信接口 UART。该接口具有四钟工作方式可以选择，波特率可以由软件设置，所需要的发送和接收时钟由片内定时/计数器产生，字符帧的格式可以设定为 10 位(1 个起始位、8 位数据、1 个停止位)和 11 位(1 个起始位、8 位数据、1 个奇偶校验位、1 个停止位)，可以实现点对点的双机串行通信，也可通过设置多机通信控制位实现多机通信。此外，它还可以作为移位寄存器使用。各种选择都可以通过软件编程来实现。

7.2.1 MCS-51 单片机串行口的结构

MCS-51 单片机串行口的结构如图 7.5 所示。在 MCS-51 单片机串行口内有两个独立的发送缓冲器和接收缓冲器，它们都使用同一个特殊功能寄存器名称“SBUF”和相同的访问地址 99H，但它们不会出现冲突，因为它们在接收数据时只能被 CPU 读出数据，在发送数据时只能被 CPU 写入数据。

当 CPU 利用串行接口发送数据时，将要发出的数据写入发送缓冲器 SBUF，一帧数据的传输开始，发送缓冲器 SBUF 将并行数据转换为串行数据，并自动插入格式位(起始位、停止位、奇偶校验位)，在由定时器产生的时钟信号控制下，将二进制位信息由 TXD(P3.1)引脚按照设定的波特率逐位地发送出去，发送完成后使串行口发送/接收中断标志位 TI 置 1，表明一帧数据发送完毕。

当 RXD(P3.0)引脚由高电平变为低电平时，起始位出现，表征有一帧数据到来，输入移位寄存器在时钟的控制下，将一帧数据逐位接收进来，自动去掉格式位，并转换成并行数据，存放到接收缓冲器 SBUF 中，然后将 RI 置为 1，表示一帧数据接收完成。此后，CPU 执行读 SBUF 命令，就可将所接收的数据从接收缓冲器 SBUF 中取出。

所以，MCS-51 单片机的串行口操作很简单，在设置好串行口后，通过读/写 SBUF 就可以发送数据或获得串行口接收到的数据。

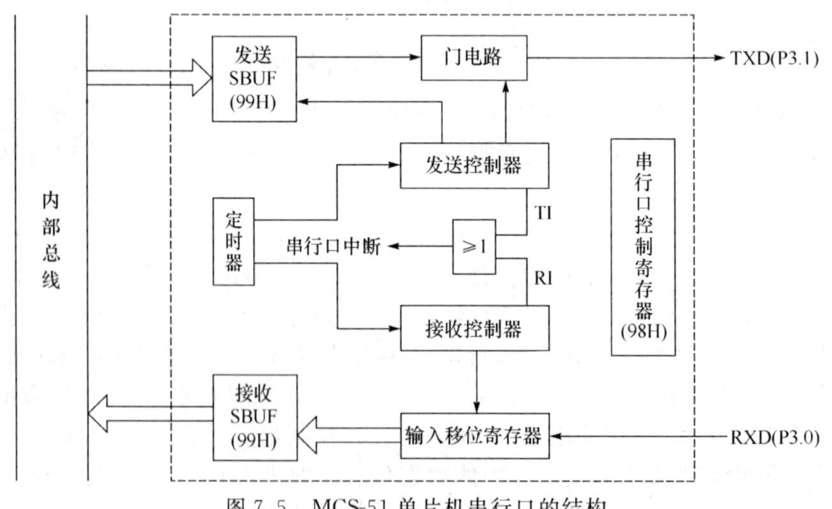

图 7.5 MCS-51 单片机串行口的结构

7.2.2 串行口的设置与控制

串行口工作方式的选择及对串行口的控制是通过对串行口的控制寄存器 SCON 和电源控制寄存器 PCON 的编程来实现的，下面介绍这两个寄存器。

1. 串行口的控制寄存器 SCON

SCON 是 MCS-51 单片机中的一个可位寻址的特殊功能寄存器，它用于串行口工作方式的选择及接收控制，同时它又是一个状态寄存器，发送和接收完成的标志位也在其中。特殊功能寄存器 SCON 的地址为 98H，其格式如表 7-1 所示。

表 7-1 SCON 的格式

D7	D6	D5	D4	D3	D2	D1	D0
SM0	SM1	SM2	REN	TB8	RB8	TI	RI
9FH	9EH	9DH	9CH	9BH	9AH	99H	98H

串行口控制寄存器 SCON 各位的功能如下：

(1) SM0、SM1：串行口的工作方式选择位

SM0、SM1 有四种组合，分别表示串行口的 4 种工作方式，具体含义如表 7-2 所示。

表 7-2 串行口的 4 种工作方式

SM0	SM1	方式	功能说明
0	0	0	8 位同步移位寄存器
0	1	1	10 位异步收发，波特率可变
1	0	2	11 位异步收发，波特率固定
1	1	3	11 位异步收发，波特率可变

(2) REN：允许串行口接收数据控制位

用于允许或禁止串行口接收数据的控制。当 REN＝1 时，允许接收串行数据；当 REN＝0时，禁止接收串行数据。

(3) TI：发送中断标志位

该位是串行口数据发送完状态标志位。当串行口发送完一帧数据时，该标志被自动置 1，该位可用于以查询方式编程时作为查询标志使用，同时也是一个串行口中断标志。需要注意：响应中断后该位不能自动清 0，需在程序中使用软件清 0 复位。

(4) RI：接收中断标志位

该位是串行口数据接收完状态标志位。当串行口接收完一帧数据时，该标志被自动置 1，该位是串行口中断标志位，也可以作为查询标志使用。同样，在响应中断后该位不能自动清 0，需在程序中使用软件清 0 复位。

(5) SM2：多机通信控制位

当串行口工作于方式 2 或方式 3 时，如果 SM2＝1，则只有接收到第 9 位(RB8)为 1 时，才将串行口接收到的前 8 位数据送入 SBUF，同时将 RI 置 1；如果接收到第 9 位(RB8)为 0，串行口接收到的前 8 位数据将被丢掉。而当 SM2＝0 时，不论接收到第 9 位(RB8)为 0 还

是为1，都将串行口接收到的前8位数据送入SBUF。SM2主要是在多机通信时使用，在双机通信时一般将SM2设置为0。

(6) TB8：发送数据的第8位

当串行口工作于方式2或方式3时，TB8的内容被送到发送字符帧的第9位，与字符帧的其他位一同发出，该位的值可以由软件设置。在双机通信时，TB8常作为奇偶校验位使用。在多机通信时，TB8可以表示所发送的是地址还是数据，一般约定：TB8＝0，为数据；TB8＝1，为地址。

(7) RB8：接收数据的第8位

当串行口工作于方式2或方式3时，RB8用于存放接收到字符帧的第9位，用于表征接收到字符帧的数据特征。在双机通信时，它是奇偶校验位；在多机通信时，它是数据/地址标志位，与TB8对应。

2. 电源控制寄存器PCON

PCON称为电源控制寄存器，串行通信中只用了其中的最高位SMOD，其余各位用于电源管理。SMOD是串行口波特率增倍控制位，当SMOD＝1时。串行口波特率增加一倍。PCON的字节地址为87H，只能按字节寻址，PCON的格式如表7-3所示。

表7-3 PCON的格式

D7	D6	D5	D4	D3	D2	D1	D0
SMOD				GF1	GF0	PD	IDL

3. 中断允许寄存器IE

中断允许寄存器IE已经在第6章介绍过了。其中的ES是串行口发送和接收中断的中断允许位，在以中断方式编程时要用到它。ES＝1，为允许串行口发送和接收中断；ES＝0，为禁止串行口发送和接收中断。

【例7.1】 如果要设置MCS-51单片机的串行口工作在方式2，允许接收数据、允许串行口中断，波特率不增倍，用于双机通信，试写出串行口的控制寄存器SCON的控制字和初始化编程语句。

解：根据题意有，控制寄存器SCON的控制字为：

10010000

即0x90。

对控制寄存器SCON设置的C51编程语句为：

```
SCON = 0x90;          // 串行口工作在方式2
PCON = 0;             // 波特率不增倍
ES = 1;               // 串行口中断允许位
EA = 1;               // 开放CPU中断
```

7.2.3 MCS-51单片机串行接口的工作方式

MCS-51单片机的串行口有4种工作方式，下面将分别介绍这4种工作方式。

1. 方式0

在方式0下，串行口作为移位寄存器使用，波特率是固定的，串行数据由RXD(P3.0)端输入或输出。

(1) 数据的发送过程。当发送的数据写入 SBUF 时,串行接口将 8 位数据从 RXD 端输出,发完一帧数据后,TI 标志自动置 1。发完一帧数据后,TI 还保持为 1,需要用软件将其清 0,为下次发送做好准备。

(2) 数据的接收过程。当要接收数据时,必须预先置 REN=1(允许接收)且 RI=0,启动串行口接收数据。此时 RXD 为串行数据的输入端。接收到一个字符帧数据后,RI 标志自动置 1,当然也需要用软件将其清 0,为下次接收做好准备。

移位寄存器方式多用于并行接口的扩展,当用单片机构成应用系统时,有时感到并行口不够用,可通过外接串入并出型移位寄存器扩展并行输出接口,通过外接并入串出型移位寄存器扩展并行输入接口。

2. 方式 1

在方式 1 下,串行口被设置为波特率可变的 10 位异步串行通信接口。其字符帧的格式为:1 个起始位、8 位数据、1 个停止位,无奇偶校验位,如图 7.6 所示。

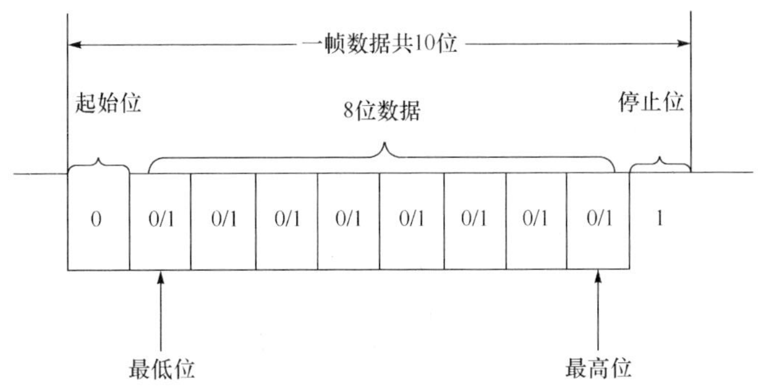

图 7.6 串行口方式 1 的字符帧格式

(1) 数据的发送过程

当 CPU 执行发送指令将数据写入发送缓冲器 SBUF 后,在串行口由硬件自动加入起始位和停止位,与 8 位数据构成一个完整的 10 位字符帧,然后在移位脉冲的作用下 10 位串行数据依次从引脚 TXD 发送出去。发送完一帧数据后,TI 自动置 1,引脚 TXD 维持在 1 状态(高电平)下。如果再发送下一个数据,必须用软件将 TI 复位。

(2) 数据的接收过程

在 REN=1 时(允许串行口接收数据),串行口不断采样引脚 RXD,当采样到引脚 RXD 发生由 1 到 0 的跳变时,确认是起始位 0 的到来,就开始接收一帧数据,并通过输入移位寄存器将数据转换为并行数据,在收到停止位后,将并行数据送入接收缓冲器 SBUF,同时将 RI 置 1,表明一帧数据接收完毕。当然也需要用软件将其清 0,为下次接收做好准备。

3. 方式 2

在方式 2 下,串行口被设定为固定波特率的 11 位异步串行通信接口。其字符帧中除了 1 个起始位、8 位数据、1 个停止位外,还多了 1 个可编程位,该位可用于奇偶校验,方式 2 字符帧的格式如图 7.7 所示。

(1) 数据发送。在发送数据时,串行数据由引脚 TXD 输出,一帧信息为 11 位,附加的

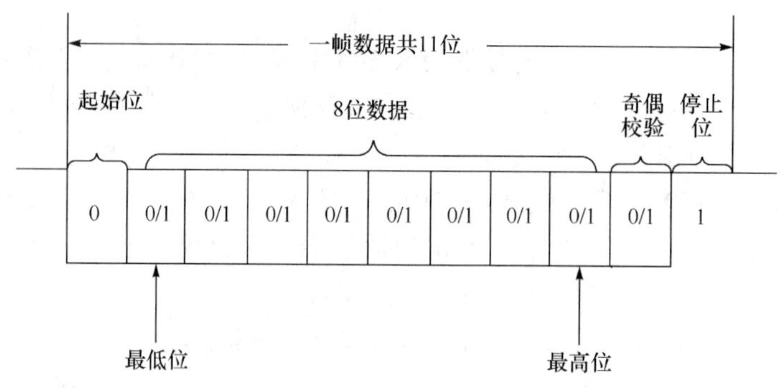

图 7.7　串行口方式 1 的字符帧格式

第 9 位来自 SCON 的 TB8 位，TB8 位根据通信协议由软件来设置。当 CPU 执行将数据写入 SBUF 的指令时，8 位数据和 TB8 位共同构成一帧信息，起动串行发送，发送完一帧信息后，使 TI 位置 1。当然为了下次再发送，也必须用软件将 TI 复位。

(2) 数据接收。当 REN=1 时（允许串行口接收数据），串行口不断采样引脚 RXD，当采样到引脚 RXD 发生由 1 到 0 的跳变时，确认是起始位 0 的到来，就开始接收一帧数据。当接收到第 9 位数据时，自动将该位数据传送到接收方的 RB8 中，该位数据可以作为奇偶校验位或多机通信时的地址和数据区分的标志位。

4. 方式 3

在方式 3 下，串行口也作为 11 位异步串行通信接口使用，其字符帧格式和数据收发过程与方式 2 完全相同，所不同的是，方式 2 的波特率是固定的，而方式 3 的波特率是可变。

5. 波特率的设定

在进行串行通信前，发送和接收方必须约定好通信的波特率。在单片机串行口的 4 种工作方式下，由于移位时钟的来源不同，波特率计算的方法不同。

(1) 方式 0

在串行口工作于方式 0 时，波特率为时钟频率的 1/12，是固定不变的。即

$$\text{方式 0 的波特率} = f_{osc}/12$$

(2) 方式 2

在串行口工作于方式 2 时，波特率是固定不变的，由时钟频率和 PCON 中的选择位 SMOD 来决定，可由下式表示：

$$\text{方式 2 的波特率} = (2^{SMOD}/64) \times f_{osc}$$

$$\text{当 SMOD=0 时，波特率} = f_{osc}/64$$

$$\text{当 SMOD=1 时，波特率} = f_{osc}/32$$

(3) 方式 1 和方式 3

在串行口工作于方式 1 和方式 3 时，是由单片机的定时器 T1 作为波特率发生器，此时定时器 T1 工作于方式 2，它的低 8 位计数器 TL1 和高 8 位计数器 TH1 装入同一个计数初值，改变该计数初值就可以在一定范围内改变波特率，计数初值 TH1 与波特率的关系为：

$$\text{波特率} = \frac{2^{SMOD}}{32} \times \frac{f_{osc}}{12[256-(TH1)]}$$

常用的串行口波特率以及与各参数间关系如表 7-4 所示。

表 7-4　常用的串行口波特率以及与各参数间关系表

常用波特率(bit/s)		晶振频率/MHz	SMOD	定时器 1		
				C/$\overline{T}$	方式	计数初值
方式 0MAX	1M	12	×	×	×	×
方式 2MAX	375k	12	1	×	×	×
方式 1、方式 3	57.6k	11.0592	1	0	2	FFH
	19200	11.0592	1	0	2	FDH
	9600	11.0592	0	0	2	FDH
	4800	11.0592	0	0	2	FAH
	2400	11.0592	0	0	2	F4H
	1200	11.0592	0	0	2	E8H
	600	11.0592	0	0	2	D0H

【例 7.2】 MCS-51 单片机晶振频率为 12 MHz，串行口工作在方式 1，SMOD=0，如果要使串行口获得 9 600 bit/s 的波特率，计数初值应为多少？如果改用频率为 11.0 592 MHz 的晶振，计数初值又为多少？写出串行口的初始化程序段。

解：根据

$$波特率=\frac{2^{SMOD}}{32}\times\frac{f_{osc}}{12\times[256-(TH1)]}$$

$$TH1=256-2^{SMOD}\times f_{osc}/(9\,600\times32\times12)=252.74\approx253=FDH$$

单片机晶振频率为 12 MHz，因在计算时采用了取整近似，如果给 TH1 赋初值 FDH 则实际获得的波特率为：

$$波特率=\frac{2^{SMOD}}{32}\times\frac{f_{osc}}{12\times[256-(TH1)]}12\,000\,000/[32\times12\times(256-253)]$$
$$=10\,416.67\ bit/s$$

当改用频率为 11.0592 MHz 的晶振后，则有：

$$TH1=256-2^{SMOD}\times f_{osc}/(9\,600\times32\times12)=253=FDH$$

所以，当用频率为 11.059 2 MHz 的晶振时，如果给 TH1 赋初值 FDH 则可获得准确的波特率 9 600 bit/s。这就是一些单片机应用系统采用晶振频率为 11.059 2 MHz 的一个原因。

串行口的初始化程序段为：

```
SCON = 0x50;            // 设定串行口的工作方式 1
PCON = 0;               // 波特率不增倍
TMOD = 20H;             // 设定定时器 1 的工作方式 2
TH1 = 0xFD;             // 产生波特率为 9 600 bit/s 的计数初值
TL1 = 0xFD;
TR = 1;                 // 启动定时器 1 工作
```

7.2.4 单片机与单片机通信

单片机与单片机的通信分为点对点和多机通信两种情况。通信程序可以采用查询方式或中断方式编制。对两个单片机近距离点对点通信，可以直接通过串行接口连接，其硬件连接如图 7.8 所示。下面通过实例来说明通信程序的编制方法。

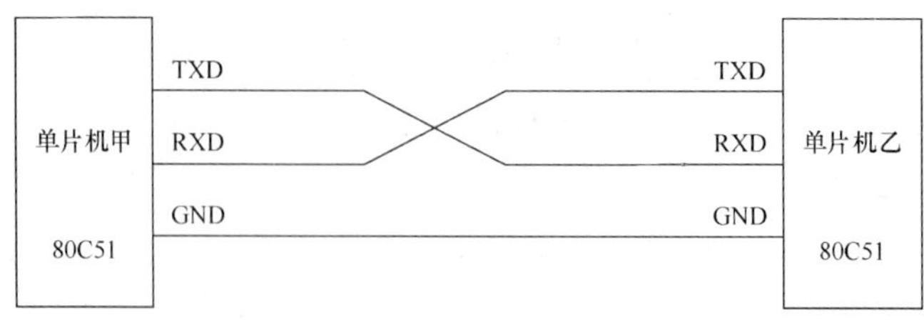

图 7.8　单片机点对点通信的硬件连接

【例 7.3】 设有甲、乙两个单片机进行近距离点对点串行通信，两个单片机都采用频率为 11.0 592 MHz 的晶振，使用串行口工作方式 1，编写通信程序实现：甲机将在片内 RAM 中首址为 30H 开始的 10 个字节数据顺序传送到乙机；乙机接收数据后，将接收到的 10 个字节的数据顺序存放在首址为 40H 开始的片内 RAM 中。

解：使用串行口工作方式 1 时，数据为 8 位、无奇偶校验位，波特率可变，故不进行奇偶校验，选取波特率为 9 600 bit/s。使用定时器 T1 产生波特率，T1 工作在工作方式 2，查表 7-4求出在波特率为 9 600 bit/s 的 T1 计数初值为 FDH。采用查询方式编制程序，甲机发送数据和乙机接收数据的程序流程图分别如图 7.9 和图 7.10 所示。

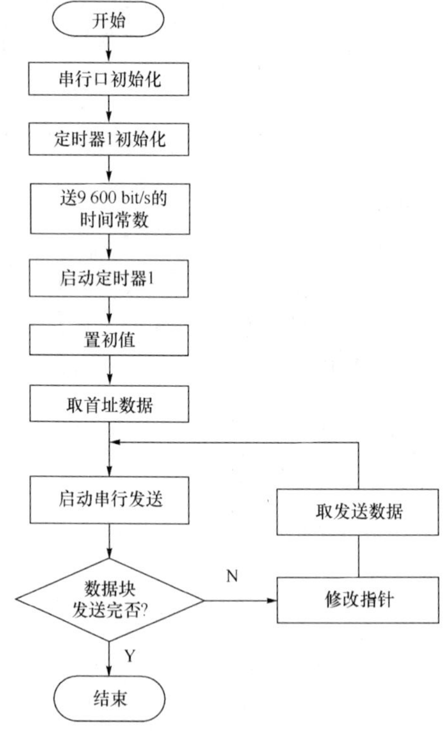

图 7.9　甲机发送数据程序流程图

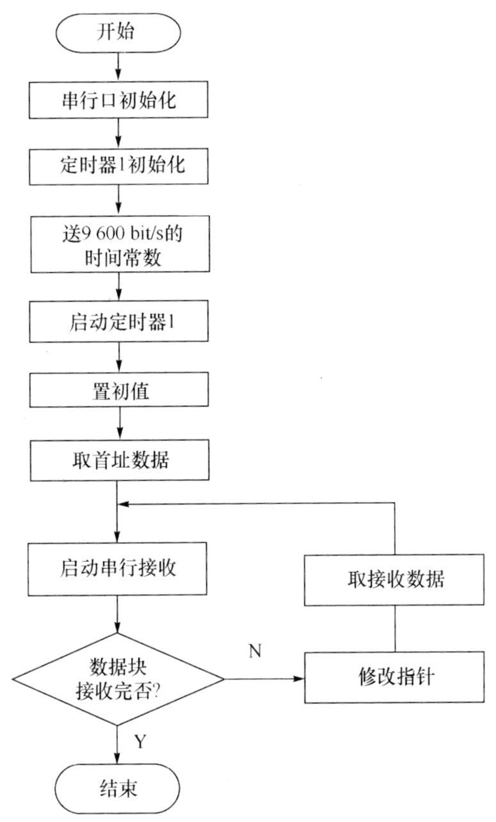

图 7.10　乙机接收数据的程序流程

甲机发送数据汇编语言程序如下：

```
        ORG     0000H
        AJMP    START
        ORG     30H
START:MOV    SP,#70H             ;设置堆栈指针
        MOV     PCON,#0             ;波特率不增倍
        MOV     SCON,#01000000B     ;置串行口工作方式1
        MOV     TMOD,#20H           ;定时器1为工作方式2
        MOV     TH1,#0FDH           ;设置产生9 600 bit/s的计数初值
        MOV     TL1,#0FDH
        SETB    TR1                 ;启动定时器1
        MOV     R1,#30H             ;首址为30H
        MOV     R0,#9               ;设置传送字节数初值
        MOV     A,@R1               ;取第一个发送字节
        MOV     SBUF,A              ;启动串行口发送
WAIT:JNB     TI,WAIT             ;未发送完一帧,则等待
        CLR     TI                  ;清发送标志,准备下一次发送
        INC     R1                  ;修改地址指针
        MOV     A,@R1               ;取发送数据
```

```
        MOV   SBUF,A              ;启动串行口
        DJNZ   R0,WAIT            ;若未完成 10 个字节发送,继续发送
        SJMP     $                ;等待
        END
```

甲机发送数据对应的 C51 程序如下：

```
#include <reg51.h>                  // 包含 8051 单片机的寄存器定义头文件
#include <absacc.h>                 // 包含对内存直接操作头文件
unsigned char i = 0 ;               // 声明计数变量
main ()                             // 主程序
  {
    PCON = 0
    SCON = 0x40;                    // 置串行口工作方式 1
    TMOD = 0x20;                    // 定时器 1 为工作方式 2
    TH1 = 0xFD;                     // 产生 9 600 bit/s 的时间常数
    TL1 = 0xFD;
    TR1 = 1;                        // 启动定时器 1
    SBUF = DBYTE[0x30];             // 发送第一个数据
    do
    {
      while (TI)
        {
          TI = 0 ;
          i++ ;
          SBUF = DBYTE[0x30 + i] ;  // 发送一个数据
        }
      } while (i<10)
      while(1) ;                    // 等待
    }
```

乙机接收数据汇编语言程序如下：

```
        ORG     0000H
        AJMP     START              ;转主程序
        ORG     0100H
 START:MOV     SP,#70H              ;设置堆栈指针
        MOV     SCON,#01010000B     ;置串行口工作方式 1,允许接收
        MOV     TMOD,#20H           ;定时器 1 为工作方式 2
        MOV     TH1,#0FDH           ;产生 9 600 bit/s 的时间常数
        MOV   TL1,#0FDH
        SETB   TR1                  ;启动定时器
        MOV     R1,#40H             ;数据缓冲区首址送 R1
        MOV     R0,#10              ;传送字节数初值
 WAIT: JNB     RI,WAIT              ;未接收完一帧,则等待
        CLR      RI                 ;清接收标志,准备下一次接收
        INC      R1                 ;修改地址指针
```

```
        MOV     A,SBUF              ;取接收的数据
        MOV     @R1,A               ;接收的数据送缓冲区
        DJNZ    R0,WAIT             ;若未完成 10 个字节接收,继续接收
        SJMP    $                   ;等待
        END
```

乙机接收数据对应的 C51 程序如下：

```
#include <reg51.h>                  // 包含 8051 单片机的寄存器定义头文件
#include <absacc.h>                 // 包含对内存直接操作头文件
unsigned char i = 0 ;               // 声明计数变量
main ()                             // 主程序
  {
    PCON = 0
    SCON = 0x50;                    // 置串行口工作方式 1,允许接收
    TMOD = 0x20;                    // 定时器 1 为工作方式 2
    TH1 = 0xFD;                     // 产生 9 600 bit/s 的时间常数
    TL1 = 0xFD;
    TR1 = 1;                        // 启动定时器 1
    do
    {
      while (RI)
      {
        RI = 0 ;
        i++ ;
        DBYTE[0x40 + i] = SBUF ;    // 接收一个数据
      }
    } while (i<= 10)
    while(1) ;                      // 等待
  }
```

例 7.3 的通信程序没有进行通信数据的校验，这在对通信可靠性要求高的场合是不能满足要求的，下面再举一个具有奇偶校验的单片机点对点通信的例子。

【例 7.4】 设有甲、乙两台单片机进行近距离点对点串行通信。通信协议要求为每帧为 11 位，用可编程控制的第 9 位数据为奇偶校验位进行奇偶校验，串行通信的波特率为 4 800 bit/s。编程实现如下所述的应答通信功能：

甲机取一数据，配置奇偶校验位后发送。乙机对收到的数据进行奇偶校验，若奇偶校验正确则乙机向甲机发出应答信息“00H”，代表“数据发送正确”，甲机接收到此信息后再发送下一个字节。若奇偶校验错误，则乙机向甲机发出应答信息“FFH”，代表“数据不正确”，要求甲机再次发送原数据，直至数据发送正确。甲机发送 10 B 数据后停止发送，乙机接收 10 B 正确数据后结束。

解：这是具有奇偶校验和应答的点对点串行通信问题，根据奇偶校验和波特率的要求，采用串口的工作方式 3 比较合适，SMOD 取 0，用定时器 T1 的工作方式 2 产生波特率，查表 7-4可得在波特率为 4 800 bit/s 时定时器 T1 的计数初值应为 FAH。采用中断方式编

程，发送端和接收端程序流程图分别如图 7.11 和图 7.12 所示。

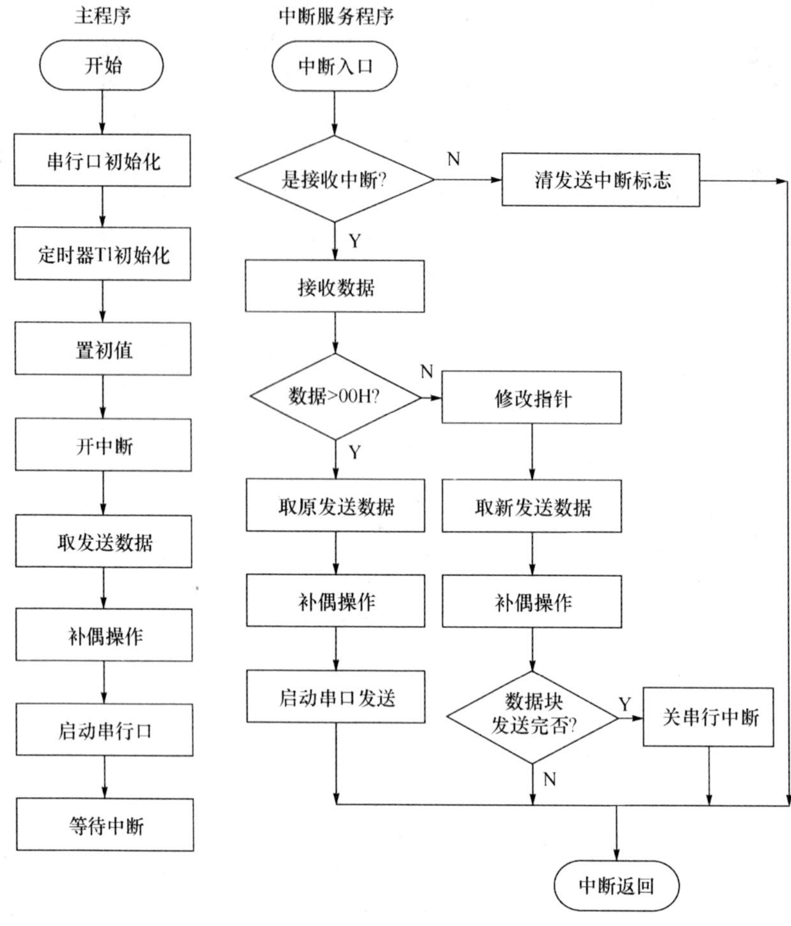

图 7.11　带奇偶校验和应答点对点串行通信甲机(发送端)程序流程图

甲机(发送端)汇编语言源程序如下：

甲机主程序：

```
        ORG     0000H
        AJMP    START               ；跳至主程序入口地址
        ORG     0023H
        AJMP    ST_INT              ；串行口中断服务程序入口
        ORG     30H
START：MOV     SP,＃60H            ；主程序
        MOV     PCON,＃0            ；波特率不增倍
        MOV     SCON,＃11010000B    ；置工作方式 3,并允许接收
        MOV     TMOD, ＃20H         ；设置 T1 为工作方式 2
        MOV     TH1,＃0FAH          ；设置 T1 的计数初值,产生 4 800 bit/s 波特率
        MOV     TL1,＃0FA
        SETB    TR1                 ；启动定时器 1
        MOV     R1.＃30H            ；设置发送数据块首址 30H
```

```
MOV     R0,#0              ;设置发送字节初值
SETB    ES                 ;允许串行口中断
SETB    EA                 ;CPU开中断
MOV     A,@R1              ;取第一个发送数据
MOV     C,P                ;数据补偶
MOV     TB8,C
MOV     SBUF,A             ;启动串行口,发送数据
SJMP    $
```

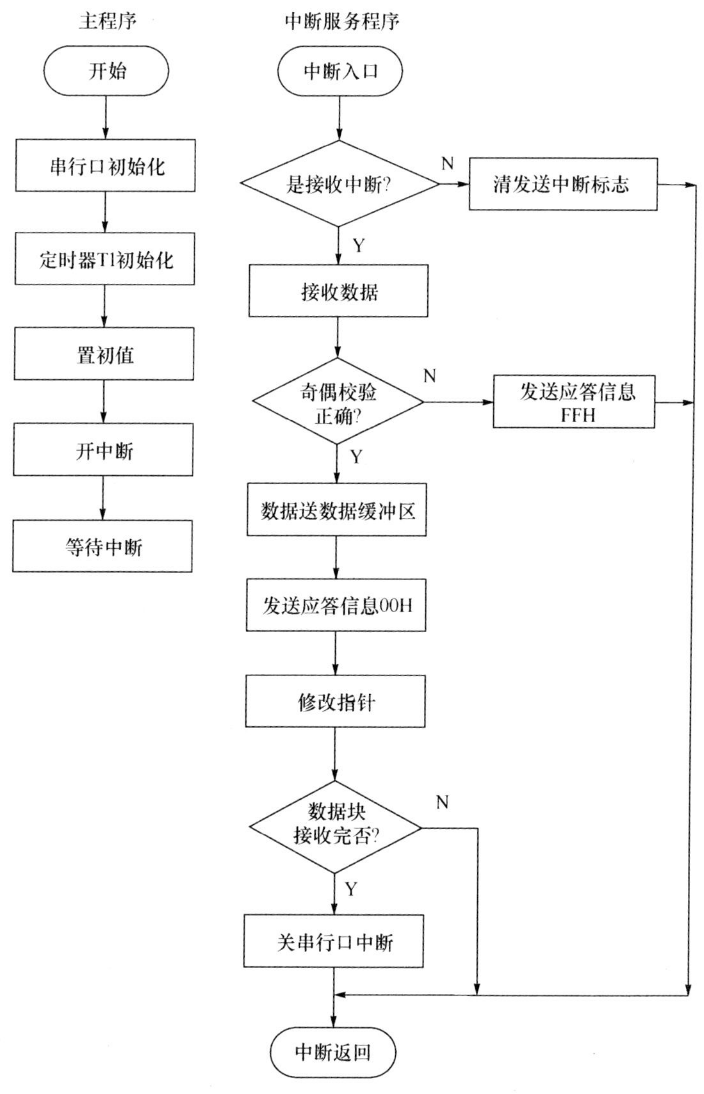

图7.12 带奇偶校验和应答点对点串行通信接收端程序流程图

甲机中断服务程序:

```
ST_INT: JB   RI, LOOP1     ;判断是否接收中断,若RI=1,则转接收乙机发送的应答信息
CLR     TI                 ;RI=0,则TI=1,表明是甲机发送发送完的中断请求
JMP     EXIT               ;甲机发送数据完跳至中断返回程序
```

```
LOOP1:CLR     RI                 ;清接收中断标志
      MOV     A,SBUF             ;取乙机的应答数据
      SUBB    A,#01H             ;若乙机应答信息为“00H”,数据传送正确,则转 LOOP2 发下
                                 一个数据
      JC      LOOP2
      MOV     A,@R1              ;若乙机应答信息为“FFH”,数据传送不正确,要求重新发送
      MOV     C,P
      MOV     TB8,C
      MOV     SBUF,A             ;启动串行口,重发一次数据
      JMP     EXIT               ;跳至中断返回程序
LOOP2: INC    R1                 ;修改地址指针
      MOV     A,@R1              ;下一个数据补偶
      MOV     C,P
      MOV     TB8,C              ;补偶位数据 送 TB8
      MOV     SBUF,A             ;启动串行口,发送新的数据
      CJNE    R0,#9,EXIT         ;判断 10 位数据是否发送完,若没有发送完,则中断返回
      CLR     ES                 ;全部发送完毕,禁止串行口中断
EXIT:RETI                        ;中断返回
      END
```

甲机(发送数据端)对应的 C51 语言程序为：

```
#include <reg51.h>                    // 包含 8051 单片机的寄存器定义头文件
#include <absacc.h>                   // 包含对内存直接操作头文件
unsigned char num = 0 ;
unsigned char  data_buffer;
main ()                               // 主函数
  {
      PCON = 0;                       // 串行口初始化
      SCON = 0xD0;
      TMOD = 0x20                     // T1 初始化
      TL1 = 0xFA ;
      TH1 = 0xFA ;
      TR1 = 1 ;
      EA = 1;                         // 开中断
      ES = 1;
      ACC = DBYTE[0x30 + num];        // 发送第一个数据
      TB8 = P;
      SBUF = ACC;
      while (1) ;
  }
 S1_ISR ()  interrupt  4              // 串口中断函数
  {
      if (RI)                         // 若 RI = 1,说明是接收中断
```

```
{
   RI = 0;                              // 将中断标志清 0
   data_buffer = SBUF;                  // 将串行口缓冲器中的内容读到 data_buffer 中
   if(data_buffer! = 0)                 // 如果 data_bufferl 不等于 00H,重新发送原数据
     {
       ACC = DBYTE[0x30 + num];         // 重新发送原数据
       TB8 = P;
       SBUF = ACC;
     }
   else
     {
        num ++ ;
        ACC = DBYTE[0x30 + num];        // 发送下一个数据
        TB8 = P;
        SBUF = ACC;
        if (num == 10)   ES = 0;        // 判断是否发送完 10 个数据
       }
  }
 else
   TI = 0;                              // 发送完中断标志清 0
}
```

乙机(接收数据端)汇编语言源程序如下。

乙机主程序:

```
       ORG    0000H
       AJMP     START               ;跳至主程序入口地址
       ORG    0023H                 ;串行口中断服务程序入口地址
       AJMP     SR_INT              ;转至实际串行口中断服务程序入口
       ORG    030H
START:MOV     SP,#60H               ;主程序入口
       MOV    PCON,#0               ;波特率不增倍
       MOV    SCON,#11010000B       ;置工作方式 3,并允许接收
       MOV    TMOD, #20H            ;T1 设置为工作方式 2
       MOV    TH1,#0FAH             ;设置 T1 的计数初值,产生 4 800 bit/s 波特率
       MOV    TL1,#0FA
       SETB    TR1                  ;启动定时器 1
       MOV    R1.#40H               ;设置接收数据块首址 40H
       MOV    R0,#00H               ;设置接收字节数初值
       SETB    ES                   ;允许串行口中断
       SETB    EA                   ;CPU 开中断
       SJMP     $                   ;等待中断
```

乙机中断服务程序:

```
       SR_INT: JB      RI, LOOPl    ;判断是否接收中断,若 RI = 1,则转接收程序入口
```

```
        CLR     TI                  ;因 RI = 0,则 TI = 1,是发送中断,故应清 0
        JMP     EXIT                ;跳至中断返回程序
LOOP1:CLR     RI                    ;清接收中断标志
        MOV   A,SBUF                ;读取接收的数据
        MOV   C,P                   ;取奇偶校验位值
        JC        LOOP2             ;如 8 位数为奇,则转 LOOP2 再检测 RB8 位
        ORL      C,RB8              ;8 位数为偶,若 RB8 = 1,则奇偶校验错误,转 LOOP3
        JC        LOOP3
        JMP       LOOP4             ;补偶正确,转 LOOP4
        LOOP2:ANL      C,RB8        ;8 位数为奇,再检测 RB8 位
        JC        LOOP4             ;RB8 = 1,补偶正确,转 LOOP4
LOOP3:MOV   A,#0FFH                 ;发出应答信息"FFH"给甲机,表明数据不正确
        MOV     SBUF,A
        LJMP     EXIT               ;跳至中断返回程序
LOOP4:MOV     @R1,A                 ;将接收的正确数据送数据缓冲区
        MOV     A,#00H              ;发出应答信息"00H"给甲机,表明数据传送正确
        MOV     SBUF,A              ;启动串行口,发一次数据
        INC       R0                ;修改字节数计数器
        INC       R1                ;修改地址指针
        CJNE     R0,#0AH,EXIT       ;判断 10 个数据是否接收完,若没有接收完,则中断返回
        CLR      ES                 ;全部接收完毕,关闭串行口中断
EXIT:RETI                           ;中断返回
        END
```

乙机（接收数据端）对应的 C51 语言程序为：

```
#include <reg51.h>                  // 包含 8051 单片机的寄存器定义头文件
#include <absacc.h>                 // 包含对内存直接操作头文件
unsigned char num = 0 ;
unsigned char data_buffer;
main ()                             // 主函数
{
   PCON = 0;                        // 串行口初始化
   SCON = 0xD0;
   TMOD = 0x20
   TL1 = 0xFA ;                     // T1 初始化
   TH1 = 0xFA ;
   TR1 = 1 ;
   EA = 1;                          // 开放串口中断
   ES = 1;
   while (1);
}
S2_ISR ()   interrupt   4           // 串口中断函数
{
  if (RI)
```

```
{
  RI = 0;                          // 接收标志复位
  ACC = SBUF;                      // 读接收数据
  if(P == RB8)                     // P = RB8 时，奇偶校验正确
  {
    DBYTE[0x40 + num] = ACC;       // 奇偶校验正确，则保存数据
    SBUF = 0x00 ;                  // 发出信息“0x00”
    num ++ ;
    if (num == 10)  ES = 0 ;
    }
    else  SBUF = 0xFF;             // 奇偶校验错误，发出信息“0xFF”
      }
 else
    TI = 0;                        // 发送标志复位
}
```

7.2.5 单片机与PC通信

在以计算机为控制中心的数据采集与自动控制系统中，通常用单片机作为控制系统的下位机，由 PC 作为上位机，来构建分布式测控系统。在这种情况下需要实现单片机与 PC 之间的通信，这里介绍一个单片机与一台 PC 串行通信的实现方法及通信程序的编制。

1. 单片机与 PC 串行通信的硬件连接

PC 的内部都配有异步串行通信接口(UART)芯片和标准 RS-232 接口，这使得它能够与具有标准 RS-232 接口的计算机或设备进行串行通信。下面首先简要介绍介绍一下 RS-232接口。

(1) RS-232C 接口

RS-232C 接口是美国电子工业协会于 1962 年制定的一种异步串行总线标准。该标准规定了异步串行接口的信息格式、电气特性和机械连接标准。

RS-232C 接口的信息格式如图 7.13 所示。

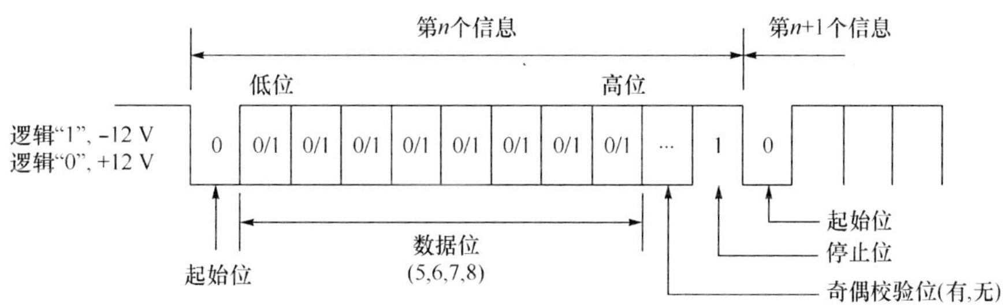

图 7.13 RS-232C 接口的信息格式

由图 7.13 可以看出，RS-232C 接口的信息格式与单片机所采用的异步串行通信的字符帧格式完全相同，只是它不是用 0 V 和+5 V 表示逻辑 0 和逻辑“1”，而是用+12 V 表示逻

辑“0”，用－12 V表示逻辑“1”，这种表达称为负逻辑。

RS-232C具体的电气标准如下。

逻辑“0”：＋5 V～＋15 V(＋5 V～＋15 V的直流电压值都代表逻辑“0”)

逻辑“1”：－5 V～ －15 V (－5 V～－15 V的直流电压值都代表逻辑“1”)

需要注意：单片机是采用TTL电平，而RS-232C采用自己的电平标准，两者不兼容，所以单片机要与RS-232C接口连接必须进行电平转换，否则将使单片机烧坏。

RS-232C接口标准还规定了RS-232C接口连接器的机械标准，连接器的尺寸及每个插针的排列位置都有明确的定义。有两种连接器可以使用，一种是25针连接器，具有全部的信号线，采用标准D型25芯插头座，各引脚排列如图7.14(a)所示。另一种是9针连接器，具有部分信号线，采用9芯插头座，各引脚排列如图7.14(b)所示。在实际应用中经常使用9针连接器，9针RS-232C接口连接器的针脚编号与功能如表7-5所示。

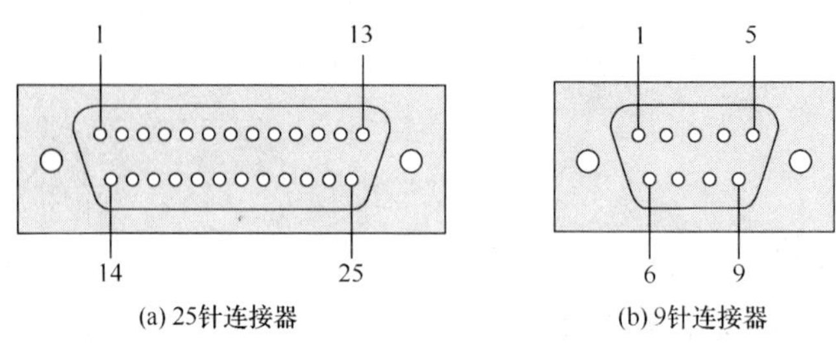

图7.14　RS-232C接口连接器

表7-5　RS-232C的9针连接器引脚定义

插针序号	信号名称	功能	信号方向
2	RXD	接收数据端	输入
3	TXD	发送数据端	输出
5	SGND	信号地	
7	RTS	请求发送	输出
8	CTS	允许发送	输入
6	DSR	数据建立就绪	输入
1	DCD	载波检测	输入
4	DTR	输出数据终端准备就绪	输出
9	RI	振铃指示	输入

(2) 单片机与PC的硬件连接电路

对最简单的全双工串行异步通信，仅使用发送数据线(TXD)、接收数据线(RXD)、信号地线(SG)就可以了。PC与单片机的硬件连接如图7.15所示。

在图7.15中，有两个RS-232C。一个在PC侧，已在PC内部与PC的UART芯片连接好。在单片机侧，单片机内部集成了UART，但由于它采用的是TTL电平，在与RS-232C连接时要进行电平转换。最常用的电平转换芯片是MAX232，图7.16给出了单片机侧具有电平转换功能的串行通信接口电路。

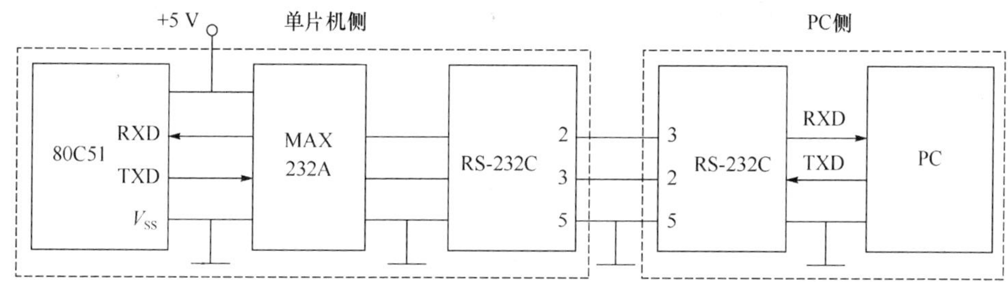

图 7.15 PC 与单片机通信图

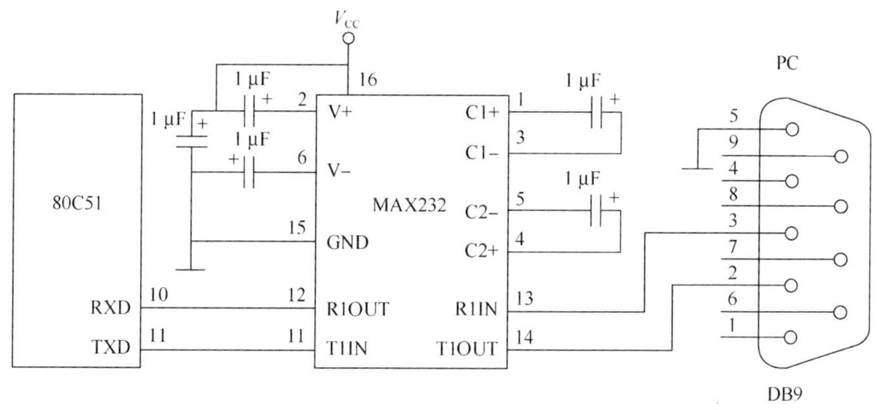

图 7.16 单片机侧具有电平转换功能的串行通信的接口电路

2. 单片机与 PC 通信的程序设计

单片机与 PC 通信的程序由两部分构成。一部分是单片机侧的通信程序，另一部分是 PC 侧的通信程序。单片机侧的通信程序设计方法与 7.2.4 节的方法基本相同，下面主要介绍 PC 侧通信的程序设计。

PC 的串行通信程序可以使用汇编语言、C 语言、VB 等编程语言编制。由于 VB 提供了串行通信控件，具有编程简单、人机界面设计方便的优点，在简单的 PC 的串行通信程序常常被使用。

用 VB 编制 PC 串行通信程序的具体步骤为：

(1) 启动 VB，进入 VB 主界面，为 PC 的串行通信程序建立一个工程；

(2) 将 MSComm(串行通信控件)加载到工具箱内；

(3) 将 MSComm 加入窗体；

(4) 利用 VB 的文本框、按钮、标签等控件设计人机界面；

(5) 输入各控件的属性及有关控件的程序代码；

(6) 连接好硬件进行调试。

编制 PC 串行通信程序的关键是正确使用 VB 的串行通信控件 MSComm，MSComm 有许多属性，下面仅介绍最主要的属性。

(1) Commport：设置或返回使用的串行口号，PC 有若干个 COM 口(RS-232C 接口)，确定使用哪个 COM 口。

（2）Setting：设置或返回使用的串行口的通信协议，包括波特率、奇偶校验、数据位数、停止位个数。

（3）PortOpen：设置或返回使用串行口的状态，在使用串行口前必须打开，使用完必须关闭。

（4）InputMode：设置或返回通信使用的数据格式，数据格式有二进制和文本两种。

（5）InputLen：设置由串行口读入的字符串的长度。

（6）Input：从输入缓冲读出数据。

（7）Output：将字符写入输出缓冲区。

（8）CommEvent：返回通信事件或通信错误。

（9）Rthreshold：设置引发 On Comm 事件的接收字符个数。

在使用 VB 编制 PC 的串行通信程序还要用到 VB 的 On Comm 事件，正在工作的 COM 口接收到 Rthreshold 属性规定数量的字符时，On Comm 事件发生，执行On Comm()子程序。这类似于单片机中的中断，在串行口接收到数据后自动转到接收数据处理子程序。

【例 7.5】 设已经按图 7.16 完成了 PC 与单片机串行通信的硬件连接。单片机的晶振频率为 11.059 2 MHz，通信协议为：波特率为 9 600、无奇偶校验、8 位数据、1 个停止位。编制程序实现，从 PC 输入一个一位数据，经串行口发给单片机，单片机收到数据后再经串行口发回给 PC，在 PC 上显示出。

解：按前边介绍的方法，用 VB 编制 PC 通信程序。

（1）启动 VB，进入 VB 主界面，为 PC 的串行通信程序建立一个工程。如图 7.17 所示。

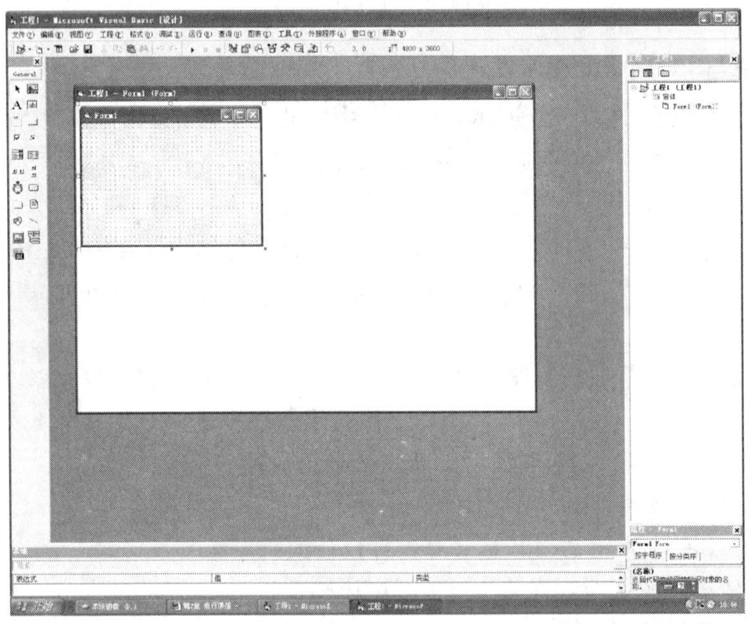

图 7.17　启动 VB 建立工程

（2）打开“工程”下拉菜单，打开“部件”对话框，在对话框中选中“Microsoft Comm Control”6.0 选项（如图 7.18 所示），单击“确定”按钮，则在工具箱内就可出现 MS Comm 控件，MS Comm 控件加载完成。

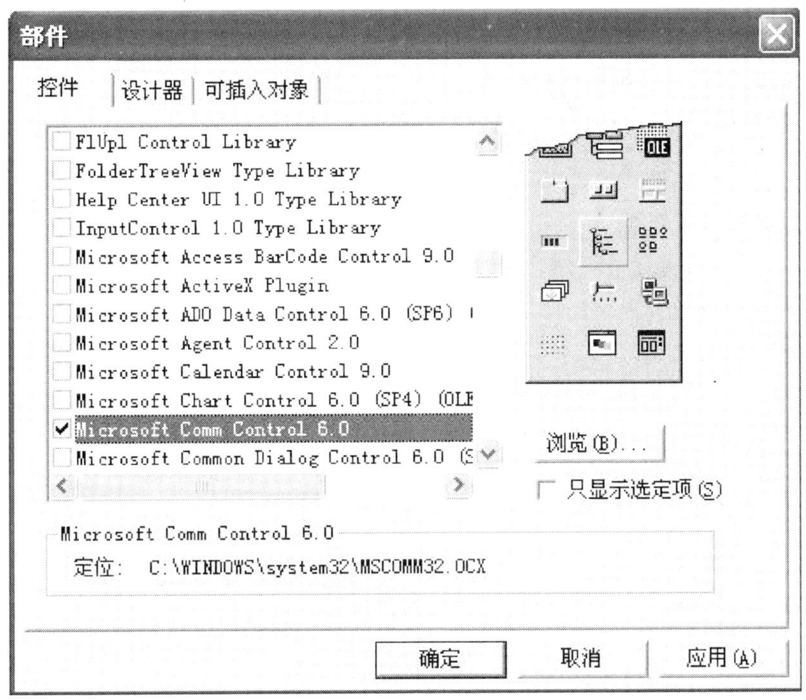

图 7.18　加载 MS Comm 控件

(3) 在工具箱中，双击 MS Comm 控件，将 MS Comm 控件加入窗体。

(4) 在窗体内放置两个文本框用来显示发送和接收的数据，在文本框旁放两个标签作为文字提示，放三个命令按钮分别用来控制发送数据、清除接收区、退出系统，如图 7.19 所示。

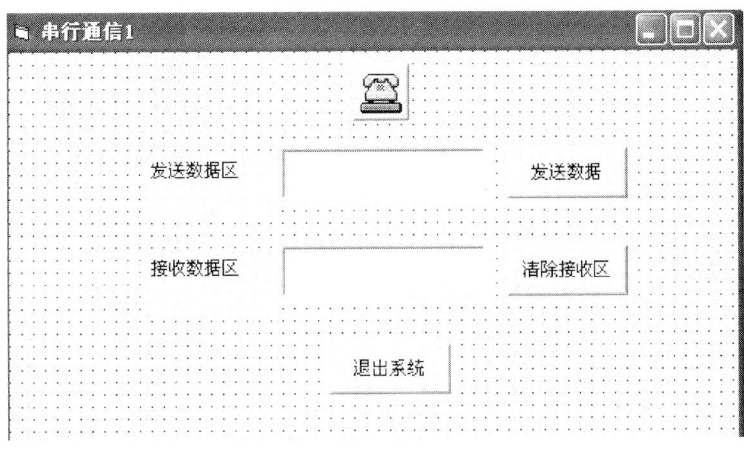

图 7.19　加载 MS Comm 控件

(5) 输入 MS Comm 的初始化程序代码、On Comm 事件、发送数据命令按钮事件、清除接收区命令按钮事件、退出系统命令按钮事件的程序代码，具体程序代码如下：

```
--------------声明全局变量--------------
Dim ReceiveData() As Byte
```

```
Dim SendData() As Byte
------------------------------------------
----------------初始化代码---------------
Private Sub Form_Load()
  With MS Comm
  .CommPort = 1
  If .PortOpen = True Then .PortOpen = False
  .Settings = "9600,N,8,1"
  .InputMode = comInputModeBinary
  .RThreshold = 1
  .InputLen = 0
  .PortOpen = True
  .InBufferCount = 0
  .OutBufferCount = 0
End With
txtSend.Text = ""
txtReceive.Text = ""
End Sub
------------------------------------------
----------On Comm 事件代码-------
Private Sub MS Comm_OnComm()
  Dim i As Integer
  Select Case MS Comm.CommEvent
  Case comEvReceive
  ReceiveData = MS Comm.Input
  For i = LBound(ReceiveData) To UBound(ReceiveData)
    txtReceive.Text = (txtReceive.Text) & ReceiveData(i)
  Next i
  End Select
End Sub
------------------------------------------
---------发送数据命令按钮代码------
Private Sub cmdSend_Click()
  Dim i As Integer
  If Len(txtSend.Text) = 0 Then Exit Sub
  ReDim SendData(Len(txtSend.Text) - 1)
  For i = 0 To Len(txtSend.Text) - 1
    SendData(i) = MidMYM(txtSend.Text, i + 1, 2)
  i = i + 1
  Next i
  MS Comm.Output = SendData
End Sub
------------------------------------------
```

```
-------清除接收区命令按钮事件代码---------
Private Sub cmdClear_Click()
  txtReceive.Text = " "
End Sub
------------------------------------------------
---------退出命令按钮事件代码-------
Private Sub cmdEnd_Click()
  End
End Sub
------------------------------------------------
```

单片机的串行通信汇编语言程序如下：

```
        ORG   0000H
        AJMP   START              ;跳至主程序入口地址
        ORG   0023H               ;串行口中断服务程序入口地址
        AJMP    S_INT             ;转至串行口中断服务程序
   ORG   0030H
   START: MOV   SP, #50H          ;主程序入口
        MOV   SCON , #0D0H        ;置工作方式 3,并允许接收
        MOV   PCON , #0           ;波特率不增倍
        MOV   TMOD, #20H          ;设置定时器 T1 工作方式
        MOV   TL1, #0FDH          ;产生 9 600 bit/s 的计数初值
        MOV   TH1, #0FDH
        SETB   TR1                ;启动定时器 T1
        SETB   ES                 ;允许串行口中断
        SETB   EA                 ;CPU 开中断
        SJMP   $
S_INT: JBC    RI,   RECEVE        ;中断服务程序入口,判断是否接收中断,若
                                  ;RI = 0,则转接收程序
        CLR    TI
        JMP    RETURN
RECEVE: MOV   A, SBUF             ;读取接收的数据
        MOV   SBUF, A             ;将接收到的数据发回
RETURN: REIT                      ;中断返回
        END
```

对应的 C51 程序为：

```
#include <reg51>
unsigned char   r_data
main ()
{
   SCON = 0xD0 ;                  // 串口初始化
   PCON = 0 ;
   TMOD = 0x20                    // 定时器 T1 初始化
   TL1 = 0xFD ;
```

```
    TH1 = 0xFD ;
    TR1 = 1 ;
    ES = 1 ;                        // 允许串口中断
    EA = 1 ;
    while () ;
}
s_int ()  interrupt  4              // 串行接口中断函数
{
    if (RI == 1)
      {
RI = 0 ;
r_data = SUBF ;                     // 读取数据
SUBF = r_data ;                     // 发送数据
}
If (TI == 1)
{
    TI = 0
}
}
```

运行调试在 PC 上的显示结果如图 7.20 所示。

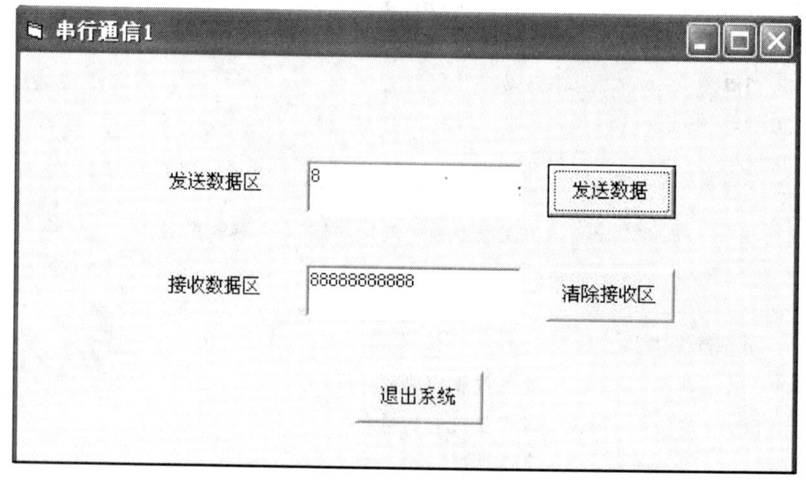

图 7.20　数据发送和接收的运行显示结果

习　　题

1. 什么是异步串行通信？与其他通信方式相比，它具有哪些优缺点？
2. 什么是波特率？波特率为 9 600 表示什么意思？
3. 在计算机内部的并行数据是怎样利用 UART 变成串行数据发出去的？

4. 写出字符“B”在 8 个数据位、1 个停止位、1 个奇偶校验位的字符帧格式。

5. MCS-51 单片机串行口有哪几种工作方式？说明这几种工作方式的特点。

6. 如果要在单片机串行通信时使用奇偶校验可以选择哪种工作方式？如果希望通信的波特率可变可采用哪种工作方式？

7. 在单片机串行通信时，在什么情况下要使用定时/计数器 T1？这时 T1 应该采用哪种工作方式？波特率又如何计算？

8. 设置串行口工作于方式 3，波特率为 9 600 bit/s，系统主频为 11.059 2 MHz，允许接收数据，串行口开中断，编程实现上述要求的初始化程序。若将串行口改为方式 1，应如何修改初始化程序？

9. 说明如何利用 MCS-51 单片机串行口提供的功能实现奇偶校验？

10. 阅读下列程序，给程序加注释，说明程序实现的功能，画出程序流程图，写出实现同样功能的 C51 程序。

```
        MOV   SON, #80H
        MOV   PCON, #80H
        MOV   R7, #20H
        MOV   R0, #50H
START:  MOV   A,   @R0
        MOV   C,   P
        MOV   TB8, C
        MOV   SBUF, A
WAIT:   JBC TI, CONT
        AJMP  WAIT
CONT:   INC   R0
        DJNZ  R7, START
        RET
```

11. 设计并实现一个单片机与 PC 点对点通信系统。具体要求为：单片机每 10 秒向 PC 发送一个数据，PC 将接收到的数据在显示器上显示。写出设计说明书，内容包括设计思想说明、硬件电路图、程序流程图、程序清单、运行结果截图、存在的问题及解决方法。

第8章

单片机应用中的人机接口

通过前面章节内容的介绍，已经对单片机芯片的内部结构、基本工作原理有了一定的理解，同时也掌握了使用C51语言以及MCS-51汇编语言设计编制单片机应用程序的基本方法。本章将在前面各章节内容的基础上，介绍在单片机应用时会遇到的人机接口技术，具体内容包括：键盘与显示器、语音芯片、IC卡读/写系统的接口技术。希望通过这些内容，进一步加深对单片机系统的理解，为单片机的人机接口应用系统的设计提供思路和方法。

8.1 单片机基本的人机接口

在单片机的应用系统中，人们为了和单片机进行交流，通常需要向单片机输入一定的信息，然后单片机对输入的信息进行各种相应的处理，最终把处理的结果显示给用户观察（如图8.1所示）。在这个过程中，输入设备通常可以是键盘、触摸屏等设备，输出设备通常可以是LED数码管、LCD显示器等。

8.1.1 键盘输入

键盘是最常见的人机接口设备，通过键盘人们可以向单片机输入各种操作命令和数据，单片机捕捉到这些按键信息后，由单片机进行相应的处理。

键盘从结构上分为两类：独立式键盘和行列式键盘。独立式键盘是指键盘中的各个按键的输入相互独立，每1个按键都单独接1根输入数据线，独立式键盘的工作原理如图8.2所示。当有键按下时，向单片机输入低电平，无键按下时输入高电平。但是，由于这种结构每个按键要占用1根I/O接口线，如果按键较多，则在实际设计中就不方便了。

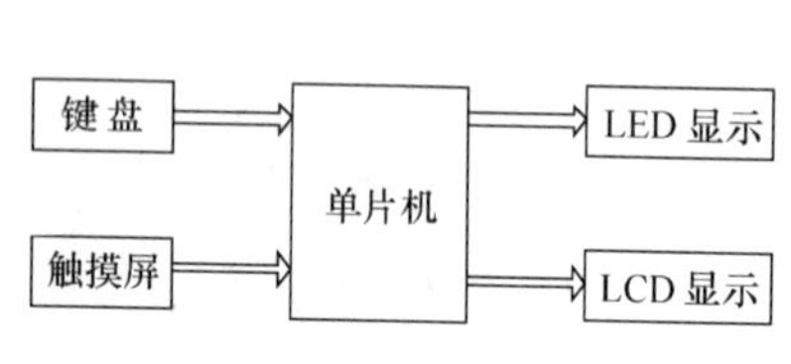

图8.1 单片机人机交互图

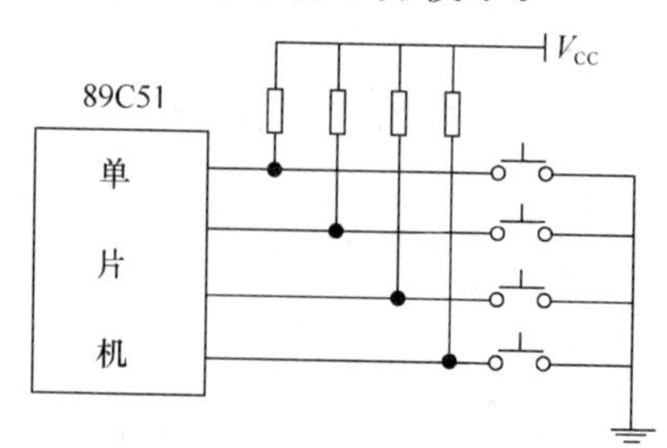

图8.2 独立式键盘原理图

在按键数目较多时通常采用行列式键盘(如图 8.3 所示)。所谓行列式键盘是将键盘的输入分成行和列,从而形成 1 个具有按键个数为行×列的矩阵,采用对行列式键盘的扫描来识别按键。在没有按键按下时,任意两条交叉的行、列线不连通,只有在某个按键按下时相应的行线和列线才连通在一起。以 16 个按键组成的 4×4 行列式矩阵键盘为例:当 K0 键按下时,则第 0 行和第 0 列连通。此时,如果列线 0 输出低电平,则行线 0 会得到低电平,而其余没有按下的按键所在的行线都是高电平。再例如,当列线作为输出线而行线作为输入线时,当 K9 键按下时,则第 2 行和第 1 列连通。此时,如果第 1 列输出低电平,则第 2 行会得到低电平输入给单片机。下面将结合图 8.3 介绍行列式键盘的扫描方法。

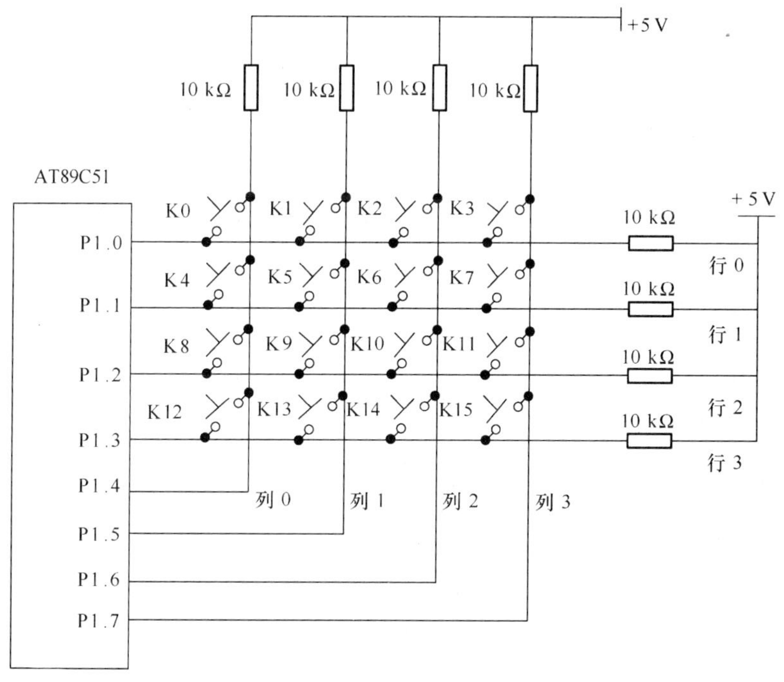

图 8.3 4×4 行列式键盘原理图

通常扫描键盘上的按键是否被按下,主要有两种方法:(1)逐行扫描法;(2)行反转法。下面将具体介绍这两种方法。

(1) 逐行扫描法。顾名思义,这种方法是指在行列式的矩阵键盘中,一行一行地来查看是否有按键被按下,如果某行有按键被按下,则获得相应的按键键值给单片机的 CPU 进行处理。

逐行扫描法的具体步骤如下:

① 将 4 根行线作为单片机向外输出的接口,4 根列线作为向单片机进行输入的接口即 P1 口的低 4 位用于输出,高 4 位用于输入。

② 从 4 根行线输出数据,逐一扫描键盘的每一行,看是否此行中有按键被按下。具体从行线输出数据时,要保证每次输出的 4 行数据中只有 1 行输出的是低电平,其余 3 行输出的是高电平,此时单片机再从列线读出 4 列的结果。如果每列都是高电平,则每行都无按键被按下。相反,如果某列读到的是低电平,则被按下的按键位于此低电平列线与低电平行线的交叉点处。按照这种方式,只要依次从行线输出 4 组数据,就可以将 4×4 键盘上的 16 个

按键扫描一遍。

例如，行线0～行线3(即P1.0～P1.3)输出数据是0111B，则代表第0行输出的是低电平，而其他3行输出的是高电平，因此输出数据0111B代表要扫描第0行的4个按键是否被按下。若此时从列0～列3(即P1.4～P1.7)读到的数据是1111B即4列都是高电平，那么第0行4个按键没有一个被按下的。相反，如果此时从列线读到的是1101B，即只有列2是低电平，而其他3列都是高电平，则此时第0行有按键被按下，具体按键被按下的位置是第2列与第0行的交叉点处，通过图8.3可知K2键被按下，至此第0行扫描完毕，接下来可以依次再扫描其他行，直到16个按键都扫描完毕。

③ 得到按键的键值。键值是指当某一行有按键按下时，此时行线输出的值与列线输入的值组成的8位二进制数据，例如：

- 当K0键按下时，从单片机P1.0～P1.3输出的数据一定是0111，而P1.4～P1.7输入到单片机的数据是0111B，因此P1.0～P1.7组合的8位二进制数据是01110111B。因为P1口表示数据的方法是P1.7～P1.0，所以此时K0键的键值是11101110B，即EEH。
- 当K9键按下时，从单片机P1.0～P1.3输出的数据一定是1101，而P1.4～P1.7输入到单片机的数据是1011，因此P1.0～P1.7组合的8位二进制数据是11011011B。因为P1口表示数据的方法是P1.7～P1.0，所以此时K0键的键值是11011011B，即DBH。

按照上面的方法，可以将K0～K15这16个按键的键值依次求出。

(2) 行反转法：这种方法是指先将4根列线作为输出线输出0000B，4根行线作为输入线，然后从4根行线得到输入的数据A；接下来进行方向的反转，将4根行线由输入变为输出线输出A，再将4根列线由输出变为输入线，得到相应的数据B，最后由AB组合成1个8位的二进制数据就是键值。行反转法的具体步骤如下：

① 将4根行线作为向单片机进行输入的接口，4根列线作为单片机向外输出的接口即P1口的低4位用于输入，高4位用于输出。此时，从4根列线输出0000B，然后读4根行线得到数据为A，如果4根行线全为高电平则没有1个按键被按下，如果不全为高电平则代表有键按下。

② 进行方向的反转，即将①中的行线由输入线变为输出线，①中的列线由输出线变为输入线，此时4根行线将①中得到的数据A进行输出，然后可以从4根列线读到数据B。

③ 得到按键的键值。将①中的数据A与②中的数据B组合成8位的二进制数据，就是相应按键的键值。键值应该与逐行扫描法的键值相同。例如：

从单片机P1.4～P1.7输出的数据是0000，此时从P1.0～P1.3得到的输入数据是0111B，说明第0行有键按下；接下来将P1.0～P1.3作为输出线将得到的0111B输出，然后将P1.4～P1.7作为输入线读到的结果是0111B，说明第0列有键按下，所以按键应是第0行与第0列的交叉点处即K0键。因此P1.0～P1.7组合的8位二进制数据是01110111B。因为P1口表示数据的方法是P1.7～P1.0，所以此时K0键的键值是11101110B，即EEH。

这里大家还要注意一个问题，当进行按键操作的时候，由于按键基本是由机械开关等材料制成的，因此在按键按下的过程中伴随有抖动现象，如果不及时排除掉抖动干扰，就可能使读到的按键键值产生错误。消除抖动的方法有硬件和软件延时两种方法，其中使用软件延时方法比较简单方便，是经常采用的方法。根据对人们按键动作的分析，一般按键至少要持续100 ms，而抖动的时间大概是10 ms。因此，在判断按键是否被按下时，当第1次读到1

个按键的键值时，不要急于立刻得出结论，要至少延时 10 ms 以上再读 1 次按键的键值，此时抖动时间已经过去，如果延时前后两次读到的按键键值完全相同，那么这次按键才有效。将这种设计思想运用到程序设计中，就可以实现软件延时消抖的目的。下面将以图 8.3的硬件原理图为例，分别使用逐行扫描法和行反转法来进行按键识别的程序设计。具体 C51 语言程序如下。

(1) 逐行扫描法程序

```
#include <reg51.h>
unsigned char code tab[] = {0x0EE,0x0DE,0x0BE,0x7E,0x0ED,0x0DD,0x0BD,0x7D,
                            0x0EB,0x0DB,0x0BB,0x7B,0x0E7,0x0D7,0x0B7,0x77 };
                                        // 定义按键 K0～K15 的键值码
unsigned char code smm[] = {0x0fe,0x0fd,0x0fb,0x0f7};
                                        // 行 0～行 3 的行扫描码
unsigned char keysm1()
{
  unsigned char a,b,t;
  for(P1 = 0x0f0;P1 == 0x0f0; );        // 行线输出低电平,并判断是否有按键按下
  t = 0;                                // 行计数器清 0
  b = smm[t];                           // 获得行扫描码,准备行扫描
  do                                    // 进行行扫描
  {
    P1 = b;                             // 给 P1 口送行扫描码
    a = P1;                             // 此时读入列线值
    a = a&0x0f0;                        // 取出列线值
    if(a == 0x0f0)                      // 如果相等代表此行无键按下,准备下一行的扫描码
    {
      t ++ ;
      if(t == 4) t = 0;
      b = smm[t];
    }
  }while(a == 0x0f0);                   // 只要无键按下,则循环扫描

  b = b&0x0f;                           // 当某行有按键按下时,取出行线值
  b = b|a;                              // 将行列线值合并成键值码
  t = 0;                                // 键值码查找计数器清 0
  for( ;b! = tab[t];t ++ );             // 循环查找按键的键值码
  return(t);                            // 找到键值码后,返回按键的位置
}                                       // 例如 K0 键返回 0,依此类推

void delayms(unsigned char ms)          // 毫秒级延时函数,晶振 6 MHz
{
  unsigned char i;
  while(ms -- )
```

```
    {
      for(i=60;i>0;i--);
    }
}
void display(unsigned char P)         // 显示函数,当按相应按键时,在数码管上显示键值
{                                     // 例如按键 K0 时显示 0,以此类推,按 K15 键时显示 15
  //…                                 // 显示部分,这里省略,感兴趣可以自己尝试编程
}

void main()
{
  unsigned char m,n;
  for( ; ; )                          // 无限循环扫描键盘以及显示按键信息
  {
    m=keysm1();                       // 调用键盘是否被按下的逐行扫描法函数
    delayms(11);                      // 延时 10 ms,用于键盘去抖动
    n=keysm1();                       // 再次调用键盘逐行扫描法函数,返回显示数字
    if(m==n)                          // 如果去抖动前后两次按键的显示数字相同
    { display(m); }                   // 则调用显示函数在数码管上显示结果
    for(P1=0x0f;P1!=0x0f;);           // 判断按键是否结束
    delayms(1);                       // 延时 1 ms
  }
}
```

(2) 行反转法程序

```
#include <reg51.h>

unsigned char code tab[]={0x0EE,0x0DE,0x0BE,0x7E,0x0ED,0x0DD,0x0BD,0x7D,
                          0x0EB,0x0DB,0x0BB,0x7B,0x0E7,0x0D7,0x0B7,0x77};
                                      // 定义按键 K0～K15 的键值码

unsigned char keysm()
{
   unsigned char a,b,t;
   for(P1=0x0f,a=P1; a==0x0f; a=P1);// 4 条列线都输出低电平,并读入行线值,判断是否有键
按下

   b=a;                               // 如果有键按下,保存低 4 位行线值
   a=a|0x0f0;                         // 准备反转码,来对列线扫描
   P1=a;                              // 低 4 位不变,高 4 位置 1,从行线输出
   a=P1;                              // 读入列线的值
   b=b|a;                             // 合并列线和行线的值形成键值码
   t=0;                               // 键值码查找计数器清 0
   a=tab[t];                          // 得到第 1 个待查找的键值码
```

```
    for( ; b! =a; t++ ,a=tab[t]);  // 循环查找按键的键值码
    return(t);                      // 找到键值码后,返回按键的位置
}                                   // 例如 K0 键返回 0,以此类推

void delayms(unsigned char ms)      // 毫秒级延时函数,晶振 6 MHz
{
    unsigned char i;
    while(ms--)
    {
        for(i=60;i>0;i--);
    }
}

void display(unsigned char P)       // 显示函数,当按相应按键时,在数码管上显示键值
{                                   // 例如按键 K0 时显示 0,以此类推,按 K15 键时显示 15
    //…                             // 显示部分,这里省略,感兴趣可以自己尝试编程
}

void main()
{
    unsigned char m,n;
    for( ; ; )                      // 无限循环扫描键盘以及显示按键信息
    {
        m=keysm();                  // 调用键盘是否被按下的行反转法扫描函数
        delayms(11);                // 延时 10 ms,用于键盘去抖动
        n=keysm();                  // 再次调用键盘的行反转法扫描函数,返回显示数字
        if(m==n)                    // 如果去抖动前后两次按键的显示数字相同
        { display(m); }             // 则调用显示函数在数码管上显示结果
        for(P1=0x0f;P1! =0x0f; );   // 判断按键是否结束
        delayms(1);                 // 延时 1 ms
    }
}
```

以上的程序代码就是逐行扫描法以及行反转法的程序实现,通过这两种扫描算法程序就可以判断出键盘哪个位置的按键被按下,从而实现键盘的数据输入。

8.1.2　八段式LED数码管

八段式 LED 数码管是单片机常用的显示输出设备之一,它是基于 LED 的基本原理进行工作的。LED(Light Emitting Diode)即发光二极管,具有单向导电性能,当给 LED 一端接+5 V 直流电,另一端接地时,就会发光。目前,主要有红、黄、绿、蓝、白等颜色的发光二极管。

八段式 LED 数码管(如图 8.4 所示),分为 a、b、c、d、e、f、g、dp(小数点)共计 8 段,实际就是在数码管的内部使用了 8 个 LED 构成的显示设备,主要用于显示数字以及部分英文字

符。通过图 8.4 可以看到，LED 数码管分为共阳极和共阴极两类。共阳极就是数码管中的 8 个 LED 的阳极连在一起，通常接+5 V 直流电，此时只要在阴极出现低电平，则相应段的 LED 就会发光。同理，共阴极数码管就是将 8 个 LED 的阴极连接在一起，通常共阴极接地，此时只要阳极是高电平，则相应段就会发光。

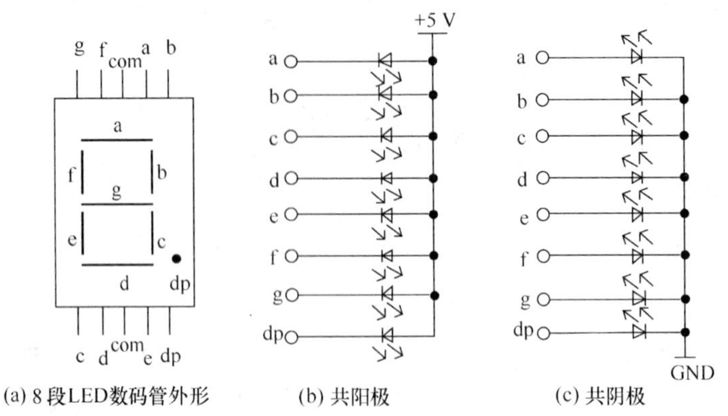

(a) 8段LED数码管外形　(b) 共阳极　(c) 共阴极

图 8.4　8 段式 LED 数码管外形及内部结构图

在掌握了数码管的外形以及分类之后，接下来要理解数码管显示的字型码，也称为段码。由于 8 段 LED 数码管要显示不同的数字或字符，因此要使不同段的 LED 发光，才能显示出相应的字型。通常 LED 数码管的 8 段正好组成了 1 个字节的字型码，其中 dp 段是字型码的最高位，a 是字型码的最低位。字型码各位与 LED 数码管各段的对应关系如表 8-1 所示。常见的共阳极或共阴极数码管的字型码如表 8-2 所示。

表 8-1　字型码各位与数码管各段的对应关系表

字型码各位	D7	D6	D5	D4	D3	D2	D1	D0
数码管各段	dp	g	f	e	d	c	b	a

表 8-2　常见的共阳极或共阴极数码管字型码表

被显示字符	共阳极段码	共阴极段码	被显示字符	共阳极段码	共阴极段码
0	C0H	3FH	9	90H	6FH
1	F9H	06H	A	88H	77H
2	A4H	5BH	B	83H	7CH
3	B0H	4FH	C	C6H	39H
4	99H	66H	D	A1H	5EH
5	92H	6DH	E	86H	79H
6	82H	7DH	F	8EH	71H
7	F8H	07H	G	8CH	73H
8	80H	7FH	H	89H	76H

在理解了 LED 数码管的显示字型码之后，接下来要研究如何将这些字型码显示在数码管上。通常 LED 数码管的显示分为两种：静态显示和动态显示。下面将具体介绍这两种显

示方式。

(1) 静态显示：是指在每次数码管的显示过程中，使各个数码管的共阳极(或共阴极)接+5 V(或接地)，同时使数码管的8段即a～dp段中的输出内容保持不变，因此数码管的显示内容静止。在这种方式中，共阳极或共阴极一般也称为数码管的位选端。当静态显示时，往往需要每个数码管的8段占用1个I/O端口，因此这种显示方式占用系统的I/O接口资源较多，它不适合设计多个数码管的显示。如果系统要对多个数码管进行显示，通常使用下面的动态显示方式。

(2) 动态显示：在这种显示方式中，将所有数码管的8段即a～dp段都连接在一起，分时使各个数码管的位选端有效，也就是在某1个时刻只能有1个数码管在显示。由于人眼具有“视觉暂留”作用，通常在20 ms左右，因此只要使多个数码管显示的时间间隔较短，人眼一般是感觉不到数码管熄灭的，因此可以形成多个数码管在“静态显示”的假相。这种动态显示方式相比静态显示方式，占用的I/O接口较少，但需要消耗一定的时间。

下面将通过具体的例子，说明实现LED数码管的静态显示以及动态显示的具体方法。如图8.5所示，是单片机控制两个8段共阴极数码管进行显示的硬件原理图。从图中可以看到，两个数码管的字段码共同由单片机通过P0口经过上拉电阻发送给数码管的各个字段，而数码管的共阴极公共端则分别由单片机的P2.0和P2.1引脚通过反门驱动器7407进行控制。当8段数码管进行静态显示时，可以同时使这两个引脚是高电平，经过7407后同时为低电平；当其动态显示时，则可以轮流使P2.0和P2.1引脚为高电平，经过7407后轮流为低电平，从而达到8段数码管的分时动态显示。

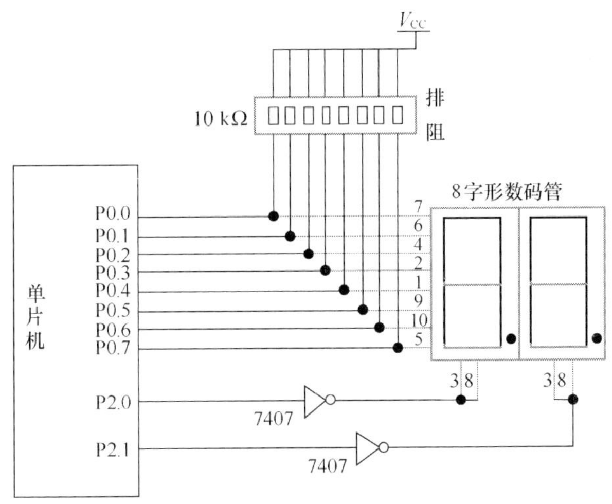

图8.5　单片机控制两个共阴极数码管显示的硬件原理图

接下来将以图8.5的硬件原理为例，通过C51程序来实现数码管的静态以及动态显示数字0～F，具体程序代码如下。

(1) 静态显示程序

```
#include  <reg51.h>            // 51单片机的寄存器声明头文件
#include  <intrins.h>          // 伪本征函数头文件
unsigned char code tab[] = {0x3F,0x06,0x5B,0x4F,0x66,0x6D,0x7D,0x07,
                            0x7F,0x6F,0x77,0x7C,0x39,0x5E,0x79,0x71 };
```

```
                                     // 共阴极数码管 0～F 的段码
sbit L0 = P2^0;                      // P2.0 控制第 1 个数码管的公共端
sbit L1 = P2^1;                      // P2.1 控制第 2 个数码管的公共端
void delay()                         // 延时子程序
{  unsigned char i,j;
   for(i = 0;i<226;i++)
     { for(j = 0;j<255;j++); }
}
void main()
{
  unsigned char k = 0;
  L0 = 1;                            // 使第 1 个数码管位选端有效
  _nop_(); _nop_();                  // 伪本征函数延时 4 μs,系统时钟 6 MHz
  L1 = 1;                            // 使第 2 个数码管位选端有效
  _nop_(); _nop_();                  // 伪本征函数延时 4 μs,系统时钟 6 MHz
  while(1)
  {
    P0 = tab[k];                     // 赋给显示字段码
    delay();
    k++;
    if(k>15) { k = 0;}               // 显示完 F 再次从 0 显示
  }
}
```

（2）动态显示程序

```
#include  <reg51.h>                  // 51 单片机的寄存器声明头文件
#include  <intrins.h>                // 伪本征函数头文件
unsigned char code tab[] = {0x3F,0x06,0x5B,0x4F,0x66,0x6D,0x7D,0x07,
                            0x7F,0x6F,0x77,0x7C,0x39,0x5E,0x79,0x71 };
                                     // 共阴极数码管 0～F 的段码
sbit L0 = P2^0;                      // P2.0 控制第 1 个数码管的公共端
sbit L1 = P2^1;                      // P2.1 控制第 2 个数码管的公共端
void delay()                         // 延时子程序
{
  unsigned char i;
  for(i = 0;i<255;i++);
}
void main()
{
  unsigned char k = 0;
  P2 = 0x00;                         // 使 2 个数码管全灭
  _nop_(); _nop_();                  // 伪本征函数延时 4 μs,系统时钟 6 MHz
  while(1)
```

```
    {
      P0 = tab[k];                    // 赋给显示字段码
      L0 = 1;                         // 使第 1 个数码管亮
      delay();
      L0 = 0;                         // 使第 1 个数码管灭
      k ++ ;
      P0 = tab[k];                    // 赋给显示字段码
      L1 = 1;                         // 使第 2 个数码管亮
      delay();
      L1 = 0;                         // 使第 2 个数码管灭
      k ++ ;
      if(k>15) { k = 0;}              // 显示完 F 再次从 0 显示
    }
  }
```

8.1.3 液晶显示器简介

液晶显示器(Liquid Crystal Display,LCD),是一种被动式发光的显示器件。由于液晶这种物质本身并不发光,它只是在外加电场的作用下使液晶内部的分子有序排列,从而改变通过这些液晶分子的光线方向,光线再经过底板的反射、散射最终进入人们的视野。液晶显示器具有重量轻、体积小、功耗低、抗扰能力强等优点,广泛应用于人们的生活、仪器仪表、控制系统等领域。

液晶显示器的种类很多,按排列形状可将其分为 3 类:字段型、点阵字符型以及点阵图形型。每种类型的含义具体如下。

(1) 字段型:是以长条形组成字符进行显示。主要用于数字显示,也可用于英文字母及部分符号的显示中。字符型液晶显示器常用于数字仪表、电子表、计算器等设备中。

(2) 点阵字符型:主要用于显示字母、符号以及数字等信息。这种液晶显示器由很多 5×7或 5×10 的点阵组成,每个点阵显示 1 个字符。目前,此类显示器广泛用于单片机的设计中。

(3) 点阵图形型:这种液晶显示器排列成多行或多列,形成矩阵式的晶格点,点的大小可以根据清晰程度进行设计。此类液晶显示器应用于图形显示,例如液晶彩电、游戏机等。

如果要使用点阵字符型 LCD 显示器,必须有相应的 LCD 控制器、驱动器来对 LCD 显示器进行扫描、驱动,并且还要有一定容量的 ROM 和 RAM,用于保存单片机写入的命令以及要显示字符的点阵。随着科学技术的进步,目前人们已经将 LCD 控制器、驱动器、ROM、RAM 以及 LCD 显示器集成在了一块 PCB 模块上,人们习惯称它为液晶显示模块(LCD Module,LCM)。LCM 的出现大大方便了单片机对液晶显示器的控制,只要单片机向 LCM 发出相应的控制命令以及要显示的数据,液晶显示器就会显示出来,这使得接口简单、使用方便。目前,LCM 中使用比较成熟的控制器有日立公司的 HD44780 等。

至此,简要介绍了 LCD 的基本知识,有关 LCM 模块的硬件以及控制命令等详细内容可以参看 LCD 的相关资料。

8.2 基于 8155 的键盘输入与 LED 显示系统

在单片机应用系统设计中，一般是将键盘与显示器放在一起考虑，这样可以减少对并口线的占用，下面介绍基于 8155 芯片的单片机键盘输入与 LED 显示实现方案。

在基于 8155 芯片的典型的单片机键盘输入与 LED 显示系统中，输入设备是矩阵键盘，输出设备提供的是若干个 LED 数码管。其中，键盘和数码管主要通过 8155 芯片进行读/写控制，硬件系统的框图如图 8.6 所示。通过图 8.6 可知，整个键盘显示系统的硬件工作过程如下：首先系统接收用户从小键盘上输入的按键信息，然后被 8155 芯片捕捉到，接着这个按键的键值从 8155 芯片内部被读入到单片机中，单片机对按键的键值经过处理后，再通过 8155 芯片控制的 LED 数码管进行显示。

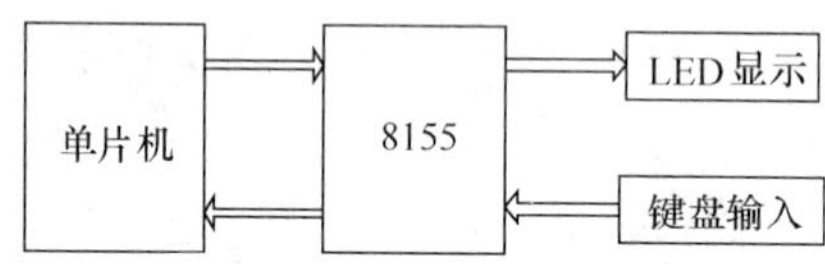

图 8.6 基于 8155 芯片键盘输入与 LED 显示硬件构成

8.2.1 并行接口芯片 8155 介绍

8155 是一种可编程控制的并行接口芯片，它的的内部结构原理图以及外部引脚如图 8.7所示。

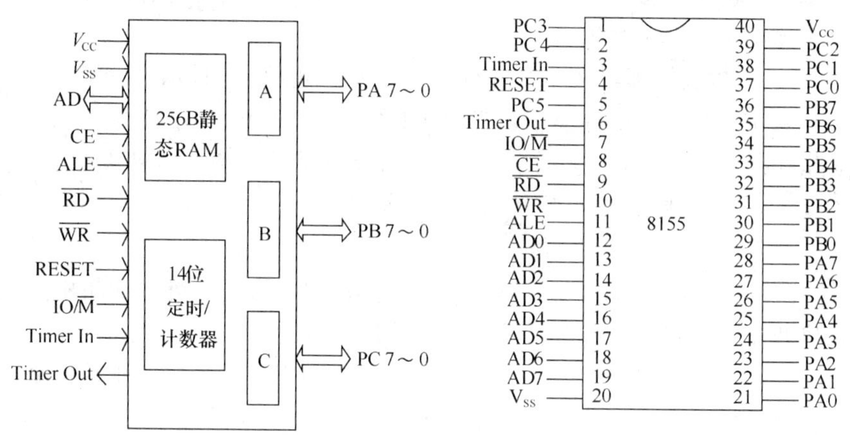

图 8.7 8155 芯片的内部结构和外部引脚图

从图中可以看出 8155 芯片内部具有 3 个 I/O 端口 A、B、C，256 B RAM，14 位定时/计数器以及控制逻辑和内部寄存器。单片机与 8155 芯片通过相应的引脚进行连接，从而将各种控制命令下发给 8155 芯片，然后 8155 芯片根据接到的命令来控制键盘的输入以及 LED 数码管的输出。8155 芯片主要引脚功能如下。

(1) AD0～AD7：地址/数据总线引脚。由于 8155 内部有 256 B 的 RAM 单元，因此访问这些地址单元需要 8 位地址线。通常 AD0～AD7 与单片机的 P0 口相连，既可以用来传送地址信息也可以传数据信息。那么 AD0～AD7 何时作为地址总线，何时作为数据总线呢？这主要取决于 8155 芯片上另一个引脚 ALE。当 ALE 处于下降沿时，8155 将 AD0～AD7 作为地址总线，并将总线上的地址信号保存到芯片内部的地址寄存器中。这个地址既可以是 RAM 单元的地址，也可以是 8155 的端口地址，具体由引脚 IO/$\overline{M}$决定。

(2) ALE：地址锁存使能引脚。在 ALE 下降沿是将地址信号、IO/$\overline{M}$信号、$\overline{CE}$信号共同锁存到芯片内部的锁存器中。

(3) IO/$\overline{M}$：IO 端口或者 RAM 单元的选择信号。当此引脚为高电平时，用于对 IO 端口操作；当此引脚为低电平时，对 8155 芯片内的 RAM 单元进行操作。

(4) $\overline{CE}$：片选信号，低电平有效。

(5) PA0～PA7：并行口 A 的输入或输出引脚，具体输入还是输出由控制字决定。

PB0～PB7：并行口 B 的输入或输出引脚，具体输入还是输出由控制字决定。

PC0～PC5：并行口 C 的输入或输出引脚，只有 6 个引脚，同时也可作为 A、B 两个端口的控制引脚，具体由控制字决定。

(6) $\overline{RD}$：读引脚，低电平有效。当$\overline{CE}$和$\overline{RD}$有效时，将 8155 端口或片内 RAM 单元中的数据送到 AD0～AD7 总线上，单片机通过 P0 口读走此数据。

$\overline{WR}$：写引脚，低电平有效。当$\overline{CE}$和$\overline{WR}$有效时，单片机通过 P0 口把数据由 AD0～AD7 写入 8155 的端口或片内 RAM 单元中。

单片机是如何控制 8155 芯片工作的呢？8155 芯片内部有 3 个端口 A、B、C，可用于输入或输出，其中 C 口还可以作为 A、B 口的状态/控制信号。究竟 A、B、C 三个端口如何工作，取决于单片机给 8155 芯片内部的控制寄存器发的内容，通常单片机给 8155 控制寄存器发的内容叫做控制字。单片机除了通过发控制字来控制 8155 的端口工作方式外，还需要了解当前端口的工作状态，这些状态单片机可以通过读 8155 内部的状态寄存器来获得。这里要注意，8155 内部的控制字寄存器和状态寄存器地址相同，但是控制字寄存器只能被单片机写入，而状态寄存器只能被单片机读出。具体控制字和状态字含义如图 8.8～图 8.9 所示。

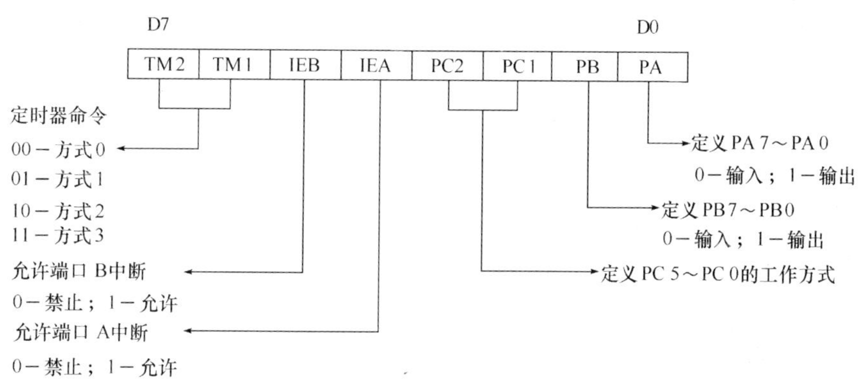

图 8.8　控制字的含义

在控制字中，PA＝1 时，PA 口用于输出，PA＝0 时 PA 口用于输入；PB＝1 时，PB 口用于输出，PB＝0 时 PB 口用于输入；另外，PC2、PC1 用于定义 C 口的工作方式，具体如表 8-3

所示。其他位控制字的具体含义如图 8.8 所示。

表 8-3　PC1 和 PC2 的对应关系表

PC2 PC1	00	01	10	11
PC0	输入	输出	INTRA	INTRA
PC1	输入	输出	BFA	BFA
PC2	输入	输出	/STBA	/STBA
PC3	输入	输出	输出	INTRB
PC4	输入	输出	输出	BFB
PC5	输入	输出	输出	/STBB

在状态字中，BFA 代表 A 端口缓冲器满标志。当 BFA=1，表示 A 端口已经装满数据；BFA=0，表示 A 端口空。BFB 代表 B 端口缓冲器满标志。当 BFB=1，表示 B 端口已经装满数据；BFB=0，表示 B 端口空。其他位状态字的具体含义见图 8.9。

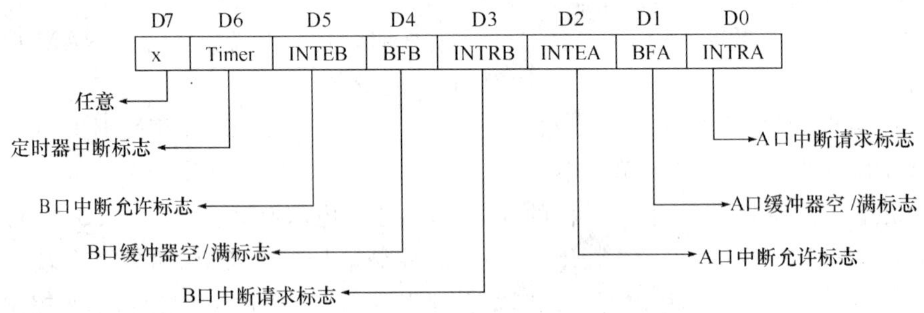

图 8.9　状态字的含义

当单片机控制 8155 芯片时，8155 芯片要从其内部选择正确的操作对象。究竟选择其内部的哪个部件进行操作，是控制字/状态字寄存器、I/O 端口，还是定时/计数器，具体如表 8-4 所示。

表 8-4　8155 的操作对象选择表

A2	A1	A0	选中的操作对象
0	0	0	控制字/状态字寄存器
0	0	1	PA 口
0	1	0	PB 口
0	1	1	PC 口
1	0	0	定时器的低 8 位寄存器
1	0	1	定时器的高 6 位寄存器

从表 8-4 可以知道：当单片机向 8155 芯片所发送的地址信息的低 3 位是 000 时，则 8155 选中控制字/状态字寄存器进行操作；当地址信息的低 3 位是 001 时，则 8155 选中 PA 端口进行操作……依此类推，需要操作 8155 芯片内部的哪个部件，就是地址信息的低 3 位赋成相应的数字组合。

通过上面的介绍，大家已经对 8155 芯片的控制字/状态字以及内部操作对象的选择有了一定的理解，下面通过具体实例，来进一步体会单片机如何通过 8155 芯片来控制键盘的输入以及 LED 数码管的显示输出。

8.2.2 基于 8155 的键盘与 LED 显示的接口电路

基于 8155 构成的 16 键键盘与 6 个 LED 显示应用系统的电路原理如图 8.10 所示。从图中可以看到，8155 芯片的 PA 口作为数码管的字位选择以及键盘扫描的列线端口，PB 口作为数码管的字形段码输出端口，PC 作为键盘扫描的行线输出以及键值读入的端口。单片机通过向 8155 发送各种控制字以及数据，从而控制 8155 的 PA、PB 以及 PC 口协调工作，最终完成 16 键的按键扫描以及数码管的显示。

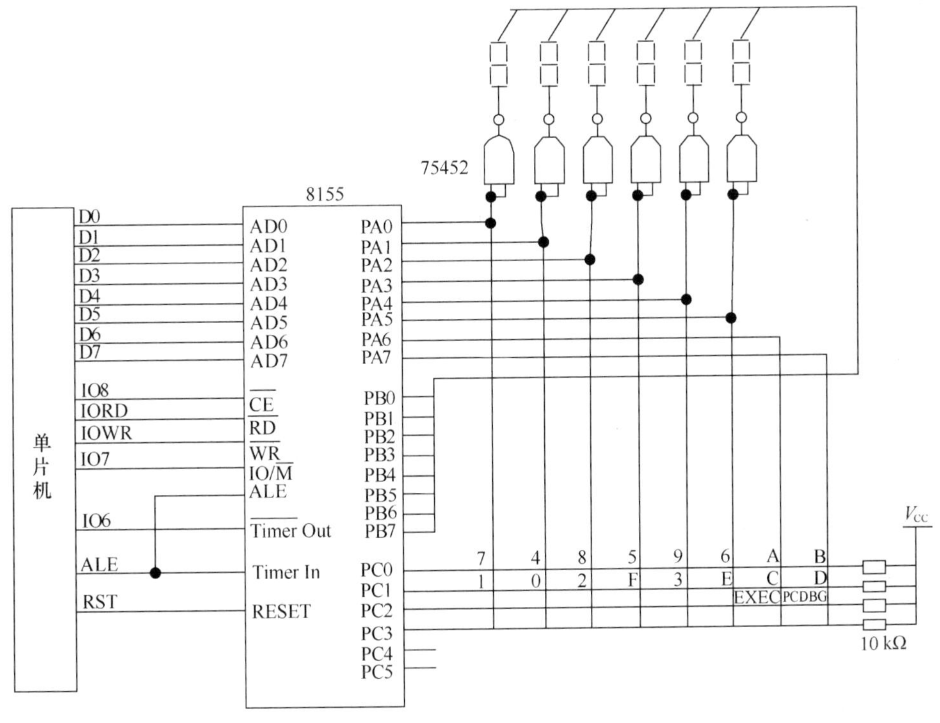

图 8.10 基于 8155 构成的 16 键键盘与 6 个 LED 显示应用系统的原理图

8.2.3 程序设计

按照图 8.10 的硬件原理，设计一个应用程序来实现功能：开始 6 个数码管显示8951-1，接下来当按下键盘 0～F 中任意按键时，按键的键值被显示在 6 个数码管上。程序设计的流程如图 8.11 所示，从图中可以看出此应用程序主要包括 3 个程序模块即主程序模块、LED 数码管显示子程序模块以及键盘扫描子程序模块。各个模块的具体调用关系是在主程序模块中调用显示子程序模块，而在显示子程序模块中又调用了键盘扫描子程序模块。通过这样的调用关系，就可以实现各个模块的有机结合，从而完成对键盘的扫描以及 LED 数码管的显示。

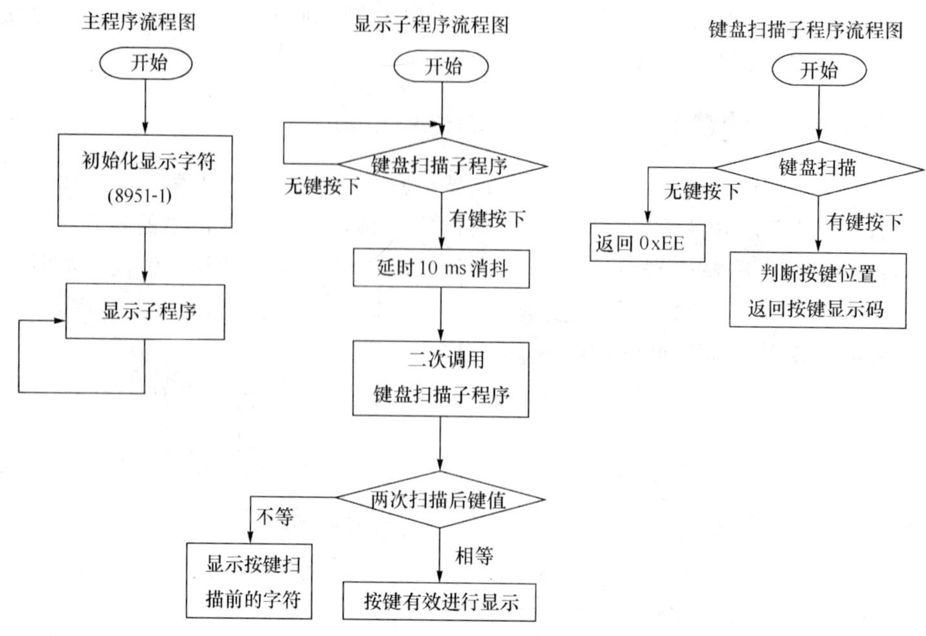

图 8.11　8155 键盘扫描与 LED 显示的程序流程图

具体的 C51 程序如下：

```
#include <reg51.h>
#include <absacc.h>
#include <intrins.h>                    //伪本征函数头文件声明
#define  COM    XBYTE[0xFF20]           //8155 的控制接口
#define  PA     XBYTE[0xFF21]           //8155 的 LED 的字位选择端以及键盘的列扫描线接口
#define  PB     XBYTE[0xFF22]           //8155 的字形段码接口
#define  PC     XBYTE[0xFF23]           //8155 的键盘扫描接口
#define  ADDR   0x79                    //保存显示查询码的内存首地址数值

unsigned char   b5 = 0;
unsigned char code tab[] = {0xC0,0xF9,0xA4,0xB0,0x99,0x92,0x82,0xF8,0x80,0x90,
                            0x88,0x83,0xC6,0xA1,0x86,0x8E,0xBF,0x0C,0x89,0xDE};
                                        //共阳极的段码 0～F，以及 -、P、H、L 的垂直翻转

unsigned char code tab1[] = {0x07,0x04,0x08,0x05,0x09,0x06,0x0A,0x0B,
                             0x01,0x00,0x02,0x0F,0x03,0x0E,0x0C,0x0D};
                                        //按键的键值表

void delayms(unsigned char ms)          //毫秒级延时子程序，系统时钟频率 6 MHz
{
   unsigned char i;
   while(ms--)
```

```
    {
      for(i = 60;i>0;i-- );
    }
}

unsigned char keysm()                    // 键盘扫描子函数
{
   unsigned char s0,s1,s2,s3,s4,s5,s6;
   PB = 0xff;                             // 发字形码 0xff,熄灭所有小灯
   _nop_();_nop_();_nop_();
   s0 = 0x00;
   s1 = 0x00;
   s2 = 0xFE;
   s3 = 0x08;
   s4 = 0;s5 = 0;s6 = 0;
   while(1)
   {
     PA = s2;
     _nop_ ();
     s2<< = 1;
     s2 = s2 + 1;
     s1 = PC;                             // 读键盘的扫描结果
     _nop_();_nop_();_nop_();
     s1 = ~s1;                            // 将键盘扫描的结果取反
     s1& = 0x0f;                          // 取出变为 1 的值
     if(s1 == 0x00)                       // 代表无键按下
       {
          s0 = s0 + 1;
          s3 = s3 - 1;
       }
     else { break; }
     if(s3 == 0)   { break; }
   }
   if(s1 == 0x00)   {  return(0xEE); }    // 返回假,代表本次键盘扫描没有任何按键被按下
   s1 = ~s1;                              // 再次变为低电平,接下来低 4 位依次判断,看看到底是
                                             哪行的按键被按下
   s4 = s1;                               // 备份
   s1& = 0x01;                            // 取出最低位,若为 1 代表未按下
   if(s1 == 0x00)                         // 第一行有按下的
   { s5 = 0; }
   else
   {
     s1 = s4;
```

```
        s1& = 0x02;
        if(s1 == 0x00)                          // 第二行有按下的
        { s5 = 0x08; }
        else
        {
          s1 = s4;
          s1& = 0x04;
          if(s1 == 0x00)                        // 第三行有按下的
          { s5 = 0x10; }
          else
          {
              s1 = s4;
              s1& = 0x08;
              if(s1 == 0x00)                    // 第四行有按下的
              { s5 = 0x18; }
              else
              { return(0x18); }                 // 代表 4 行都扫描完毕后,仍然没找到按键
          }
        }
      }
      s5 = s5 + s0;
      if(s5> = 0x10) { return(0x10); }          // 返回 0x10 则扫描的键不是 0～F
      s6 = tab1[s5];
      return(s6);                               // 返回键盘上的键值扫描码
  }

  void display()                                // 显示子函数
  {
    unsigned char b1,b2,b4,b5;
    unsigned char d1,d2,d3;
    unsigned char y;
    b1 = 0x7e;
    b2 = 0x20;
    b4 = 0;
    while((d2 = keysm()) == 0xee)
    {
      d1 = DBYTE[b1];
      PB = tab[d1];
      _nop_();_nop_();_nop_();
      PA = b2;
      delayms(2);//about 2ms
      b1 = b1 - 1;
      b2>> = 1;
```

```
    if(b2 == 0)  { b1 = 0x7e; b2 = 0x20; }// 如果 6 个数码管依次都点亮了
  }
  delayms(11);                        // about  10 ms
  d3 = keysm();                       // 返回去抖动后第 2 次按键的值
  if((d2 == d3)&&(d2! = 0x18)&&(d2! = 0x10))
       {
          b4 = ADDR + 5 - b5;
          b5 ++ ;
          DBYTE[b4] = d2;             // 得到按键的字形 8 段码
          if(b5 == 6) { b5 = 0; }

       }
  b1 = 0x7e;
  b2 = 0x20;
  for(y = 90;y>0;y -- )
  {
    d1 = DBYTE[b1];
    PB = tab[d1];
    _nop_();_nop_();_nop_();
    PA = b2;
    delayms(2);                       // about 2 ms
    b1 = b1 - 1;
    b2>> = 1;
    if(b2 == 0)  { b1 = 0x7e; b2 = 0x20; }// 如果 6 个数码管依次都点亮了
  }
}

void main()
{
  DBYTE[ADDR] = 0x01;                 // 初始化显示 8951 - 1
  DBYTE[ADDR + 1] = 0x10;
  DBYTE[ADDR + 2] = 0x01;
  DBYTE[ADDR + 3] = 0x05;
  DBYTE[ADDR + 4] = 0x09;
  DBYTE[ADDR + 5] = 0x08;
  while(1)
  {
    display();                        // 调用显示子程序
  }
}
```

8.3 基于 8279 的键盘输入与 LED 显示系统

8.2 节介绍的是单片机通过 8155 并行接口芯片来实现键盘输入以及 LED 的显示的应

用系统。本节将介绍单片机通过另外一种键盘显示器接口芯片 8279 实现对键盘输入和 LED 显示的方案。

8.3.1 键盘显示器接口芯片 8279 介绍

8279 是可编程的键盘、显示接口芯片，能自动完成对键盘输入以及数码管输出的扫描，从而使单片机减轻工作量。因此，8279 芯片是单片机领域应用效率较高的一种键盘、数码管接口芯片。通常，8279 芯片可以和 64 键键盘以及 8 个或 16 个 LED 数码管相连。

下面首先介绍 8279 芯片的引脚。如图 8.12 所示，8279 芯片共有 40 个引脚，各引脚功能如下。

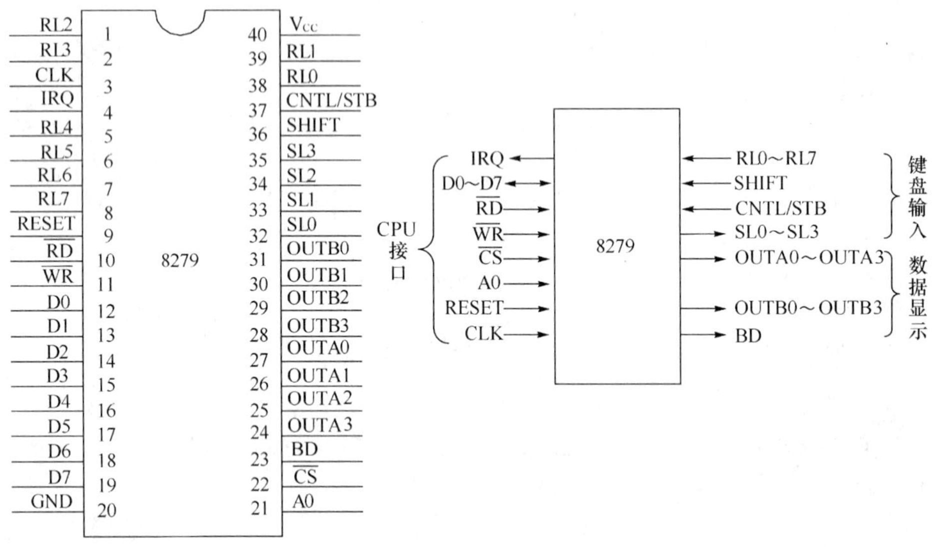

图 8.12　8279 引脚以及引脚 I/O 方向图

(1) D0～D7：8 个双向数据总线引脚。

(2) $\overline{\text{CS}}$：片选信号输入引脚，低电平有效。

(3) A0：当 A0 输入高电平时，传送的是控制字/状态字，而 A0 为低电平时，传送数据。

(4) CLK、RESET：分别是时钟输入引脚以及复位引脚。

(5) $\overline{\text{WR}}$、$\overline{\text{RD}}$：分别是对 8279 芯片进行写和读操作的引脚。

(6) SHIFT、CNTL/STB：这两个引脚分别是上下档切换引脚以及功能控制引脚。类似于 PC 键盘上使用的 Shift 键和 Ctrl 键。

(7) RL0～RL7：8 个键盘回复输入引脚，用于自动获得键盘按下后的键值信息。

(8) IRQ：中断请求输出引脚，高电平有效。当 8279 扫描到有键按下时，自动使 IRQ 引脚输出为高电平，从而通知单片机已经扫描到键盘的按键信息，等待单片机读取。

(9) SL0～SL3：用于键盘和数码管扫描输出的 4 个引脚。通常使用 3 个引脚即 SL0～SL3，一般将这 3 个引脚连接 3-8 译码器 74LS138，从而可以译出 8 个状态来控制键盘的 8 列以及选中 8 个数码管工作与否。

(10) OUTA0～OUTA3：A 组 4 根显示输出引脚。

(11) OUTB0～OUTB3：B 组 4 根显示输出引脚。通常这 8 个引脚输出的数据就是

LED 上各段的内容。

(12) BD:消隐显示器输出引脚。当输出为高电平时,使数码管熄灭。

在了解了 8279 芯片的外部引脚后,接下来介绍它的内部结构。如图 8.13 所示,8279 芯片的内部主要包括六大部分,具体如下。

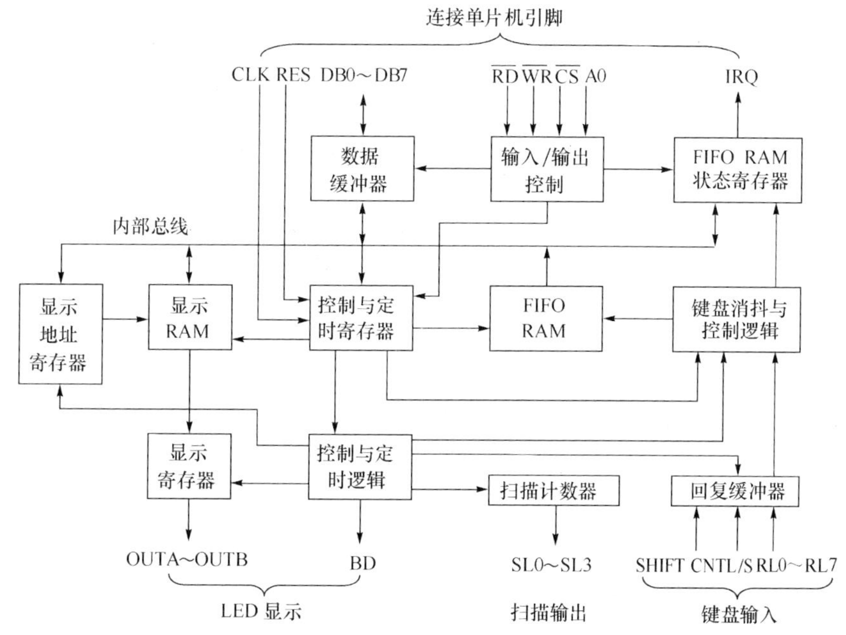

图 8.13 8279 芯片的内部结构

(1) 数据缓冲器及 I/O 控制:8279 芯片根据单片机输入的$\overline{CS}$、$\overline{WR}$、$\overline{RD}$以及 A0 等信号的组合,来决定接收单片机发送的控制字还是普通数据数据,或者向单片机发送状态字或普通数据。这些数据的输入与输出,都要经过数据缓冲器的缓冲,同时受到 I/O 控制。具体接收以及发送内容的控制如表 8-5 所示。

表 8-5 接收/发送内容控制表

$\overline{RD}$	$\overline{WR}$	A0	单片机发送/接收的内容
1	0	1	单片机发送控制字给 8279 芯片
0	1	1	单片机从 8279 芯片接收状态字
1	0	0	单片机发送普通数据给 8279 的显示 RAM
0	1	0	单片机从 8279 芯片的 FIFO RAM 中读数据

(2) 控制寄存器与定时寄存器:8279 从单片机接收控制字以后,存放在控制寄存器中,并按各控制字的内容、工作方式,进行控制。定时寄存器用于保存系统时钟的分频信号,通常满足扫描要求的信号频率是 100 kHz。

(3) 扫描计数器:可以根据编程命令按编码和译码两种方式工作,通常使用编码方式。这时,SL0~SL3 按 4 位 2 进制计数器编码输出,输出信号应接 8279 外部的译码器,从而最多为键盘和数码管提供 16 条扫描线,满足 16 列键盘以及 16 个数码管的扫描。

(4) 回复缓冲器、键盘消抖与控制逻辑:回复缓冲器从 RL0~RL7 接收键盘回复信号,作为键盘输入的检测线。当某键按下时，该键的上下档状态、控制状态、列扫描码以及行回复信号拼装成 1 B 的键值数据。该键值数据自动保存到 8279 内部的 FIFO RAM 中。键盘按下后输入到 FIFO 中的键值信息格式如表 8-6 所示。

表 8-6　键值拼装格式

D7	D6	D5～D3	D2～D0
控制	上下档	列扫描码	行回复码

键盘消抖与控制逻辑，主要用于消除键盘按下过程中的抖动，通常使用延时的方法消抖，从而准确获得按键的键值，不造成重键。

(5) FIFO RAM 及其状态寄存器：FIFO RAM 是 8 B 的 RAM，用于保存按键的键值。FIFO 的状态寄存器用于寄存 FIFO 的当前工作状态。只要 FIFO RAM 不为空，则状态逻辑将 IRQ 置为 1。

(6) 显示 RAM、显示寄存器、显示地址寄存器：显示 RAM 用于与单片机接收/发送待显示数据的段码。显示 RAM 自动地按动态扫描将待显示字形段码送到显示寄存器中。显示寄存器将字形段码通过 8 条输出线（OUTA0～3、OUTB0～OUTB3）加到每个数码管引脚上，从而完成字符的显示。显示地址寄存器用于保存单片机读/写显示 RAM 单元的地址。

以上介绍了 8279 芯片的内部结构。在清楚了 8279 的外部引脚和内部结构后，接下来学习如何使用控制字来控制 8279 芯片。8279 芯片的控制字共有 8 组，单片机就是通过向 8279 芯片发送这 8 组中的某些控制字，来实现 8279 对键盘和数码管的管理。各组控制字具体如下。

(1) 键盘输入和显示方式设置的控制字，具体格式如下：

D7	D6	D5	D4	D3	D2	D1	D0
0	0	0	D	D	K	K	K

控制字各位的含义是：

① D7～D5：命令特征位，这 3 位的 8 种组合对应 8 组控制字。键盘输入和显示方式设置控制字的特征位是 000。后面各组控制字的特征位也是由 D7～D5 组成，不再详述。

② D4～D3(DD)：用来设置显示方式。设置为 00 时，代表 8 个字符显示，从左向右依次显示；01 时，代表 16 个字符显示，从左向右依次显示；10 时，代表 8 个字符显示，从右向左依次显示；11 时，代表 16 个字符显示，从右向左依次显示。

③ D2～D0(kkk)：用来设置键盘输入方式。设置为 000 时，编码扫描键盘，双键锁定；001 时，译码扫描键盘，双键锁定；010 时，编码扫描键盘，N 键轮回；011 时，译码扫描键盘，N 键轮回；100 时，编码扫描传感器矩阵；101 时，译码扫描传感器矩阵；110 时，编码扫描，选通输入；111 时，译码扫描，选通输入。通常编程时，在前两种中选择其一来控制键盘。

(2) 编程时钟控制字，具体格式如下：

D7	D6	D5	D4	D3	D2	D1	D0
0	0	1	P	P	P	P	P

控制字各位的含义是：

① D4～D0(PPPPP)：用来设置 CLK 引脚输入时钟的分频次数 N，N 为 2～31。

(3) 读 FIFO RAM 的控制字，具体格式如下：

D7	D6	D5	D4	D3	D2	D1	D0
0	1	0	AI	X	A	A	A

控制字各位的含义是：

① D4(AI)：地址自动加 1 标志。AI 为 1 时，每读完 1 个字节后，AAA 地址自动加 1。

② D3：任意设定位，无实际意义，用 X 表示。以后类似设置，不再详述。

③ D2～D0(AAA)：将要读取的 FIFO RAM 的地址数值。

(4) 读显示 RAM 的控制字，具体格式如下：

D7	D6	D5	D4	D3	D2	D1	D0
0	1	1	AI	A	A	A	A

控制字各位的含义是：

① D4(AI)：地址自动加 1 标志。AI 为 1 时，每读完 1 B 后，AAAA 地址自动加 1。

② D3～D0(AAAA)：将要读取的显示 RAM(16 B)的地址数值。

(5) 写显示 RAM 的控制字，具体格式如下：

D7	D6	D5	D4	D3	D2	D1	D0
1	0	0	AI	A	A	A	A

控制字各位的含义是：

① D4(AI)：地址自动加 1 标志。AI 为 1 时，每写完 1 B 后，AAAA 地址自动加 1。

② D3～D0(AAAA)：将要写入的显示 RAM(16 B)的地址数值。

(6) 显示 RAM 禁止写入和消隐控制字，具体格式如下：

D7	D6	D5	D4	D3	D2	D1	D0
1	0	1	X	IWA	IWB	BLA	BLB

控制字各位的含义是：

① D3～D2(IWA、IWB)：为 1 时，禁止向 A 或 B 组的显示 RAM 写入数据；为 0 时，恢复。

② D1～D0(BLA、BLB)：为 1 时，输出到数码管的字符熄灭；为 0 时，恢复。

(7) 清除控制字，具体格式如下：

D7	D6	D5	D4	D3	D2	D1	D0
1	1	0	CD	CD	CD	CF	CA

控制字各位的含义是：

① D4～D2(CD CD CD)：设置清除显示 RAM 的方式。当设置为 10X 时，显示 RAM

全部清 0；为 110 时，显示 RAM 全部清 20H；为 111 时，显示 RAM 全部清 1；为 0XX 时，显示 RAM 不清除。

② D1(CF)：为 1 时，将 FIFO RAM 清 0。

③ D0(CA)：总清除位。为 1 时，使显示 RAM 和 FIFO RAM 同时清除。

(8) 结束中断或错误方式设置的控制字，具体格式如下：

D7	D6	D5	D4	D3	D2	D1	D0
1	1	1	E	X	X	X	X

控制字各位的含义是：

① D4 (E)：为 1 时，有效。最后 4 位无实际意义。当此控制字有效时，将 IRQ 变为低电平或产生特殊错误的设置。此控制字使用较少。

以上将 8279 芯片的 8 组控制字详细进行了介绍。通过对这 8 组控制字就可以使用单片机来对 8279 芯片下发各种命令，从而使 8279 控制键盘输入的数据以及数码管的显示。但是，除了上面 8 组控制字之外，如果想了解是否 8279 扫描到了键盘的按键时，还需要理解 1 组 8279 芯片的 FIFO RAM 状态字。状态字具体格式如下：

D7	D6	D5	D4	D3	D2	D1	D0
DU	S/E	O	U	F	N	N	N

状态字各位的具体含义如下：

① D7(DU)：为 1 时，代表显示 RAM 不可用，既不能读也不能写。通常，当清除命令执行时，此位为 1。

② D6(S/E)：为 1 时，代表 1 个以上传感器已经闭合或多个按键同时按下的错误。

③ D5(O)：为 1 时，代表 FIFO RAM 中的数据重叠，即捕捉到的键值超过 8 个。

④ D4(U)：为 1 时，代表 FIFO RAM 中的数据为空。

⑤ D3(F)：为 1 时，代表 FIFO RAM 中的数据为满。

⑥ D2～D0(NNN)：为 1 时，代表 FIFO RAM 中的已经捕捉到的键值的个数。

8.3.2 基于 8279 的键盘与 LED 显示的接口电路

一个基于 8279 的键盘与 LED 显示应用系统的接口电路如图 8.14 所示。在该系统中单片机通过 8279 芯片来控制管理 19 个按键以及 8 个数码管。其中，OUTB3～OUTB0、OUTA3～OUTA0 输出控制数码管显示的字段码，RL3～RL0 负责键盘的行扫描及按键回复，而 SL2～SL0 通过 3-8 译码器输出键盘的列线以及数码管的字位端。单片机通过向键盘显示控制芯片 8279 发送不同的控制字，从而控制 8279 自动完成对键盘的扫描、回复以及数码管的动、静态显示。

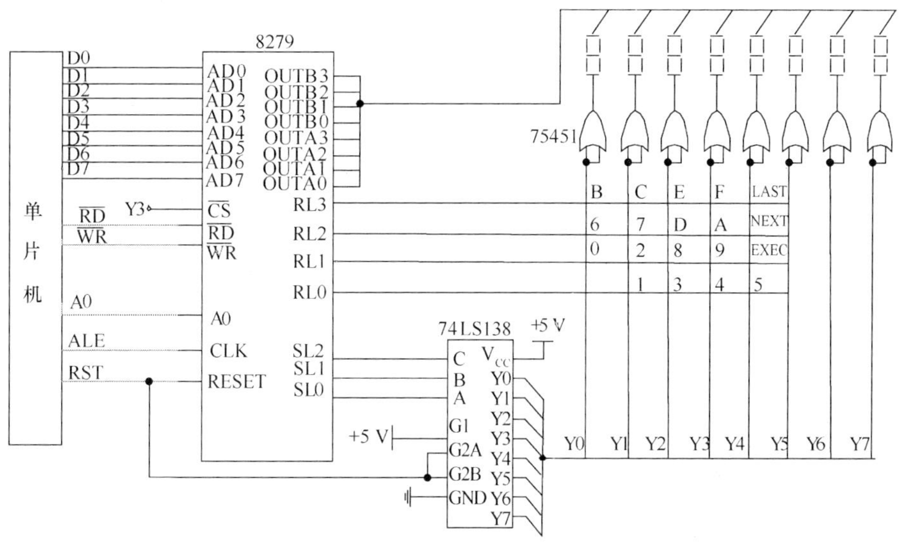

图 8.14　8279 控制键盘和数码管的原理图

8.3.3　程序设计

编制应用程序实现的功能为：系统开始工作后，首先静态显示字符 P，然后任意按下 0～F 这 16 个键之一，则在数码管上显示按键的数值。如果按的是 EXEC、NEXT、LAST 中的任意一个按键，则会分别循环显示 0、1、2。应用程序由 3 个程序模块即主程序模块、键值查找并显示子程序模块以及显示子程序模块组成，程序流程如图 8.15 所示。

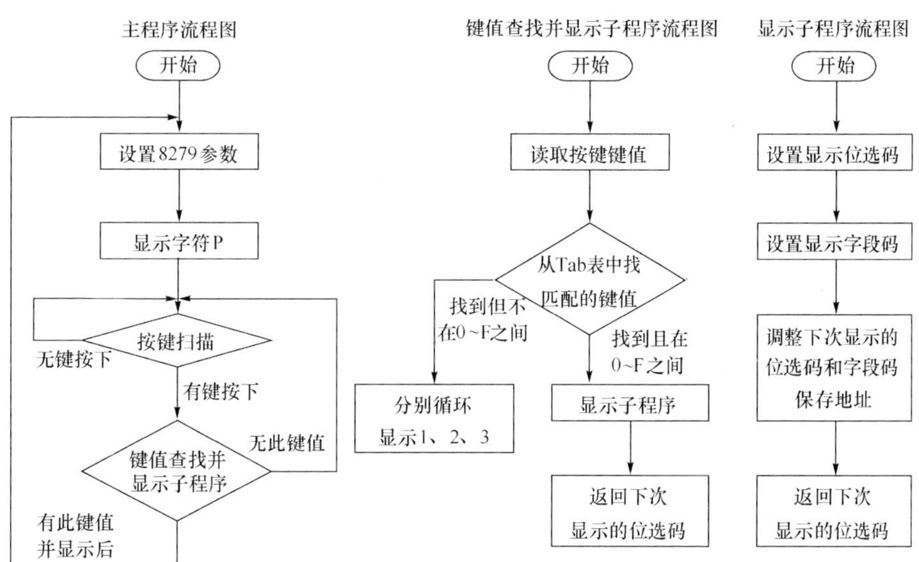

图 8.15　基于 8279 的键盘扫描与 LED 显示的程序流程图

具体的 C51 语言程序如下：

```
#include <reg51.h>
#include <absacc.h>
```

```
#include  <intrins.h>                                    // 伪本征函数头文件声明
#define  COM  XBYTE[0xB001]                              // 8279 的命令接口,A0 = 1
#define  DAT  XBYTE[0xB000]                              // 8279 的数据接口,A0 = 0

unsigned char code tab[] = {0xC1,0x0C8,0x0C9,0x0D0,0x0D8,0x0E0,0x0C2,0x0CA,0x0D1, 0x0D9,
0x0DA,0x0C3,0x0CB,0x0D2,0x0D3,0x0DB};                    // 0~F 被 8279 捕捉到的识别码
unsigned char code tab1[] = {0x0E3,0x0E2,0x0E1};         // LAST、NEXT、EXEC 键的列行键值
unsigned char code tab2[] = {0x0C,0x9F,0x4A,0x0B,0x99,0x29,0x28,0x8F,0x08,0x09,
0x88,0x38,0x6C,0x1A,0x68,0x0E8};                         // 0~F 共阳极的翻转码
void delaymsd(unsigned char ms)                          // 延时子程序,系统时钟频率 6 MHz
{
   unsigned char i;
   while(ms--)
   {
     for(i = 220;i>0;i--);
   }
}

void display2(unsigned char dis)                         // 显示子程序 2
{
  while(1)
  {
     unsigned char r6 = 0x80;
     while(1)
     {
        COM = r6;                                        // 控制字,向 8279 内显示 RAM 写数据
        _nop_();
        _nop_();
        DAT = dis;                                       // 将待显示的数据进行显示
        delaymsd(81);                                    // about 288ms
        DAT = 0xff;
        r6 = r6 + 1;
       if(r6 == 0x88) {break;}                           // 此时 8 个数码管均显示完毕了
     }
  }
}

unsigned char display1(unsigned char dis1)               // 显示子程序 2
{
   unsigned char x,y,z;
  x = DBYTE[0x30];
   COM = x;                                              // 准备在左侧第 1 个数码管进行显示
   _nop_ ();
```

```
  _nop_ ();
  y = DBYTE[0x31];
  DBYTE[y] = tab2[dis1];
  DBYTE[0x31] = y + 1;
  DAT = tab2[dis1];                     // 要在数码管上显示的字符0～F
  DBYTE[0x30] = x + 1;                  // 下一个要显示的数码管的命令代码
  z = DBYTE[0x30];
  return z;
}

unsigned char find()                    // 键值查找与显示子函数
{
  unsigned char m,n,r1,s;
  unsigned char p = 0,q = 0;

  m = DAT;                              // 从8279的FIFO RAM中读入按下键的键值
  n = m;                                // 将键值备份
  r1 = 0;                               // 查抄代码常数表次数的计数器
  while(1)
  {
    m = tab[p];                         // 从Tab表的第0个数据开始与刚才按
                                           键的键值比较,直到找到按键的键值

    if(m! = n)
    {
      p = p + 1;                        // 为Tab表的下次查找作准备
      r1 = r1 + 1;                      // 查找的计数次数加1
      if(r1 = = 0x10) { break; }        // 对3个特殊按键LAST、NEXT、EXEC键值
                                           的继续查找

    }
   else { break; }
  }

  if(r1 = = 0x10)                       // 如果按下的键值在后3个键,则需要确
                                           定到底哪个键按下

    {
     r1 = 0;                            // r1重新清0,作为查找tab1的计数初值
  while(1)
  {
m = tab1[q];                            // 从tab1第0个键值码开始比较
     if(m! = n)
     {
      q = q + 1;
      r1 = r1 + 1;
```

```
        if(r1 == 0x04) { break; }
          }
          else { break; }
           }
     if(r1 == 0x00) { display2(0x0c); }
     if(r1 == 0x01) { display2(0x9F); }
     if(r1 == 0x02) { display2(0x4A); }
     if(r1 == 0x04) { s = 0; return(s); }
      }
     else                                          // 如果在0～F查找到按键的键值，则显
                                                      示出来
       { s = display1(r1); return(s); }
  }


  void main()                                      // 主函数
  {
     unsigned char a,b,c;
     while(1)
     {
       COM = 0x00;                                 // 设置8279的工作方式,8个字符左入
                                                      口显示,键盘编码扫描,双键锁定
       _nop_ ();
       COM = 0x32;                                 // 设置8279的CLK的分频系数18
       _nop_ ();
       COM = 0xdf;                                 // 设置8279内显示RAM的16 B为1,并
                                                      将保存键值的FIFO RAM清0
       while(1)
      {
      a = COM;                                     // 读8279的状态字
       a = a&0x80;                                 // 取最高位
       if(a == 0)  { break; }                      // a的最高位为0时,代表上面清除命令
                                                      结束
       }
      DAT = 0xc8;                                  // P的共阳极显示翻转码
        //DAT = 0x98;                              // test data display H
       _nop_ ();
       COM = 0x80;                                 // 将P的显示码写入显示RAM中,在数码
                                                      管上显示P
       _nop_ ();
       while(1)
       {
         DBYTE[0x30] = 0x80;                       // LED bit select code
```

```
    DBYTE[0x31] = 0x40;                      // save the led code
    while(1)
   {
  while(1)
  {
        b = COM;                             // 读状态字
        b& = 0x07;                           // 取状态字的后 3 位,若为 0 则循环等
                                               待,非 0 代表有键按下
        if(b! = 0) { break; }                // b 后 3 位不为 0,则代表有键按下
      }
  c = find();                                // 查找到所按键的扫描码即键值,并
                                               显示
      if(c == 0x88) { break; }
  if(c == 0x00) { break; }
   }
    if(c == 0x00) { break; }
  }
 }
}
```

以上两节分别使用 8155 和 8279 芯片,完成了单片机对键盘和 LED 数码管的键盘扫描以及显示控制。在 8.4 节中,将对键盘扫描和 LED 显示的应用做进一步举例。

8.4　具有键盘与 LED 的步进电机控制系统

步进电机(Step Motor)是一种控制电机。它将脉冲信号转变成角位移信号,给一个脉冲信号,步进电动机就转动一个角度或者直线位移一步,因此称为步进电动机或脉冲电动机。本节介绍一个使用人机接口,由人们设定参数来控制的步进电机系统的实例,从而进一步体会人机接口在实际中的应用。

8.4.1　步进电机工作原理介绍

步进电机是工业控制及仪表中常用的控制元件之一。步进电机区别于其他控制电机的最大特点是,它通过输入脉冲信号来进行控制,即电机的转动角度由输入脉冲数决定,而电机的转速由脉冲信号频率决定。步进电机在智能机器人、数控机床、军事雷达等精确控制系统中有广泛应用。

在这里使用的步进电机的型号是 20BY－0,使用＋5V 直流电源,步距角是 18°,电机的线圈由四相(A、B、C、D)组成。单片机按照一定的顺序给这 4 相线圈通电,通过对每相线圈中的电流顺序切换来使电机作步进式旋转。给各相线圈通电的顺序如表 8-7 所示。驱动电路由单片机发出的脉冲信号来控制,所以改变脉冲信号的频率便可以调节步进电机的转速,具体驱动电路原理图,如图 8.16 所示。

表 8-7　各相线圈的通电顺序表

顺序 \ 相	Φ1	Φ2	Φ3	Φ4
0	1	1	0	0
1	0	1	1	0
2	0	0	1	1
3	1	0	0	1

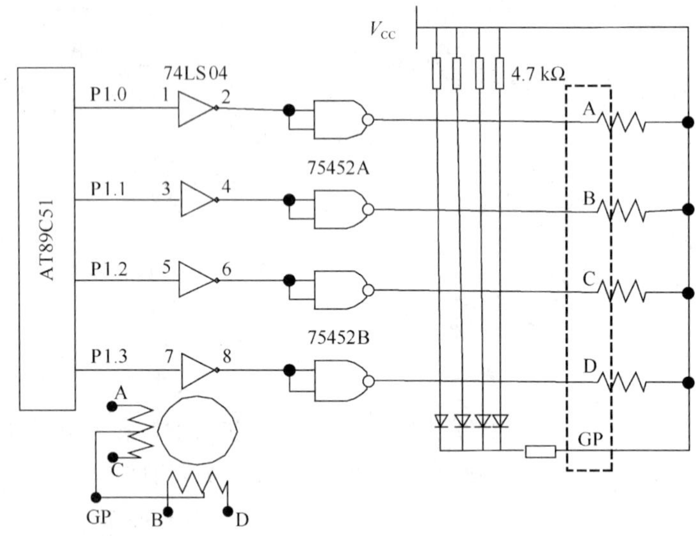

图 8.16　单片机驱动步进电机硬件原理图

如图 8.16 所示，使用单片机的 P1.0～P1.3 引脚分别连接 74LS04 芯片的 1、3、5、7 四个引脚，同时将插头 J3 连接到左下侧的步进电机的 A、B、C、D、GP 端，这样单片机发出的控制信号经过 74LS04、75452 芯片驱动后，可以对步进电机的控制端进行控制。步进电机的驱动电路根据控制信号工作，主要控制内容如下。

(1) 控制换相顺序：通电换相这一过程称为脉冲分配。例如，四相步进电机的单四拍工作方式时，其各相通电顺序为 A→B→C→D，通电控制脉冲必须严格按照这一顺序分别控制 A、B、C、D 相的通断。

(2) 控制步进电机的转向：如果按照给定工作方式正序换相通电，步进电机正转，如果按反序通电换相，则电机就反转。

(3) 控制步进电机的速度：如果给步进电机发一个控制脉冲，它就转一步，再发一个脉冲，它会再转一步。两个脉冲的间隔越短，步进电机就转得越快。调整单片机发出的脉冲频率，就可以对步进电机进行调速。

在编写程序过程中，通过单片机的 P1 口控制步进电机的控制端，使其按一定的控制方式进行转动。主要采用双四拍(AB→BC→CD→DA→AB)方式编程，从而进一步控制步进电机的转动方向和转速。

8.4.2 简单步进电机控制程序设计

下面将举出一个简单实例来说明步进电机控制程序设计的方法。以下程序是使用单片机 AT89C51 控制步进电机的 C51 程序,可以实现步进电机的正转、反转,同时通过两次换相之间的延时可以调节时间间隔,从而完成对步进电机转速的控制。另外,通过设置循环变量的大小,可以调节步进电机的旋转步数。具体的程序代码实现如下:

```
#include <reg51.h>
void delay();
void main()
{   while(1)
  { unsigned char turn = 0;
    while(1)
    {   if(turn<18)   //步进电机正转 72 步 = 18×4,每转走 4 步,每步的步距角度 18°
        {  P1 = 0x03;   delay();
           P1 = 0x06;   delay();
           P1 = 0x0C;   delay();
           P1 = 0x09;   delay();   turn = turn + 1;
        }
       else  { break; }
    }
    turn = 0;  delay();   delay();
    while(1)   //步进电机反转 72 步 = 18×4
    {   if(turn<18)
       {  P1 = 0x09;     delay();
          P1 = 0x0C;     delay();
          P1 = 0x06;     delay();
          P1 = 0x03;     delay();     turn = turn + 1;
       }
       else  {  break;  }
    }
  }
}
void delay()
{ int k = 0;
  while(k<7500) k++;      //延时不能太短也不能太长
}
```

8.4.3 基于键盘输入与 LED 显示的步进电机控制系统

在一些实际情况中,往往需要人为设定步进电机的旋转方向、旋转速度以及旋转步数。在这里结合前面介绍的人机接口的相关内容,使用键盘来控制步进电机的转向、转速、步数等参数,并且使用 LED 数码管实时显示步进电机各个控制参数的变化情况。系统的硬件原理如图 8.17 所示。

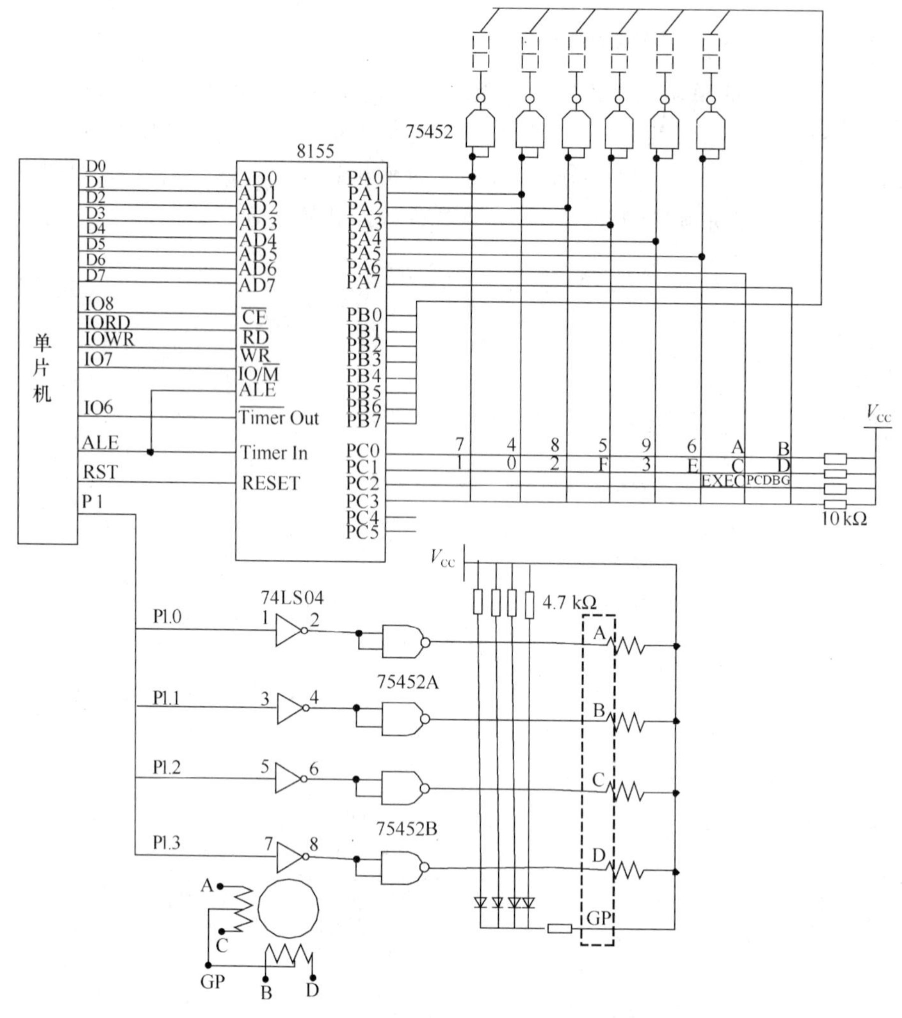

图 8.17　基于键盘输入与 LED 显示的步进电机控制系统原理图

该系统是一个具有人机接口的步进电机控制系统。整个系统的工作过程如下：当系统上电以后，6 个数码管从左向右自动显示提前设定好的步进电机参数"080029"。其中，左侧第 1 位数字 0，代表步进电机的转动方向是正转(顺时针)，如果设置为 1～F 的其他值，则步进电机反转；左侧第 2 位数字 8 代表步进电机的转速等级，数字越大代表转速越慢，可以在 1～F 任意设置，1 级最快，如果输入的是 0，则使步进电机按照 F 级速度慢速转动；剩下的 4 个参数 0029 代表人为设定的步进电机转动的步数，可以在 0000～FFFF 任意设置。当系统上电自动显示"080029"这 6 个数字后，数码管会在左侧第 1 位数字 0 处闪动显示，以提示使用者是否需要更改步进电机的旋转方向，使用者可以在 0～F 任意输入 1 个数字来决定步进电机的正、反转方向。依此类推，使用者可以设置好剩下 5 个参数的数值。当步进电机的控制参数设定完毕后，只要按一下键盘上的 EXEC 执行键后，步进电机就按照设定好的参数进行旋转。每旋转 1 步，步数就会减 1 并显示在 LED 数码管上。当步数显示为 0000 时，代表本次设置的步进电机已经工作完毕，于是可以进行下次参数的设定，依此可以使步进电机循环工作。

完成上述功能的应用程序主要包括3个程序模块即主程序模块、显示扫描子程序模块以及步进电机转动子程序模块，程序流程如图8.18所示。

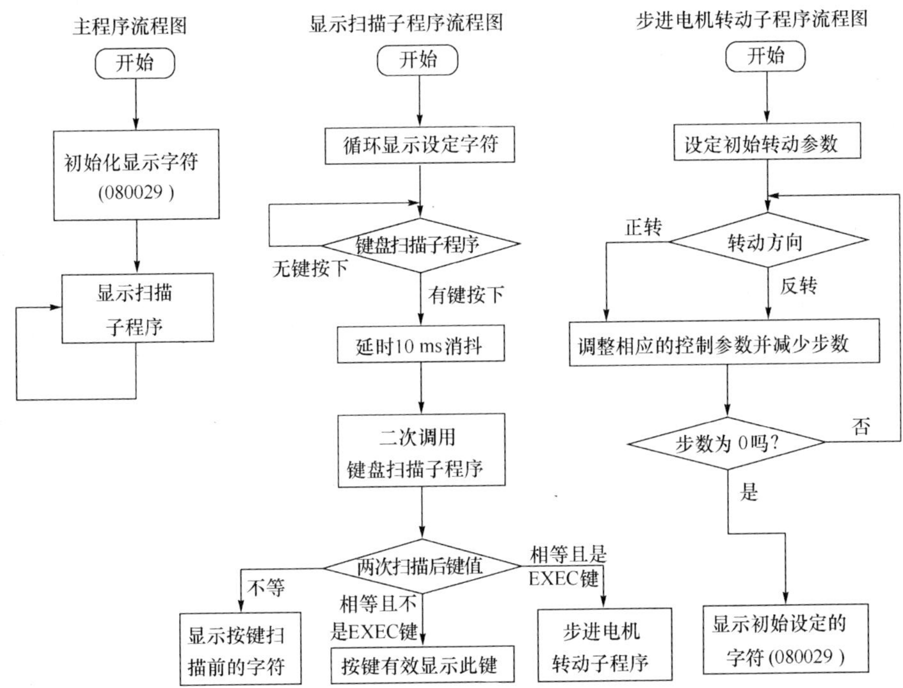

图8.18　基于键盘输入与LED输出的步进电机控制系统程序流程图

具体C51程序如下：

```
#include  <reg51.h>
#include  <absacc.h>
#include  <intrins.h>
#define  COM    XBYTE[0xFF20]           // 8155 的控制接口
#define  PA     XBYTE[0xFF21]           // 8155 的 LED 的字位选择端以及键盘的列扫描线
                                           接口
#define  PB     XBYTE[0xFF22]           // 8155 的字形段码接口
#define  PC     XBYTE[0xFF23]           // 8155 的键盘扫描接口
#define  ADDR   0x79                    // 保存显示查询码的内存首地址数值
unsigned char   b5 = 0;                 // 此变量控制在 6 个数码管上的显示位置

unsigned char code tab[] = {0xC0,0xF9,0xA4,0xB0,0x99,0x92,0x82,0xF8,0x80,0x90,
                      0x88,0x83,0xC6,0xA1,0x86,0x8E,0xFF,0x0C,0x89,0xDE};
                                        // 共阳极的段码 0～F，以及全灭，P、H、L 的垂直翻转
unsigned char code tab1[] = {0x07,0x04,0x08,0x05,0x09,0x06,0x0A,0x0B,
                      0x01,0x00,0x02,0x0F,0x03,0x0E,0x0C,0x0D};   //按键的键值表
void display2();                        // 显示函数 2 的声明

void delayms(unsigned char ms)          // 毫秒级延时子程序，系统时钟频率 6 MHz
```

```
{
    unsigned char i;
    while(ms--)
    {
        for(i=60;i>0;i--);
    }
}

unsigned char sjtz()                                    //数码管后4位步数调整函数
{
        unsigned char y3,y4,y5,y6;
        y3=DBYTE[0x79];
        if(y3==0)
          {
              y3=0x0f;
              y4=DBYTE[0x7a];
              if(y4==0)
              {
                y4=0x0f;
                y5=DBYTE[0x7b];
                if(y5==0)
                {
                  y5=0x0f;
                  y6=DBYTE[0x7c];
                  if(y6==0)
                  {
                    DBYTE[0x7c]=0;
                    return(0xAA);
                  }
                    else {y6=y6-1;}
                    DBYTE[0x7c]=y6;
                }
                else {y5=y5-1;}
                DBYTE[0x7b]=y5;
              }
              else {y4=y4-1;}
              DBYTE[0x7a]=y4;
          }
      else{ y3=y3-1; }
      DBYTE[0x79]=y3;
      return(1);
}
```

```
void delay(unsigned char ys)                // 延时子程序，系统时钟频率 6 MHz
{
   while(ys! = 0)
   {
      display2();
      ys = ys - 1;
   }
}

void step()                                 // 步进电机转动控制子函数
{
  unsigned char y,y1,y2,z,z1,z2,z3,z4;
  y = 0;y1 = 0;y2 = 0;z = 0;z1 = 0x03;z2 = 0;z3 = 0;z4 = 0x09;
  y = DBYTE[0x7e];                          // 方向
  y1 = DBYTE[0x7d];                         // 转速级别，快则延时短
  if(y1 = = 0)  { y1 = 0x0f; }              // 若转速等级输入 0 级，则按照最慢的 F 级转速进
                                               行处理
  while(1)
  {
     if(y = = 0)                            // 正转，顺时针
     {
       for(z = 4;z>0;z - - )
       {
         P1 = z1;//3,6,c,9
         delay(y1);                         // 延时 y2 × 111ms
         y2 = sjtz();                       // 数据调整函数，主要是调整最右侧 4 个数码管的
                                               步数，每走 1 步减 1
         display2();
         if(y2 = = 0xAA)  { y2 = 0xBB;break; }
         if(z1 = = 6)     { z1 = z1 + 3; }
         z1 = z1 + 3;
         if(z1 = = 12)               { z2 = z2 + 1; }
         if(z1 = = 15)               { z1 = z1 - 6; }
         if((z1 = = 12)&&(z2 = = 2)) { z1 = z1 - 9;z2 = 0; }
       }
       / * P1 = 0x06;//3,6,c,9              // 此小段是注释，用于调试数据
       delay(y1);                           // 延时 y2 × 111 ms
       y2 = sjtz();                         // 数据调整函数，主要是调整最右侧 4 个数码管的
                                               步数，每走 1 步减 1
       display1();
       if(y2 = = 0xAA)
       { y2 = 0;break; } * /
     }
```

```
        else                                              // 反转,逆时针
         {
           for(z = 4;z>0;z -- )
           {
             P1 = z4;                                     // 9,c,6,3
             delay(y1);                                   // 延时 y2×111 ms
             y2 = sjtz();                                 // 数据调整函数,主要是调整最右侧 4 个数码管的
                                                             步数,每走 1 步减 1
             display2();
             if(y2 == 0xAA)   { y2 = 0xBB;break; }
             z4 = z4 + 3;
             z3 = z3 + 1;
             if(z4 == 15)      { z4 = z4 - 9; }
             if((z4 == 9)&&(z3 == 3)) { z4 = z4 - 6;}
             if((z4 == 6)&&(z3 == 4)) { z4 = z4 + 3;z3 = 0;}
           }
           /* P1 = 0x03;//6,c,9                            // 此小段是注释,用于调试数据
           delay(y1);                                     // 延时 y2×111 ms
           y2 = sjtz();                                   // 数据调整函数,主要是调整最右侧 4 个数码管的
                                                             步数,每走 1 步减 1
           display1();
           if(y2 == 0xAA)
           { y2 = 0;break; } */
         }
         if(y2 == 0xBB)       { y2 = 0;break; }          // 跳出大循环
       }
      DBYTE[0x79] = 0x09;                                 // 初始化显示 080029,正转,8 级速度,转 29 步
      DBYTE[0x7a] = 0x02;
      DBYTE[0x7b] = 0x00;
      DBYTE[0x7c] = 0x00;
      DBYTE[0x7d] = 0x08;
      DBYTE[0x7e] = 0x00;
    }

    unsigned char keysm()                                 // 键盘扫描子函数
    {
       unsigned char s0,s1,s2,s3,s4,s5,s6;
       PB = 0xff;                                         // 发字形码 0xff,熄灭所有小灯
       _nop_();_nop_();_nop_();
       s0 = 0x00;
       s1 = 0x00;
       s2 = 0xFE;
       s3 = 0x08;
```

```
s4 = 0;s5 = 0;s6 = 0;
while(1)
{
  PA = s2;
  _nop_ ();
  s2<<= 1;
  s2 = s2 + 1;
  s1 = PC;                          // 读键盘的扫描结果
  _nop_();_nop_();_nop_();
  s1 = ~s1;                         // 将键盘扫描的结果取反
  s1& = 0x0f;                       // 取出变为 1 的值
  if(s1 == 0x00)                    // 代表无键按下
    {
      s0 = s0 + 1;
      s3 = s3 - 1;
    }
  else { break; }
  if(s3 == 0)  { break; }
}
if(s1 == 0x00)  {  return(0xEE); }  // 返回假,代表本次键盘扫描没有任何按键被按下
s1 = ~s1;                           // 再次变为低电平,接下来低 4 位依次判断,看看
                                       到底是哪行的按键被按下
s4 = s1;                            // 备份
s1& = 0x01;                         // 取出最低位,若为 1 代表未按下
if(s1 == 0x00)                      // 第一行有按下的
{ s5 = 0; }
else
{
  s1 = s4;
  s1& = 0x02;
  if(s1 == 0x00)                    // 第二行有按下的
  { s5 = 0x08; }
  else
  {
    s1 = s4;
    s1& = 0x04;
    if(s1 == 0x00)                  // 第三行有按下的
    { s5 = 0x10; }
    else
    {
        s1 = s4;
        s1& = 0x08;
        if(s1 == 0x00)              // 第四行有按下的
```

```
            { s5 = 0x18; }
            else
            { return(0x18); }                   // 代表4行都扫描完毕后,仍然没找到按键
        }
      }
    }
    s5 = s5 + s0;
    if((s5>=0x10)&&(s5!=0x16)) { return(0x10); }     // 返回0x10代表扫描的按键不是0～F
    if(s5==0x16) { return(0x16); }
    s6 = tab1[s5];
    return(s6);                                 // 返回键盘上的键值扫描码
}
void display2()                                 // 显示子函数2
{
  unsigned char f1,f2,f3,f5;
  f1 = 0x7e;
  f2 = 0x20;
  f3 = 0;
  for(f3 = 85;f3>0;f3--)
  {
    f5 = DBYTE[f1];
    PB = tab[f5];
    _nop_();_nop_();_nop_();
    PA = f2;
    delayms(2);                                 // about 1ms
    f1 = f1 - 1;
    f2>>=1;
    if(f2==0)  { f1 = 0x7e; f2 = 0x20; }        // 如果6个数码管依次都点亮了
  }
}
unsigned char display1()                        // 显示子函数1
{
  unsigned char e1,e2,e3,e4,e5,e6;
  e1 = 0x7e;
  e2 = 0x20;
  e3 = 2;
    while(((e4 = keysm())==0xee)&&(e3!=0))
    {
      for(e6 = 85;e6>0;e6--)
      {
        e5 = DBYTE[e1];
        PB = tab[e5];
        _nop_();_nop_();_nop_();
```

```
            PA = e2;
            delayms(2);                         // about 1 ms
            e1 = e1 - 1;
            e2>> = 1;
            if(e2 == 0)  { e1 = 0x7e; e2 = 0x20; }      // 如果 6 个数码管依次都点亮了
        }
        e3 = e3 - 1;
    }
  return(e4);
}

void display()                                  // 显示子函数
{
  unsigned char b3,b4;
  unsigned char d2,d3;
  unsigned char y1;
  b3 = 0;y1 = 0;
  b3 = DBYTE[ADDR + 5 - b5];
  d2 = 0xee;
  while(1)
  {
    if(y1 == 2) { DBYTE[ADDR + 5 - b5] = b3; y1 = y1 + 1;   }
    d2 = display1();
    if(d2!  = 0xee) { break; }
    DBYTE[ADDR + 5 - b5] = 0x10;
    y1 = y1 + 1;
    if(y1 == 5) { DBYTE[ADDR + 5 - b5] = b3; y1 = 0; }
   }
  delayms(11);                                  // about 10 ms
  d3 = keysm();                                 // 返回去抖动后第 2 次按键的值

  if((d2 == d3)&&(d2!  = 0x18)&&(d2!  = 0x10)&&(d2!  = 0x16))
  {
    {
      b4 = ADDR + 5 - b5;
      b5 ++ ;
      DBYTE[b4] = d2;                           // 得到按键的字形 8 段码
      if(b5 == 6) { b5 = 0; }
    }
  }
  display2();
  if((d2 == d3)&&(d2 == 0x16))
  { DBYTE[ADDR + 5 - b5] = b3; step(); b5 = 0; }
```

```
                                        // 复原闪动的显示内容;转动后,再复原显示位置,
                                           以便下次转动参数的设置
}

void main()                             // 主函数
{
  DBYTE[0x79] = 0x09;                   // 初始化显示 080029,正转,8 级速度,转 29 步
  DBYTE[0x7a] = 0x02;
  DBYTE[0x7b] = 0x00;
  DBYTE[0x7c] = 0x00;
  DBYTE[0x7d] = 0x08;
  DBYTE[0x7e] = 0x00;
  while(1)
  {
    display();                          // 调用显示扫描子程序
  }
}
```

8.5 基于单片机 IC 卡读/写系统

随着电子技术的进步,各种智能 IC 卡不断出现,这使人们的生活方便了很多。例如,公交车 IC 卡、食堂吃饭用的饭卡、上班刷的工卡等。那么什么是 IC 卡呢? IC 卡是一种新型的人机接口设备,是 I^2C 存储卡的简称。

8.5.1 IC 卡读/写的工作原理

IC 卡采用了 I^2C 总线技术进行设计。因此,想理解 IC 卡的工作原理,首先要熟悉 I^2C 总线技术,下面将详细介绍。

I^2C 总线是 Inter Integrated Circuit Bus 的缩写,含义是内部集成电路总线。I^2C 总线技术最早是由 Philips 公司推出一种二线制的总线技术。I^2C 总线包括一条数据线 SDA 和一条时钟线 SCL。I^2C 总线协议允许总线接入多个器件,并支持多主机工作。I^2C 总线上的器件既可以作为主控制器也可以作为被控制对象,既可以发送数据也可以接收数据,并且能够按照一定的通信协议进行器件间的数据交换。在每次数据交换开始的时候,主控制器需要通过总线竞争获得主控制权,并启动一次数据交换,与 I^2C 总线上的被控对象进行通信。通常,在 I^2C 总线系统中,各器件都具有唯一的地址,它们之间通过寻址来确定数据的接收方。

一个典型的 I^2C 总线标准的器件,其内部包括 I^2C 总线接口电路、内部功能单元模块以及两根信号线组成。单片机的 CPU 可以通过指令对 I^2C 器件内部的各功能模块进行控制。CPU 发出的控制信号分为地址码和数据控制量两部分,地址码用来选址即找到需要控制的 I^2C 总线器件,而数据控制量是用于调整控制该类器件的具体数据大小。

I^2C 总线器件分为主器件和从器件。主器件的功能是启动在 I^2C 总线上进行数据的传输，并产生时钟脉冲，从而允许与被寻址器件进行通信。被寻址器件，也称为从器件。通常任何器件都可以是从器件，但主器件只能是微控制器，主从器件一般是对偶出现的。I^2C 总线允许连接多个微控制器，但不能同时出现两个主控制器，哪个微控制器先控制 I^2C 总线，那么它就是主器件，这也是总线竞争的含义。在多个器件竞争总线的过程中，数据不会被破坏和丢失，并且数据只能在主、从器件间相互传送，当两者通信结束后，要释放各自的总线，退出主、从器件的角色。

传统单片机的串行接口的发送和接收一般是用两条线来完成的，例如发送用 TXD 线，而接收使用 RXD 线来完成。但是在 I^2C 总线中，器件只使用了一根线 SDA 来完成发送或接收数据，这里 I^2C 总线器件主要是通过软件编程的方法使其处于发送或接收状态。当某个器件向 I^2C 总线上发送数据时，它就是发送器件（也称为主器件），而当此器件从总线上接收数据时，它又被称为接收器件（也称为从器件）。通常，I^2C 总线空闲时，SDA 和 SCL 两根信号线都是高电平。当总线有数据传输时，标准模式下传输速率为 100 kbit/s，快速模式时可达 400 kbit/s，而在高速模式下可以达到 3.4 Mbit/s，因此数据传输速率较高。

在 I^2C 总线上进行高速数据传输的过程中，时钟信号也会同步在 SCL 线上进行传输，并且通过不同的时序信号来控制 I^2C 总线器件的不同动作。通常，在 I^2C 总线上传输数据时，时钟同步信号是由挂在 SCL 时钟线上所有器件的逻辑与完成的。因此，SCL 时钟线上的电平由高到低变换将影响到 I^2C 总线上的所有器件，通常只要有一个器件的时钟信号变为低电平，则 SCL 线上所有的器件均变为低电平。当所有器件的时钟信号都变为高电平时，低电平的周期才结束，此时 SCL 总线被释放，返回高电平，即所有 I^2C 总线器件开始进入它们的高电平周期。其后，第一个结束高电平周期的器件又将 SCL 总线拉成低电平。这样就在 I^2C 总线上形成了由高低电平周期组成的同步时钟。

通过上面的介绍，大家已经了解了有关 I^2C 总线的基本知识，并且知道如果把 I^2C 总线上的数据在主、从器件间进行传输，必须使 SCL 线上出现合适的时钟电平信号。具体如何将时钟信号和传输的数据进行合理的搭配呢？为了解决这个问题，下面介绍 I^2C 总线的传输协议。

(1) 起始和停止条件：在 I^2C 总线数据的传送过程中，需要确认数据传送的开始和结束。在 I^2C 总线协议中，开始和结束信号的时序图如图 8.19 所示。

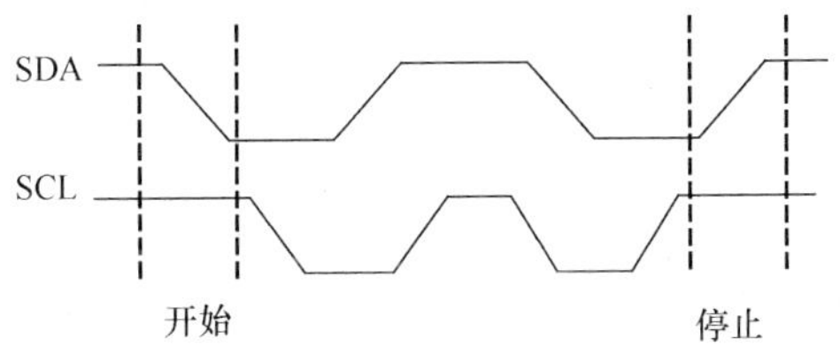

图 8.19　I^2C 总线开始和结束时序图

① 开始信号：当时钟总线 SCL 为高电平时，数据总线 SDA 从高电平向低电平跳变时，开始传送数据。

② 结束信号：当时钟总线 SCL 为高电平时，数据总线 SDA 从低电平向高电平跳变时，结束数据传输。

在这里开始和结束信号都是由主器件产生的。在开始信号以后，总线即被认为处于忙状态，此时 I^2C 总线上的其他器件不能再产生开始信号。当前总线上的主器件直到结束信号以后，才退出主器件角色，再经过一段时间，I^2C 总线被认为处于空闲状态。

（2）数据格式：I^2C 总线上数据的传送采用时钟脉冲逐位串行传送的方式，在 SCL 的低电平期间，SDA 总线上高低电平能够变化，而在高电平期间，SDA 上的数据需要保持稳定，以便从器件对数据进行采样接收，具体数据格式的时序如图 8.20 所示。

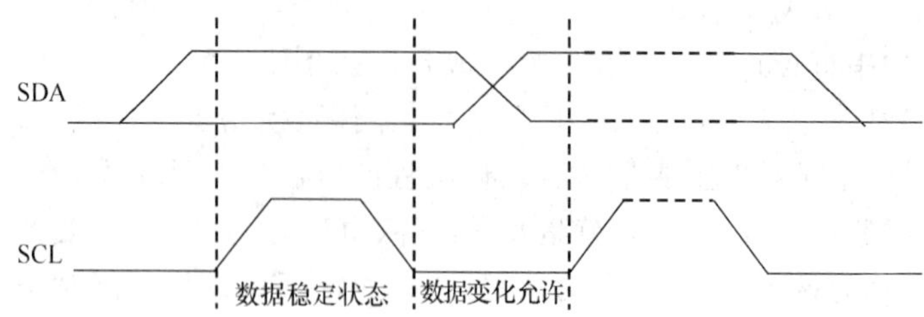

图 8.20　I^2C 总线数据传输时序状态图

I^2C 总线主器件发送到 SDA 线上的数据必须是 8 位长，传输时高位在前，低位在后。与此同时，主器件在 SCL 线上产生 8 个时钟脉冲，并在第 9 个时钟脉冲的低电平期间，主器件释放 SDA 线使其为高电平。然后，从器件把 SDA 线拉低，给出一个接收数据的确认位。接着在第 9 个脉冲的高电平期间，主器件收到从器件发到总线上的确认位，随后开始了下一个字节的传输，下一个字节的第 1 个时钟脉冲的低电平期间，从器件释放 SDA 线，使其成为高电平。每个字节的传输都需要 9 个脉冲，而每次传输字节的总数不受限制。

I^2C 总线上的数据传输在开始信号后，主器件发出的第一个字节数据是用来选择从器件地址的，其中前 7 位为地址码，第 8 位为方向位（R/W）。方向位为 0 时，W 有效，表示主器件要通过 I^2C 总线向所选择的从器件写数据；若方向位为 1，则 R 有效，表示主器件要向从器件读数据。具体地址信息帧的格式如表 8-8 所示。其中，前 4 位固定为 1010。当开始信号后，I^2C 总线上的各个从器件将自己的地址与主器件送到 I^2C 总线上的地址进行比较，若与主器件发送的地址相同，则该器件就是被主器件寻址选中的从器件，此从器件究竟是接收还是发送数据由第 8 位来决定。

表 8-8　I^2C 总线地址信息帧格式

1	0	1	0	A2	A1	A0	R/W

（3）响应：在 I^2C 总线上进行数据传输时，如果从器件接收到数据后，需要给主器件发送 1 个响应位。响应位的时钟脉冲由主器件产生。当主器件发送完 1 B 的数据后，接着主器件在 SCL 线上发出一个时钟响应位（ACK）。此时钟内主器件释放 SDA 线，1 B 传送结束，而从器件的响应信号将 SDA 线拉成低电平，使 SDA 在该时钟的高电平期间为稳定的低电平。从器件的响应信号结束后，SDA 线返回高电平，进入下一个传送周期。通常，被寻址的从器件在接收到每个字节后必须产生一个响应。当从器件不能响应主器件发送的地址时，从器件必须使数据线 SDA 保持高电平，然后主器件产生一个停止条件，终止传输或者重复起始条件开始新的传输。如果从器件响应了主器件发送的地址，但在传输了一段时间后

没有产生响应位。从器件使数据线 SDA 保持高电平，此时主器件产生一个停止或重复起始条件。I^2C 总线主、从器件完整的数据传送过程如图 8.21 所示。

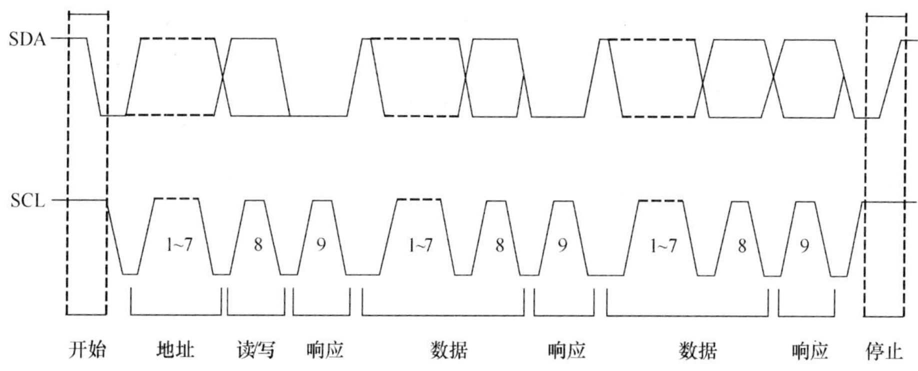

图 8.21 I^2C 总线主、从器件的数据传输图

I^2C 总线还总具有广播呼叫地址用于寻址总线上所有器件的功能。若一个器件不需要广播呼叫寻址中所提供的任何数据，则可以忽略该地址不作响应。如果该器件需要广播呼叫寻址中按需提供的数据，则应对地址作出响应，其表现为一个从器件。

至此，已经完整的将 I^2C 总线主、从器件的基本原理介绍完毕。下面以目前常用的带有 I^2C 总线接口的 AT24C01 芯片为例，介绍 I^2C 器件的应用。

AT24C01 是美国 ATMEL 公司的低功耗 CMOS 串行 EEPROM，它内含 128×8 位存储空间，具有工作电压宽(2.5～5.5 V)、擦写次数多(大于 10 000 次)、写入速度快(小于 10 ms)等特点。AT24C01 中带有片内寻址寄存器。每写入或读出一个数据字节后，该地址寄存器自动加 1，以实现对下一个存储单元的操作，所有字节都以单一操作方式读取。为降低总的写入时间，一次操作可写入多达 8 B 的数据。图 8.22 为 AT24C01 芯片的引脚图。各引脚功能如下：

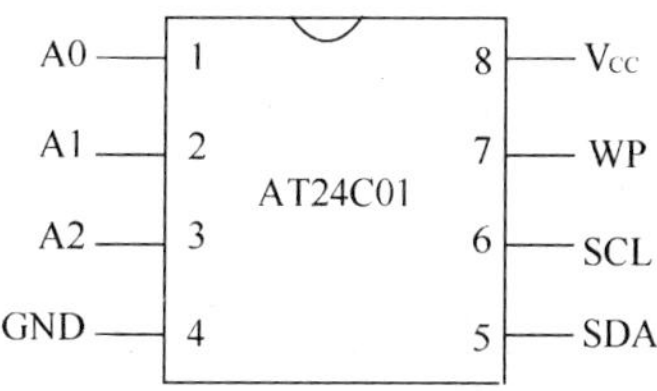

图 8.22 AT24C01 芯片的引脚图

SCL：串行时钟引脚。在该引脚的上升沿时，系统将数据输入到每个 I^2C 总线器件中，在下降沿时将数据输出。

SDA：串行数据引脚。该引脚可以双向传送数据。

A0、A1、A2：I^2C 总线器件地址引脚。这 3 个引脚是 I^2C 总线器件地址输入端，具体地址输入的格式见表 8-8。

WP：硬件写保护引脚。当该引脚为高电平时禁止写入，为低电平时可正常读写数据。

V_{cc}：电源引脚。一般输入+5 V 直流电压。

GND：接地引脚。

8.5.2 IC卡与单片机的硬件接口电路

下面将使用AT24C01与单片机来设计IC卡读/写系统。具体电路硬件原理如图8.23所示。从图中可以看到，此IC卡读/写系统中，I^2C总线主器件是单片机，I^2C总线从器件是由AT24C01芯片形成的IC卡。在图中，主要使用AT89C51单片机的P3.0和P3.1引脚，分别连接I^2C总线的时钟引脚SCL和数据引脚SDA。利用单片机P3.0和P3.1引脚发出的时钟和数据信息，来模拟I^2C总线的实现，从而读/写IC卡中的数据。在读/写过程中使用单片机的P1.0、P1.1和P1.2引脚控制3个发光二极管，来表征IC卡的读/写数据过程。

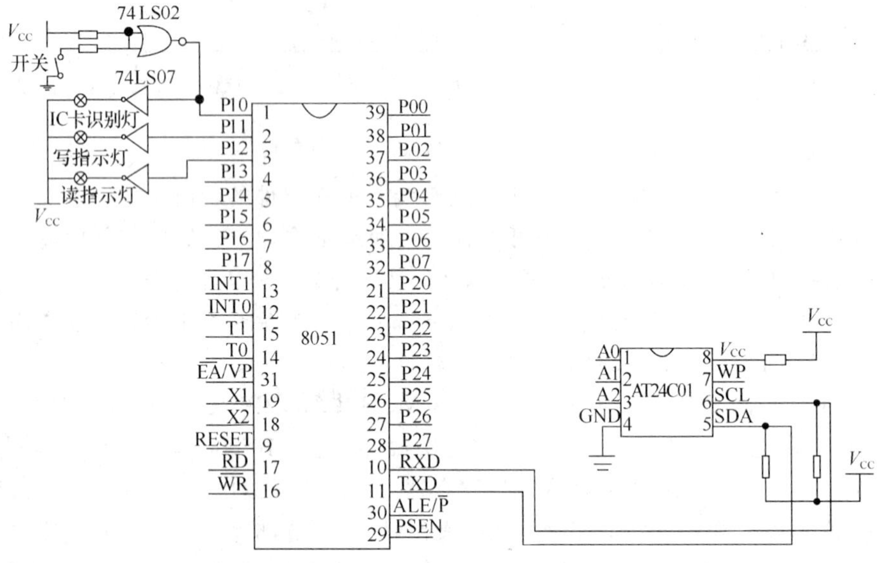

图8.23 单片机IC卡读/写系统硬件原理图

8.5.3 程序设计

应用系统具体实现的功能是将IC卡插入后，根据读/写时序信号能够正确读/写IC卡的数据，并把写入IC卡的数据读到系统内存4000H～407EH单元中。如果数据读/写正确，则系统在6个数码管上显示“ICGOOD”提示，并能在内存4000H～407EH单元中看到相应的数据，否则系统显示“IC-ERR”的错误提示。

应用程序主要包括3个程序模块，即主程序模块、数据写入IC卡子程序模块以及数据读出IC卡子程序模块，程序流程如图8.24所示。

具体的C51语言程序如下：

```
#include <reg51.h>
#include <absacc.h>
#include <intrins.h>
#define   OP_READ   0xa1          // I²C器件地址00H以及单片机读取IC卡EEPROM的操作
#define   OP_WRITE 0xa0          // I²C器件地址00H及向IC卡EEPROM单元中的写操作
#define   addrx      0x4000       // 定义把从IC卡数据，读到单片机中的开始地址
sbit SDA = P3^1;                  // IC卡SDA线与单片机连接引脚
```

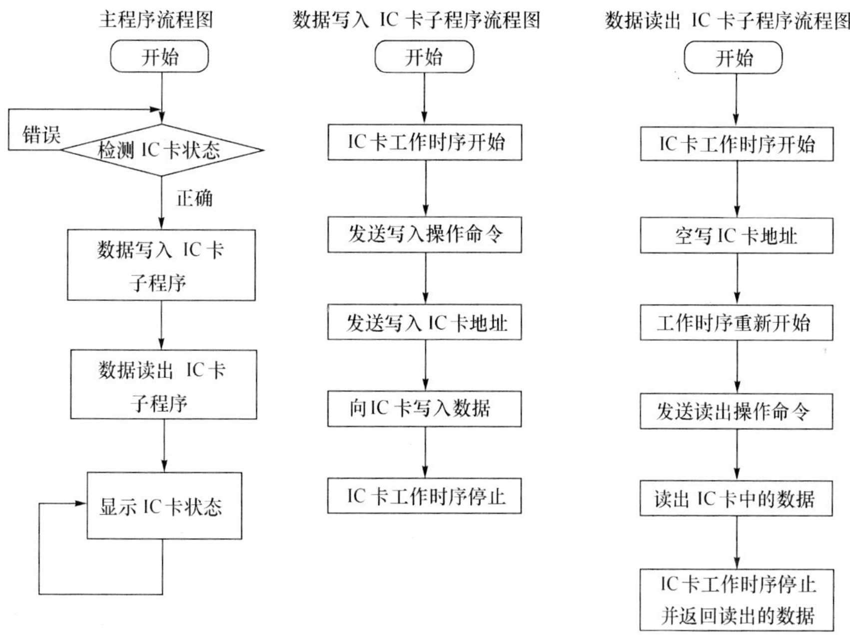

图 8.24 单片机 IC 卡读/写系统的程序流程图

```
sbit SCL = P3^0;
sbit INL = P1^0;                  // IC 卡正确插入指示灯
sbit WRL = P1^1;                  // 向 IC 卡写数据指示灯
sbit RDL = P1^2;                  // 从 IC 卡读数据指示灯
unsigned char R5;
unsigned char code tab[] = {0xc0,0xf9,0xa4,0xb0,0x99,0x92,0x82,0xf8,0x80,0x90,
                    0x88,0x83,0x0C6,0x0A1,0x86,0x8E,0x0FF,0x0C,0x0DE,0x0F3,0x8F};
void delayms(unsigned char ms)    // 毫秒级延时子程序,系统时钟频率 6 MHz
{
   unsigned char i;
   while(ms--)
   {
     for(i = 60;i>0;i--);
   }
}
void delayus(unsigned char us)    // 微秒级延时子程序,系统时钟频率 6 MHz
{
  unsigned char n;
  for(n = us;n>0;n--);
}

void disp2()                      // 显示子程序 2
{
  unsigned char R0,R2,R3;
```

```
  unsigned char e;
  R0 = 0x7E;
  R2 = 0x20;
  for(R3 = 6;R3> = 1;R3 -- )
  {e = DBYTE[R0];
   XBYTE[0xff22] = tab[e];          // 给 8155 芯片发字型码
   _nop_ ();
   _nop_ ();
   XBYTE[0xff21] = R2;              // 给 8155 芯片发显示字位码,从最左侧向右依次显示
   R0 = R0 - 1;
   delayms(1);                      // about 1ms
   R2>> = 1;
  }
  XBYTE[0xff22] = 0x0ff;            // 熄灭所有数码管
  _nop_ ();
  _nop_ ();
}

void disp()                         // 显示 ICgood 的子程序
{
  DBYTE[0x7E] = 0x01;               // display ICgooD
  DBYTE[0x7D] = 0x0C;
  DBYTE[0x7C] = 0x09;
  DBYTE[0x7B] = 0x00;
  DBYTE[0x7A] = 0x00;
  DBYTE[0x79] = 0x0D;
  disp2();
}

void disp1()                        // 显示 IC-ERR 的子程序
{
  DBYTE[0x7E] = 0x01;               // display IC-ERR
  DBYTE[0x7D] = 0x0C;
  DBYTE[0x7C] = 0x10;
  DBYTE[0x7B] = 0x0E;
  DBYTE[0x7A] = 0x14;
  DBYTE[0x79] = 0x14;
  disp2();
}

void DispERR()                      // 显示出错的子函数
{
  while(1)
```

```
  {disp1();}
}

void start()                    // 开始位
{
  SDA = 1;
   delayus(12);                 // 212 μs
  SCL = 1;
   delayus(12);                 // 212 μs
  SDA = 0;
  delayus(12);                  // 212 μs
  SCL = 0;
  delayus(12);                  // 212 μs
}

void stop()                     // 停止位
{
   SCL = 0;
  delayus(12);                  // 212 μs
  SDA = 0;
  delayus(12);                  // 212 μs
  SCL = 1;
  delayus(12);                  // 212 μs
  SDA = 1;
  delayus(12);                  // 212 μs
}

unsigned char shin()            // 从 AT24Cxx 移入数据到 MCU
{
  unsigned char n,read_data2;
  for(n = 0; n < 8; n++)
  {
  SCL = 0;
  _nop_ ();
  _nop_ ();
  SCL = 1;
  delayus(12);                  // 212 μs
  read_data2 <<= 1;
  read_data2 |= (unsigned char)SDA;
  _nop_ ();
  _nop_ ();
  SCL = 0;
```

```
        delayus(12);                  // 212 μs
    }
    return(read_data2);
}

bit shout(unsigned char write_data)      // 从 MCU 移出数据到 AT24Cxx
{
    unsigned char m;
    bit ack_bit;
    for(m = 0; m < 8; m++)             // 循环移入 8 个位
    {
        SCL = 0;
    _nop_();
    _nop_();
    SDA = (bit)(write_data & 0x80);
        delayus(12);                  // 212 μs
    SCL = 1;
    delayus(12);                      // 212 μs
    write_data <<= 1;
    }
    SCL = 0;                          // 读取应答
    delayus(12);                      // 212 μs
    SCL = 1;
    delayus(12);                      // 212 μs
    ack_bit = SDA;
    _nop_();
    _nop_();
    return ack_bit;                   // 返回 AT24Cxx 应答位
}

void write_byte(unsigned char addr, unsigned char write_data)     // 在指定地址 addr 处写入
                                                                    数据
{
    bit ack1,ack2,ack3;
    stop();
    delayus(12);                      // 212 μs
    start();
    delayus(12);                      // 212 μs
    ack1 = shout(OP_WRITE);           // 向 IC 卡写入器件地址以及读/写方式字 A0H
    if(ack1 == 1)   //
    {
    DispERR();
```

```
    }
    ack2 = shout(addr);                  // 向 IC 卡写入 IC 卡内 EEPROM 的首地址 00H
     if(ack2 == 1)
    {
     DispERR();
    }
     delayus(12);                        // 212 μs
     SCL = 0;
    delayus(12);                         // 212 μs
    R5 = 0;
    if(R5 == 0)
    { ack3 = shout(write_data); }
    if(ack3 == 1)
    {
     DispERR();
    }
    stop();
    delayus(12);                         // 212 μs
    delayus(12);                         // 212 μs,写入周期
    R5 = 0;
}

unsigned char read_byte(unsigned char addr)           // 从 IC 卡指定地址 addr 处读数据
{  bit ack1,ack2,ack3;
    unsigned char read_data1;
    stop();
    delayus(12);                         // 212 μs
   start();
   delayus(12);                          // 212 μs
   ack1 = shout(OP_WRITE);               // 向 IC 卡写入器件地址以及读/写方式字 A0H
    if(ack1 == 1)   //
   {//R5 = 0x5A;
    DispERR();
   }
   ack2 = shout(addr);                   // 向 IC 卡写入 IC 卡内 EEPROM 的首地址 00H
    if(ack2 == 1)
   { // R5 = 0x5A;
    DispERR();
   }
    delayus(12);                         // 212 μs
    SCL = 0;
   delayus(12);                          // 212 μs
```

```
    R5 = 0;
    if(R5 == 0)
    { start();
      ack3 = shout(OP_READ);
    }
    if(ack3 == 1)
    { // R5 = 0x5A;
     stop();
     DispERR();
    }
    read_data1 = shin();
     SCL = 1;
    delayus(12);                    // 212 μs
     SCL = 0;
    delayus(12);                    // 212 μs
    stop();
    R5 = 0;
    return(read_data1);
}

main(void)                          // 主程序
{
     unsigned char j,f,g;           // 循环变量
    unsigned char a, b,c,d;         // as R0 and R1,or beifen
    unsigned char read_data;
     if(INL == 1)                   // P1.0, card insert is not correct
    {
      for(j = 60;j> = 0;j -- )
      {
         if(INL == 0) {break;}
     else { j = j + 1;}
      }
     }
     delayms(11);                   // delay about 10 ms

    if(INL == 1)                    // the second check
    {
      for(j = 60;j> = 0;j -- )
      {
         if(INL == 0) {break;}
     else { j = j + 1;}
      }
     }
```

```
 delayms(11);                     // delay about 10 ms
 a = 0;                           // as R0 = 0
 b = 0x55;                        // as R1 = 55h
 //b = 0x01;                      // test data
 c = a;
 d = b;
 for(f = 0;f< = 0x7f;f ++ )
                                  // for(f = 0;f< = 0x01;f ++ ) //test data
 {
   WRL = 0;                       // 写 IC 卡指示灯亮
   delayus(12);                   // 212 μs
   write_byte(a,b);
   a = a + 1;
   b = b + 1;
 }
 WRL = 1;                         // 写 IC 卡指示灯熄灭,代表向 IC 卡写数据结束
 _nop_ ();
 _nop_ ();
 for(g = 0;g< = 0x7f;g ++ )
 //for(g = 0;g< = 0x01;g ++ )     // test data
 {
   RDL = 0;                       // 从 IC 卡 EEPROM 中读出数据的指示灯亮,代表开始读数据
   delayus(12);                   // 212 μs
    read_data = read_byte(c);
    XBYTE[addrx + g] = read_data;
   c = c + 1;
 }
 RDL = 1;                         // 读 IC 卡指示灯熄灭,代表从 IC 卡读数据并写入外存单元
                                  结束
 _nop_ ();
 _nop_ ();
 while(1)
 { disp(); }
}
```

以上就是单片机与 IC 卡接口的基本内容,希望通过上面的实例,使大家进一步深入理解 IC 卡的基本原理以及应用。下面将介绍单片机与人的另一种接口形式——语音。

8.6 基于单片机的语音录放系统

随着科学技术的进步,越来越多的智能设备出现在了人们的日常生活中,这些技术在很大程度上方便了人们的各种活动,语音技术的发展便是其中典型的代表。虽然计算机处理

数据的运算能力很强，但是它与人们的交流就不那么容易了，它只能通过键盘输入信息，然后通过显示器或打印机把处理的结果再进行输出。如果计算机能够学会“说话”或者“听话”，那么人们与它的交流就容易多了，就好像朋友在聊天。当计算机能够听懂人们的语言时，人们就可以用语音控制计算机来完成各种工作了。若要实现计算机能够“说话”或者“听话”的功能，主要解决三个问题即语音输入（也称为语音识别）、语音存储以及语音输出（也称为语音合成）。其中语音识别技术和语音合成技术更为关键。随着语音技术的不断发展，这些功能已经逐渐的成为现实。本节将主要介绍使用 ISD 1420 语音芯片和单片机共同构成的一个简便的语音录放系统。

8.6.1 ISD 1420 语音芯片介绍

在单片机的语音录放系统中，实现语音录放功能的关键是使用了 ISD 1420 系列的芯片。ISD 的含义是信息储存器件，该系列的语音芯片是单片、短周期、高质量的语音录放电路，它采用了 ISD 的专利技术，使用 CMOS 制造工艺。ISD 1420 语音芯片内部主要包括片上时钟、麦克前置放大器、自动增益控制、带通滤波器、平滑滤波器以及功率放大器等部分，具体内部结构如图 8.25 所示。

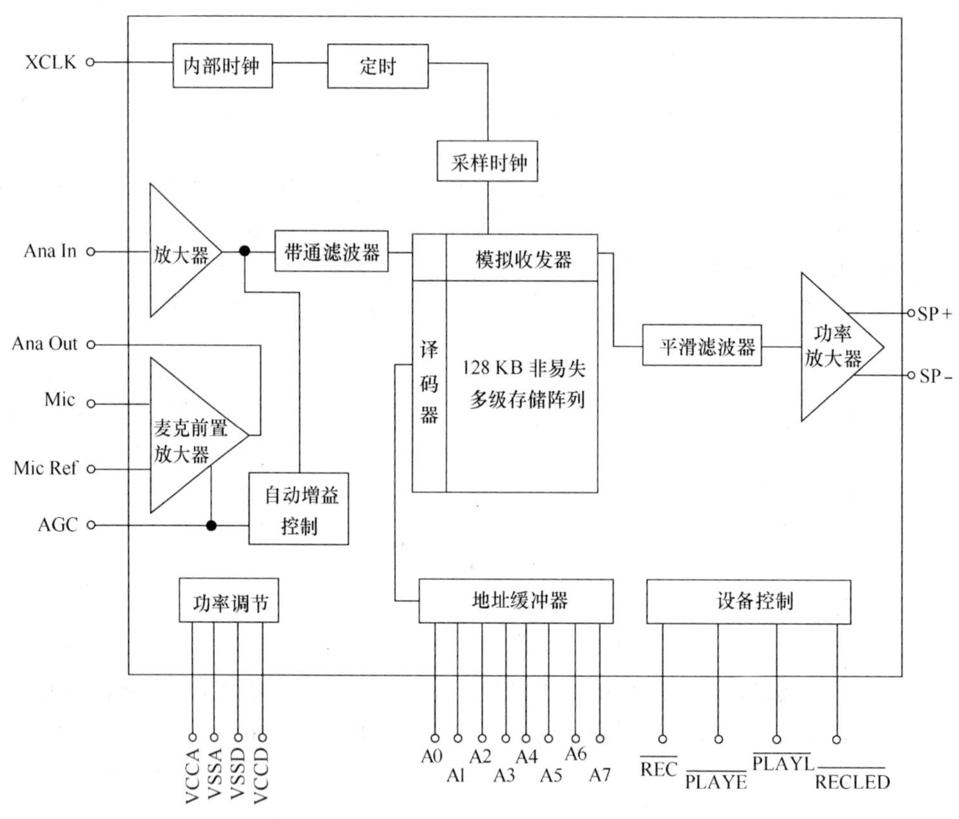

图 8.25 ISD 1420 语音芯片内部结构

ISD 1420 芯片具有 28 个引脚，具体引脚如图 8.26 所示。

ISD 1420 芯片各引脚的含义见表 8-9。

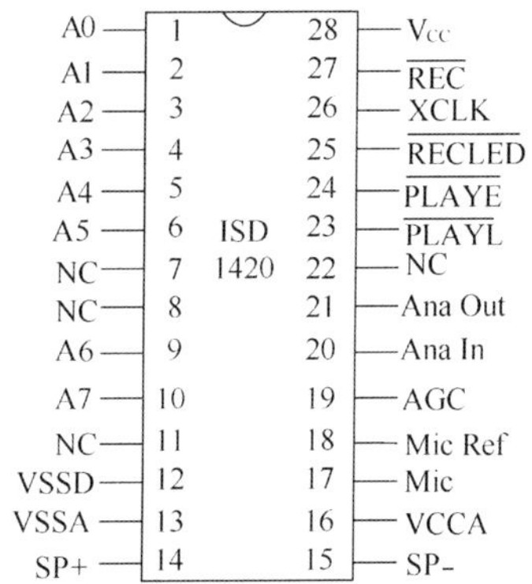

图 8.26　ISD 1420 语音芯片引脚图

表 8-9　ISD 1420 语音芯片各引脚含义

名称	引脚	功能	名称	引脚	功能
A0～A5	1～6	地址	Ana Out	21	模拟输出
A6、A7	9、10	地址	Ana In	20	模拟输入
VCCD	28	数字电源	AGC	19	自动增益控制
VCCA	16	模拟电源	Mic	17	麦克风输入
VSSD	12	数字地	Mic Ref	18	麦克风参考输入
VSSA	13	模拟地	PLAYE	24	放音、边沿触发
SP＋、SP－	14、15	喇叭输出	REC	27	录音
XCLK	26	外接定时器	RECLED	25	发光二极管接口
NC	11	空引脚	PLAYL	23	放音、电平触发

由 ISD 1420 系列语音芯片组成的最小应用系统只包含一个麦克、一个喇叭、一些电阻、电容器件、两个开关以及电源部分。ISD 1420 录制的语音信息存放在片内非易失存储单元中，断电后可以长久保存。它使用 ISD 的专利模拟存储技术，语音和音频信号直接存储到内部存储器中，可以实现高质量的语音复制，因此抗干扰能力较强。ISD 1420 语音芯片具有以下特性：

(1) 使用简单的单片录放音电路。

(2) 高保真语音/音频处理。ISD 1420 语音芯片提供 6.4 kHz 采样频率，采样的语音直接存储到片内的非易失存储器中，不需要数字化和压缩等其他手段。

(3) 开关接口、放音可以是脉冲触发，或电平触发。ISD 1420 语音芯片由一个单录音信号 REC 实现录音操作，PLAYE(触发放音)和 PLAYL(电平放音)两个放音信号，使用其中的任意一个便可实现放音操作。ISD 1420 语音芯片可以配置成单一信息的应用。如果使用地址线也可以用于复杂信息的处理。

(4) 自动功率节约模式。在录音或放音操作结束后，ISD 1420 语音芯片将自动进入低功率等待模式，消耗 0.5 μA 电流。在放音操作中，当信息结束时器件自动进入掉电模式；在录音操作中，REC 信号释放变为高电平时器件进入掉电模式。

(5) 录放周期为 20 s，处理复杂信息可以使用地址操作。ISD 1420 语音芯片内部存储阵列有 160 个可寻址的段，提供全地址的寻址功能。

(6) ISD 的 ChipCorder 技术使用片上非易失存储器，断电后信息可以持续保存 100 年。器件可以反复录放 10 万次。

(7) 采用片上时钟。工作电压为 5 V，静态电流为 0.5～2 μA，工作电流为 15～30 mA。

下面将介绍 ISD 1420 的使用方法，通常有两大类方法即通用手动操作方法和复杂微处理器控制操作方法，以下详细介绍。

(1) 通用手动操作方法：当开始录音时，RECLED 脚变为低电平，可以下拉电流驱动一个 LED 显示，由于 ISD 1420 语音芯片内部已经设计此 LED 的限流电阻，因此用户可以在 ISD 1420 语音芯片的 7 脚和 11 脚之间直接连接一个 LED。接通电源后，电路自动进入节电准备状态。具体录放音步骤如下。

录音：按住录音按键(REC 保持低电平)，电路进入录音状态(录音指示 LED 亮，即引脚 11 输出低电平)；当 REC 变高或录音存储器录满时，电路退出录音状态，进入准备状态。注意：REC 的优先级大于 PLAYE 和 PLAYL。

放音：放音有两种方式，即触发放音和电平放音。

① 触发放音：轻按 PLAYE 按键，再放开，给 PLAYE 脚一个低电平脉冲，电路进入放音状态，直到放音结束。

② 电平放音：按住 PLAYL 按键(PLAYL 脚保持低电平)，电路进入放音状态，直到 PLAYL 变高或放音结束，电路重新进入准备状态。

(2) 复杂微处理器控制操作方法：根据 A7、A6 的电平不同，电路可以进入两种不同的工作模式：地址模式和操作模式。如果 A7、A6 至少有一位为低电平，则电路认为 A0～A7 全部为地址位，A0～A7 的数值将作为本次录音或放音操作的起始地址。A0～A7 全部为纯输入引脚，不会像操作模式中 A0～A7 还可能输出内部地址信息。输入的 A0～A7 的信息在 PLAYE，PLAYL 或 REC 的下降沿被电路锁存到内部使用。

① 地址模式：当 A7、A6 至少有一位为 0 时，器件进入地址模式。在地址模式中，A0～A7 由低位向高位排列，每个地址代表 125 ms 的寻址，160 个地址覆盖 20 s 的语音范围(160 ×0.125 s=20 s)，录音及放音功能均从设定的起始地址开始，录音结束由停止键操作决定，芯片内部自动在该段的结束位置插入结束标志(EOM)；而放音时芯片遇到 EOM 标志即自动停止放音。

② 操作模式：当 A7、A6 全部为 1 时，器件进入操作模式。ISD 1420 内部具备多种操作模式，并能以最少的元件实现较多的功能，下面将详细描述。操作模式的选择使用地址引脚来实现，但实际的地址在 ISD 1420 的有效地址外部。当地址的最高两位 A7、A6 为高电平时，其余的地址位将成为状态标志位而不再是地址位。因此，操作模式和地址模式不能兼容，也就是说不能同时使用。

在使用操作模式时必须注意两点。第一，所有的操作开始于地址 0，也就是 ISD 1420 的起始地址。以后的操作根据操作模式的不同可以从其他地址开始。另外，在操作模式中当 A4=1 时，从录音变换到放音而不是从放音到录音，器件地址指针复位到 0。第二，操作模式的执行必须是 A7、A6 为高电平在 PLAYE，PLAYL 或 REC 变为低电平时开始执行。当前的操作模式将一直有效，直到下一次的控制信号变低，并取样地址线上的信息开始新的操作。

③ 操作模式描述：可以使用微处理器其来控制操作模式，也可以使用直接连线来实现需要的功能。此时各地址引脚功能如下。

A0——信息检索。信息检索允许用户在存储内容之间跳转浏览，而不必关心每个信息的实际物理位置。每个控制信号的低电平脉冲将内部地址指针转移到下一个信息位置。这种模式只能在放音中使用，通常与 A4 操作同时应用。

A1——删除 EOM 结尾标志。A1 操作模式允许多次记录的信息组合成一个信息，结束标志只出现在最后录制信息的结尾。当配置成这种模式后，多次录制的信息在放音时会形成连续的信息。

A2——没有使用。

A3——循环播放。A3 操作模式能够实现自动连续的信息播放，播放的信息处于地址空间的开始。如果一个信息充满了 ISD 1420，则用循环模式可以从头到尾连续播放。PLAYE 脉冲可以启动播放，PLAYL 脉冲可以结束播放。

A4——连续寻址。在通常操作中，当放音操作遇到结尾标志（EOM）时，地址指针将复原到 0。A4 操作模式将禁止地址指针的复位，允许信息连续录制和播放。当电路处于静止状态，不是处于录音或放音状态时，即可设置该脚为低电平，将复位地址指针。

A5——没有使用。

以上已经将 ISD 1420 芯片的硬件功能介绍完毕了，下面将介绍语音录放系统的设计。

8.6.2 基于 ISD 1420 的单片机录放音系统硬件电路

基于语音芯片 ISD 1420 的单片机录放音系统，把录放音时间 20 s 分成 20 段，每段一秒，调用录音子程序，录入语音，建立语音库，语音录入结束后，根据段地址，调用放音子程序，还原录入语音信号。系统的硬件电路原理如图 8.27 所示。

从图 8.27 中可以看到，语音录放电路主要由两个独立部分组成：一部分是由单片机和上面的 74LS373、74LS245 以及 ISD 1420 构成的自动录放音电路；另一部分是由排阻和下面的 74LS245 以及 ISD 1420 构成的人工手动录放音电路。这两部分都可以独立完成语音的录放工作，通过排阻旁边的拨动开关可以选择录放音是使用单片机自动方式还是人工手动方式。通常，录音部分可以人工手动完成，而放音可以由单片机自动完成，当然录放音都可以由单片机自动完成或人工手动完成，具体由实际要求来决定。在 ISD 1420 语音芯片的具体录放音过程中，主要有 3 个引脚起到关键作用，分别是录音引脚$\overline{\text{REC}}$、一次按下放音引脚$\overline{\text{PLAYE}}$以及连续按下放音引脚$\overline{\text{PLAYL}}$。不论录放音是单片机自动方式还是人工手动方式，其实质就是要使这 3 个引脚在录、放音时分别达到低电平有效。只不过在单片机自动方式时，是通过单片机把设置好的数据由 74LS373 和 74LS245 芯片传递过去的，而手动方式是通过按下按钮来实现这 3 个引脚变成有效低电平的。

另外，还要注意语音信息在 ISD 1420 中的存放地址。从图 8.27 中可以看到 A0～A7 地址输入有双重功能，根据地址中的 A6、A7 的电平状态决定功能。如果 A6、A7 有一个是低电平，A0～A7 输入全解释为地址位，作为起始地址用。根据$\overline{\text{PLAYL}}$、$\overline{\text{PLAYE}}$或$\overline{\text{REC}}$的下降沿信号，地址输入被锁定。A0～A7 由低位向高位排列，每位地址代表 125 μs 的寻址，160 个地址覆盖 20 s 的语音范围（160×0.125 s=20 s）。地址模式各引脚的具体含义如表 8-10所示。

表 8-10　地址模式下各引脚含义

DIP 开关	地址状态								功能说明
	1	2	3	4	5	6	7	8	（ON=0，OFF=1）
地址位	A0	A1	A2	A3	A4	A5	A6	A7	1 高电平，0 低电平，* 任意
地址模式	0	0	0	0	0	0	0	0	每段最长 20 s 录放音，从首地址开始，每个地址录放音 125 μs。
	1	0	0	0	0	0	0	0	
	0	0	0	0	0	0	1	0	从 A6 地址开始的录放音。
	*	*	*	*	*	*	*	0	A6 或 A7 为 0，是地址模式
	*	*	*	*	*	*	0	*	

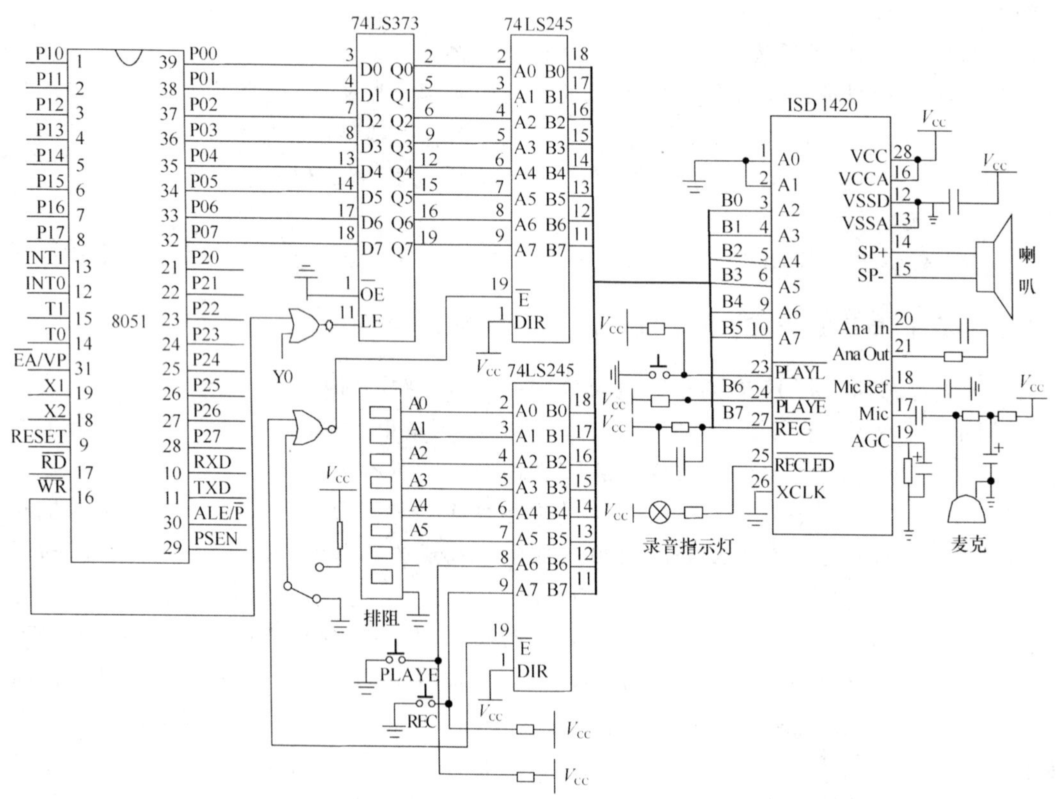

图 8.27　基于 ISD 1420 芯片的录放音系统硬件原理图

8.6.3　程序设计

下面以图 8.27 的硬件原理为例，进行单片机语音录放系统的程序设计。录音及放音功能均从设定的起始地址开始，录音结束时 ISD 1420 芯片内部自动在该段的结束位置插入结束标志 EOM；而放音时芯片遇到 EOM 标志即自动停止放音。整个单片机语音录放系统的程序设计流程如图 8.28 所示，从图中可以看出此应用程序主要包括 2 个程序模块，即录音程序模块以及放音程序模块。这两个程序模块之间是相互独立的，互不影响。无论是录音程序模块还是放音程序模块，关键就是分别将录音控制码或放音控制码发送给 ISD 1420 芯片。只不过录音控制码每次录音时都要发送，而放音控制码只要在放音开始时发送一次即可完成全部 20 s 的放音。通过上面两个程序模块的有机结合，从而完成单片机语音录放系统的工作。

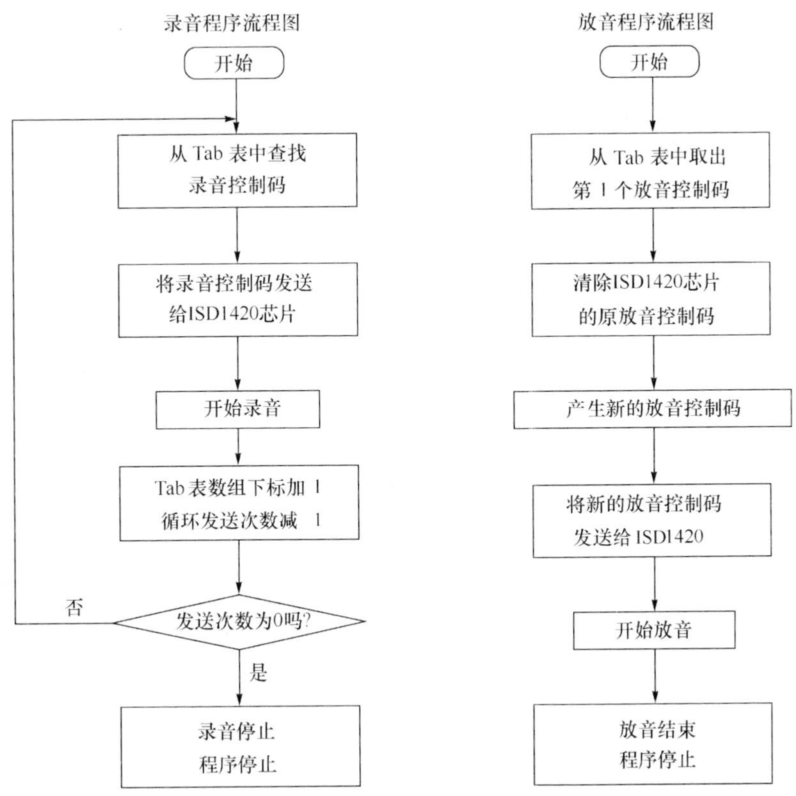

图 8.28　基于 ISD 1420 芯片的语音录放系统程序流程图

具体 C51 语言程序如下：

1. 录音程序

```
#include <reg51.h>
#include <absacc.h>
#include <intrins.h>

unsigned char code tab[] = {0x40,0x42,0x44,0x46,0x48,0x4A,0x4C,0x4E,0x50,0x52,
                           0x54,0x56,0x58,0x5A,0x5C,0x5E,0x60,0x62,0x64,0x66};
                                              // 录音控制码
void delaymsd(unsigned char ms)               // 时子程序,系统时钟频率 6 MHz
{
  unsigned char i;
  while(ms--)
  {
    for(i = 220;i>0;i--);
  }
```

```
}
void delayus(unsigned char us)          // 微秒级延时子程序,系统时钟频率 6 MHz
{
  unsigned char j;
  for(j = us;j>0;j--);
}

void main()                             // 主程序
{
  unsigned char k;
  unsigned char a7 = 0;
  for(k = 0;k<20;k++)                   // 循环发送录音控制码,启动录音程序
  {
    DBYTE[0x40] = tab[a7];
    _nop_ ();  _nop_ ();
    XBYTE[0x8000] = DBYTE[0x40];
    delaymsd(145);                      // about 513.9ms
    delaymsd(145);                      // about 513.9ms
    delayus(3);                         // 68 μs
    a7 = a7 + 1;
  }
  XBYTE[0x8000] = 0x0FF;                // 录音结束
  while(1);                             // 程序停止
}
```

2. 放音程序

```
#include <reg51.h>
#include <absacc.h>
#include <intrins.h>
unsigned char code tab[] = {0xC0,0xC2,0xC4,0xC6,0xC8,0xCA,0xCC,0xCE,0xD0,0xD2,
                            0xD4,0xD6,0xD8,0xDA,0xDC,0xDE,0xE0,0xE2,0xE4,0xE6};
                                        // 放音控制码
void delaymsd1(unsigned char ms)        // 延时子程序,系统时钟频率 6 MHz
{
  unsigned char k;
  while(ms--)
  {
    for(k = 200;k>0;k--);
  }
}

void delaymsd(unsigned char ms)         // 延时子程序,系统时钟频率 6 MHz
{
```

```
    unsigned char i;
    while(ms--)
    {
      for(i=220;i>0;i--);
    }
}

void delaymsdd(int ms)                  // 延时子程序,系统时钟频率 6 MHz
{   int j;
    while(ms--)
    {
      for(j=500;j>0;j--);
    }
}

void main()                             // 主程序
{
  unsigned char b;
  unsigned char a7=0;
  DBYTE[0x40]=tab[a7];
  _nop_ ();
  _nop_ ();
  XBYTE[0x8000]=0x0FF;
  delaymsd1(7);      //22.59ms
  XBYTE[0x8000]=DBYTE[0x40];
  delaymsd1(7);      //22.59ms
  b=DBYTE[0x40];
  b&=0x0BF;
  XBYTE[0x8000]=b;                      // 只要启动一次放音,则会自动播放
  delaymsd(145);                        // about 513.9 ms
  delaymsd(145);                        // about 513.9 ms
  delaymsd(145);                        // about 513.9 ms
  XBYTE[0x8000]=0x0FF;
  delaymsdd(103);                       // about 1.24 s
  while(1);
}
```

通过上面的设计,大家可以进一步理解语音录放系统的基本原理,同时它能方便地记录人们的语言,并且在需要的时候进行播放。至此,本章的全部内容已经介绍完毕。希望通过本章的内容,使大家更好地理解单片机应用系统中人机接口的使用,从而对单片机系统的应用设计起到积极的帮助作用。

习　　题

1. 简要描述行列矩阵法 4×4 小键盘的基本工作原理。

2. 说出逐行扫描法以及行反转法对键盘进行扫描的基本步骤。

3. 画出 1 个 8 段 LED 数码管的外形图，标出 a～dp 段，并写出在共阳极和共阴极的情况下 0～F 的显示段码。

4. 比较 8155 和 8279 两种芯片，分析两者在键盘输入以及 LED 输出的异同点。

5. 什么是步进电机？如何控制其正转、反转以及改变步进的速度？

6. 简述 IC 卡的含义及特点和 IC 卡的工作原理。

7. 简述语音芯片 ISD 1420 各引脚功能、基本工作原理以及语音录放的过程。

8. 使用 8155 或 8279 芯片，自己动手设计一款 4×4 键盘输入以及 8 个 LED 数码管显示输出的单片机人机接口应用系统的软、硬件。

9. 参考本章内容，自己动手设计一个 IC 卡读/写系统。

10. 自己动手并查阅相关资料，设计一个基于 ISD 1420 芯片的语音录放系统。

第9章 单片机应用中模拟量的输入/输出

在实际测控系统中，经常需要对电压、电流、温度、压力、流量等连续变化的物理量进行监测与控制。如果要使用单片机来实现对这些变量的监控，首先要解决这些变量与单片机之间的输入与输出问题。通常采用的方法是首先用传感器和变送器将其转换为标准的电压或电流信号，然后再由 A/D 转换器将它们转换为单片机能接收的数字信号。同样，单片机的输出信号也需要 D/A 转换器转换为模拟信号。除了使用 A/D 转换器之外，目前已有一些新型检测器件和变送器能够实现直接将模拟量转换为计算机能接受的数字信号。本章首先介绍使用经典的 A/D 转换器和 D/A 转换器实现模拟量输入/输出接口的设计方法，然后介绍一种采用数字式温度传感器，直接将温度信号采集到单片机的模拟量输入接口的设计方法。

9.1 A/D 转换的基本概念

通常，A/D 转换器用于将模拟量转换为数字量。模拟量主要是指类似温度、压力、流量、速度、电流、电压等变量，这些变量的数值大小是随时间连续变化的；而数字量是指数值大小只有 0、1 两种情况，并且是随时间离散变化的量。如图 9.1 所示，图(a)是以电压为例的模拟量的数值变化图，图(b)是数字量的变化图。

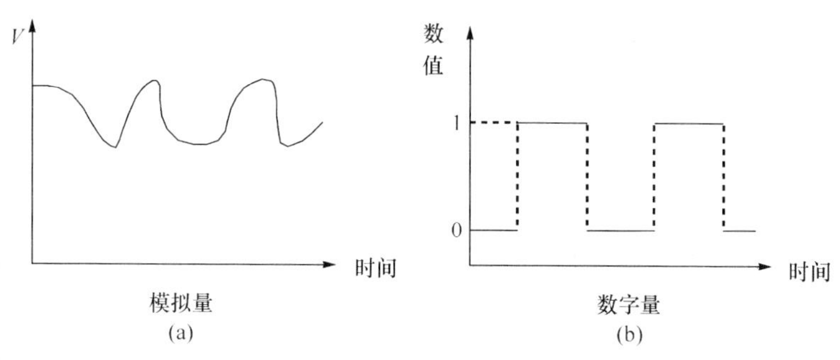

图 9.1 模拟量和数字量变化示意图

从图 9.1 中可以看出，模拟量的大小是随时间连续变化的，而数字量的变化不是随时间连续变化的即离散的。一般，单片机、PC、笔记本计算机等内部能够处理的是数字量，不能直接处理模拟量。因此，如果当外部设备向单片机输入模拟量——电压时，首先要使用A/D

转换，将电压这个模拟量转换成由 0、1 组成的数字量，然后再输入到单片机进行相应的处理。模拟量电压经过 A/D 转换输入到单片机的过程，如图 9.2 所示。

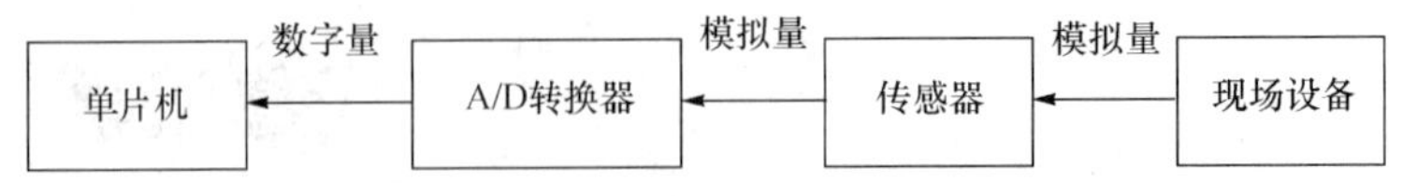

图 9.2 模拟量输入过程方框图

A/D 转换器的类型很多，目前最广泛应用的有逐次逼近型 A/D 转换器和积分型 A/D 转换器。

(1) 逐次逼近型 A/D 转换：是由一个比较器和 D/A 转换器通过逐次比较逻辑构成。当逐次增加内部的 D/A 输入值时，将其输出的电压与 A/D 转换要测量的电压进行比较。两者相等时，内部 D/A 的输入值就是 A/D 转换的结果。逐次逼近型 A/D 转换的工作原理类似于天平称重物。当增加砝码天平平衡时，砝码的重量就是被称重物的质量。在这里，重物就好比是模拟量，而砝码就好比是经过 A/D 转换后的数字量。逐次逼近型 A/D 转换的优点是速度快，缺点是抗扰能力差。

(2) 积分型 A/D 转换：是将输入的电压转换成时间或频率，然后由定时器/计数器获得数字值。积分型 A/D 转换的工作原理类似于古代的沙漏计时或燃香计时。沙漏计时是指先在沙漏里放入一定量的沙子，然后让沙子按照一定的速度流下，根据流出沙子的重量就可以估计时间的多少。其中，沙漏里的沙子就好比是模拟量，而估计出来的时间就好比是数字量。这种方法的 A/D 转换，优点是精度高、抗扰能力强，缺点是速度较低。目前，实际使用较多的是逐次逼近型 A/D 转换。

衡量 A/D 转换器性能的技术主要包括以下几个。

(1) 分辨率：A/D 转换器的分辨率是指输出数字量变化一个数码需要输入模拟量的最小变化量，分辨率越低，A/D 转换器越灵敏。它一般用 A/D 转换器的位数来表示。例如，模拟量输入信号范围为 0～5 V 的 8 位 A/D 转换器，使输出数字量变化一个数码需要的最小模拟量输入信号的变化量为 $5\ \text{V}\times 1/2^8=5/256\ \text{V}=0.02\ \text{V}=20\ \text{mV}$。A/D 转换器的位数越多，分辨率越低，灵敏度越高，当然价格也要略高一些。一般应用选用 8 位、10 位或 12 位 A/D 转换器。

(2) 转换时间：是指完成一次 A/D 转换所需要的时间，它是反映 A/D 转换快慢的指标。积分型 A/D 转换的时间是毫秒级，属于低速 A/D 转换；逐次比较型 A/D 转换的时间是微秒级，属于中速 A/D 转换。

(3) 转换精度：定义为一个实际的 A/D 转换器与一个理想的 A/D 转换器在量化值上的差异。转换精度由模拟误差和数字误差组成。前者属于非固定误差，由器件质量决定；后者与 A/D 转换输出数字量的位数有关，位数越多，误差越小。

(4) 线性度：是指实际输入/输出特性曲线与理想线性输入/输出的最大偏差，偏差越小越好。

(5) 模拟量输入信号的范围：A/D 转换器的模拟量输入信号的范围是选择 A/D 转换器需要考虑的。模拟量输入信号的范围有单极性、双极性，有 0～5 V、－5～＋5 V、0～10 V等。

(6) A/D 转换器的通道数：一般 A/D 转换器都具有多个输入通道，例如有单通道、8 通道、双通道、16 通道等，可根据实际应用情况进行选择。

由于 A/D 转换器在单片机应用中占有重要的地位，目前一些单片机已将 A/D 转换器集成到单片机内，应用起来非常方便。

9.2 并行 A/D 转换

在单片机使用 A/D 转换器实现模拟量输入时，可以选择两种类型的 A/D 转换器即并行 A/D 转换器和串行 A/D 转换器。所谓并行 A/D 转换器是指 A/D 转换器可以同时将外围设备输入的模拟量一次转换成多位数字量输出给单片机进行处理；而串行 A/D 转换器是指外围设备输入的模拟量数据一次转换成 1 位数字量输出给单片机来进行处理。从 A/D 转换的效率来看，并行 A/D 转换器要优于串行 A/D 转换器，但从价格和应用方便的角度看串行 A/D 转换器要好于并行 A/D 转换器。本节将主要介绍并行 A/D 转换的基本原理和设计方法，这里以常用的并行 A/D 转换器芯片 ADC0809 为例进行讲解。

9.2.1 并行 A /D 转换器芯片 ADC0809

A/D 转换器芯片 ADC0809，是根据逐次逼近型转换原理生产的 8 位并行 A/D 转换器芯片。该芯片可以将 0～+5 V 的模拟电压，分别从 8 个模拟通道之一输入到 A/D 转换器中进行转换，然后将得到的 8 位数字量转换结果输出给单片机进行处理。该芯片的内部结构如图 9.3 所示。从图中可以看到，ADC0809 芯片内部主要包括：8 路模拟量输入的多路选择开关、地址锁存与译码模块、逐次比较型 8 位 A/D 转换器以及三态输出锁存器等部件。通常，ADC0809 芯片可以对输入的 0～5 V 的模拟电压信号进行转换，得到的 8 位数字量通过三态输出锁存器，可以直接输出到单片机数据总线上，以供单片机芯片进行处理。

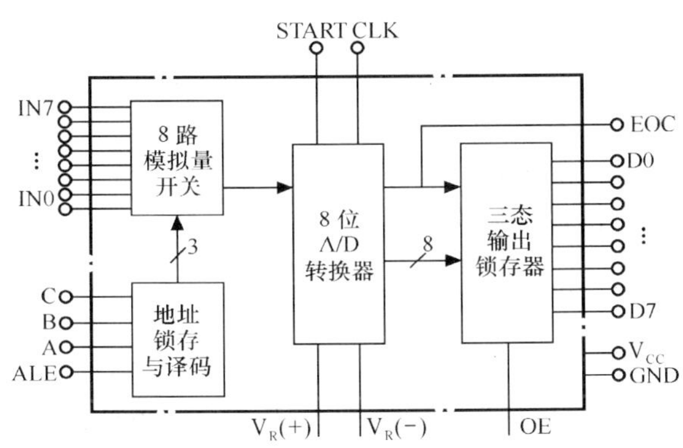

图 9.3 ADC0809 芯片的内部结构图

ADC0809 芯片的外部引脚如图 9.4 所示，各引脚的功能如下。

(1) IN0～IN7：8 路模拟量数据输入通道引脚，每个引脚都可以输入 0～+5 V 的电压模拟量。

(2) C、B、A：8 路模拟量输入通道的选择引脚，通常连接单片机的三根地址线。当 C、

B、A 的值分别为 000～111 时，则对应选择模拟量的输入通道是 IN0～IN7。

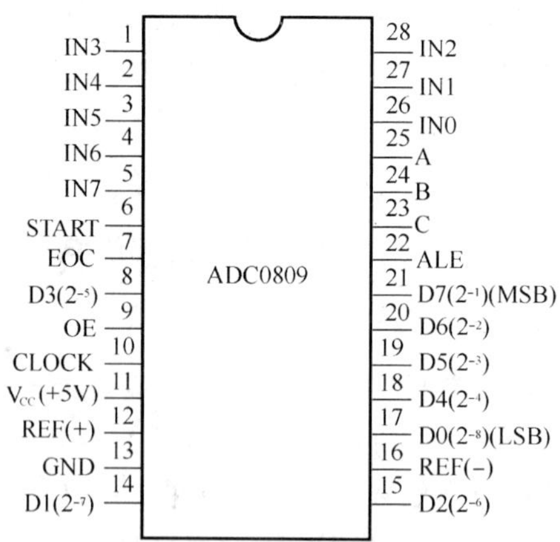

图 9.4　ADC0809 芯片的引脚图

(3) ALE：地址输入的锁存信号引脚，高电平有效。当此引脚有效时，C、B、A 这 3 个引脚上的地址信息被输入到 ADC0809 芯片中，然后再进行相应的模拟量输入通道选择。

(4) D0～D7：8 位数字量输出引脚。当 A/D 转换结束后，得到的 8 位数字量转换结果将从这 8 个引脚输出给单片机进行处理。

(5) OE：输出使能引脚，高电平有效。当此引脚是高电平时，将转换后得到的数字量输出至单片机的数据总线上。

(6) START：A/D 转换开始的引脚，正脉冲有效。当正脉冲持续时间大于 100 ns 时，在正脉冲的上升沿对 ADC0809 的内部寄存器进行清 0，而在正脉冲的下降沿开始 A/D 转换。

(7) EOC：A/D 转换结束引脚，高电平有效。当此引脚有效时，代表本次 A/D 转换已经结束。

(8) CLK：时钟输入引脚。输入频率的范围是 10～1 200 kHz，典型值为 640 kHz。

(9) V_{CC}、GND：芯片工作的电源和地引脚。通常，V_{CC} 接＋5 V 直流电源，GND 接地。

(10) V_{REF}(＋)、V_{REF}(－)：参考电压输入。

在理解了 ADC0809 芯片的内部结构以及各引脚的功能后，下面将介绍单片机如何控制 ADC00809 芯片进行 A/D 转换的软硬件设计。

9.2.2　单片机与 ADC0809 芯片的硬件接口

在单片机控制 ADC0809 芯片进行 A/D 转换设计的过程中，首先要注意两个问题：第一，如何确定 ADC0809 芯片在硬件电路中的地址，从而启动硬件进行 A/D 转换以及启动输出 A/D 转换的结果；第二，当 A/D 转换结束后，单片机如何读取 A/D 转换的结果。下面将具体介绍。

(1) ADC0809 芯片硬件地址的确定：主要是通过对单片机输入给 ADC0809 芯片控制引脚 OE、ALE、START 上的信号进行地址译码以及 C、B、A 引脚上的信号共同组合而得到的。通常，地址译码的方法很多，这里就不详细讲解了，后续的内容会结合具体的例子进行说明。

(2) A/D 转换结果的读取方式:通常有查询和中断两种方式,具体说明如下。

① 查询方式:单片机不断查询 ADC0809 芯片的 EOC 引脚,当此引脚为低电平时,表示正在进行 A/D 转换,则继续查询;若为高电平时,表示 A/D 转换已经完成。此时查询结束,当 OE 引脚高电平有效时,单片机就可以从 ADC0809 芯片的 D0～D7 引脚读取 A/D 转换的结果。

② 中断方式:采用中断方式读取数据时,EOC 引脚需要经过一个“非”门连接到单片机的外部中断请求线(低电平有效)上。当正在进行 A/D 转换时,EOC 引脚处于低电平状态,不会产生中断请求;而当 A/D 转换结束以后,EOC 引脚处于高电平状态,经过反门后得到低电平,此时单片机的外部中断请求线引脚有效,这样 ADC0809 就对单片机产生一个中断请求信号,来通知单片机 A/D 转换已经结束,现在单片机可以将 A/D 转换的结果读走了。此时,单片机会响应 ADC0809 芯片提出的这个中断请求,于是在单片机的中断服务程序中就会对刚才由 ADC0809 转换得到的结果,进行相应的处理。

以上就是 A/D 转换设计之前,要注意的两个基本问题。下面以中断方式为例来设计 A/D 转换的硬件电路。如图 9.5 所示,ADC 芯片的地址经过译码电路,译出的地址是 F0H,此译码地址低电平输出有效。通过译码信号以及单片机的读/写信号,就可以控制 A/D转换器开始进行 A/D 转换以及输出转换后的结果。对于模拟信号的输入通道,从图中可以看出是由 P0.2～P0.0 进行控制的。在选择好模拟信号的输入通道以后,就可以启动 A/D 转换了。当转换结束以后,由 EOC 引脚发出一个高电平经过“非”门变成低电平,给单片机的外部中断请求信号线 1 即单片机的 $\overline{\text{INT1}}$ 引脚,此时单片机会启动中断服务程序来处理转换的结果。在图中,如果要从 IN0 通道输入模拟量并启动 A/D 转换,则使用以下指令序列来实现:

```
MOV    R0, #0F0H      ;ADC0809 芯片地址送 R0
MOV     A, #00H       ;选择 IN0
MOVX   @R0,A          ;锁存 IN0 地址并启动 A/D 转换
```

当上面的转换启动指令发出后,ADC0809 芯片就开始自动进行模拟量数据到数字量数据的转换过程,如果转换结束后则 EOC 引脚就会是高电平。接下来当 OE 引脚是高电平时,就会将刚才转换的结果输出给单片机。单片机具体是如何获得转换后的结果,主要通过以下指令序列来实现:

```
MOV     R0,   #0F0H ;ADC0809 芯片地址送 R0
MOVX   A,    @R0    ;将转换后的数字量数据读入累加器 A
```

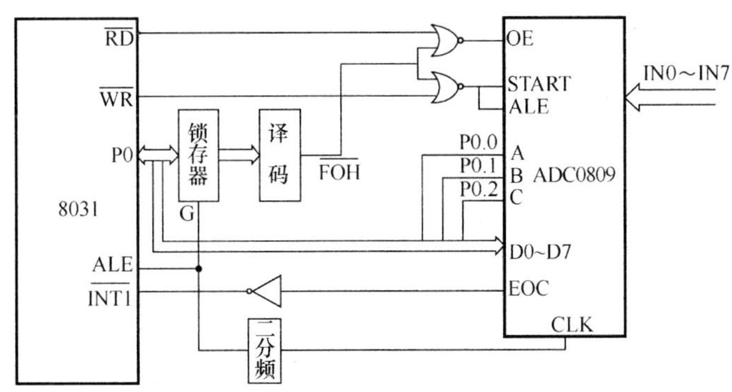

图 9.5　单片机与 ADC0809 连接硬件电路图

9.2.3 并行 A/D 转换的程序设计

在对上面的硬件电路分析后，下面进行软件程序的设计。以图 9.5 为例，编写一个从 IN0～IN7 输入一遍 8 路模拟量数据的 A/D 转换程序，将 A/D 转换后的结果存入以内部 RAM 30H 为首地址的单元中。程序设计分析如下。

由于 ADC 芯片的 EOC 引脚与单片机的 $\overline{\text{INT}}1$ 引脚连接，因此当进行数据转换时，会产生中断请求，所以程序分为两部分进行设计即主程序和中断服务程序。主程序主要完成对 8 路模拟量采集的初始化工作，具体分解为以下各个任务：

(1) 设置存放转换后数据的首地址；

(2) 设置待转换模拟量的输入通道；

(3) 打开相应的外部中断请求 1 的允许位；

(4) 设置中断请求的触发方式即边沿触发还是电平触发；

(5) 设置 ADC0809 芯片开始转换的硬件地址；

(6) 启动 A/D 转换。

中断服务程序主要完成单片机将转换后的数据读出并存放到相应的片内 RAM 单元中，具体完成的任务如下：

(1) 读 A/D 转换后的结果；

(2) 修改转换后数据的存放地址；

(3) 修改待转换模拟量输入通道的硬件地址；

(4) 再次启动转换；

(5) 若 8 路模拟数据未转换完毕，则中断返回，继续转换；若 8 路数据已经转换完毕，则程序关中断、中断返回并使程序停止。

以下是汇编语言和 C51 语言的程序：

1. 汇编语言

主程序部分：

```
          ORG 0000H
          LJMP START ORG 0013H
          AJMP INTERUP
          ORG 30H
START: MOV R0,#30H          ;设置存放转换后数据的首地址
          MOV R7,#8         ;设置待转换模拟量的路数
          MOV R6,#0         ;设置开始转换的模拟量地址 IN0
          SETB EA           ;打开中断允许总开关
          SETB EX1          ;打开中断允许分开关
          SETB IT1          ;触发方式为边沿触发
          MOV A,R6          ;A 中为输入通道的号数
          MOV R1,#0F0H      ;设置 ADC 芯片的硬件地址
          MOVX @R1,A        ;启动 A/D 转换
          SJMP    $
```

中断服务程序部分：

```
        ORG 0100H
INTERUP: MOV  R1,#0F0H        ;设置ADC芯片地址,因主程序已设,可省略
        MOVX  A,@R1           ;读转换后数据
        MOV   @R0,A           ;存入相应的内部RAM单元中
        INC   R0              ;修改转换后数据的存放单元地址
        INC   R6              ;修改待转换模拟量的地址
        MOV   A,R6            ;送待转换模拟量输入通道的地址
        MOVX  @R1,A           ;再次启动转换
        DJNZ R7,LOOP          ;未转换完8路,转到LOOP
        CLR EX1               ;转换完8路后关闭中断允许分开关
  LOOP: RETI                  ;中断返回
        END
```

2. C51 程序

```
#include "reg51.h"
#include "absacc.h"
#define PORT1    DBYTE[0x30 + i] // 存放转换后数据的地址
#define PORT2    XBYTE[0x0f0]   // ADC芯片地址
unsigned char i = 0;
void main()
{
IT1 = 1; 触发方式为边沿触发
IE = 0x84;                    // 开中断总允许位
  IP = 0x04;                  // 设置外部中断1为高优先级
  PORT2 = i;                  // 启动A/D转换
  for(;;);
}
void service_int1() interrupt 2 using 1
{
  PORT1 = PORT2;              // 读取A/D转换的结果保存在30H开始的片内RAM中
  i++;
  if(i<=7)                    // 如果8路未转换完,则再次启动转换
    { PORT2 = i; }
  else
    { IE = 0x00; }            // 如果8路模拟量转换完毕,则关闭外部中断1
  }
```

9.3 串行A/D转换

串行A/D转换是指外部输入的模拟量数据每一次被转换成1位数字量输出给单片机来进行处理。ADC0832芯片是较常用的串行A/D转换器,以下将介绍利用ADC0832芯片

实现模拟量输入接口的方法。

9.3.1 串行 A/D 转换器芯片 ADC0832

ADC0832 芯片是美国国家半导体公司生产的一种 8 位分辨率、双通道 A/D 转换芯片。它的特点是引脚少、体积小、与单片机硬件连接简单方便，但转换速度不如并行 A/D 转换器快。ADC0832 芯片的主要技术特性如下：

(1) 8 位分辨率、双通道的 A/D 转换；

(2) 输入/输出电平与 TTL/CMOS 标准相兼容；

(3) 5 V 电源供电时输入电压范围在 0～+5 V；

(4) 工作频率为 250 kHz，转换时间为 32 μs，功耗仅为 15 mW；

(5) 商用级芯片温宽为 0～+70℃，工业级芯片温宽为－40～+85℃。

下面将首先介绍串行 A/D 转换器 ADC0832 芯片的外部引脚，如图 9.6 所示，此芯片共有 8 个引脚，各引脚的功能如下：

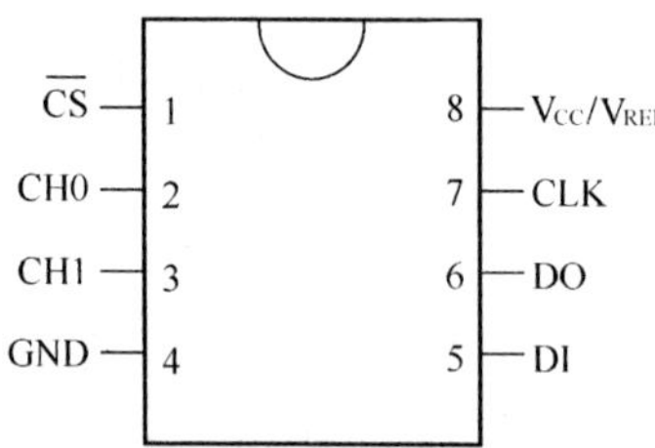

图 9.6 ADC0832 芯片的外部引脚图

- $\overline{CS}$：片选引脚，低电平有效；
- CH0：模拟量数据输入通道 0 引脚或作为差分输入的 $IN_{+/-}$ 引脚；
- CH1：模拟量数据输入通道 1 引脚或作为差分输入的 $IN_{+/-}$ 引脚；
- GND：接地引脚；
- DI：数据信号输入引脚，用于通道的选择控制；
- DO：数据信号输出引脚，用于将转换的数据结果输出给单片机；
- CLK：ADC0832 芯片的时钟输入引脚；
- V_{cc}/V_{REF}：电源输入及参考电压输入的复用引脚。

9.3.2 单片机与 ADC0832 芯片的硬件接口

在掌握了 ADC0832 芯片各引脚的功能以后，要使用单片机来控制串行 A/D 转换器芯片 ADC0832 的工作了，还要了解 ADC0832 芯片工作的时序图。如图 9.7 所示，当 ADC0832 芯片未工作时，$\overline{CS}$引脚应该输入高电平，此时芯片禁用，CLK 和 DO/DI 的电平可任意；当进行 A/D 转换时，要使$\overline{CS}$引脚为低电平并保持低电平到转换结束。另外，在第一个时钟脉冲下降之前，DI 端必须是高电平，表示启始的输入信号。在第二、三个脉冲下降之前，DI 端应分别输入两位数据用于通道功能的选择。具体如何选择模拟量数据的输入通道方式，如表 9-1 所示。从表中可以看到，当通道地址的输入数据为“00”时，将 CH0 作为正输入端 IN_+，CH1 作为负输入端 IN_- 进行输入；当为“01”时，将 CH0 作为负输入端 IN_-，CH1 作为正输入端 IN_+ 进行输入；当为“10”时，只对 CH0 进行单通道转换；当为“11”时，只对 CH1 进行单通道转换。

接下来在第三个时钟脉冲的下降沿之后，DI 引脚的输入电平失效，此后使用 DO 引脚进行转换数据的读取。从第 4 个脉冲下降沿开始由 DO 端输出转换数据最高位 D7，随后每一个脉冲的下降沿 DO 引脚输出下一位数据。直到第 11 个脉冲时发出最低位数据 D0，一个字节的数据输出完成。然后，从此位开始输出下一个相反字节的数据，即从第 11 个脉冲的下降沿输出 D0。随后输出 8 位数据，到第 19 个脉冲时数据输出完成，至此标志着一次完整的串行 A/D 转换过程的结束。最后，再将 CS 置为高电平来禁用芯片，并使单片机处理转换得到的相应数据。

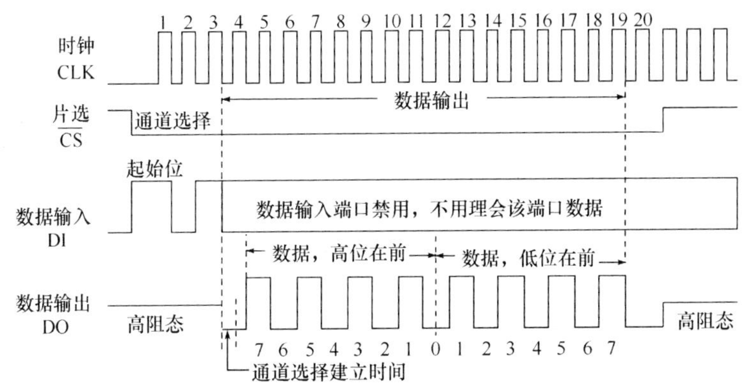

图 9.7　ADC0832 芯片工作的时序图

表 9-1　通道地址输入方式选择

通道地址		通道		工作方式说明
SGL/DIF	ODD/SIGN	0	1	
0	0	+	−	差分方式
0	1	−	+	
1	0	+		单端输入方式
1	1		+	

在理解了 ADC0832 芯片的引脚功能工作时序后，就可以设计单片机与 ADC0832 芯片的硬件接口了。如图 9.8 所示，通常单片机与 ADC0832 芯片的硬件接口应该是 4 条连线，分别是单片机连接$\overline{CS}$、CLK、DO 以及 DI 共 4 个引脚。但从时序图中可以看到 DO 与 DI 引脚并未同时使用，因此可以将 DO 和 DI 连接在一根 I/O 线上。另外，作为单通道模拟信号输入时，ADC0832 芯片的输入电压是 0～+5 V 且分辨率为 8 位。如果作为双通道的差分输入，则分别由 IN_+ 和 IN_- 两个引脚进行相应的输入。此时，可以将电压值设定在某一个较大的变化范围之内，从而提高转换的宽度。但在进行 IN_+ 与 IN_- 的输入时，应该使 IN_+

大于 IN₋，否则转换后的结果始终为 00H。

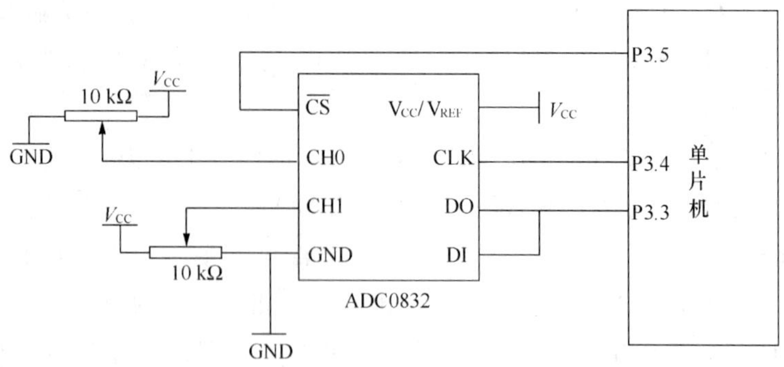

图 9.8　单片机与 ADC0832 芯片硬件接口电路图

9.3.3　串行 A/D 转换的程序设计

本节将以图 9.8 的硬件连接电路为例，进行汇编语言和 C51 语言的应用程序设计，从而使单片机完成对串行 A/D 转换数据的处理。通过图 9.9 可以看到整个应用程序的设计思路，这里使用的是单通道方式，选择的模拟量输入通道地址为 CH1，具体程序如下。

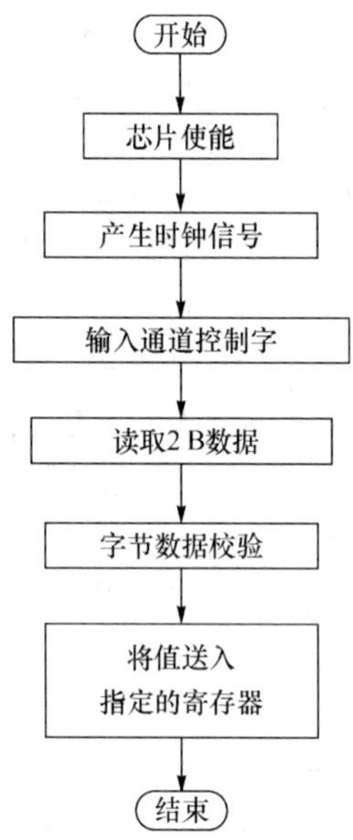

图 9.9　串行 A/D 转换的程序流程图

1. 汇编语言程序

```
A_0832_CS   EQU P3.5                ;CS
A_0832_CLK  EQU P3.4                ;CLK
A_0832_DI   EQU P3.3                ;DI
A_0832_DO   EQU P3.3                ;DO(复用)
A_0832_T    EQU 40H                 ;读取时的脉冲计数
A_0832_DA   EQU 41H                 ;数据所存位置
```

```
        ORG 0000H
        LJMP MAIN
        ORG 0030H
  MAIN:LCALL ADC_RD
        MOV A,A_0832_DA
        AJMP $
  ADC_RD:MOV A_0832_T,#8
        CLR A_0832_CLK
        CLR A_0832_CS
        SETB A_0832_DI              ;START
        SETB A_0832_CLK             ;第一个上升沿
        CLR A_0832_CLK
        SETB A_0832_DI              ;选择 CH1,通过组合选取通道(SGL/DIF)
        SETB A_0832_CLK             ;第二个上升沿
        CLR A_0832_CLK
        SETB A_0832_DI              ;选择 CH1,通过组合选取通道(ODD/SIGN)
        SETB A_0832_CLK             ;第三个上升沿
        CLR A_0832_CLK              ;完成通道设置
        SETB A_0832_CLK
A_0832_RD:CLR A_0832_CLK            ;读取前 8 位
        SETB A_0832_CLK
        MOV C,A_0832_DO
        RLC A
        DJNZ A_0832_T,A_0832_RD
        MOV A_0832_DA,A
        RR A
        MOV A_0832_T,#7
A_0832_RD1:CLR A_0832_CLK           ;读后 7 位,+ 前 1 位
        SETB A_0832_CLK
        MOV C,A_0832_DO
        RRC A
        DJNZ A_0832_T,A_0832_RD1
        CJNE A,A_0832_DA,ADC_RD
        SETB A_0832_CS
        RET
        END
```

2. C51 程序

```
#include <reg51.h>

sbit ADC_CS = P3^5;
sbit ADC_CLK = P3^4;
sbit ADC_DO = P3^3;
```

```
sbit ADC_DI = P3^3;

void Delay(unsigned char x)
{
unsigned char i;
  for(i = 0;i<x;i ++);                    //延时,脉冲一位持续的时间
}

unsigned char ReadADC(void)               // 把模拟电压值转换成 8 位二进制数并返回
{
unsigned char i,ch;
  ch = 0;
  ADC_CS = 0;
  ADC_DO = 0;                             // 片选,DO 为高阻态
  for(i = 0;i<10;i ++);
  ADC_CLK = 0;
  Delay(2);                               // 以上为准备工作
  ADC_DI = 1;
  ADC_CLK = 1;
  Delay(2);                               // 第一个脉冲,起始位
  ADC_CLK = 0;
  Delay(2);
  ADC_DI = 1;
  ADC_CLK = 1;
  Delay(2);                               // 第二个脉冲,DI = 1 表示双通道单极性输入
  ADC_CLK = 0;
  Delay(2);
  ADC_DI = 1;
  ADC_CLK = 1;
  Delay(2);                               // 第三个脉冲,DI = 1 表示选择 CH1,马上准备读取转
                                            换数据

  ADC_CLK = 1;
  Delay(2);
  ADC_CLK = 0;
  Delay(2);
  for (i = 0; i<8; i ++ )
  {
    ADC_CLK = 1;
    Delay(2);
    ADC_CLK = 0;
    Delay(2);
    ch = (ch<<1)|ADC_DO;                  // 在每个下降沿 DO 输出一位数据,最终 ch 为 8 位二
                                            进制数
```

```
    }
    ADC_CS = 1;                          // 取消片选,一个转换周期结束
    return(ch);                          // 把转换结果返回
}
void main()
{
    unsigned char a;
    a = ReadADC();
    while(1);
}
```

至此已经将并行与串行 A/D 转换的内容介绍完毕了,接下来要讲解 D/A 转换的基本原理以及基本设计方法。

9.4 D/A 转换的基本概念

D/A 转换器的功能是将数字量转换为模拟量。当外部设备需要使用模拟量进行驱动时,就需要使用 D/A 转换器。D/A 转换的工作原理是以解码网络为基础,常用的解码网络有二进制权电阻解码网络和 T 型电阻解码网络。转换过程是先将各位数码按其权的大小转换为相应的模拟分量,然后用叠加的方法把各分量合成,其和就是 D/A 转换结果。

通常,D/A 转换器的输出有电压输出型和电流输出型。

(1) 电压输出型 D/A 转换:即经过 D/A 转换以后,输出的模拟量是电压。通常采用内置输出放大器以及低阻抗的输出电压方式,也有直接从电阻阵列输出电压的情况。但由于直接输出电压的 D/A 转换器通常用于高阻抗负载,并且没有输出放大器的延迟,因此常把直接从电阻阵列输出电压的情况用于高速 D/A 转换器,其他情况用于中、低速 D/A 转换。

(2) 电流输出型 D/A 转换:即经过 D/A 转换以后,输出的模拟量是电流。但通常此电流不直接输出给设备,一般情况都是通过外接电流-电压转换电路,最终得到电压信号后再传输给相应的设备。在外接电流-电压的转换电路时,有两种方法:一种是在 D/A 转换器的输出引脚上直接连负载电阻,从而实现电流-电压的转换;另一种方法是在 D/A 转换器的输出引脚上连接运算放大器,从而实现 D/A 转换后输出电压。通常,由于电流型 D/A 转换器,多数使用外接运算放大器的方法,所以速度较电压型 D/A 慢些。通常,若不接运算放大器,则 D/A 转换后的小功率或弱电模拟信号可以被用作大功率或强电模拟信号的控制信号。

D/A 转换器的主要技术指标有以下几种。

(1) 分辨率:是指数字量变化一个最小的单位时,模拟量变化的大小即 D/A 转换能分辨的最小输出模拟增量。通常,以 D/A 转换器的位数来表示。

(2) 转换精度:是指在满量程的情况下,D/A 转换的实际模拟输出值和理论值的接近程度。通常,转换精度与 D/A 转换输出的数字量位数有关,位数越多,误差越小。

(3) 线性度:指 D/A 转换的实际特性曲线和理想直线间的最大偏差。

(4) 转换时间:将输入的数字量转换为稳定的模拟量输出所用的时间。

（5）输出信号的类型和信号变化范围。

9.5 并行 D/A 转换

在利用 D/A 转换器实现单片机的模拟量输出时，可以选择并行 D/A 转换器或串行 D/A转换器。并行 D/A 转换器每次能从单片机接收到多位数字量，然后将它们共同转换成模拟量；而串行 D/A 转换器每次只能从单片机接收到 1 位数字量，等到需要转换的所有位数字量都接收后，再启动 D/A 转换，并将得到的模拟量传输给外围设备进行处理。从 D/A 转换的效率来看，并行 D/A 转换器要优于串行 D/A 转换器，但串行 D/A 转换与单片机硬件连接更方便。

9.5.1 并行 D/A 转换器芯片 DAC0832

D/A 转换器芯片 DAC0832 是一种带有输入锁存器以及输入寄存器的两级 8 位电流输出型 D/A 转换器芯片，由美国国家半导体公司研制。该芯片具有以下特性：

（1）分辨率为 8 位（即 1/255），单一的电源供电（＋5～＋15 V）；

（2）具有单缓冲、双缓冲以及直通输入 3 种工作方式；

（3）逻辑输入电平与 TTL 电平兼容，低功耗，只有 20 mW。

DAC0832 芯片的内部结构如图 9.10 所示。从图中可以看出，DAC0832 内部主要由三部分组成，具体如下。

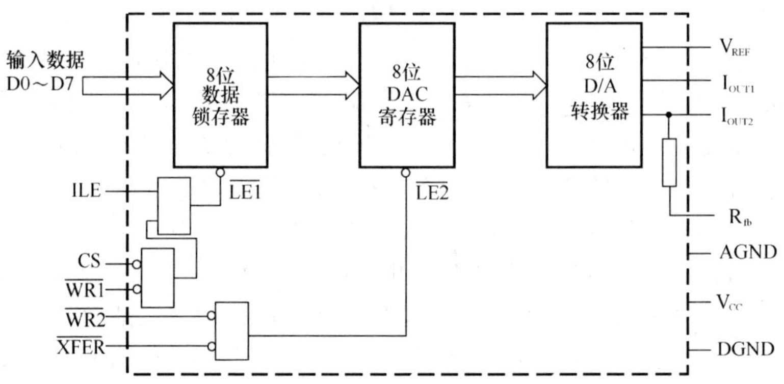

图 9.10 DAC0832 芯片的内部结构

（1）8 位数据锁存器：用于存放来自 CPU 的数字量，使这个数字量得到缓冲和锁存，它的控制信号是$\overline{LE}$1。当$\overline{LE}$1 由高变低时，此锁存器锁存 D0～D7 上来自单片机的数字量。这个锁存器所完成的动作，就好比是人们在餐桌上吃饭的时候，首先要说的“上菜”口令。

（2）8 位 DAC 寄存器：用于存放待转换的数字量，它的控制信号是$\overline{LE}$2。这个寄存器所完成的动作，就好比是人们在餐桌上，当菜已经上齐后，要发出的“干杯”口令。此口令发出后，人们就开始吃饭了，相应的 D/A 转换器就开始将数字量转换为模拟量。

（3）8 位 D/A 转换器：由 8 位 T 型电阻网络和电子开关组成，电子开关受“8 位 DAC 寄存器”输出的 8 位数字量控制，T 型电阻网络输出与数字量成正比的模拟电流。这个转换器所完成的动作，就好比是在“上菜”口令和“干杯”口令都发出之后，人们就开始吃饭了。当DAC0832芯片将数字量转换成电流输出后，通常要再连接一个运算放大器，从而把电流转换成电压。

在理解了并行D/A转换器芯片DAC0832的基本概念和内部结构以后，接下来要介绍DAC0832芯片的外部引脚。如图9.11所示，DAC0832芯片共有20个引脚，各引脚的具体功能如下：

(1) DI0～DI7:8位数字量的输入引脚，通常与单片机的数据总线相连。

(2) 控制引脚共有5个，即ILE、$\overline{WR1}$、$\overline{CS}$、$\overline{WR2}$和$\overline{XFER}$。

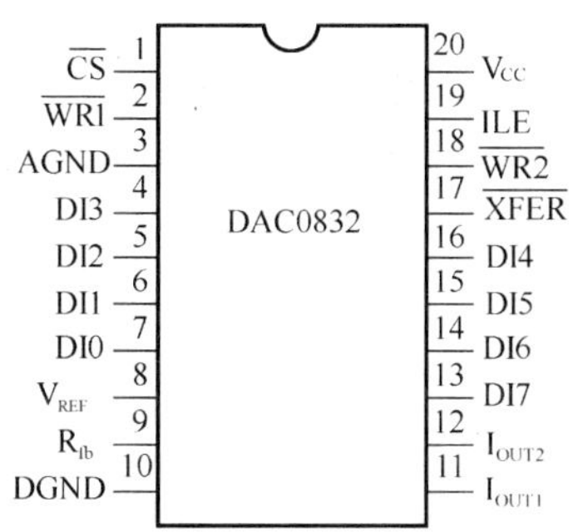

图9.11 DAC0832芯片的外部引脚图

① ILE:数字量输入锁存控制引脚，高电平有效。

② $\overline{WR1}$、$\overline{WR2}$:写命令控制引脚，低电平有效。当$\overline{WR1}$有效时，第1级8位数据锁存器打开，单片机的数字量可以写入；当$\overline{WR2}$有效时，第2级8位DAC寄存器打开，待进行D/A转换的数据进入其中。

③ $\overline{CS}$:芯片选择引脚，低电平有效时，DAC0832在硬件电路中被选中。

④ $\overline{XFER}$:数据传送控制引脚，低电平有效。一般用于多个DAC器的情况使用。

这里还要对控制信号作进一步的说明，其中$\overline{LE1}$和/$\overline{LE2}$满足的逻辑关系是：

$\overline{LE1}=ILE\cap\overline{WR1}\cap\overline{CS}$　　　$\overline{LE2}=\overline{WR2}\cap\overline{XFER}$

当$\overline{LE1}$为高电平时，数据锁存器状态随数据线变化，$\overline{LE1}$负跳变时将数据锁存在8位输入寄存器中。当$\overline{LE2}$为高电平时，DAC寄存器的输出随输入变化，$\overline{LE2}$负跳变时将8位输入寄存器的内容打入DAC寄存器并开始D/A转换。

(3) 输出线引脚：主要由I_{OUT1}、I_{OUT2}和R_{fb}共3个引脚组成，其中R_{fb}为运送放大器反馈电阻引脚，通常接运送放大器输出端；I_{OUT1}和I_{OUT2}是模拟电流输出引脚，且$I_{OUT1}+I_{OUT2}$为常数。当数字量为FFH时，I_{OUT1}最大而I_{OUT2}最小；当数字量为00H时，I_{OUT1}最小而I_{OUT2}最大。

(4) 电源与接地引脚：工作电源V_{CC}引脚，范围是$+5\sim+15$ V；参考电压V_{REF}引脚，范围是$-10\sim+10$ V；数字地引脚是DGND；模拟地引脚是AGND。

在理解了DAC0832芯片的内部结构以及各引脚的功能后，下面将介绍单片机如何控制DAC0832芯片进行D/A转换的软硬件设计。

9.5.2 单片机与DAC0832芯片的硬件接口

通常在实际应用中，并行D/A转换器芯片DAC0832有3种工作方式，即直通方式、单缓冲方式以及双缓冲方式，各种方式的具体含义如下。

(1) 直通方式：在此方式下，DAC0832 芯片内部的 8 位输入锁存器和 8 位 DAC 寄存器的控制信号均处于有效状态，即以上两个寄存器不受控，只要有数字量进入其中，立即直通到 D/A 转换器中进行转换，这种方式常用于不带计算机的控制系统中。

(2) 单缓冲方式：应用于系统中只有 1 路 D/A 转换，或者虽然有多路 D/A 转换，但不要求同步输出，此时采用单缓冲方式进行 D/A 转换。在这种方式下，DAC0832 芯片的两个寄存器只有一个受控，而另一个处于直通方式状态，此方式可与单片机进行接口。

(3) 双缓冲方式：应用于多路 D/A 转换，并要求同时进行 D/A 转换的输出，这时使用双缓冲方式。这种方式主要是指 DAC0832 芯片的两个寄存器每个都受控，即两个寄存器均不处于直通状态，此方式也可以与单片机进行接口。

通过上面的介绍，大家进一步理解了 DAC0832 芯片的工作方式，接下来要介绍如何将 D/A 转换后输出的电流信号转变成电压信号。通常将电流转变成电压信号，可以通过外接运算放大器来实现的，而运算放大器接法的不同会使 DAC0832 芯片的应用产生不同。下面以两种与运算放大器连接的典型方法为例，介绍并行 D/A 转换的应用。

(1) DAC0832 芯片用作单极性电压输出：此时，DAC0832 芯片外接一个运算放大器并工作于单缓冲方式下，具体硬件连接的原理如图 9.12 所示。从图中可以看到，此时 $\overline{\text{WR}}2$ 与 $\overline{\text{XFER}}$ 引脚均接地，因此 8 位 DAC 寄存器工作在直通模式下，而第 1 级输入锁存器受到 ILE、$\overline{\text{WR}}1$ 以及 $\overline{CS}$ 等引脚的控制，工作于受控模式下，因此 DAC 工作于单缓冲方式下。

根据基尔霍夫定律，可以写出图 9.12 中电压 V_{OUT} 的表达式：$V_{\text{OUT}}=-B\times(V_{\text{REF}}/256)$，具体的推导过程省略。其中 $B=b_7\times2^7+b_6\times2^6+\cdots+b_1\times2^1+b_0\times2^0$ 代表输入 DAC 的数字量大小，$b_0\sim b_7$ 为此数字量从低位到高位的底数值，非 0 即 1。从上面的表达式可以看出，$(V_{\text{REF}}/256)$ 是一个常数，因此 D/A 转换的输出电压 V_{OUT} 与输入的数字量 B 的大小成正比。当数字量 B 为 0 时，$V_{\text{OUT}}=0$；当数字量 B 为 255 时，$V_{\text{OUT}}=-255\times(V_{\text{REF}}/256)$，即输出电压的范围在 $0\sim-255\times(V_{\text{REF}}/256)$，由此可以看出，在 V_{REF} 正、负值确定的前提下，输出电压或者为正值或者为负值，也就是前面所说的单极性电压输出。

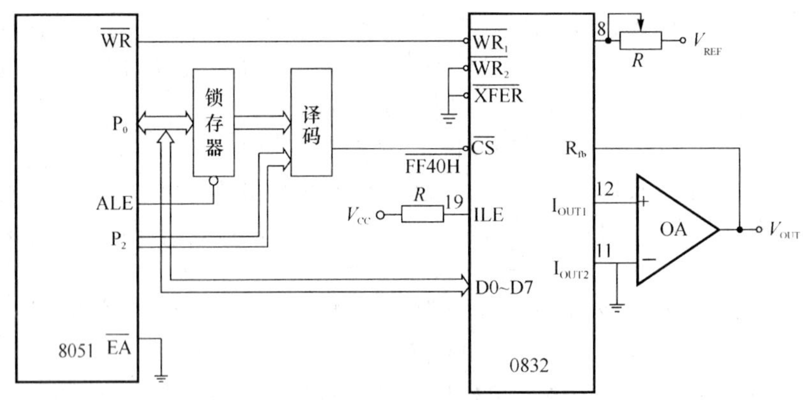

图 9.12 单片机与 DAC0832 芯片连接的硬件原理图（单极性电压输出）

(2) DAC0832 芯片用作双极性电压输出：此时，DAC0832 芯片外接两个运算放大器并工作于单缓冲方式下，具体硬件连接的原理如图 9.13 所示。

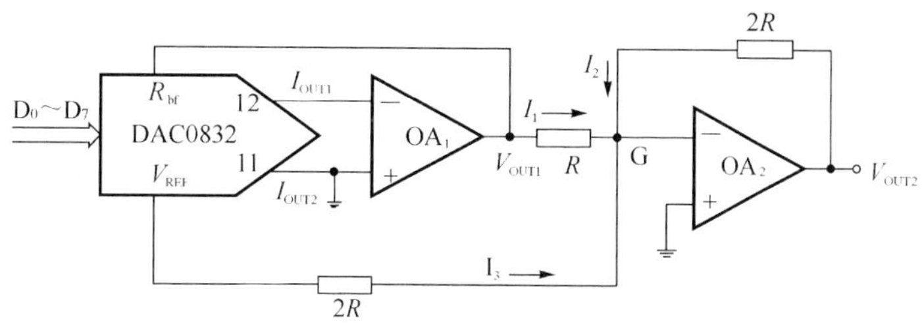

图 9.13　单片机与 DAC0832 芯片连接的硬件原理图(双极性电压输出)

从图 9.12 可以看到,运算放大器 OA_1 输出电压为 V_{OUT1},运算放大器 OA_2 输出电压为 V_{OUT2},G 点为虚拟地,由基尔霍夫定律可以得到如下方程组:

$$I_1 + I_2 + I_3 = 0$$

$$I_1 = V_{OUT1}/R, I_2 = V_{OUT2}/2R, I_3 = V_{REF}/2R$$

$$V_{OUT1} = -B \times (V_{REF}/256)$$

解上述方程组可以得到:$V_{OUT} = (B-128) \times (V_{REF}/128)$。在此 V_{OUT} 的表达式中,一旦 V_{REF} 确定,$(V_{REF}/256)$就是一个常数。由于 $B = b_7 \times 2^7 + b_6 \times 2^6 + \cdots + b_1 \times 2^1 + b_0 \times 2^0$,对于表达式$(B-128)$来说,当 V_{REF} 选择正电压时,若输入的数字量 B 的最高位 $b_7=1$,则 V_{OUT} 为正电压,若输入的数字量 B 的最高位 $b_7=0$,则 V_{OUT} 为负电压;当 V_{REF} 选择负电压时,若输入的数字量 B 的最高位 $b_7=1$,则 V_{OUT} 为负电压,若输入的数字量 B 的最高位 $b_7=0$,则 V_{OUT} 为正电压。即在 V_{REF} 确定的前提下,V_{OUT} 可以得到正电压输出也可以得到负电压输出,这就是双极性电压输出的含义。

9.5.3　并行 D/A 转换的程序设计

按图 9.12 的硬件连接是单片机与 DAC0832 芯片的单缓冲连接方式。在这种方式下,单片机与 DAC0832 芯片可以用作波形信号发生器,可编程实现产生锯齿波、三角波以及方波,这三种波形如图 9.14 所示。

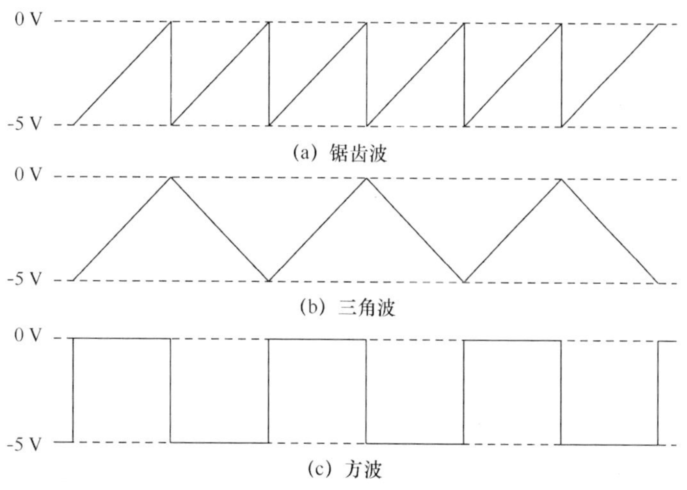

图 9.14　锯齿波、三角波以及方波的波形图

根据图 9.13 中运算放大器的连接方法可以知道，DAC0832 芯片的应用方式属于单缓冲、单极性、电压输出的连接方式。以下将分析各种波形并编程。

（1）锯齿波

根据公式 $V_{OUT}=-B\times(V_{REF}/256)$ 以及锯齿波的波形图，可以知道 V_{REF} 的初始值为 +5 V，且 B 的值从 255 按增量为 −1 依次递减至 0，然后又从 255 按增量为 −1 递减至 0，一直持续下去，就可以在 V_{OUT} 端得到一个锯齿波的波形信号。以下是用汇编语言和 C51 语言实现的锯齿波程序。

① 汇编语言程序如下：

```
        ORG   0000H
        LJMP  START
        ORG   30HH
START:MOV   DPTR,#FF40H       ;设置 DAC 芯片地址
LOOP:MOV     A, #255          ;设置待转换数字量的初值
LOOP1:MOVX @DPTR, A           ;启动 D/A 转换并输出
        DEC A
        CJNE A,#0,LOOP1
        SJMP LOOP
        END
```

② C51 程序如下：

```
#include "reg51.h"
#include "absacc.h"
#define   PORT    XBYTE[0x0FF40]

void main()
{
  unsigned char i;
  do
  { for(i = 255;i> = 0;i - - )
     {  PORT = i; }
  }while(1);
}
```

（2）三角波

根据公式 $V_{OUT}=-B\times(V_{REF}/256)$ 以及三角波的波形，可以知道 B 从 255 按增量为 −1 递减至 0，再从 0 按增量为 1 递增至 255，然后再从 255 按增量为 −1 递减至 0……一直持续下去，就可以在 V_{OUT} 端得到一个三角波的波形信号。以下是用汇编语言和 C51 语言实现的三角波程序。

① 汇编语言程序如下：

```
        ORG  0000H
        LJMP START
        ORG  30H
START:MOV   DPTR,#FF40H          ;设置 DAC 芯片地址
```

```
LOOP:MOV    A,  #255            ;设置待转换数字量的初值
UP:MOVX   @DPTR, A              ;启动D/A转换并输出
       DEC     A
       CJNE    A,#0,UP
DOWN:INC    A
       MOVX   @DPTR, A
       CJNE   A,#255,DOWN
       SJMP   UP
       END
```

② C51程序如下：

```
#include "reg51.h"
#include "absacc.h"
#define   PORT     XBYTE[0x0FF40]

void main()
{
  unsigned char i;
  do
  {
    for(i=255;i>=0;i--)
      {  PORT=i; }
      for(i=0;i<=255;i++)
      {  PORT=i; }
    }while(1);
}
```

(3) 方波

根据公式 $V_{OUT}=-B\times(V_{REF}/256)$ 以及方波的波形图，给DAC芯片一个数字量 $B=255$ 并延迟一段时间，然后再给DAC芯片一个数字量 $B=0$，并延迟同样的一段时间，一直持续下去，这样就可以在 V_{OUT} 端得到一个方波的波形信号。以下是用汇编语言和C51语言实现的方波程序。

① 汇编语言程序如下：

```
       ORG   0000H
       LJMP START
       ORG   30H
START:MOV    DPTR,#0FF40H          ;设置DAC芯片地址
LOOP:MOV     A,   #255             ;设置待转换数字量的初值
       MOVX   @DPTR,  A            ;转换并输出
       CALL   DELAY
       CLR     A
       MOVX   @DPTR,  A
       CALL   DELAY
       SJMP LOOP
```

```
    DELAY: MOV   R1,   #0C0h
    DELAY1: MOV   R2, #0ffh
    DELAY2: DJNZ  R2,   DELAY2
          DJNZ  R1,   DELAY1
          RET
END
```

② C51 程序如下：

```
#include "reg51.h"
#include "absacc.h"
#define   PORT   XBYTE[0x0FF40]
void delay()
{   int i;
  for(i=0;i<1000;i++);
}
void main()
{
  for(;;)
    { PORT=255;
      delay();
      PORT=0;
      delay();
    }
}
```

注意：由于指令的执行需要时间，因此以上三种波形的频率有最大值，若需要降低频率（即增大周期），可以增加延迟时间。至此，已经将并行 D/A 转换器 DAC0832 芯片的基本原理和基本应用介绍完毕了，下面将介绍串行 D/A 转换。

9.6 串行 D/A 转换

串行 D/A 转换是由串行 DAC 来完成的。串行 D/A 转换是指 D/A 转换器每次只能从单片机接收到 1 位数字量，等到需要转换的所有位数字量都接收后，再启动 D/A 转换，并将得到的模拟量传输给外围设备进行处理。与并行 D/A 转换器相比较，串行 D/A 转换器具有性价比高、电路设计简单、功耗低等优点，因此近年来应用较广。下面以美信公司（MAXIM）的 MAX538/539 为例，介绍串行 D/A 转换器的基本原理以及基本应用。

9.6.1 串行 D/A 转换器芯片 MAX538

MAX538/539 是美国美信公司生产的串行 D/A 转换器芯片，具有以下特点：

(1) 使用 SPI 串行接口，每次只能传输 1 位数字量进入 DAC；

(2) 分辨率是 12 位的，电压输出型 DAC；

(3) 单＋5V 工作电源；

(4) 输出电压值 MAX538 为 0～2.6 V，具有上电复位和串行数据输出功能，耗电仅 140 μA，适合电池供电或便携式设备，其内部结构如图 9.15 所示。

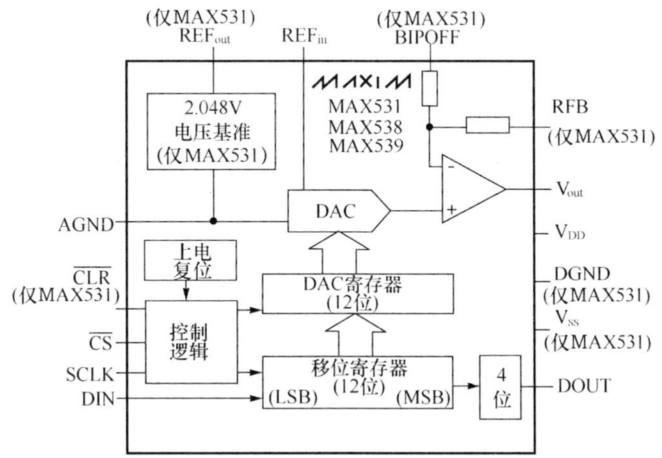

图 9.15 MAX538 芯片的内部结构图

如图 9.16 所示，MAX538 芯片共有 8 个引脚，各引脚的功能及含义如下。

(1) DIN：串行数据输入引脚；

(2) SCLK：串行时钟输入引脚；

(3) $\overline{\text{CS}}$：片选输入引脚，低电平有效；

(4) DOUT：串行数据输出引脚，形成菊花链拓扑结构时使用；

(5) AGND：模拟地引脚；

(6) REF_{in}：参考电压输入引脚；

(7) V_{out}：DAC 电压输出引脚；

(8) V_{DD}：工作电源引脚。

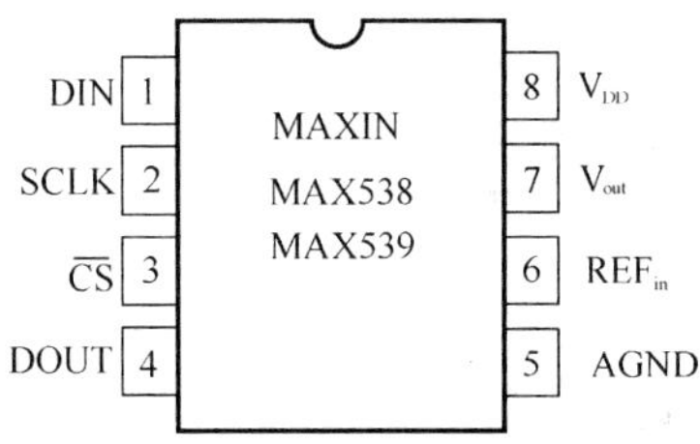

图 9.16 MAX538 芯片的引脚图

MAX538 芯片的数字量数据，是在$\overline{\text{CS}}$和 SCLK 引脚信号的配合下完成输入的。首先，当$\overline{\text{CS}}$引脚输入低电平时，选中 MAX538 芯片，然后在 SCLK 引脚输入上升沿时，DIN 引脚上的数据被 MAX538 芯片锁入其中，所以待转换的数字量数据必须在 SCLK 为低电平时送到。尽管 MAX538 是 12 位 D/A 转换器，但由于其符合 SPI 接口标准，在送入数字量数据时必须先送高位后送低位，并且必须送出 2 字节(16 位)数据，其中高 4 位不参与 D/A 转换(由图 9.16 可见，高 4 位数字量数据不参与 D/A 转换)。

9.6.2 单片机与MAX538芯片的硬件接口

通过上面的介绍，已经对串行D/A转换器MAX538芯片的各个引脚以及功能有了一定的理解，接下来要介绍单片机如何控制MAX538芯片，从而完成串行D/A转换。

图9.17是单片机与MAX538芯片连接的硬件接口原理图。从图中可以看到，单片机的P1.0引脚，经过光耦输入到MAX538所需要的串行时钟引脚SCLK；单片机的P1.2引脚，经过光耦输入到MAX538的片选引脚$\overline{CS}$；单片机的P1.1引脚，经过光耦输入到MAX538的数字量数据输入端引脚DIN；MAX538芯片的参考电压输入引脚REF_{in}，由TL431提供2.5 V的外部基准电源，因此MAX538芯片的电压输出引脚V_{out}的输出范围是0～2.5 V，并且该输出电压经过运算放大器LM358构成了电压跟随器，从而向控制对象提供电压输出。

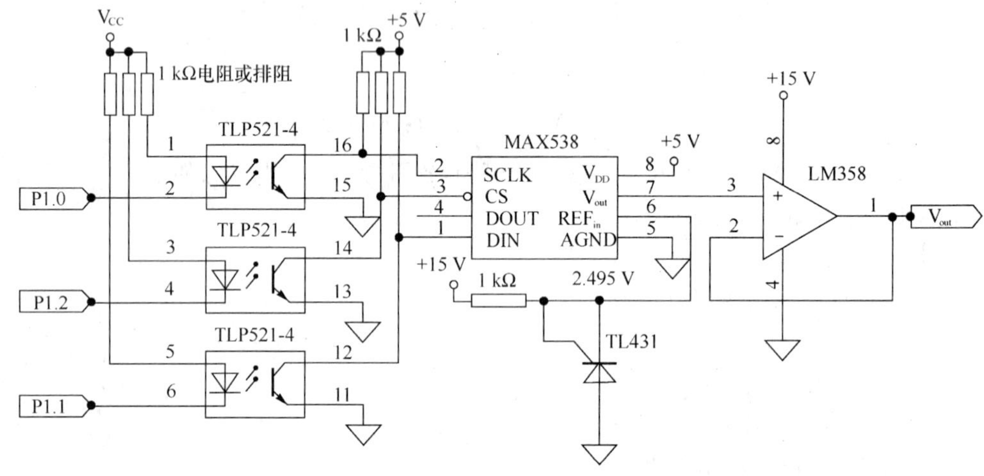

图9.17 单片机与MAX538芯片的硬件原理图

TL431是一种精密可调的基准电压源集成电路，它具有动态电阻小、噪声低、在一定范围内电压可调的特点，受到越来越多的设计者欢迎。其内部具有2.5 V的电压基准，调压范围为2.5～36 V，最简单的应用就是直接使用其内部的2.5 V基准电压输出，本例采用了该方法。

9.6.3 串行D/A转换的程序设计

根据图9.17的硬件电路，编写串行D/A转换子程序。其中入口参数：待转换数据存放在ADDR开始的两个连续的片内RAM单元中（例如31H、30H），并且ADDR的初值指向31H单元即高8位。

(1) 汇编语言子程序如下：

```
DDTAC: PUSH  Acc
       PUSH  PSW          ;保护现场
       MOV   R0,#ADDR     ;R0指向待转换数据的高位
       MOV   R7,#2        ;需连续传送两个字节
       CLR   P1.2         ;置MAX538片选有效
```

```
LP2:  MOV    R6,#8          ;每个字节传送 8 位
      MOV    A,@R0
LP1:  CLR    P1.0           ;SCLK 变低
      RLC    A
      MOV    P1.1,C         ;向 MAX538 的 DIN 引脚送 1 位
      LCALL DL1             ;延时
      SETB   P1.0           ;SCLK 上升沿
      LCALL DL1
      DJNZ   R6,LP1         ;8 位未完,继续
      DEC    R0             ;准备取下一数据(低字节)
      DJNZ   R7,LP2         ;未完,继续
      SETB   P1.2           ;令 MAX538 片选无效
      POP    PSW
      POP    Acc            ;现场恢复
      RET                   ;返回
DL1:MOV    R5,#10
      DJNZ   R5,$           ;软件延时,10×2×12/fosc = 20 μs(fosc = 12 MHz)
      RET
```

(2) 完整的 C51 程序如下:

```
#include <reg51.h>
#include <absacc.h>
unsigned char  ADDR = 0x31;
sbit CS = P1^2;
sbit DIN = P1^1;
sbit SCLK = P1^0;
void delay()
{
  int k;
  for(k = 0;k<100;k++);
}
void main()
{
int i;
int j;
unsigned char dat,dat1;
CS = 0;
for(j = 2;j>= 1;j--)
{
  dat = DBYTE[ADDR];
  dat1 = dat;
  for(i = 8;i>= 1;i--)
  {
    SCLK = 0;
```

```
        dat = dat1;
        dat& = 0x80;
        if(dat == 0x80)
         { DIN = 1;}
        else
         { DIN = 0;}
           delay();
           SCLK = 1;
           delay();
        dat1<< = 1;
      }
      ADDR = ADDR - 1;
   }
   while(1);
   }
```

实际上，MAX538 芯片的数据传输速度很快，而 SCLK 时钟信号高、低电平的最小时间要求是 35 ns。对于单片机的系统时钟，如果 $f_{osc}=12$ MHz，则执行一条单机器周期指令尚需 1 μs 的时间，因此根本无需延时就可以保证高低电平的时间。但在上述系统中，由于采用了速度较低的光电隔离器件 TLP521-4，所以必须延时。TLP521-4 受光侧 Uce 导通延时典型值为 2 μs，关断延时典型值为 25 μs，所以程序中选择了 20 μs 的软件延时。这里所谓的导通延时是指从发光侧电流导通开始到受光侧 Uce 变为低电平的时间；关断延时是指从发光侧电流关断开始到受光侧 Uce 变为高电平的时间。如果希望不延时地传输数据，只需更换速度更快的光电耦合器件即可。

9.7 单片机模拟量数据采集系统设计

随着数字电路以及微处理器技术的不断发展，现在很多设备都实现了智能控制，而在智能控制过程中单片机的应用是非常广泛的。为了对外部的模拟量(例如电压、电流、温度、压力、流量)进行智能控制，因此要将外设中的模拟量转换成数字量，采集到单片机中，并在数码管上显示。然后单片机根据控制参数的要求进一步处理，最终再通过 D/A 转换输出给被控设备。系统的方框图如图 9.18 所示。

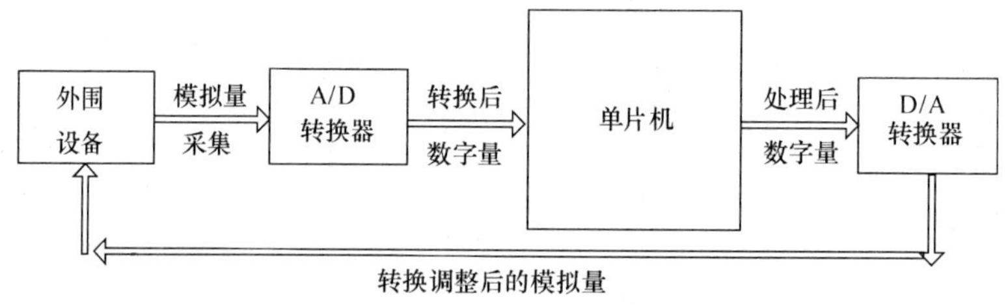

图 9.18　数据采集与控制系统方框图

9.7.1 硬件原理介绍

在本节介绍的数据采集系统中，使用的 A/D 转换器是 ADC0809 芯片，每采集 1 次模拟量需要 100 μs 左右的时间。ADC0809 转换器转换结束后，会自动产生 EOC 转换结束信号。ADC0809 模数转换芯片由 +5 V 电源供电，采用逐次逼近转换原理，可以同时对输入的 8 路 0～+5 V 模拟信号转换为数字信号。具体系统设计的硬件原理图，如图 9.19 所示。从图中可以看出，此数据采集系统采用 8051 和 ADC0809 构成一个 8 通道数据采集系统。该系统能够顺序采集各个通道的信号。8 个通道采集信号的范围为 0～+5 V，转换得到的数字量范围是 00H～FFH。

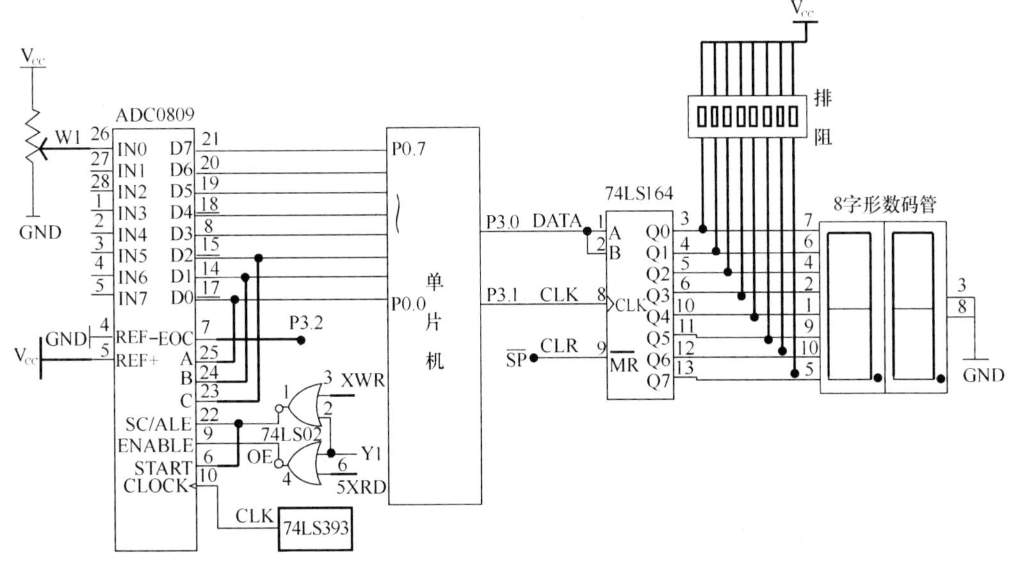

图 9.19 单片机模拟量采集系统硬件原理图

如图 9.18 所示，ADC0809 芯片通过 IN0～IN7 通道，将模拟电压 0～+5 V 采集到 A/D转换器 0809 中，当 START 引脚是高电平时，ADC0809 开始将采集的模拟电压信号转变为数字信号，转换后的数字信号范围是 00H～FFH。单片机通过 P0 口将转换后得到的数字量，再通过 P3.0 引脚输出到 74LS164 芯片，最终在两个数码管上显示出数字量00H～FFH。

9.7.2 程序设计

通过 9.7.1 小节的分析，大家已经知道了硬件电路的工作过程。下面将通过 C51 程序来具体实现如何将模拟量 0～+5V 采集到单片机中，并在数码管上显示出来。具体程序如下：

```
#include  <reg51.h>              //定义寄存器头文件
#include  <absacc.h>             //定义绝对地址头文件
#include  <intrins.h>            //伪本征函数

#define  addr  XBYTE[0x9000]     //定义 A/D 转换器的地址
```

```
sbit        flag = P3^2;                // 定义 P3.2 引脚
unsigned char code tab[] = {0x0fc, 0x60, 0x0da, 0x0f2, 0x66,0x0b6,0x0be,0x0e0,
                            0x0fe, 0x0f6, 0x0ee, 0x3e, 0x9c, 0x7a, 0x9e, 0x8e };
                                        // 定义 7 段显示码
void delayus(unsigned char us)
{  unsigned char j;
   for(j = us;j>0;j--);   }
void delaymsd(unsigned char ms)
{
   unsigned char i;
   while(ms--)
   {
     for(i = 220;i>0;i--);
   }
}

void main()                             // 定义主函数
{
unsigned char  result, result1, low, high;          // 定义 4 个整型变量
while(1)                                // 进入 A/D 转换循环程序
{
  addr = 0;                             // 启动 A/D 转换,即给地址 9000H 赋值
  while(flag == 0);                     // 等待 A/D 转换结束
  result = addr;                        // 转换结束后,将转换的结果保存到变量 result
  _nop_ (); _nop_ (); _nop_ ();
  result1 = result;
  low = result & 0x0f;                  // 取出转换结果的低 4 位
  SBUF = tab[low];                      // 查出低 4 位对应的 7 段显示码,送到串行缓冲器中
  delayus(3);//68us
  high = (result1>>4) & 0x0f;           // 取出转换结果的高 4 位
  SBUF = tab[high];                     // 得到高 4 位转换结果的 7 段显示码
  delaymsd(74);//about 262 ms
}
}
```

9.8 基于 DS1820 与单片机的数字温度计设计

传统数据采集系统中的一些温度信号需经传感器和变送器转换为标准电信号，这种方式需要设计专门的模拟接口电路，并且需要使用 A/D 转换器再将电信号信号转换为数字信号，单片机才能处理。这种方法成本较高、设计复杂、精度较低。目前，很多温度检测系统已采用单总线数字式温度传感器进行设计，由于采用了数字式检测器件，接口电路较简洁，可

以直接得到温度的数字量给单片机进行处理。下面介绍一种利用单总线数字式温度传感器构成的温度数据采集系统。

9.8.1　硬件原理介绍

单总线数字式温度传感器是美国 DALLAS 公司推出的一种新式数字温度传感器。它只采用了 1 根总线,在单总线上既要进行时钟信号的传输同时又要进行数据信号的传输。这样单片机与温度传感器只用 1 根总线就可以进行通信,因此成本较低、设计简单。单总线适合于单主机系统,能够控制多个从机设备。在这里,主机选择 AT89C51 单片机,从机选择单总线温度传感器件 DS1820,它们之间只通过 1 根总线进行连接。

DS1820 是 DALLAS 公司生产的一线式数字温度传感器,体积较小、结构简单、低功耗、抗干扰能力强。可以直接将温度检测过程中,从工业现场采集的温度参数转换成 9 位串行数字信号给单片机进行处理。DS1820 器件只有 3 个引脚,外观类似 3 极管,具体引脚如图 9.20 所示,其中 DQ 引脚连接单片机的 1 个 I/O 引脚,形成单总线结构,单片机与 DS1820 完全通过单总线进行通信。其性能如下:温度测量范围是－55～＋125℃;可编程 9～12位的 A/D 转换精度,测量温度的分辨率可以达到 0.062 5℃;把温度转换为单片机处理的数字量的典型时间是 200 ms,最大需要 750 ms;具有良好的温度报警功能。

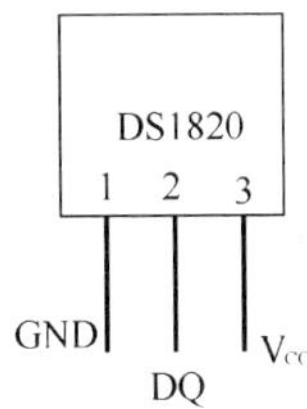

图 9.20　DS1820 引脚图

通常使用单总线数字式温度传感器 DS1820 进行温度采集,主要分为以下几个步骤:初始化 DS1820→跳过读序列号→启动温度转换→处理转换后的数据。每个阶段如何完成,描述如下。

(1) 初始化:单总线上所有的处理命令均要从初始化开始。初始化主要包括主机发出一复位脉冲,此时如果 DS1820 存在则发出 1 个从器件存在的响应脉冲。响应脉冲使单片机知道 DS1820 在总线上已经准备好了,可以进行下面的工作。

(2) 跳过读序列号:命令字是 CCH。为了避免单总线上有多个温度传感器读温度数据而产生冲突,通常需要读出每个传感器的序列号,它唯一标识了 1 个温度传感器。如果总线上只有 1 个温度传感器设备,那么通常就可以跳过读序列号,只要单片机给 DS1820 发出命令 CCH 即可完成。

(3) 温度转换:命令字是 44H。该命令启动一次温度转换,把采集的模拟温度转换为数字量。当温度转换完毕后,总线上出现高电平,否则是低电平。

(4) 数据处理:当上面的温度转换命令发出后,经转换会得到 2 个字节的温度数据,该数据就是转换后的温度,可由单片机读走进行相应的处理。具体温度换算方法举例如下:当 DS1820 采集到的实际温度为＋125℃时,其对应的数字量为 07D0H,每个数字量对应的最小温度单位为 0.062 5℃，则实际温度＝07D0H×0.062 5＝2 000×0.062 5＝125℃。

以上 4 个步骤的完成都需要按照一定的时序条件来完成，每个步骤的时序图如图 9.21 所示。

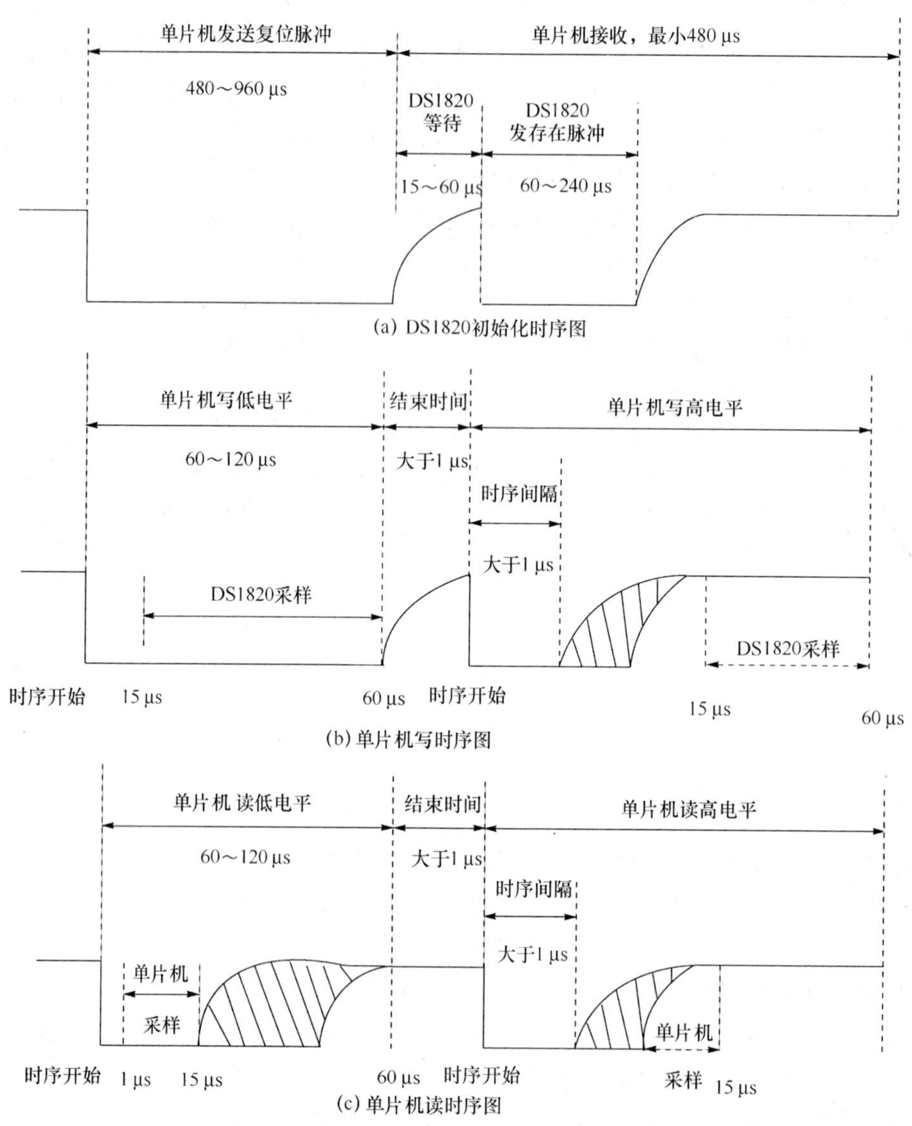

(a) DS1820初始化时序图

(b) 单片机写时序图

(c) 单片机读时序图

图 9.21 DS1820 工作的时序图

9.8.2 程序设计

通过上面的介绍，已经理解了 DS1820 完成数据采集的基本步骤，本节将使用 AT89C51 单片机来控制 DS1820 温度传感器来进行温度采集系统的设计。具体硬件原理如图 9.22 所示。从图中可知，通过温度传感器 DS1820 可以将温度采集后传给单片机，单片机经过相应的处理，会在数码管上将温度显示出来。

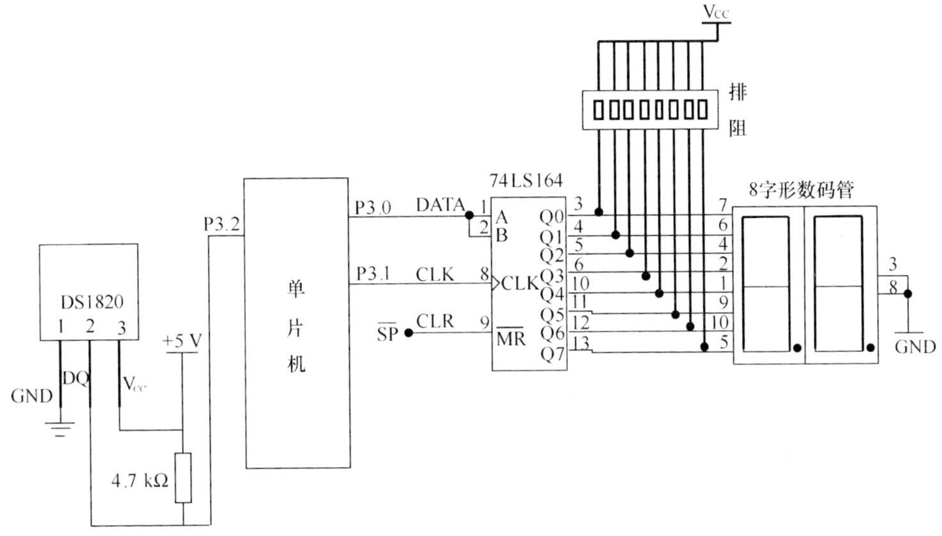

图 9.22　DS1820 温度采集系统硬件原理图

具体程序如下：

```
#include <reg51.h>
#include <absacc.h>
#include <intrins.h>
unsigned char TEMPER_L = 0;
unsigned char TEMPER_H = 0;
unsigned char TEMPER_N = 0;
sbit DQ = P3^2;
unsigned char code tab[] = { 0x00,0x01,0x02,0x03,0x04,0x05,0x06,0x07,0x08,0x09,
                             0x10,0x11,0x12,0x13,0x14,0x15,0x16,0x17,0x18,0x19,
                             0x20,0x21,0x22,0x23,0x24,0x25,0x26,0x27,0x28,0x29,
                             0x30,0x31,0x32,0x33,0x34,0x35,0x36,0x37,0x38,0x39,
                             0x40,0x41,0x42,0x43,0x44,0x45,0x46,0x47,0x48,0x49,
                             0x50,0x51,0x52,0x53,0x54,0x55,0x56,0x57,0x58,0x59,
                             0x60,0x61,0x62,0x63,0x64,0x65,0x66,0x67,0x68,0x69,
                             0x70,0x71,0x72,0x73,0x74,0x75,0x76,0x77,0x78,0x79,
                             0x80,0x81,0x82,0x83,0x84,0x85,0x86,0x87,0x88,0x89,
                             0x90,0x91,0x92,0x93,0x94,0x95,0x96,0x97,0x98,0x99 };
                             // 0～99℃表以及0～9的数码显示段码
unsigned char code tab1[] = {0x0fc,0x60,0x0da,0x0f2,0x66,0x0b6,0x0be,0x0e0,
                             0x0fe,0x0f6,0x0ee,0x3e,0x9c,0x7a,0x9e,0x8e};
void delayms(unsigned char ms)
{
   unsigned char i;
   while(ms--)
   {
```

```
        for(i=60;i>0;i--);
      }
  }

  void delayus(unsigned char us)
  {
    unsigned char j;
    for(j=us;j>0;j--);
  }

  void delaysus(unsigned char uw)
  {
    unsigned char t;
    t=uw;
  }

  void delayssus(unsigned char ut)
  {
    ut=ut+1;
  }

  void display(unsigned char k)   // 温度在数码管上显示函数
  {
    unsigned char y=0;
    y=k;
    k&=0x0f;
    SBUF=tab1[k];
                                  // SBUF=0x0fe;
    delayus(3);                   // 68 μs

    y>>=4;
    y&=0x0f;
    SBUF=tab1[y];
                                  // SBUF=0x0be;
    delayus(3);                   // 68 μs
  }
  Init_DS18B20(void)              // DS1820 的初始化函数
  {  unsigned char FLAG;
  do{
       DQ=1;
       _nop_ ();                  // 2 μs
       DQ=0;
```

```
    delayus(15);                // 260 μs
    DQ = 1;
    delayus(4);                 // 84 μs
    if(DQ == 0)
    {
      FLAG = 1;
      delayus(12);              // 212 μs
    }
   else
    {
      FLAG = 0;
    }
    DQ = 1;
    _nop_ ();                   // 2 μs
    _nop_ ();                   // 2 μs

   if(FLAG == 1)
   {
     delayus(3);                // 68 μs
   }
  }while(FLAG == 0);

}

CovTemp(void)                   // 温度数值的转换函数
{
  unsigned char c = 0;
  unsigned char d = 0;
  unsigned char b = 0;
  c = TEMPER_L;
  d = TEMPER_L;
  c& = 0x0f0;
  c>> = 4;
  TEMPER_N = c;

  if((d&0x08) == 0x08)
   {
     c = c + 1;
     TEMPER_N = c;
   }
  b = TEMPER_H;
  b& = 0x07;
```

```
    b<<=4;
    b|=c;
    TEMPER_N=b;
    TEMPER_N=tab[b];
  }

  ReadOneChar(void)                 // 从 DS1820 读转换温度的函数
  { unsigned char a=0;
    unsigned char i=0;
    unsigned char dat1=0;
  for(a=2;a>0;a--)
    {for(i=8;i>0;i--)
     { DQ=1;
       _nop_ ();                    // 2 μs
       _nop_ ();                    // 2 μs
       DQ=0;
       _nop_ ();                    // 2 μs
       _nop_ ();                    // 2 μs
       _nop_ ();                    // 2 μs
       dat1>>=1;
        DQ=1;
       delayssus(1);                // 10 μs
       _nop_ ();                    // 2 μs
       if(DQ)
          {
            delayus(2);             // 52 μs
            dat1|=0x80;
           }
     }
     if(a==2)
       {
         TEMPER_L=dat1;
       }
     if(a==1)
       {
         TEMPER_H=dat1;
       }
      dat1=0x00;
    }
  }
  WriteOneChar(unsigned char dat)       // 向 DS1820 发送命令的写函数
  {
```

```
  unsigned char u = 0;
  for(u = 8;u>0;u-- )
  {
    DQ = 0;
    delaysus(1);              // 14 μs
    DQ = dat&0x01;
    delayus(2);               // 52 μs
    DQ = 1;
    _nop_ ();
    dat>> = 1;
  }
  DQ = 1;
  _nop_ ();                   // 2 μs
  _nop_ ();                   // 2 μs
}

ReadTemperature(void)         // 获得 DS1820 传送的温度
{
   Init_DS18B20();
   WriteOneChar(0xcc);
   WriteOneChar(0x44);
   _nop_ ();
   delayms(68);               // 67 ms
   delayms(68);               // 67 ms
   delayms(1);                // 67 ms
   Init_DS18B20();
   WriteOneChar(0xcc);
   WriteOneChar(0xbe);
   ReadOneChar();
   CovTemp();
}

void main()
{ unsigned char v = 0;
  while(1)
  {
    ReadTemperature();        // 获得 DS1820 采集的当前温度
    v = TEMPER_N;
    display(v);               // 在数码管上显示温度的数值
  }
}
```

习　　题

1. A/D 转换器和 D/A 转换器的功能是什么？它们各有哪些主要技术指标？

2. 论述串、并行 A/D 转换器以及串行 D/A 转换的各自特点。

3. 描述积分型以及逐次逼近型 A/D 转换的工作原理以及优缺点。

4. 比较 ADC0809、ADC0832、DAC0832 及 MAX538 四种芯片，分别画出它们与单片机的硬件连接图。

5. 利用单片机与 D/A 转换器设计一个三角波发生器，画出电路图和程序流程图，写出程序清单，模拟输出电压的范围是 0～+5 V，频率自选。

6. 使用 ADC0809 芯片，设计一个模拟量数据采集系统，画出电路图和程序流程图，写出程序清单，模拟输入电压变化范围是 0～+5 V，要求使用 IN0 和 IN6 两个通道循环采集数据。

7. 设计一个由单片机、串行 A/D 转换器、串行 D/A 转换器、数码管组成的模拟量输入/输出系统。

8. 画出图 9.21 所示的 DS1820、数码管与单片机组成的温度数据采集系统的程序流程图。

第10章 存储器与并行接口扩展

在比较复杂的应用场合，单片机片内存储器的容量或接口资源不够用时，就需要进行扩展。扩展的内容取决于具体的应用系统，系统扩展包含许多方面，如存储器扩展、并行口扩展、中断扩展等。本章将介绍存储器和并行接口的扩展。

10.1 单片机的三总线应用结构

与微型计算机中的微处理器不同，MCS-51 单片机由于受管脚的限制，没有专用的数据总线和地址总线，它的数据总线和地址总线是与并行口 P0 和 P2 的引脚复用的。如果并行口 P0 和 P2 不作为并行口使用，它们还可以作为总线使用，使单片机很方便地与各种扩展芯片连接，再配上地址锁存器，就可构成与微型计算机中微处理器类似的三总线系统，如图 10.1所示。

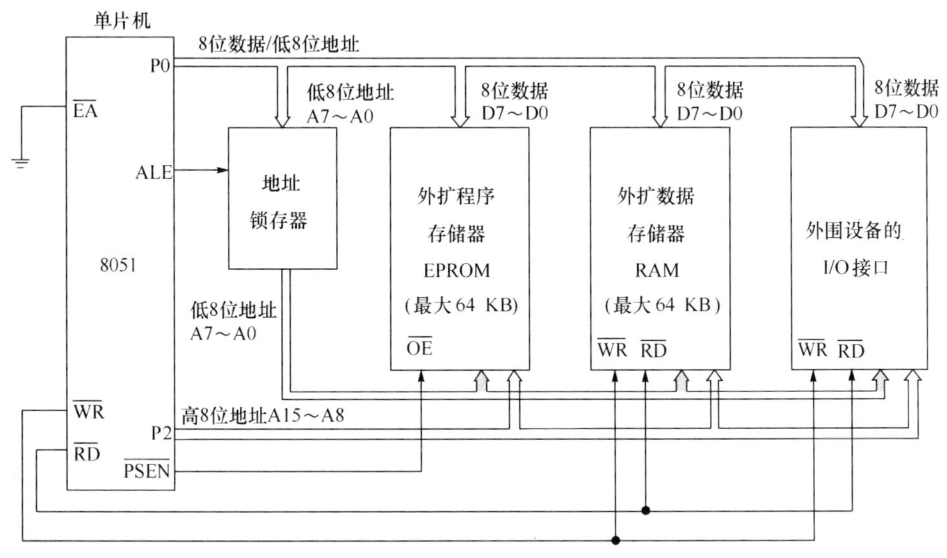

图 10.1 单片机的三总线应用结构

在这种应用方式下，三总线构成如下。

数据总线：由 P0 口担当，形成 8 位数据总线。

地址总线：由 P2 和 P0 共同担当，形成 16 位地址总线，P2 作为地址总线的高 8 位，由于它本身具有地址锁存器，无须另外增加硬件。而 P0 是被分时复用作为地址总线，为了保持地址信息，需要增加地址锁存器，并利用 ALE 的信号控制地址的锁存。

控制总线：由 ALE 作为地址锁存的选通信号，实现地址总线低 8 位地址的锁存，$\overline{RD}$和$\overline{WE}$用于作为片外存储器及接口的读和写控制信号，$\overline{PSEN}$用于作为从片外程序存储器的取指令控制信号。

当然，构成三总线应用结构以后，MCS-51 单片机的并行口 P0 和 P2 就不能再作为并行口使用了，剩下的并口就只有 P1 和 P3 的部分引脚了。

10.2　程序存储器扩展

在 MCS-51 单片机的应用系统中，当片内程序存储器的存储容量不够用时需要进行程序存储器的扩展。在进行扩展时需要使用片外 EPROM 或 E^2PROM 芯片，可选的典型 EPROM 产品有 2716(2KB)、2732(4KB)、2764(8KB)、27128(16KB)等。下面将以 2764 芯片为例介绍程序存储器的扩展。

10.2.1　2764 芯片介绍

1. 2764 芯片的外部结构

2764 为 28 脚双列直插式封装，引脚的配置如图 10.2 所示。

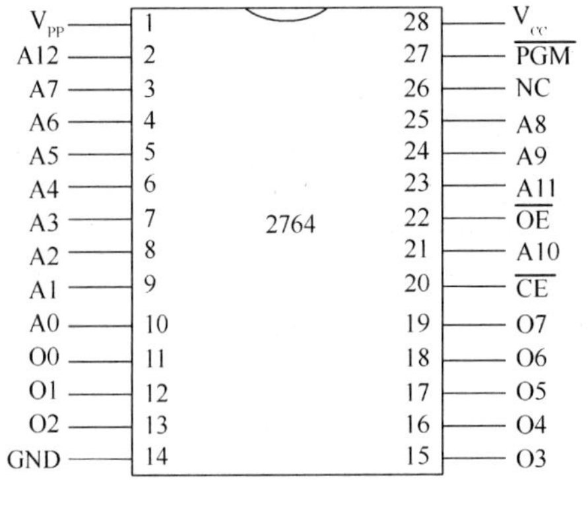

引脚	序号	2764	序号	引脚
V_{PP}	1		28	V_{CC}
A12	2		27	$\overline{PGM}$
A7	3		26	NC
A6	4		25	A8
A5	5		24	A9
A4	6		23	A11
A3	7		22	$\overline{OE}$
A2	8		21	A10
A1	9		20	$\overline{CE}$
A0	10		19	O7
O0	11		18	O6
O1	12		17	O5
O2	13		16	O4
GND	14		15	O3

图 10.2　2764 引脚图

2. 2764 芯片引脚功能

(1) 地址输入线 A12～A0：2764 的存储容量为 8 KB，故按照地址线条数和存储容量的关系(2^{13}＝8 192＝8 K)，共需 13 条地址线，即 A12～A0。2764 的地址线应和 MCS-51 单片机的 P2 和 P0 口相接，用于传送单片机送来的地址编码信号，其中 A12 为最高位。

(2) 数据线 O7～O0：O7～O0 是双向数据总线，O7 为最高位。在正常工作状态，O7～O0 用于传送从 2764 中读出的数据或程序代码；在编程方式时用于传送需要写入芯片的编程代码(即程序的机器码)。

(3) 控制线:2764 有 3 条控制线,分别是$\overline{CE}$、$\overline{OE}$和$\overline{PGM}$。

$\overline{CE}$是片选输入线,它用于控制本芯片是否工作。若给$\overline{CE}$上加一个高电平,则本芯片不工作;若给$\overline{CE}$上加一个低电平,则选中芯片工作。

$\overline{OE}$是允许输出线,它是由用户控制的输入信号线,若给$\overline{OE}$上加一个高电平,则数据线O7～O0 处于高阻状态;若给$\overline{OE}$上加一个低电平,则数据线 O7～O0 处于读出状态。

$\overline{PGM}$是编程输入线,它用于控制 2764 处于正常工作状态或编程/校验状态。若给它一个高电平,则 2764 处于正常工作状态;若给它一个大于 50 ms 的负脉冲,则 2764 配合 V_{pp}引脚上的 21 V 高压可以处于编程/校验状态。

(4) 其他引脚线:V_{cc}为 5 V±10%电源输入线;GND 为直流地线;V_{pp}为编程电源输入线,当它接 5 V 时,2764 处于正常工作状态,当它接 21 V 高压时,2764 处于编程/校验状。NC 表示"不接"。

10.2.2 程序存储器扩展方法

当 MCS-51 系列单片机的$\overline{EA}$引脚接低电平时,CPU 总是从外部 ROM 中取指令;当$\overline{EA}$引脚接高电平,CPU 取指令时,PC 值在内部程序存储器范围内从内部 ROM 中取指令,PC值大于内部程序存储器范围时,CPU 从外部 ROM 中取指令。因此为了充分利用单片机资源,$\overline{EA}$引脚通常接高电平。图 10.3 是扩展一片 2764 的连接方法。

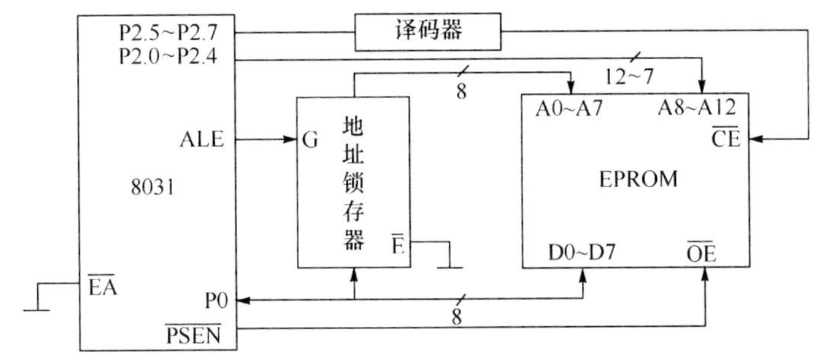

图 10.3 MCS-51 单片机扩展一片 2764 的接口电路

10.3 数据存储器扩展

当单片机的片内 RAM 的存储空间不足时可以进行数据存储器的扩展,最大可以扩展到 64 KB。常用的 RAM 芯片分静态 RAM 和动态 RAM 两种,由于动态 RAM 需要配置硬件刷新电路,实现起来比较麻烦,故一般采用静态 RAM(称为 SRAM)。静态 RAM 常用的芯片有 6116(2 KB×8 位)、6264(8 KB×8 位)等,下面以 6264 为例进行介绍。

10.3.1 SRAM 6264 芯片介绍

1. 6264 芯片外部结构

6264 为 28 脚双列直插式封装,引脚的配置如图 10.4 所示。

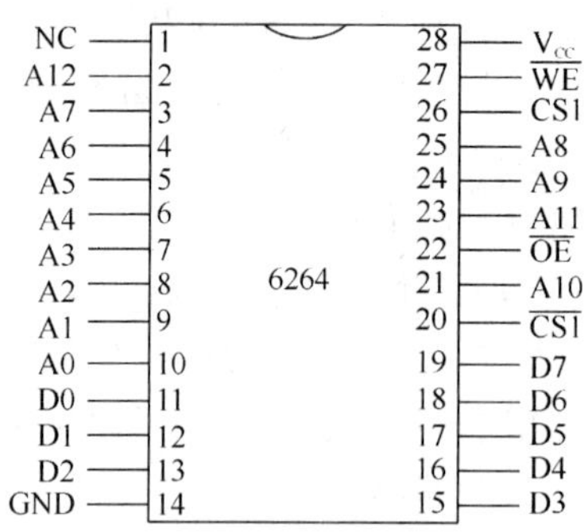

图 10.4　6264 引脚图

2. 6264 芯片引脚功能

（1）地址输入线 A12～A0：6264 的存储容量为 8KB，6264 的地址线应和 MCS-51 单片机的 P2 和 P0 口相接，用于传送单片机送来的地址编码信号，其中 A12 为最高位。

（2）数据线 D7～D0：双向三态数据总线，D7 为最高位，正常工作时，D7～D0 用来传送 6264 的读/写数据。

（3）控制线：6264 有 4 条控制线，分别是 CS1、$\overline{CS1}$、$\overline{OE}$和$\overline{WE}$。

CS1 和$\overline{CS1}$是片选输入线，若 CS1＝1 且$\overline{CS1}$＝0 时，本芯片被选中工作；否则不被选中工作。$\overline{OE}$是允许输出线，用于控制从 6264 中读出的数据是否送到数据线 D7～D0 上。若$\overline{OE}$为低电平，则读出的数据可以直接送到数据线 D7～D0 上。$\overline{WE}$是写允许命令线，若为低电平，6264 处于写入状态。

（4）其他引脚线：V_{cc}为 5(1＋10％)V 电源输入线；GND 为直流地线；NC 表示“不接”。

3. 工作方式

6264 有五种工作方式，具体如下。

（1）禁止工作方式：CS1＝1、$\overline{CS1}$＝0、$\overline{OE}$＝0、$\overline{WE}$＝0 时，为禁止工作方式。

（2）读出工作方式：CS1＝1、$\overline{CS1}$＝0、$\overline{OE}$＝0、$\overline{WE}$＝1 时，为读出工作方式。

（3）写入工作方式：CS1＝1、$\overline{CS1}$＝0、$\overline{OE}$＝1、$\overline{WE}$＝0 时，为写入工作方式。

（4）选通工作方式：CS1＝1、$\overline{CS1}$＝0、$\overline{OE}$＝1、$\overline{WE}$＝1 时，为选通工作方式。

（5）未选通工作方式：CS1＝1、$\overline{CS1}$＝1、$\overline{OE}$＝X、$\overline{WE}$＝X 时，为未选通工作方式，其中 X 表示任意电平。

10.3.2　数据存储器扩展方法

外部数据存储器的扩展与外部程序存储器的扩展一样，由 P2 提供高 8 位地址，P0 分时提供低 8 位地址和 8 位双向数据。外部数据存储器的读/写由单片机的$\overline{RD}$(P3.7)和$\overline{WR}$(P3.6)控制，而外部程序存储器的输出允许端($\overline{OE}$)由读选通$\overline{PSEN}$控制。由于控制信号及使用的数据传送指令不同，即使外部数据存储器地址与外部程序存储器地址相同，也不会发生总线冲突。片选信号可以由没有用到的高位地址线经过译码得到。图 10.5 是扩展一片 6264 的连接方法。

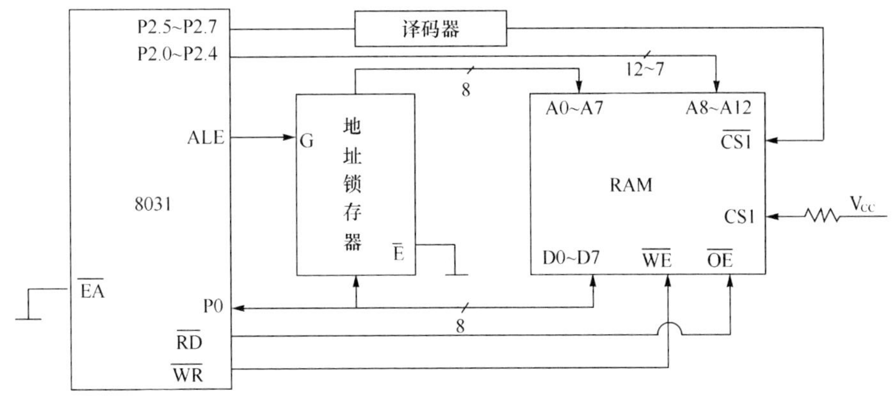

图 10.5 MCS-51 单片机扩展一片 6264 的接口电路

10.3.3 数据、程序存储器混合扩展方法

按照数据存储器扩展和程序存储器扩展的原理，很容易联想并掌握数据、程序存储器混合扩展方法。

假定需要设计一个外部存储器系统，ROM 为 16 KB(地址从 0000H 开始)，RAM 也为 16 KB(地址从 0000H 开始)，这样一个存储系统应该如何实现？

如果要使用 EPROM2764 芯片扩展成 16 KB 的外部程序存储器，那么我们可以通过计算得出需要几片这样的芯片：16 KB÷8 KB=2 片。

同理也可以求出需要 2 片 SRAM 6264 芯片。

外部程序存储器的地址从 0000H 开始，这说明 MCS-51 芯片的$\overline{EA}$引脚应该接地。

下面分别求出 2764 和 6264 芯片的片选信号。

2764[#1](地址范围 0000H～1FFFH)的片选信号$\overline{CE}$：

0000H=0000,0000,0000,0000B

1FFFH=0001,1111,1111,1111B

由此可见，以地址信号的 A15～A13 作为芯片地址译码的输入条件，且一定要满足这样的条件：A15A14A13=000B，才能选中 2764[#1]芯片。

2764[#2](地址范围 2000H～3FFFH)的片选信号$\overline{CE}$：

2000H=0010,0000,0000,0000B

3FFFH=0011,1111,1111,1111B

同理，以地址信号的 A15～A13 作为芯片地址译码的输入条件，且一定要满足这样的条件：A15A14A13=001B，才能选中 2764[#2]芯片。

对于 SRAM 6264，它有 2 个片选信号：即 CS1 和$\overline{CS1}$，在实际使用中可以让其中一个片选信号永远满足条件，而另一个片选信号作为条件片选，这样就可以达到目的。具体让 CS1 和$\overline{CS1}$当中的哪一个永远满足条件呢？这需要对具体问题具体分析。

在本例中，外部程序存储器和外部数据存储器的地址都是 0000H～1FFFH，并且都是 8 KB 的容量，因此它们的片选信号也应该是一致的。而 2764 芯片的片选信号$\overline{CE}$是低电平有效，如果也让 6264 芯片的条件片选信号低电平有效，这样不仅实现简单，而且节省逻辑电路芯片。因此可以这样做：

CS1＝1(永远满足条件)，$\overline{CS1}$作为作为条件片选；同样可以得出如下结论：

6264[#1](地址范围0000H～1FFFH)的片选信号$\overline{CS1}$：A15A14A13＝000B；

6264[#2](地址范围2000H～3FFFH)的片选信号$\overline{CS1}$：A15A14A13＝001B；

这样，关于2764和6264两种芯片的片选信号已经确定，接下来是地址信号高3位(A15A14A13)的译码问题。对于地址译码，通常可以通过两种方法来实现，一种方法是用基本的逻辑门电路实现，另一种方法是用现有的译码器芯片来实现。下面简单介绍这两种方法。

用基本的逻辑门电路实现地址译码：

前面已经得出2764[#1]的片选信号$\overline{CE}$，其地址译码要满足条件：A15A14A13＝000B，并且一定要低电平输出，因此其逻辑表达式是：$\overline{CE}=A15+A14+A13$，有了这个逻辑表达式，用基本的逻辑门实现就是一个非常简单的事情了。同理，2764[#2]片选信号$\overline{CE}$地址译码的逻辑表达式是：$\overline{CE}=A15+A14+\overline{A}13$。

用译码器芯片来实现地址译码：

目前，常用的译码器芯片是74LS139(二-四译码器)和74LS138(三-八译码器)。因为在此例中，各使用2片2764和6264，因此采用二-四译码器即74LS139就够用了，本例采用了二-四译码器，具体接法见图10.6。

片选信号问题解决了，接下来是如何解决读/写信号的连接问题。

对于2764，它是ROM，只读不写，其内部装的是程序代码，因此它的$\overline{OE}$应该与MCS-51的$\overline{PSEN}$相连，它的$\overline{PGM}$接高电平。

对于6264，它是RAM，既可以读又可以写，其内部装的是数据。它有两个控制信号$\overline{OE}$和$\overline{WE}$，其读出工作方式是$\overline{OE}$＝0且$\overline{WE}$＝1；写入工作方式是$\overline{OE}$＝1且$\overline{WE}$＝0。而MCS-51有读信号$\overline{RD}$(P3.7)和写信号$\overline{WR}$(P3.6)，因此，可以把MCS-51的$\overline{RD}$与6264的$\overline{OE}$直接相连，把MCS-51的与$\overline{WR}$6264的$\overline{WE}$直接相连就完成了。

图10.6是使用6264和2764芯片扩展16KB数据存储器和16KB程序存储器的连接方法。

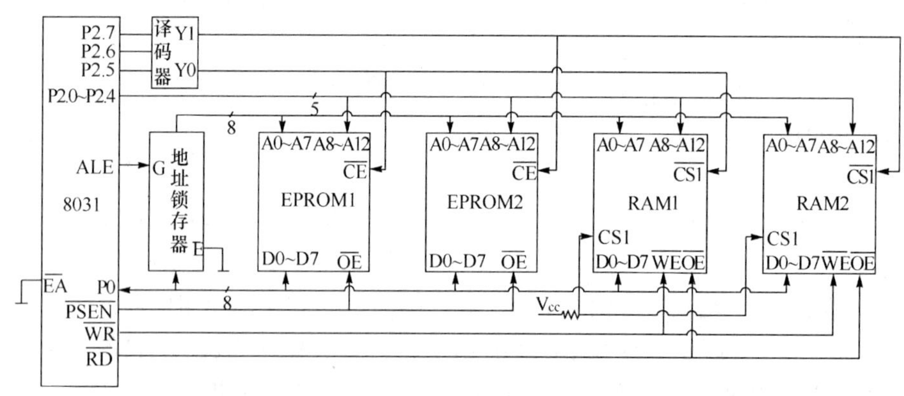

图10.6　MCS-51单片机扩展2片6264、2片2764的接口电路

10.4 并行接口扩展

MCS-51 系列单片机大多具有 4 个 8 位 I/O 口(即 P0、P1、P2 和 P3),从原理上讲这 4 个 I/O 口均可用作双向并行 I/O 口,但在实际应用中,P0 口常被用作数据总线和低 8 位地址总线,P2 口常被用作高 8 位地址总线,P3 口的某些位又常用它的第二功能,特别是无 ROM 型的单片机因为必须扩展外部程序存储器。所以,若一个 MCS-51 应用系统需要连接较多的并行输入/输出外围设备(如打印机、键盘、显示器等),则单片机本身所提供的 I/O 接口资源就不能满足需要了,这就不可避免地要扩展并行接口。

常见的 MCS-51 并行 I/O 接口扩展方法主要有下列两种:

(1) 采用可编程的并行接口芯片,如 Intel 8155、8255A;

(2) 利用 MCS-51 的串行口和移位寄存器实现串并转换。

8255A 是 Intel 公司生产的通用可编程并行 I/O 接口芯片,主要是为 Intel 公司 X86 系列 CPU 配套而设计,但它也可用于 MCS-51 系列单片机的并口扩展。8255A 具有三个 8 位并行 I/O 端口,分别为 A 口、B 口和 C 口,其中 C 口又分为高 4 位口和低 4 位口,它们都可以通过编程来改变其工作工作方式。目前 8255A 已成为单片机应用系统中并行接口扩展最常用的芯片。

下面介绍如何使用 8255A 进行并行接口的扩展。

10.4.1 8255A 芯片结构及引脚功能

1. 8255A 的芯片结构

8255A 为 40 脚双列直插式封装,引脚的配置如图 10.7 所示。它的内部主要由四部分电路组成,分别是:A 口、B 口和 C 口,A 组控制器和 B 组控制器,数据总线驱动器,读/写控制逻辑。

(1) A 口、B 口和 C 口:A 口、B 口和 C 口均为 8 位 I/O 数据端口,但在结构上略有差别。A 口由一个 8 位数据输出缓冲/锁存器和一个 8 位数据输入缓冲/锁存器组成;而 B 口和 C 口各有一个 8 位数据输出缓冲/锁存器和一个 8 位数据输入缓冲器(无数据输入锁存器)组成。在使用上,三个端口都可以直接与设备相连,分别传送外设的输入/输出数据和控制信息。但在工作方式 1 和工作方式 2 下,A 口和 B 口常被用作数据口来传送数据, C 口作为控制信号接口,高 4 位属于 A 口,传送 A 口上外设的控制/状态信息;低 4 位属于 B 口,传送 B 口上外设的控制/状态信息

(2) A 组控制器和 B 组控制器:两个控制器都由控制字寄存器和控制逻辑组成。控制字寄存器可以接收并存放来自 CPU 的决定端口工作方式的信息,即工作方式控制字。控制逻辑用于对 8255A 工作工作方式的控制。A 组控制器控制 A 口和 C 口的高 4 位,B 组控制器控制 B 口和 C 口的低 4 位。

(3) 数据总线驱动器:它是一个双向三态 8 位缓冲器,用于与单片机的数据总线相连,实现单片机与 8255A 之间的数据传送。

(4) 读/写控制逻辑:这部分电路可以接收单片机发来的读/写命令和选口地址,用于对

8255A 的读/写。

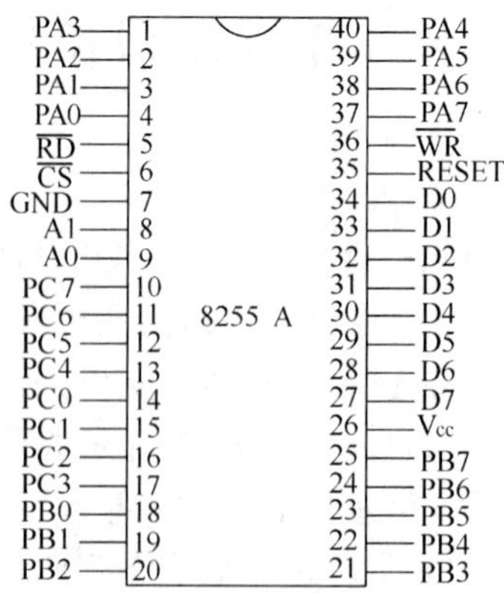

图 10.7　8255A 引脚图

2. 8255A 芯片的引脚功能

(1) 数据总线：D7～D0 为数据总线，用于传送单片机和 8255A 之间的数据、命令和状态信息。

(2) 并行 I/O 总线：共有 24 条，用于与外设相连，分为三组。

A 口的 PA7～PA0：双向数据 I/O 总线，PA7 为最高位。可以工作于工作方式 0、工作方式 1 和工作方式 2，由控制字决定。

B 口的 PB7～PB0：双向数据 I/O 总线，PB7 为最高位。可以工作于工作方式 0 和工作方式 1，由控制字决定。

C 口的 PC7～PC0：双向数据/控制总线，PC7 为最高位。

(3) 控制总线：有 6 条。

RESET：8255A 复位控制端，高电平有效。有效时芯片复位，复位状态为：控制寄存器被清除，PA、PB 和 PC 端口被设置成输入方式。

$\overline{CS}$：片选输入线，低电平有效。若$\overline{CS}$=1，则本 8255A 未被选中；若$\overline{CS}$=0，则被选中。

$\overline{RD}$：读命令输入线，低电平有效。有效时允许 CPU 读取 8255A 的数据或状态字。

$\overline{WR}$：写命令输入线，低电平有效。有效时允许 CPU 向 8255A 写入数据或控制字。

A1 和 A0：端口选择信号输入线。通过 A1 和 A0 可以使 8255A 的 A 口、B 口、C 口和控制寄存器哪个被选中工作。

A1A0=00 时，A 口被选中；

A1A0=01 时，B 口被选中；

A1A0=10 时，C 口被选中；

A1A0=11 时，控制寄存器被选中。

(4) 电源线：V_{cc}为 5(1+10%)V 电源输入线，GND 为直流地线。

10.4.2　8255A 的控制字

8255A 有两个控制字，一个是工作方式控制字，另一个是 C 口单一置位/复位控制字。可以使用指令把这两个控制字写入 8255A 的控制字寄存器（A1A0=11B），来设定 8255A

的工作工作方式和C口的各位状态。

工作方式控制字和C口单一置位/复位控制字是以最高位D7进行区分的。即D7为控制字标志位，当D7=1，则为工作方式控制字；当D7=0，则为C口单一置位/复位控制字。

1. 工作方式控制字

8255A的三个端口的工作方式是由工作方式控制字来设定的。工作方式控制字的具体格式如图10.8所示。

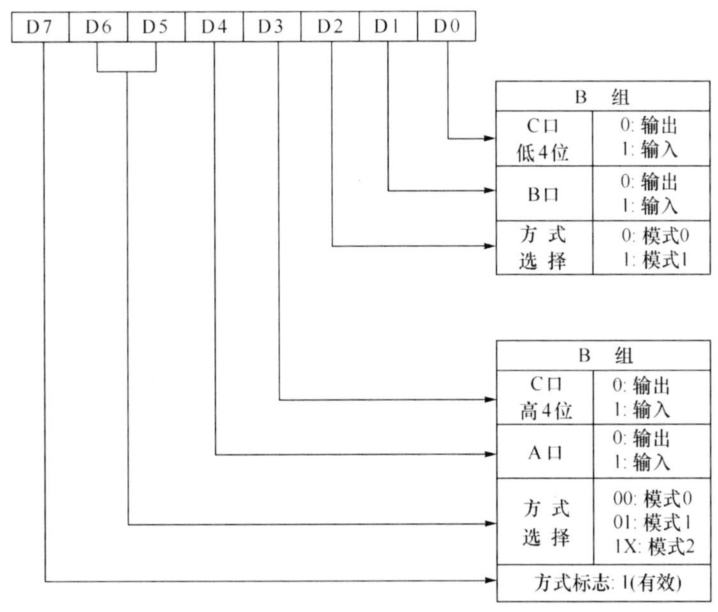

图10.8 8255A工作方式控制字

D6～D3为A组控制位。其中D6、D5为A组工作方式选择位，用于设定A组的工作方式。

D6D5=00时，A组为工作方式0；

D6D5=01时，A组为工作方式1；

D6D5=1X时(X为任意值)，A组为工作方式2。

D4为PA口输入/输出控制位，用于设定A口是输入还是输出。

D4=0时，则A口为输出；

D4=1时，则A口为输入。

D3为C口高4位输入/输出控制位，用于设定C口高4位是输入还是输出。

D3=0时，C口高4位(即PC7～PC4)为输出；

D3=1时，C口高4位(即PC7～PC4)为输入。

D2～D0为B组控制位。其中D2为B组工作方式选择位，用于设定B组的工作工作方式。

D2=0时，B组为工作方式0；

D2=1时，B组为工作方式1。

D1为B口输入/输出控制位，用于设定B口是输入还是输出。

D1＝0 时，则 B 口为输出；

D1＝1 时，则 B 口为输入。

D0 为 C 口低 4 位输入/输出控制位，用于设定 C 口低 4 位是输入还是输出。

D0＝0 时，C 口低 4 位(即 PC3～PC0)为输出；

D0＝1 时，C 口低 4 位(即 PC3～PC0)为输入。

2. C 口单一置位/复位控制字

这个控制字可以对 C 口的每位进行独立的置位或复位，以实现某些特定的功能。该控制字的格式如图 10.9 所示。

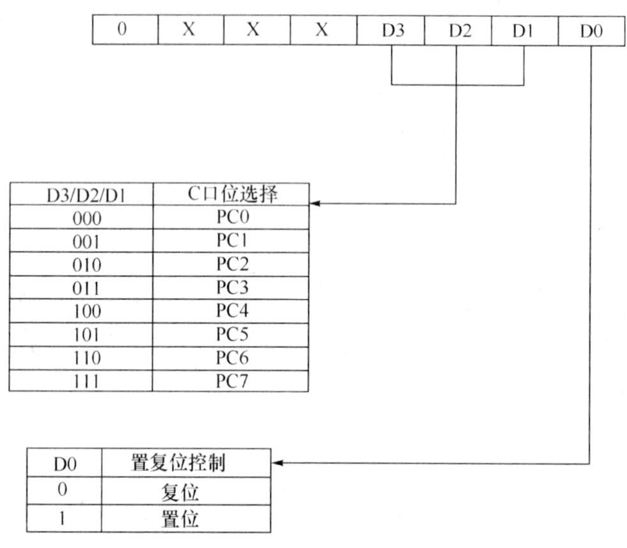

图 10.9　8255A 的 C 口单一置位/复位控制字

其中，D7＝0，它是 C 口单一置位/复位控制字的特征位。D7＝1 是方式控制字的特征位。D3～D1 用于选中 PC7～PC0 中的一位，D0 是置位或复位控制位。D0＝0 时，对 PC7～PC0 中被选中的位进行复位，D0＝1 时，对 PC7～PC0 中被选中的位进行置位。

3. 8255A 的工作方式

8255A 有三种工作工作方式，即工作方式 0、工作方式 1 和工作方式 2。我们可以通过选用某种工作方式控制字，并借助指令将其送给 8255A 的控制字寄存器，就可以设定 8255A 的工作方式。

(1) 工作方式 0

8255A 的工作方式 0 也被称为基本输入/输出工作方式。在此工作方式下，8255A 的 PA 口、PB 口、PC 口高 4 位和 PC 口的低 4 位均可被设定为方式 0 的输入或方式 0 的输出。方式 0 适用于无条件的数据传输设备，交换数据的双方不需要握手信息，就可以进行简单的数据传送。

(2) 工作方式 1

8255A 的工作方式 1 也被称为选通输入/输出工作方式，在此工作方式下，有选通输入和选通输出两种工作方式。8255A 的 PA 口、PB 口常被用作设备与 CPU 之间数据的传送，

PC口用作PA口、PB口的握手联络信号线，以实现在中断方式下的数据传输。PC口的各位联络线是在设计8255A时已经规定好的，详细规定见表10-1，表中标有I/O的位指的是在此方式下，该位仍可用作基本输入/输出，不作联络线用。

表10-1　8255A端口及工作状态选择

C口各位	工作方式1		工作方式2
	选通输入方式	选通输出方式	双向(输入/输出)方式
PC7	I/O	$\overline{OBF}_A$	$\overline{OBF}_A$
PC6	I/O	$\overline{ACK}_A$	$\overline{ACK}_A$
PC5	IBF_A	I/O	IBF_A
PC4	$\overline{STB}_A$	I/O	$\overline{STB}_A$
PC3	$INTR_A$	$INTR_A$	$INTR_A$
PC2	$\overline{STB}_B$	$\overline{ACK}_B$	由B口工作工作方式决定
PC1	IBF_B	$\overline{OBF}_B$	由B口工作工作方式决定
PC0	$INTR_B$	$INTR_B$	由B口工作工作方式决定

下面分别按选通输入和选通输出两种情况来介绍。

① 选通输入方式：A口和B口均可工作于此方式。

若A口和B口定义为工作方式1的选通输入方式，则8255A的内部逻辑结构如图10.10所示，相应的联络线信号的意义如下：

$\overline{STB}_A$ 和：$\overline{STB}_B$ 设备选通信号输入。低电平有效，下降沿将端口数据线上信息打入端口锁存器。

IBF_A 和 IBF_B：端口锁存器满标志输出信号(该信号线与设备相连)。高电平表示端口锁存器中的数据尚未被CPU读取。CPU读取后，该信号线输出低电平，表示端口锁存器已空。

$INTR_A$ 和 $INTR_B$：中断请求信号，高电平有效。

$INTE_A$ 和 $INTE_B$：8255A端口内部中断允许触发器。当它为高电平时才允许端口发中断请求。$INTE_A$ 可由用户通过对PC4的单一置位/复位控制字控制，$INTE_B$ 可由用户通过对PC2的单一置位/复位控制字控制。

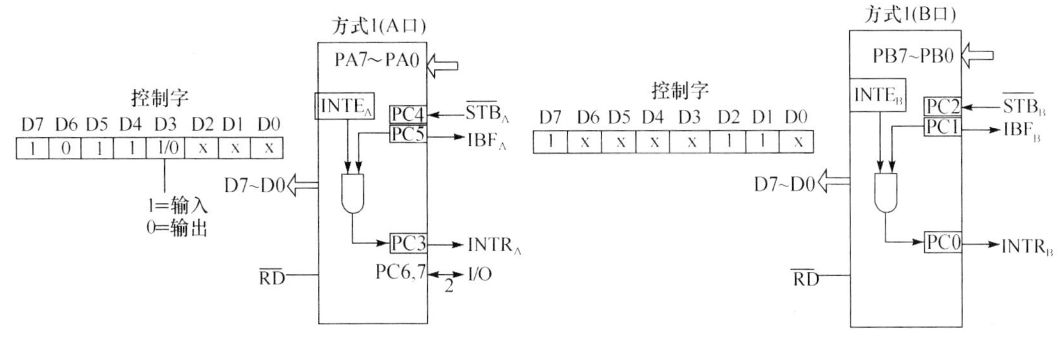

图10.10　8255A工作方式1输入逻辑组态

② 选通输出方式：A 口和 B 口均可工作于此工作方式。

若 A 口和 B 口定义为工作方式 1 的选通输出方式，则 8255A 的内部逻辑结构如图 10.11所示，相应的联络线信号的意义如下。

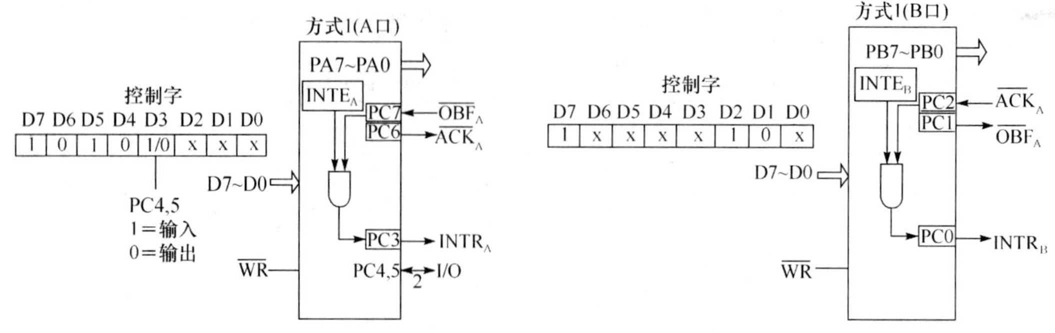

图 10.11　8255A 工作方式 1 输出逻辑组态

$\overline{OBF}_A$ 和$\overline{OBF}_B$：输出锁存器满标志输出信号。低电平表示 CPU 已将数据写入端口，输出数据有效。设备从端口取走数据后发来的应答信号使其为高电平。

$\overline{ACK}_A$ 和$\overline{ACK}_B$：设备输入应答信号。当$\overline{ACK}$上出现设备发来的负脉冲时，表示设备已取走了端口数据。

$INTR_A$ 和 $INTR_B$：中断请求信号，高电平有效。

$INTE_A$ 和 $INTE_B$：8255A 端口内部中断允许触发器。当它为高电平时才允许端口发中断请求。$INTE_A$ 和 $INTE_B$ 分别由用户通过对 PC6 和 PC2 的单一置位/复位控制字控制。

(3) 工作方式 2

8255A 的工作方式 2 也被称为选通的双向输入/输出方式。

工作方式 2 是工作方式 0 和工作方式 1 的结合，并且只有 A 口才具备工作方式 2 的功能(B 口没有工作方式 2 的原因之一是它没有输入数据锁存器)。在此工作方式下，A 口成为 8 位双向三态数据总线，C 口的 PC7～PC3 用来作为 A 组输入/输出的握手信号，而 B 口和 PC2～PC0 则可以被设置为方式 0 或方式 1 下工作。

A 口定义为工作方式 2 时，8255A 的内部逻辑结构如图 10.12 所示，此工作方式下所涉及的联络信号意义与工作方式 1 相同。

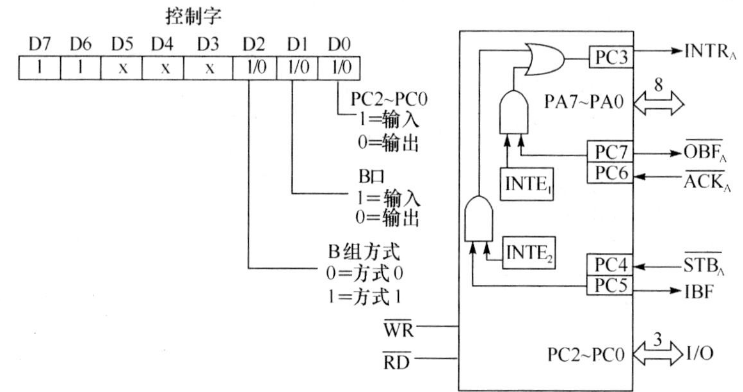

图 10.12　8255A PA 口工作方式 2 逻辑组态

10.4.3　8255A 与 MCS-51 单片机的连接方法

8255A 与 MCS-51 单片机的连接有两种方法，一种是总线扩充连接法，另一种是直接连接法。直接连接法如图 10.13 所示。

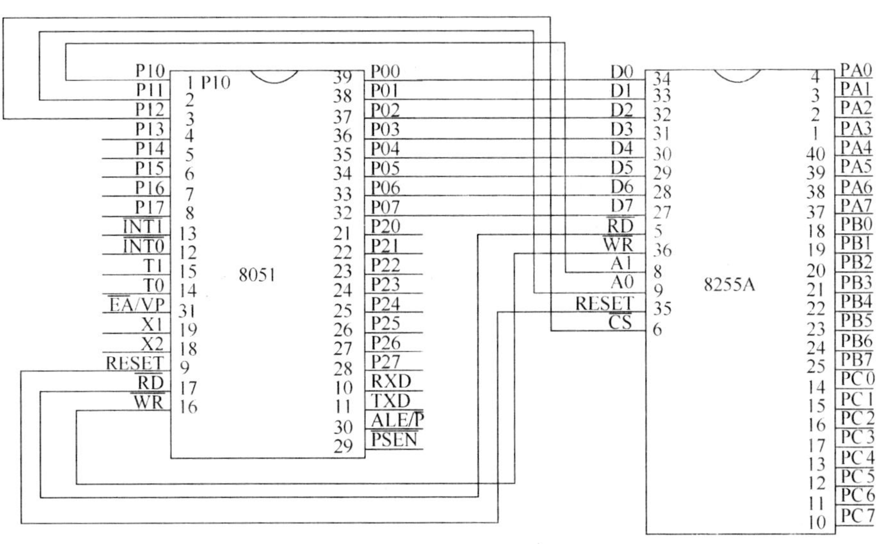

图 10.13　8255A 与单片机的直接连接

这种连接方法，是将单片机的一个 I/O 口直接与 8255A 的数据总线相连，另外占用其他 I/O 口的 3 条线进行片选和端口选择。采用这种方式的连接，结构简单明了，缺点是：因为要人为地控制片选信号，在编程方面要相对复杂。

总线扩展连接法如图 10.14 所示。

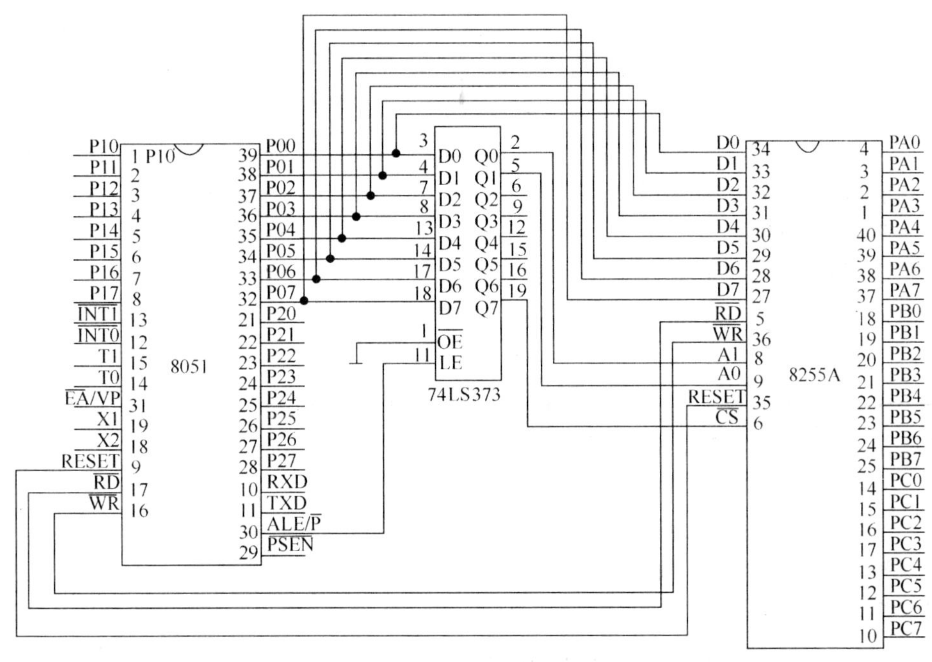

图 10.14　8255A 与单片机的接口电路

这种方法是用74LS373或74LS273作为锁存器将低8位地址进行锁存，借用其中的3位作为8255A的片选和端口选择信号。这种连接方法的好处是只占用了一组I/O口换取了3个I/O口，缺点是多用了一个锁存器，浪费了许多外部存储单元资源(8255A的地址不唯一)。

当然，如果应用系统比较复杂且需要外部资源较多，就必须通过精确的地址译码作为片选信号，这样势必要使用高8位地址。

10.4.4 应用举例

【例10.1】 若8255A的控制寄存器口地址为FFF7H，请写出将A口设置成工作方式0输入，B口设置成工作方式1输出的初始化程序。

解：首先我们要根据工作方式控制字各位的定义来求出A口为方式0输入，B口为方式1输出的控制字。

D7＝1；

对于A口：001XB；

对于B口：10XB；

这样控制字的二进制表示为：1001X10XB，X为0或1。

汇编语言程序为：

```
MOV DPTR,#0FFF7H        ;控制寄存器口地址送DPTR
MOV A,#94H              ;控制字送A
MOVX @DPTR,A            ;将控制字写入8255A的控制寄存器中
```

对应的C51程序：

```
#include "absacc.h"
#define PORT XBYTE[0xFFF7]
void main()
{
PORT = 0x94;
}
```

【例10.2】 当8255A的A口工作在工作方式2时，其端口B适合于什么样的功能？写出此时各种不同组合情况的控制字。

解：当8255A的A口工作在工作方式2时，A口成为8位双向三态数据总线，C口的PC7～PC3用来作为A组输入/输出的握手信号。

此时C口的PC2～PC0三个引脚可以被用作B口的联络线，这样B口既可以被设置为工作方式0的输入或输出，也可以被设置为工作方式1下的选通输入或选通输出。

以下是A口工作在工作方式2时，B口在其他可能工作工作方式的控制字。

B口为工作方式0输入的控制字：11XXX01XB

B口为工作方式0输出的控制字：11XXX00XB

B口为工作方式1选通输入的控制字：11XXX11XB

B口为工作方式1选通输出的控制字：11XXX10XB

【例10.3】 若8255A的端口A定义为工作方式0，输出；端口B定义为方式1，输入；端口C的上半部定义为输出。试编写初始化程序。(8255A的口地址为80H～83H)

解:首先写出8255A的端口A定义为工作方式0输出和端口C的上半部定义为输出的控制字:10000B(控制字的高5位)。

端口B定义为工作方式1输入的控制字:11XB(控制字的低3位)。

因此控制字为:1000011XB。

汇编语言程序为:

```
MOV R0,#83H        ;控制寄存器口地址送R0
MOV A,#86H         ;控制字送A
MOVX @R0,A         ;将控制字写入8255A的控制寄存器中
```

对应C51程序:

```
#include "absacc.h"
#define PORT XBYTE[0x83]
void main()
{
PORT = 0x86;
}
```

【例10.4】 要求通过8255A的PC5端向外输出1个正脉冲信号,已知8255A的C口和控制口的地址分别为0FF2H和0FF3H。

解:若要从PC5端输出1个正脉冲信号,可通过对PC5位的置位和复位控制来实现,这样必须先设定C口高4位为输出,且A口工作在工作方式0下。

由于每送1个控制字,只能对1位作1次置位或复位操作,故产生1个正脉冲要对PC5位先送置位控制字,经过一定的延时后(延时时间视脉宽而定),再送复位控制字即能实现。

A口工作在方式0且C口高4位为输出的控制字:100X0XXXB。

汇编语言程序如下:

```
MOV    DPTR,#0FF3H      ;指向8255A的控制口
MOV    A,#80H           ;送工作方式控制字
MOVX   @DPTR,A
MOV    A,#0AH           ;对PC5复位(0XXX1010B)
MOVX   @DPTR,A          ;将C口单一置位/复位控制字写入8255A的控制寄存器中
LCALL   DELAY           ;延时(调用延时子程序)
INC A                   ;对PC5置位
MOVX   @DPTR,A     ;
LCALL   DELAY           ;延时(调用延时子程序)
DEC A
MOVX   @DPTR,A     ;
LCALL   DELAY           ;延时(调用延时子程序)
```

对应C51程序:

```
#include <absacc.h>
#define PORT XBYTE[0x0FF3]
void delay()
{
int i;
```

```
for(i=0;i<1000;i++);
}
void main()
{
PORT=0x80;
delay();
PORT=0x0a;
delay();
PORT=0x0b;
delay();
PORT=0x0a;
delay();
}
```

习　题

1. 起止地址范围为0000H～5FFFH的存储器的容量是多少？如果采用SRAM 6264芯片，需要几片？

2. 说明当MCS-51的$\overline{EA}$引脚接高电平时，CPU取指令时，PC的取值范围；当MCS-51的$\overline{EA}$引脚接地时，CPU取指令时，PC的取值范围。

3. MCS-51单片机访问外部数据存储器和外部程序存储器有什么本质区别？

4. 试用SRAM 6264构建32 KB的外部数据存储器，地址范围：0000H～7FFFH，并设计与MCS-51单片机连接的硬件结构图。

5. 试用EPROM 2764构建32 KB的外部程序存储器，地址范围：1000H～8FFFH，并设计与MCS-51单片机连接的硬件结构图。

6. 试用SRAM 6264构建32 KB的外部数据存储器，地址范围：0000H～7FFFH；用EPROM 2764构建32 KB的外部程序存储器，地址范围：1000H～8FFFH，并设计与MCS-51单片机连接的硬件结构图。

7. 决定8255A选口地址的引脚有哪些？作用是什么？

8. 说明8255A工作方式控制字各位的定义。

9. 写出8255A的A口工作在工作方式2，B口工作在工作方式1，输出的控制字。

10. 写出8255A的A口工作在工作方式1，输入；B口工作在工作方式0，输出的控制字。

附录 A　ASCII 码字符表

字　符	ASCII 码	字　符	ASCII 码	字　符	ASCII 码	字　符	ASCII 码
0	30	a	61	]	5D	FF	0C
1	31	b	62	{	7B	CR	0D
2	32	c	63	}	7D	SO	0E
3	33	d	64	'	27	SI	0F
4	34	e	65	`	60	DLE	10
5	35	f	66	"	22	DC1	11
6	36	g	67	,	2C	DC2	12
7	37	h	68	.	2E	DC3	13
8	38	i	69	?	3F	DC4	14
9	39	j	6A	!	21	NAK	15
A	41	k	6B	:	3A	SYN	16
B	42	l	6C	;	3B	ETB	17
C	43	m	6D	#	23	CAN	18
D	44	n	6E	$	24	EM	19
E	45	o	6F	%	25	SUB	1A
F	46	p	70	&	26	ESC	2B
G	47	q	71	@	40	FS	3C
H	48	r	72	\	5C	GS	4D
I	49	s	73	^	5E	RS	5E
J	4A	t	74	_	5F	US	6F
K	4B	u	75	|	7C		
L	4C	v	76	~	7E		
M	4D	w	77	(space)	20		
N	4E	x	78	DEL	7F		
O	4F	y	79	NUL	0		
P	50	z	7A	SOH	1		
Q	51	+	2B	STX	2		
R	52	-	2D	ETX	3		
S	53	*	2A	EOT	4		
T	54	/	2F	END	5		
U	55	<	3C	ACK	6		
V	56	>	3E	BEL	7		
W	57	=	3D	BS	8		
X	58	(	28	HT	9		
Y	59	)	29	LF	0A		
Z	5A	[	5B	VT	0B		

附录 B　MCS-51 系列单片机指令速查表

指　　令	功能简述	字节数	机器周期数
ACALL　addr11	2 KB 范围内绝对调用子程序	2	2
ADD　A，Rn	累加器加寄存器	1	1
ADD　A，direct	累加器加直接寻址单元	2	1
ADD　A，@Ri	累加器加内部 RAM 单元	1	1
ADD　A，#data	累加器加立即数	2	1
ADDC　A，Rn	累加器加寄存器和进位标志	1	1
ADDC　A，direct	累加器加直接寻址单元和进位标志	2	1
ADDC　A，@Ri	累加器加内部 RAM 单元和进位标志	1	1
ADDC　A，#data	累加器加立即数和进位标志	2	1
AJMP　addr11	2 KB 范围内绝对转移	2	2
ANL　A，Rn	累加器"与"寄存器	1	1
ANL　A，direct	累加器"与"直接寻址单元	2	1
ANL　A，@Ri	累加器"与"内部 RAM 单元	1	1
ANL　A，#data	累加器"与"立即数	2	1
ANL　direct，A	直接寻址单元"与"累加器	2	1
ANL　direct，#data	直接寻址单元"与"立即数	3	2
ANL　C，bit	C 逻辑与直接寻址位	2	2
ANL　C，/bit	C 逻辑与直接寻址位的反	2	2
CJNE　A，direct，rel	累加器与直接寻址单元，不等则转移	3	2
CJNE　A，#data，rel	累加器与立即数，不等则转移	3	2
CJNE　Rn，#data，rel	寄存器与立即数，不等则转移	3	2
CJNE　@Ri，#data，rel	内容 RAM 单元与立即数，不等则转移	3	2
CLR　A	累加器清零	1	1
CLR　C	C 清零	1	1
CLR　bit	直接寻址位清零	2	1
CPL　A	累加器取反	1	1
CPL　C	C 取反	1	1
CPL　bit	直接寻址位取反	2	1
DA　A	十进制调整	1	1
DEC　A	累加器减 1	1	1
DEC　Rn	寄存器减 1	1	1
DEC　direct	直接寻址单元减 1	2	1
DEC　@Ri	内部 RAM 单元减 1	1	1
DIV　AB	累加器除以寄存器 B	1	4
DJNZ　Rn，rel	寄存器减 1，不为零转移	2	2
DJNZ　direct，rel	直接寻址单元减 1，不为零转移	3	2
INC　A	累加器加 1	1	1

续表

指　　令	功能简述	字节数	机器周期数
INC Rn	寄存器加 1	1	1
INC direct	直接寻址单元加 1	2	1
INC @Ri	内部 RAM 单元加 1	1	1
INC DPTR	数据指针加 1	1	2
JB bit，rel	直接寻址位为 1 转移	3	2
JBC bit，rel	直接寻址位为 1 则转移并清该位	3	2
JC rel	C 为 1 则转移	2	2
JMP @A + DPTR	散转指令	1	2
JNB bit，rel	直接寻址位为零则转移	3	2
JNC rel	C 为零则转移	2	2
JNZ rel	累加器非零转移	2	2
JZ rel	累加器为零转移	2	2
LCALL addr16	64 KB 范围内长调用	3	2
LJMP addr16	64 KB 范围内长转移	3	2
MOV A，Rn	寄存器送累加器	1	1
MOV A，direct	直接寻址单元送累加器	2	1
MOV A，@Ri	内部 RAM 单元送累加器	1	1
MOV A，#data	立即数送累加器	2	1
MOV Rn，A	累加器送寄存器	1	1
MOV Rn，direct	直接寻址单元送寄存器	2	2
MOV Rn，#data	立即数送寄存器	2	1
MOV direct，A	累加器送直接寻址单元	2	1
MOV direct，Rn	寄存器送直接寻址单元	2	2
MOV direct2，direct1	直接寻址单元送直接寻址单元	3	2
MOV direct，@Ri	内部 RAM 单元送直接寻址单元	2	2
MOV direct，#data	立即数送直接寻址单元	3	2
MOV @Ri，A	累加器送内部 RAM 单元	1	1
MOV @Ri，direct	直接寻址单元送内部 RAM 单元	2	2
MOV @Ri，#data	立即数送内部 RAM 单元	2	1
MOV C，bit	直接寻址位送 C	2	1
MOV bit，C	C 送直接寻址位	2	2
MOV DPTR，#data16	16 位立即数送数据指针	3	2
MOVC A，@A + DPTR	查表数据送累加器（数据指针为基址）	1	2
MOVC A，@A + PC	查表数据送累加器(程序计数器为基址)	1	2
MOVX A，@Ri	外部 RAM 单元送累加器(8 位)	1	2
MOVX A，@DPTR	外部 RAM 单元送累加器(16 位)	1	2
MOVX @Ri，A	累加器送外部 RAM 单元(8 位)	1	2
MOVX @DPTR，A	累加器送外部 RAM 单元(16 位)	1	2
MUL AB	累加器乘以寄存器 B	1	4

续 表

指　　令	功能简述	字节数	机器周期数
NOP	空操作	1	1
ORL　A，Rn	累加器“或”寄存器	1	1
ORL　A，direct	累加器“或”直接寻址单元	2	1
ORL　A，@Ri	累加器“或”内部 RAM 单元	1	1
ORL　A，#data	累加器“或”立即数	2	1
ORL　direct，A	直接寻址单元“或”累加器	2	1
ORL　direct，#data	直接寻址单元“或”立即数	3	2
ORL　C，bit	C 逻辑“或”直接寻址位	2	2
ORL　C，/bit	C 逻辑“或”直接寻址位的反	2	2
POP　direct	栈顶弹至直接寻址单元	2	2
PUSH　direct	直接寻址单元压入栈顶	2	2
RET	子程序返回	1	2
RETI	中断返回	1	2
RL　A	累加器左环移位	1	2
RLC　A	累加器连进位标志左环移位	1	1
RR　A	累加器右环移位	1	1
RRC　A	累加器连进位标志右环移位	1	1
SETB　C	C 置位	1	1
SETB　bit	直接寻址位置位	2	1
SJMP　rel	相对短转移	2	2
SUBB　A，Rn	累加器减寄存器和进位标志	1	1
SUBB　A，direct	累加器减直接地寻址单元和进位标志	2	1
SUBB　A，@Ri	累加器减内部 RAM 单元和进位标志	1	1
SUBB　A，#data	累加器减立即数和进位标志	2	1
SWAP　A	累加器高 4 位与低 4 位交换	1	1
XCH　A，Rn	累加器与寄存器交换	1	1
XCH　A，direct	累加器与直接寻址单元交换	2	1
XCH　A，@Ri	累加器与内部 RAM 单元交换	1	1
XCHD　A，@Ri	累加器与内部 RAM 低 4 位交换	1	1
XRL　A，Rn	累加器“异或”寄存器	1	1
XRL　A，direct	累加器“异或”直接寻址单元	2	1
XRL　A，@Ri	累加器“异或”内部 RAM 单元	1	1
XRL　A，#data	累加器“异或”立即数	2	1
XRL　direct，A	直接寻址单元“异或”累加器	2	1
XRL　direct，#data	直接寻址单元“异或”立即数	3	2

附录 C　Keil C51 库函数原型列表

```
/*---------------------------------------------------------------------------
ABSACC.H

Direct access to 8051, extended 8051 and Philips 80C51MX memory areas.
Copyright (c) 1988-2001 Keil Elektronik GmbH and Keil Software, Inc.
All rights reserved.
---------------------------------------------------------------------------□/

#define CBYTE ((unsigned char volatile code □) 0)
#define DBYTE ((unsigned char volatile data □) 0)
#define PBYTE ((unsigned char volatile pdata □) 0)
#define XBYTE ((unsigned char volatile xdata □) 0)

#define CWORD ((unsigned int volatile code □) 0)
#define DWORD ((unsigned int volatile data □) 0)
#define PWORD ((unsigned int volatile pdata □) 0)
#define XWORD ((unsigned int volatile xdata □) 0)


#ifdef __CX51__
#define FVAR(object, addr) (□((object volatile far □) (addr)))
#define FARRAY(object, base) ((object volatile far □) (base))
#else
#define FVAR(object, addr) (□((object volatile far □) ((addr) + 0x10000L)))
#define FCVAR(object, addr) (□((object const far □) ((addr) + 0x810000L)))
#define FARRAY(object, base) ((object volatile far □) ((base) + 0x10000L))
#define FCARRAY(object, base) ((object const far □) ((base) + 0x810000L))
#endif
/□---------------------------------------------------------------------------
ASSERT.H

Copyright (c) 1988-2001 Keil Elektronik GmbH and Keil Software, Inc.
All rights reserved.
---------------------------------------------------------------------------□/
#ifndef __ASSERT_H__
#define __ASSERT_H__

#undef assert

#ifndef__ASSERT_INC
```

```
#include <stdio.h>/□ prototype for printf □/
#define__ASSERT_INC
#endif

#ifndef NDEBUG

#define assert(expr) \
  if (expr) { ; } \
  else {\
    printf("Assert failed: " #expr " (file %s line %d)\n", __FILE__, (int) __LINE__ );\
    while (1);\
  }
#else
#define assert(expr)
#endif
/*--------------------------------------------------------------------------
MATH.H

Prototypes for mathematic functions.
Copyright (c) 1988-2001 Keil Elektronik GmbH and Keil Software, Inc.
All rights reserved.
--------------------------------------------------------------------------*/
#ifndef __MATH_H__
#define __MATH_H__

#pragma SAVE
#pragma REGPARMS
extern char cabs (char val);
extern int abs (int val);
extern long labs (long val);
extern float fabs (float val);
extern float sqrt (float val);
extern float exp (float val);
extern float log (float val);
extern float log10 (float val);
extern float sin (float val);
extern float cos (float val);
extern float tan (float val);
extern float asin (float val);
extern float acos (float val);
extern float atan (float val);
extern float sinh (float val);
extern float cosh (float val);
extern float tanh (float val);
```

```
extern float atan2 (float y, float x);

extern float ceil (float val);
extern float floor (float val);
extern float modf (float val, float *n);
extern float fmod (float x, float y);
extern float pow (float x, float y);

#pragma RESTORE
#endif/*--------------------------------------------------------------------------
REG51.H

Header file for generic 80C51 and 80C31 microcontroller.
Copyright (c) 1988-2001 Keil Elektronik GmbH and Keil Software, Inc.
All rights reserved.
--------------------------------------------------------------------------*/
#ifndef __REG51_H__
#define __REG51_H__

/* BYTE Register */
sfr P0 = 0x80;
sfr P1 = 0x90;
sfr P2 = 0xA0;
sfr P3 = 0xB0;
sfr PSW = 0xD0;
sfr ACC = 0xE0;
sfr B = 0xF0;
sfr SP = 0x81;
sfr DPL = 0x82;
sfr DPH = 0x83;
sfr PCON = 0x87;
sfr TCON = 0x88;
sfr TMOD = 0x89;
sfr TL0 = 0x8A;
sfr TL1 = 0x8B;
sfr TH0 = 0x8C;
sfr TH1 = 0x8D;
sfr IE = 0xA8;
sfr IP = 0xB8;
sfr SCON = 0x98;
sfr SBUF = 0x99;
```

```
/* BIT Register */
/* PSW */
sbit CY = 0xD7;
sbit AC = 0xD6;
sbit F0 = 0xD5;
sbit RS1 = 0xD4;
sbit RS0 = 0xD3;
sbit OV = 0xD2;
sbit P = 0xD0;

/* TCON */
sbit TF1 = 0x8F;
sbit TR1 = 0x8E;
sbit TF0 = 0x8D;
sbit TR0 = 0x8C;
sbit IE1 = 0x8B;
sbit IT1 = 0x8A;
sbit IE0 = 0x89;
sbit IT0 = 0x88;

/* IE */
sbit EA = 0xAF;
sbit ES = 0xAC;
sbit ET1 = 0xAB;
sbit EX1 = 0xAA;
sbit ET0 = 0xA9;
sbit EX0 = 0xA8;

/* IP */
sbit PS = 0xBC;
sbit PT1 = 0xBB;
sbit PX1 = 0xBA;
sbit PT0 = 0xB9;
sbit PX0 = 0xB8;

/* P3 */
sbit RD = 0xB7;
sbit WR = 0xB6;
sbit T1 = 0xB5;
sbit T0 = 0xB4;
sbit INT1 = 0xB3;
sbit INT0 = 0xB2;
sbit TXD = 0xB1;
```

```
sbit RXD = 0xB0;

/* SCON */
sbit SM0 = 0x9F;
sbit SM1 = 0x9E;
sbit SM2 = 0x9D;
sbit REN = 0x9C;
sbit TB8 = 0x9B;
sbit RB8 = 0x9A;
sbit TI = 0x99;
sbit RI = 0x98;

#endif

/*------------------------------------------------------------------------
STDIO.H

Prototypes for standard I/O functions.
Copyright (c) 1988-2001 Keil Elektronik GmbH and Keil Software, Inc.
All rights reserved.
------------------------------------------------------------------------*/
#ifndef __STDIO_H__
#define __STDIO_H__

#ifndef EOF
#define EOF -1
#endif

#ifndef NULL
#define NULL ((void *) 0)
#endif

#ifndef _SIZE_T
#define _SIZE_T
typedef unsigned int size_t;
#endif

#pragma SAVE
#pragma REGPARMS
extern char _getkey (void);
extern char getchar (void);
extern char ungetchar (char);
extern char putchar (char);
```

```
extern int printf (const char *, ...);
extern int sprintf (char *, const char *, ...);
extern int vprintf (const char *, char *);
extern int vsprintf (char *, const char *, char *);
extern char *gets (char *, int n);
extern int scanf (const char *, ...);
extern int sscanf (char *, const char *, ...);
extern int puts (const char *);

#pragma RESTORE
#endif

/*------------------------------------------------------------------------
CTYPE.H

Prototypes for character functions.
Copyright (c) 1988-2001 Keil Elektronik GmbH and Keil Software, Inc.
All rights reserved.
------------------------------------------------------------------------*/
#ifndef __CTYPE_H__
#define __CTYPE_H__
#pragma SAVE
#pragma REGPARMS
extern bit isalpha (unsigned char);
extern bit isalnum (unsigned char);
extern bit iscntrl (unsigned char);
extern bit isdigit (unsigned char);
extern bit isgraph (unsigned char);
extern bit isprint (unsigned char);
extern bit ispunct (unsigned char);
extern bit islower (unsigned char);
extern bit isupper (unsigned char);
extern bit isspace (unsigned char);
extern bit isxdigit (unsigned char);
extern unsigned char tolower (unsigned char);
extern unsigned char toupper (unsigned char);
extern unsigned char toint (unsigned char);

#define _tolower(c) ( (c)-'A'+'a' )
#define _toupper(c) ( (c)-'a'+'A')
#define toascii(c) ( (c) & 0x7F )
#pragma RESTORE
#endif
```

参考文献

[1] 苏家健,曹柏容,汪志锋. 单片机原理及应用技术[M]. 北京:高等教育出版社, 2004.

[2] 张鑫,华臻,陈书谦. 单片机原理及应用[M]. 北京:电子工业出版社, 2005.

[3] 姜志海,黄玉清,刘连鑫,冯占英. 单片机原理及应用[M]. 北京:电子工业出版社, 2005.

[4] 李全利,仲伟峰,徐军. 单片机原理及应用 [M]. 北京:清华大学出版社, 2006.

[5] 刘刚,秦永左,朱杰斌,等. 单片机原理及应用 [M]. 北京:北京大学出版社, 2006.

[6] 祁伟,杨亭. 单片机 C51 程序设计教程与实验 [M]. 北京:北京航空航天大学出版社, 2006.

[7] 肖洪兵,李国峰,李冰,等. 80C51 嵌入式系统教程[M]. 北京:北京航空航天大学出版社, 2008.

[8] 陈桂友,孙同景. 单片机原理及应用 [M]. 北京:机械工业出版社, 2007.

[9] 唐颖,程菊花,任条娟. 单片机原理及应用及 C51 程序设计 [M]. 北京:北京大学出版社, 2008.

[10] 胡学海,郝文化. 单片机原理及应用系统设计[M]. 北京:电子工业出版社, 2007.

[11] 耿仁义. 新编微机原理及接口技术[M]. 天津:天津大学出版社, 2006.

[12] 赵亮,侯国锐. 单片机 C 语言编程与实例[M]. 北京:人民邮电出版社, 2003.

[13] 王建校. 51 系列单片机及 C51 程序设计[M]. 北京:科学出版社,2002.

[14] 彭沛夫,张桂芳. 微机控制技术与实验指导[M]. 北京:清华大学出版社, 2005.

[15] 薛宏熙,胡秀珠. 计算机组成与设计[M]. 北京:清华大学出版社, 2007.

[16] 戴梅萼,史嘉权. 微型计算机技术及应用[M]. 北京:清华大学出版社, 2003.

[17] 葛日波. C 语言程序设计[M]. 北京:北京邮电大学出版社, 2008.

[18] 谭浩强. C 语言程序设计[M]. 北京: 清华大学出版社, 2005.

[19] 胡汉才. 单片机原理及接口技术[M]. 北京:清华大学出版社, 2004.

[20] 杨恢先,黄辉先. 单片机原理及应用[M]. 北京: 人民邮电出版社, 2006.

[21] 丁元杰. 单片微机原理及应用[M]. 北京: 机械工业出版社,1999.

[22] 徐玮,徐富军,沈建良. C51 单片机高效入门[M]. 北京: 机械工业出版社,2007.

[23] 汪道辉. 单片机系统设计与实践[M]. 北京:电子工业出版社, 2006.

[24] 戴仙金. 51 单片机及其 C 语言程序开发实例[M]. 北京:清华大学出版社, 2008.

[25] 徐爱明,彭秀华. KeilCx51V7.0 单片机高级语言编程与 μVision2 应用实践[M]. 北京:电子工业出版社, 2008.